알풀경제

내신 대비 및 수능특강 보완

알풀경제 내신 대비 및 수능특강 보완

발 행 일 2017년 2월 6일

지 은 이 김 용 운
펴 낸 이 손 형 국
펴 낸 곳 ㈜ 북랩
편 집 인 선일영   편 집   이종무, 권유선, 송재병, 최예은
디 자 인 이현수, 이정아, 김민하, 한수희   제 작   박기성, 황동현, 구성우
마 케 팅 김회란, 박진관
출판등록 2004. 12. 1(제2012-000051호)
주   소 서울시 금천구 가산디지털 1로 168, 우림라이온스밸리 B동 B113, 114호
홈페이지 www.book.co.kr
전화번호 (02)2026-5777   팩 스   (02)2026-5747

ISBN   979-11-5987-255-6 53410 (종이책)   979-11-5987-256-3 55410 (전자책)

(주)북랩 성공출판의 파트너

북랩 홈페이지와 패밀리 사이트에서 다양한 출판 솔루션을 만나 보세요!

홈페이지 book.co.kr   1인출판 플랫폼 해피소드 happisode.com
블로그 blog.naver.com/essaybook   원고모집 book@book.co.kr

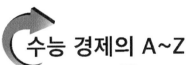

수능 경제의 A~Z

알풀
경제

내신 대비 및 수능특강 보완

북랩 book Lab

CONTENTS

CHAPTER

1

경제 생활

1. 경제 생활

(1) 경제 생활의 의미

① 인간이 살아가는 데 필요한 재화와 서비스를 생산, 분배, 소비하면서 인간의 다양한 욕구를 충족시켜나가는 과정이 경제 생활이다.

② 경제 생활의 과정은 우리의 일상 생활에서 벌어지며, 인간의 사회 생활의 밑바탕이 된다.

2. 경제 생활의 유형

(1) 생산

① 생산

재화와 서비스를 만들어 내거나, 가치를 증대시키는 활동을 생산이라 한다.

② 재화의 생산뿐만 아니라 재화의 가치를 증대시키는 모든 활동이 생산이므로 생산된 재화의 운반, 저장, 판매 활동도 생산 활동에 포함된다.

③ 의사의 진료, 가수의 노래 등 서비스 제공 행위도 생산 활동에 포함된다.

④ 생산 활동에 필요한 생산요소

노동, 자본, 토지(자연자원)의 생산요소가 필요하며, 경영자의 경영 행위도 부가가치를 증대시키므로 생산요소에 포함된다.

(2) 분배

① 생산과정에 노동, 자본, 토지 등 생산요소를 제공하고 그 대가로 임금, 이자, 지대, 이윤을 받는 것을 분배라 한다.

② 기업은 생산요소를 구입한 대가로 임금, 이자, 지대, 이윤을 가계에 분배하는데, 이것은 가계의 소득이 되어 소비 활동을 가능하게 한다.

③ 생산요소소득의 종류

㉠ 임금 : 노동을 제공한 대가로 받는 소득으로 월급, 연봉, 성과급 등이 있다.

㉡ 지대 : 토지를 제공한 대가로 받는 소득으로 토지 임대료가 지대이다.

㉢ 이자 : 자본을 기업에 빌려주고 그 대가로 받는 것이 이자이다.

㉣ 이윤 ; 총수입에서 총비용을 빼고 남은 것을 이윤이라고 하는데, 개인 사업자에게는 사업소득이 되며, 회사의 주주에게는 이윤의 일부가 배당으로 지급된다.

(3) 소비

① 생산 활동에 참여하고 받은 임금, 지대, 이자, 이윤은 가계의 소득이 된다.

② 이 소득으로 생활에 필요한 재화나 서비스를 구매하여 사용하면서 만족을 얻는 활동을 소비 활동이라 한다.

③ 소비를 통해 얻는 즐거움과 만족을 효용이라고 하는데, 가계 소비의 목적은 효용 극대화이다.

※ 효용 : 재화 또는 서비스를 소비할 때 느끼는 주관적인 만족도를 효용이라 한다.

3. 경제 활동의 주체와 객체

(1) 경제 활동의 주체

① 경제 활동의 주체
  ㉠ 재화와 서비스를 생산, 소비하는 등 **자신의 경제 활동을 주도적으로 수행하는 개인이나 집단을 경제 주체라 한다.**
  ㉡ 가계, 기업, 정부 그리고 해외 부문이 경제 주체가 된다.

② 가계
  ㉠ 노동 · 자본 · 토지 · 경영 등 **생산요소의 공급자**이다.
  ㉡ 생산에 참여한 대가로 받은 소득으로 생산물시장에서 재화와 서비스를 소비하는 **소비 활동의 주체**이다.
  ㉢ 가계는 **효용(만족)의 극대화를 추구**한다.

③ 기업
  ㉠ 가계로부터 제공받은 생산요소를 가지고 재화나 서비스를 생산하여 판매하는 생산의 주체이다. 회사, 병원, 의원, 식당, 편의점, 가수 등이 기업의 예이다.
  ㉡ **이윤의 극대화를 목적**으로 생산요소를 투입하여 **생산 활동을 하는 생산 주체**이다.
  ㉢ 노동이나 자본 등 **생산요소의 수요자**로서 가계에 일자리와 소득을 제공한다. 재화와 서비스 등을 생산물시장을 통해 가계에 공급한다.

구분	내용	공급자	수요자
생산물시장	기업이 생산한 재화나 서비스가 거래되는 시장	기업	가계
생산요소시장	노동, 토지, 자본 등 생산요소가 거래되는 시장	가계	기업

④ 정부

　　㉠ **각종 경제정책을 수립·집행**하면서 국민경제의 안정적 성장을 추구한다.

　　㉡ 가계와 기업 등으로부터 얻은 세금으로 **공공재와 공공 서비스를 공급**한다.

　　㉢ 민간 부문의 **경제 활동을 규제·조정**한다.

　　㉣ **효율성과 형평성을 추구**하면서 국민 생활 수준의 향상을 추구한다.

⑤ 외국(해외 부문)

　　㉠ 다른 나라의 국민경제와 교역하는 무역의 주체이다.

　　㉡ 글로벌화에 따라 국민경제에 미치는 중요성이 증대되고 있다.

　　㉢ 국가 간 무역 이익의 극대화를 추구한다.

(2) 경제 활동의 객체

① 경제 주체의 경제 활동 대상, 즉, **생산·분배·소비 활동의 대상이 되는 것**이다.

② 생산물시장에서 경제 객체

　　㉠ 생산물시장에서는 재화와 서비스가 경제 객체이다.

　　㉡ 재화

　　- 눈으로 볼 수 있는 물질의 형태를 가지고 있으면서 소비자의 욕구를 충족해 주는 것

　　- 자동차, 컴퓨터, 의류, 가전제품 등

　　㉢ 서비스

　　- 물질의 형태는 없으나 소비자에게 만족을 주는 인간의 활동

　　- 의사의 진료, 교사의 수업, 미용실의 미용, 운전기사의 운전 등

③ 생산요소시장에서 경제 객체

　　생산요소시장에서는 노동, 토지, 자본 등이 경제 객체가 된다.

(3) 생산재와 소비재

① 생산재

　　제조, 가공, 재판매를 위해 생산 또는 사용되는 재화를 생산재라고 한다.

② 소비재

　　사람들이 욕망을 충족하기 위해 일상생활에서 직접 소비하는 재화를 소비재라고 한다.

③ 생산재와 소비재의 구분

　　㉠ 어떤 재화가 생산재와 소비재로 구분되어 있는 것이 아니라 어느 용도에 사용되는

지에 따라 생산재와 소비재로 구분된다.

ⓒ 예를 들어 쌀이 가계에서 밥 짓는데 쓰이면 소비재이지만, 식품회사에서 쌀국수나 쌀과자로 만드는 데 쓰이면 생산재가 된다.

4. 경제 순환

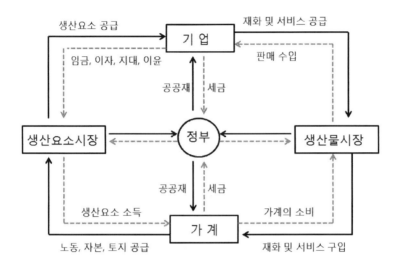

(그림 1-1 경제 순환 모형)

Chapter 01

연습문제

01. 다음 A, B에 들어갈 경제 주체에 대한 옳은 설명을 <보기>에서 고른 것은?

|2014년 9월 학평|

> 원래 [A]은/는 집안의 수입과 지출 또는 살림살이를 뜻하지만, 경제학에서는 수입과 지출을 공동으로 하는 구성원들로 이루어진 경제 활동의 사회적 최소 단위를 의미한다. [B]은/는 이윤을 얻기 위해 생산요소를 결합하여 생산을 담당하는 조직체를 의미한다.

<보기>

ㄱ. A는 만족을 위해 소비 활동을 한다.
ㄴ. B는 생산요소시장에서 공급자의 역할을 한다.
ㄷ. A는 B에게 노동, 자본, 토지 등을 제공한다.
ㄹ. B와 달리 A는 납세자로서의 역할을 한다.

① ㄱ, ㄴ
② ㄱ, ㄷ
③ ㄴ, ㄷ
④ ㄴ, ㄹ
⑤ ㄷ, ㄹ

02. 밑줄 친 ㉠~㉢에 대한 설명으로 옳은 것은?

|2014년 6월 학평|

① 서비스는 ㉠의 대상이 될 수 없다.

② ㉡의 목적은 이윤을 극대화하는 것이다.

③ ㉢의 전체 규모가 큰 사회일수록 경제적으로 평등하다.

④ ㉠을 통해 만들어낸 부가가치의 합은 ㉢의 합과 같다.

⑤ ㉡의 주체는 생산요소시장에서 ㉠의 주체가 공급한 것을 구매한다.

03. 그림에 대한 설명으로 옳지 <u>않은</u> 것은?

|2013년 9월 학평|

① ㉠은 재화와 서비스가 결합된 형태이다. ② ㉡은 분배 활동에 해당한다.

③ 갑의 행위는 소비 활동에 해당한다. ④ 을은 이윤 극대화를 목적으로 한다.

⑤ 갑과 을 모두 경제 활동의 주체이다.

04. 그림의 상황에 대한 옳은 설명을 <보기>에서 고른 것은?

|2015년 3월 학평|

와! 진짜 멋있다!
㉠ 관광 오길 정말
잘 했어. 여행 경비가
전혀 아깝지 않아.

이번 여행 일정에서
이런 장관을 볼 줄은
몰랐어.

운이 좋네요.
이렇게
멋진 ㉡ 해돋이는
1년에 한두 번밖에
볼 수 없습니다.

갑
(여행객)

을
(여행객)

병
(가이드)

―――――――― <보기> ――――――――

ㄱ. 병은 재화를 생산하는 활동을 하였다.
ㄴ. 갑과 을의 활동은 소비 활동에 해당한다.
ㄷ. 갑, 을, 병은 모두 경제 활동의 주체이다.
ㄹ. ㉠, ㉡은 모두 경제 활동의 객체에 해당한다.

① ㄱ, ㄴ 　　　　　　　　② ㄱ, ㄷ
③ ㄴ, ㄷ 　　　　　　　　④ ㄴ, ㄹ
⑤ ㄷ, ㄹ

05. 빈칸 (가)에 들어갈 수 있는 내용으로 적절한 것은?

|2015년 10월 서울|

[사례]
여름 휴가철을 맞아 가족과 함께 해외여행을 간 갑은 여행업체 직원 을의 여행 안내를 받았다.

[갑과 을의 경제 활동 분류]

질문 내용	갑의 경제 활동	을의 경제 활동
(가)	예	아니요

① 재화를 객체로 한 경제 활동인가?
② 서비스를 객체로 한 경제 활동인가?
③ 만족감을 얻기 위한 경제 활동인가?
④ 부가가치를 창출하는 경제 활동인가?
⑤ 생산에 참여한 대가를 받는 경제 활동인가?

06. 그림의 국민경제 주체 A~C에 대한 옳은 설명을 <보기>에서 고른 것은?

|2015년 11월 학평|

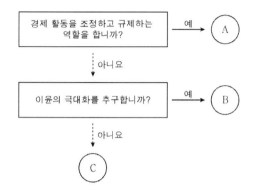

경제 활동을 조정하고 규제하는 역할을 합니까? → 예 → A

아니요

이윤의 극대화를 추구합니까? → 예 → B

아니요

C

───── <보기> ─────

ㄱ. A는 국방, 치안과 같은 공공재를 공급한다.

ㄴ. 과일 장사를 하기 위해 트럭을 구매하는 것은 B의 경제 활동에 해당한다.

ㄷ. 의료 서비스를 제공하는 것은 C의 경제 활동에 해당한다.

ㄹ. 생산요소시장에서 B는 공급자, C는 수요자이다.

① ㄱ, ㄴ   ② ㄱ, ㄷ

③ ㄴ, ㄷ   ④ ㄴ, ㄹ

⑤ ㄷ, ㄹ

07. 그림은 민간 경제의 흐름을 나타낸 것이다. 이에 대한 설명으로 옳은 것은?

|2014년 11월 학평|

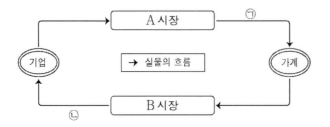

① 임금은 A 시장에서 결정된다.
② 재화와 서비스는 B 시장에서 거래된다.
③ ㉠은 이윤을 극대화하기 위한 목적으로 행해진다.
④ 회사원이 식당에서 음식을 사 먹는 것은 ㉡에 해당한다.
⑤ ㉠의 증가는 ㉡의 증가 요인이 될 수 있다.

08. 그림은 민간 경제에 대한 흐름을 나타낸 것이다. 이에 대한 설명으로 옳은 것은?

|2015년 6월 학평|

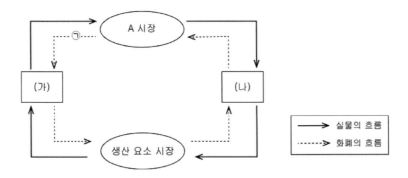

① 서비스는 A 시장에서 거래될 수 없다.
② 은행에서 예금 이자를 받는 것은 ㉠의 예이다.
③ (가)는 A 시장에서 수요자의 역할을 한다.
④ (나)는 효용의 극대화를 추구하는 경제 주체이다.
⑤ (가)와 (나)의 경제 분쟁 해결을 위한 판단 기준은 형평성이다.

CHAPTER

경제 문제의 발생과 해결

경제 문제와 합리적 선택

1. 희소성과 경제 문제

(1) 희소성

① 인간의 무한한 욕구에 비해 그 욕구를 충족시켜 줄 수 있는 경제적 자원이 부족한 것을 희소성이라 한다.

> **희소성 : 인간의 욕구 > 한정된 자원**

② 경제 문제와 합리적인 선택
- ㉠ 인간의 욕구는 무한하지만, 자원은 한정되어 있으므로 선택의 문제가 발생한다. 한정된 소득으로 모든 욕구를 충족시킬 수 없기 때문에 우선순위를 두어서 가능한 범위 내에서 욕구를 충족시켜야 한다.
- ㉡ 한정된 소득으로 인해 우선순위를 두어 문제를 해결하는 것을 선택의 문제라 한다.
- ㉢ 경제 문제
  희소성 때문에 발생하는 선택의 문제가 바로 경제 문제이며, 한정된 자원을 효율적으로 사용하기 위해서는 합리적인 선택이 필요하다.

③ 희소성과 희귀성

희소성	희귀성
인간의 욕구에 비해 한정된 자원을 의미한다.	절대적으로 자원이 적은 것을 의미한다.

희귀하다고 해서 꼭 희소한 것은 아니다. 희귀하지만 사람들이 원하지 않으면 희소성은 없는 것이다.

④ 희소성의 상대성
- ㉠ 희소성이란 자원의 양이 적은 것을 의미하는 것이 아니라 사람들의 원하는 양에 비해 자원이 더 적다는 것을 의미한다.
- ㉡ 양이 많아도 희소성이 작은 것은 아니다. 부존량이 많더라도 사람들이 많이 원하면 희소성은 커지게 되며, 양이 적은데도 사람들이 원하지 않으면 희소성은 작아지게 된다.

1. 어느 섬나라에 바나나가 500개, 파인애플이 100개 있으면 어느 것이 희소성이 있을까?

양으로 보면 파인애플이 희소할 것 같지만, 이 섬의 주민들이 바나나만 먹는다면 바나나가 희소하고 파인애플은 희소성이 없다.

(2) 희소성과 가격

① 가격은 희소성을 알려주는 신호의 역할을 한다.

희소성이 커질수록 시장가격은 상승하고 희소성이 작아지면 시장가격은 하락하므로 시장가격은 희소성을 알려주는 신호의 역할을 한다.

② 가격의 상승

어떤 재화에 대한 필요나 선호가 증가하여 그 재화의 수요가 증가하면 가격은 상승한다. 재화에 대한 필요나 선호가 증가하는 것은 이전보다 희소성이 커진 것을 의미하므로 가격의 상승은 희소성이 커지는 것을 보여준다.

③ 가격의 하락

어떤 재화에 대한 필요나 선호가 감소하여 그 재화의 수요가 감소하면 가격은 하락한다. 재화에 대한 필요나 선호가 감소하는 것은 이전보다 희소성이 작아진 것을 의미하므로 가격의 하락은 희소성이 작아지는 것을 보여준다.

2. 여름철 성수기와 비성수기의 해수욕장의 요금

① 여름철 성수기 때 객실이나 각종 물품의 가격이 오르는데, 이것은 수요가 증가함에 따라 희소성이 커져 가격이 오르는 것이다.
② 반대로 비성수기에는 수요가 감소하여 가격이 성수기에 비해 상당 폭 하락한다. 수요가 감소하면 희소성이 작아지므로 가격은 하락하는 것이다.
③ 이처럼 가격은 희소성을 보여주는 신호의 역할을 한다.

(3) 자유재(무상재)와 경제재

① 자유재(무상재)

　㉠ **희소성이 없어 무상으로 소비할 수 있는 재화**를 자유재라 한다.
　㉡ 햇빛, 공기 등은 엄청나게 중요하지만, 양이 풍부하므로 중요도에 비해 희소성은 없어서 대가 없이 소비할 수 있다.
　㉢ (그림 2-1-1)에서 햇빛이나 공기의 공급은 풍부한데, 수요는 훨씬 이에 못 미쳐 무상으로 소비할 수 있으므로 햇빛이나 공기는 자유재가 되는 것이다.

② 경제재

　㉠ **희소성이 있어 대가를 지불해야 소비할 수 있는 재화**를 경제재라 한다.

ⓒ 우리가 이용하고 있는 대부분의 재화와 서비스는 경제재이다.

ⓒ (그림 2-1-2)에서 수요와 공급이 만나는 점에서 균형가격과 균형량이 결정된다.

③ 자유재에서 경제재로

물의 경우 과거에는 거의 자유재였지만, 현대로 오면서 경제재로서의 위상이 확실해지고 있다.(그림 2-1-3)

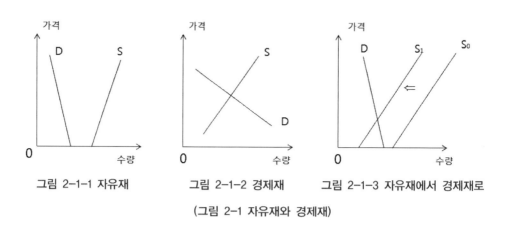

그림 2-1-1 자유재   그림 2-1-2 경제재   그림 2-1-3 자유재에서 경제재로

(그림 2-1 자유재와 경제재)

2. 기본적인 경제 문제

(1) 경제 문제

① 자원에 비해 인간의 욕망은 더 커서 우리는 원하는 것 중 일부만을 가지고 나머지는 포기할 수밖에 없는 선택에 직면하게 된다.

② 자원의 희소성으로 인해 경제 활동 과정에서 여러 선택에 직면하게 되는데 이런 선택의 문제를 경제 문제라고 한다.

(2) 경제의 3대 문제

① 아래의 3가지 질문이 경제의 3대 문제이다.

ⓐ 무엇을 얼마나 생산할 것인가?

ⓑ 어떻게 생산할 것인가?

ⓒ 누구에게 분배할 것인가?

② 무엇을 얼마나 생산할 것인가? - 생산물의 종류와 수량

ⓐ 자원을 투입하여 만들 생산물의 종류와 수량을 선택하는 문제이다. 일반적으로 2가지 이상의 생산물이 제시된다.

   ⓒ 예를 들어 자동차 공장에서 승용차는 몇 대, 트럭은 몇 대, 버스는 몇 대 생산할 것
    인지를 결정하는 문제이다.

 ③ 어떻게 생산할 것인가? - 생산 방법
   ⊙ 생산물을 생산할 때 가장 적은 비용이 드는 생산요소의 결합 방법을 선택하는 문제이다.
   ⓒ 일반적으로 한가지 생산물을 2가지 이상의 생산 방법 중 하나를 선택하여 생산하
    는 문제이다.
     • 자동차를 생산하는 경우 자동화 설비를 도입할 것인가 아니면 기존의 노동 투입
      방법을 계속 사용할 것인가?
     • 모내기할 때 이앙기를 사용할 것인가? 아니면 사람이 할 것인가?
     • 옷을 생산할 때 국내에서 생산할 것인가? 아니면 해외에서 생산할 것인가?

 ④ 누구에게 분배할 것인가? - 소득 분배
   ⊙ 한 사회에서 생산된 재화와 서비스를 누가 얼마씩 나누어 가질 것인가를 결정하는
    문제이다.
   ⓒ 생산물의 분배 문제는 생산요소 제공에 대한 대가인 임금, 이자, 지대, 이윤을 누구
    에게 얼마씩 분배하는 문제이므로 소득의 크기와도 관련이 있다.

3. 비용과 편익

(1) 기회비용

 ① 기회비용이란?
  여러 가지 대안 중 한 대안을 선택함에 따라 포기해야 하는 다른 선택의 가치 중에서
  가장 가치가 큰 것이 기회비용이다.

  예제 3. 사과, 배, 토마토, 오렌지의 효용이 다음과 같을 때 사과를 선택하는 경우에 기회비용은?

  사과의 효용 : 100, 배의 효용 : 90, 토마토의 효용 : 80, 오렌지의 효용 : 75
  선택 : 사과 100
  포기 : 배 : 90, 토마토 : 80, 오렌지 : 75

  사과를 선택하는 경우 포기한 것 중 배의 효용이 가장 크므로 사과 선택의 기회비용은
  배의 효용인 90이 된다.

 ② 일반적으로 기회비용의 문제에서는 두 가지 중 하나를 선택하게 되는데, 이때 포기한
  나머지 하나의 가치가 기회비용이다.

예제 4. 중간고사 전날 월드컵 축구 경기를 관람한 경우의 기회비용은?

선택	포기
축구 경기 관람의 효용	중간고사 성적

따라서 중간고사 성적이 기회비용이 된다.

예제 5. 주유소에서 아르바이트를 하면 시간당 2,000원을 벌 수 있는 학생이 독서실에서 3시간을 공부한다면 이때 독서실에서 공부한 것에 대한 기회비용은?

선택	포기
독서실에서 3시간 학습	아르바이트 3시간×2,000원=6,000원

① 2,000원   ② 6,000원
③ 8,000원   ④ 10,000원
⑤ 12,000원

따라서 포기한 아르바이트 수입 6,000원이 기회비용이 된다.

③ 기회비용은 포기한 재화의 단위로 나타낸다.
　㉠ 기회비용은 포기한 재화의 화폐 단위나 효용으로 표시한다.
　㉡ 다음의 예를 살펴보면 기회비용은 포기한 재화의 단위로 나타냄을 알 수 있다.

예제 6. 갑돌이는 1시간에 물고기 10마리를 잡거나 사과 50개를 딸 수 있다고 하자. 갑돌이가 물고기를 잡는 경우 기회비용은?

선택	포기
물고기 10마리	사과 50개

물고기 10마리를 선택했으므로 물고기를 잡는 경우의 기회비용은 포기한 재화인 사과 50개로 표시된다.

④ 명시적 비용과 암묵적 비용
　㉠ 합리적인 의사 결정을 위해서는 항상 기회비용의 관점에서 결정해야 한다.
　㉡ 기회비용은 명시적 비용과 암묵적 비용의 합이다.
　㉢ 명시적 비용
　　어떤 대안을 선택함으로써 실제로 지출한 비용이다.
　㉣ 암묵적 비용

어떤 한 대안을 선택할 때 다른 대안에서 얻을 수 있는 가치 또는 다른 기회가 암묵적 비용이다.

예제 7. 갑돌이는 편의점에서 현재 시간당 만 원을 받고 아르바이트를 하고 있는데 친구의 권유로 영화를 보기 위해 아르바이트를 포기하고 영화를 2시간 관람하였다. 영화의 관람료는 9,000원이었다. 이 경우 영화 관람에 대한 기회비용은?

선택	포기
(+)영화 관람의 편익	(−)2시간 아르바이트 수익
(−)영화 관람료 9,000원	20,000원

① 영화 관람을 선택했으므로 실제 지출한 영화 관람료 9,000원이 명시적 비용이 된다.
② 영화 관람을 선택할 때 아르바이트에서 발생할 수익 20,000원은 포기해야 하는데 포기한 20,000원이 암묵적 비용이 된다.
③ 따라서 영화 관람의 기회비용은 명시적 비용 9,000원과 암묵적 비용 20,000원을 합한 29,000원이다.

예제 8. 갑돌이는 10%의 이자율로 1년간 5억을 예금하고 있었는데 사업을 하기 위해 예금을 인출하여 사업 자금으로 사용하였다. 1년간 사업 결과 수익은 2억 원, 비용은 1억 5천5백만 원이 발생하였다. 이 경우 사업의 기회비용은?

선택	포기
(+)사업 매출액 : 2억 원	(−)예금 이자 : 5천만 원
(−)사업 비용 : 1억 5천5백만 원	

① 명시적 비용은 사업 매출을 위해 실제 지출한 1억 5천5백만 원이다.
② 암묵적 비용은 갑돌이가 포기한 예금 이자 5천만 원이다.
③ 따라서 기회비용은 명시적 비용 1억 5천5백만 원과 암묵적 비용 5천만 원을 포함한 2억 5백만 원이다. 사업 매출액보다 기회비용이 더 크므로 갑돌이는 사업을 하지 말았어야 했다.

⑤ 세상에 공짜 점심은 없다.

예제 9. 갑순이는 갑돌이가 공짜로 저녁을 사 주고 영화를 보여준다고 해서 갑돌이를 만나러 간 경우 기회비용은?

선택	포기
공짜 저녁과 영화	휴식, 공부, 다른 취미 활동

갑돌이가 저녁도 사 주고 영화도 보여주었으므로 갑순이는 비용이 한 푼도 안 들었다. 이 경우 기회비용은 제로인가? 아니라는 것이다. 갑순이가 공짜 저녁과 영화를 선택하면, 다른 것을 포기해야 한다. 예를 들어, 휴식을 취한다든지, 밀린 공부를 한다든지 또는 다른 취미 활

동을 할 수 있으므로 갑순이는 선택의 대가로 무언가를 포기해야 한다. 따라서 기회비용은 제로가 아니다.

⑥ 기회비용의 주관성

방학 때 공부를 한 것에 대한 기회비용은 학생마다 다르게 나타날 것이다. 독서, 여행, 휴식, 놀이 등 학생마다 포기한 것이 다를 것이다. 이처럼 기회비용은 주관적일 수 있어 개인적으로 다양하게 나타날 수 있지만, 문제에서는 한정되어 제시되므로 문제에서 제시된 내용 안에서 기회비용을 구하면 된다.

(2) 매몰비용

① **이미 지출된 이후에 회수가 불가능한 비용을 매몰비용**이라고 한다.

㉠ 버스가 오자 급한 마음으로 버스에 탔는데, 그만 버스를 잘못 타고 말았다.

이 경우 버스를 잘못 탔다고 버스 기사에게 얘기하고 환불을 요청하면 어떻게 될까? 바로 내리면 환불 가능할 수 있지만, 버스가 출발하고 난 후에는 거의 환불이 안 될 것이다.

㉡ 이처럼 지출된 이후에 회수가 불가능한 것이 매몰비용이다.

② 매몰비용은 의사 결정 시 고려하지 말아야 한다.

㉠ 버스를 잘못 탄 경우 약속 시간에 맞추어 가기 위해서 택시를 타고 갈 건지 아니면 지하철을 이용할 것인지를 고민해야 하며, 이미 지출한 버스비는 고려대상이 되지 않는다.

㉡ 이처럼 이미 지출이 이루어진 것이 미래의 의사 결정에 아무런 영향을 미치지 못하는 것을 매몰비용이라 하는데 이런 매몰비용은 합리적 의사 결정 시 고려하면 안 된다.

③ 매몰비용의 다른 예들

㉠ 스포츠 경기나 공연 입장료는 경기 시작 후나 공연 시작 후엔 환불이 안되므로 매몰비용이 된다.

㉡ 한 달 전 3,000만 원 주고 산 차를 처분하는 경우 구입가 3,000만 원은 매몰 비용이 된다. 과거에 이미 지출이 이루어졌고, 지금은 현재의 차 가격이 중요하므로 과거의 구입가격은 매몰비용이 된다.

㉢ 1억 원을 주고 주식을 구입하였는데 지금 주식의 시장가치는 8,000만 원이다.

이 경우 과거에 구입했던 주식 1억 원은 매몰비용이 되는 것이고 앞으로의 의사 결정은 주식의 가치가 오를 것인지 아니면 내릴 것인지를 보고 결정하여야 한다.

예제 10. 연구비로 2억 원을 들여 연구를 끝냈으나 제품화하는데 다시 2억 원이 들어야 한다. 제품을 개발해서 판매하는 경우 매출이 3억 원이 된다면 합리적인 결정은?

① 연구비는 이미 지출되어 회수 불가능하므로 매몰비용이 되어 의사 결정하는 경우 고려 대상이 되지 않는다.

② 추가로 제품 개발비 2억 원을 투입해서 3억 원의 수입을 얻을 수 있으면 1억 원의 이익이 발생하므로 제품을 개발하여야 한다.

③ 총비용이 4억 원(연구비 2억 원 + 제품 개발비 2억 원) 발생했는데 수익은 3억 원이어서 오히려 1억 원 손해를 본다며 제품을 개발하지 않는다면 잘못된 의사 결정을 내리는 것이다.

④ 왜냐하면 연구비 2억 원은 매몰비용이므로 고려 대상이 아니며, 추가로 2억 원을 투입하여 제품을 개발하여 판매하는 경우 3억 원의 수익이 발생하여 1억 원을 회수할 수 있기 때문이다.

(3) 편익

① 편익

어떤 선택을 하였을 때 얻게 되는 만족감 또는 유익함을 편익이라고 한다.

② 금전적 편익과 비금전적 편익

㉠ 금전적 편익

기업이 재화와 서비스를 생산 판매함으로써 얻는 수익은 금전적 편익이다.

㉡ 비금전적 편익

소비자가 재화와 서비스를 소비함으로써 얻는 만족감은 비금전적 편익이다.

(4) 비용과 편익 분석

① 순편익은 편익에서 비용을 뺀 것이다.

순편익 = 편익 - 기회비용

② 합리적 선택

비용과 편익의 분석을 바탕으로 하여 편익이 비용보다 큰 경우에 선택하는 것이 합리적인 선택이 될 것이며 대안이 여러 개인 경우에는 순편익이 가장 큰 것을 선택하면 된다.

4. 경제적 유인

(1) 유인

① 유인

사람들이 특정한 방식으로 행동하거나 행동하지 않도록 동기를 부여하는 자극을 유인이라고 한다.

② 유인의 종류

　㉠ 긍정적 유인

　　• 행위자나 관련 당사자에게 편익으로 작용하여 특정 행동을 계속하게 하는 유인이 긍정적 유인이다.

　　• 긍정적 유인의 예로는 금전적인 이득, 상금, 명예 등이 있다.

　㉡ 부정적 유인

　　• 행위자나 관련 당사자에게 비용이나 불편으로 작용하여 특정 행동을 덜 하게 하거나 중지토록 하는 유인이다.

　　• 부정적 유인의 예로는 금전적인 손실, 벌금, 사회적 비난 등이 있다.

(2) 경제적 유인의 기능

① 시장에서 가격의 상승

　㉠ 소비자는 가격이 비싸졌으므로 소비량을 줄이도록 하는 부정적 유인으로 작용한다.

　㉡ 기업은 가격이 올랐으므로 생산량을 늘리려는 긍정적 유인으로 작용한다.

② 이처럼, 합리적인 경제 주체인 가계와 기업은 시장에서의 변화 상황에 대해 긍정적 유인인지 부정적 유인인지를 판단하여 자기 행동에 변화를 주게 된다.

5. 합리적 선택을 위한 의사 결정

(1) 합리적 선택

여러 대안 중에서 최선의 대안을 고르는 것 또는 순편익을 극대화하도록 선택하는 것이 합리적 선택이다.

(2) 합리적 선택의 과정

① 문제의 인식

현재 직면하고 있는 문제의 내용 및 성격을 파악하는 것이다.

② 정보 수집 및 대안의 탐색

　　문제와 관련된 여러 가지 정보를 수집하여 선택 가능한 대안들을 찾아본다.

③ 대안에 대한 선택의 평가 기준 결정

　　비용, 편익, 중요도 등 대안을 선택할 수 있는 기준을 결정한다.

④ 대안의 평가

　　결정된 평가 기준에 따라 대안들을 평가한다.

⑤ 최종 선택과 실행

　　평가된 내용에 따라 가장 합리적인 선택을 하여 실행한다.

1. 생산가능곡선

(1) 생산가능곡선(production possibility curve)

① 한 사회가 경제 내의 생산요소를 효율적으로 투입하여 최대로 생산할 수 있는 생산물의 조합을 나타내는 곡선이 생산가능곡선이다.

② 모든 생산요소를 투입하여 컴퓨터와 스마트폰 두 가지 재화만 생산한다고 가정하면 생산가능곡선은 아래 그림과 같다.

③ 생산가능곡선상의 각 점은 컴퓨터와 스마트폰의 생산물 조합으로서 각 점의 생산물 조합은 다음과 같다.

(컴퓨터, 스마트폰) A(0, 120), B(60, 100), C(75, 80), D(85, 60), E(100, 0)

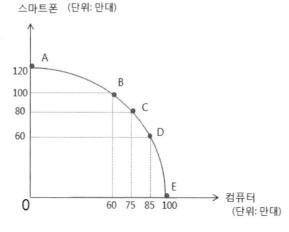

(그림 2-2 생산가능곡선)

④ 생산물 조합의 변화

    ㉠ D에서 C로 생산물 조합이 바뀔 때 스마트폰 20만 대를 추가 생산하기 위해서 포기하는 컴퓨터 생산량은 10만 대이다.

    ㉡ C에서 B로 생산물 조합이 바뀔 때 스마트폰 20만 대를 추가 생산하기 위해서 포기하는 컴퓨터 생산량은 15만 대이다.

    ㉢ B에서 A로 생산물 조합이 바뀔 때 스마트폰 20만 대를 추가 생산하기 위해서 포기하는 컴퓨터 생산량은 60만 대이다.

⑤ 기회비용의 체증

(그림 2-2)에서 **스마트폰 생산을 위해 포기하는 컴퓨터 대수는 점점 더 증가하는 것**을 알 수 있는데, 이것은 **스마트폰 생산의 기회비용이 커지고 있는 것**을 의미한다.

⑥ **일반적으로 생산가능곡선은 우하향하는데, 이것은 자원의 희소성에서 비롯된다.**
자원의 양이 주어진 상태에서 스마트폰 생산을 늘리기 위해서는 컴퓨터 생산을 감소시켜야 하므로 생산가능곡선은 우하향한다.

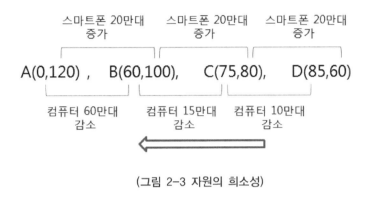

(그림 2-3 자원의 희소성)

⑦ 생산가능곡선이 **원점에 대해여 오목한 것은 기회비용이 체증하는 것**을 의미한다.
스마트폰 생산을 일정하게 증가시킬 때에 줄어드는 컴퓨터 생산은 점점 더 커지게 된다. 이렇게 스마트폰 생산의 기회비용이 체증하는 것은 생산가능곡선이 원점에 오목하기 때문이다.

(2) 생산가능곡선의 의미

① 생산가능곡선 상의 점
생산가능곡선 상의 모든 점은 주어진 자원을 가지고 가장 효율적으로 생산하는 생산물 조합을 나타낸다. (그림 2-4)의 B, C, D는 모두 효율적인 생산물 조합이다.

② 생산가능곡선 내부의 점
생산가능곡선 **내부의 점(그림 2-4) 인 A는 생산이 비효율적으로 이루어지고 있는 상태**로서 실업이 존재한다든지 또는 공장 가동률이 하락한 경우가 이에 해당한다.

③ 생산가능곡선 외부의 점
(그림 2-4)의 E점처럼 **생산가능곡선 외부의 점들은 현재 기술 수준으로는 생산하기 어려운 것**을 나타낸다.

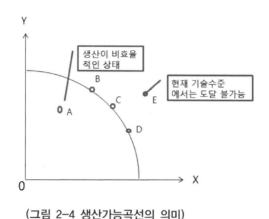

(그림 2-4 생산가능곡선의 의미)

(3) 생산가능곡선의 이동

① 기술진보, 천연자원 발견, 인구 증가, 교육 수준 향상, 자본량이 증가하면 생산가능곡선은 바깥쪽으로 이동하게 된다.

② 기술진보

기술진보가 일어나면 주어진 자원의 상태에서 더 많이 생산할 수 있으므로 생산가능곡선은 바깥쪽으로 이동한다. X재의 기술진보가 일어나면 (그림 2-5)에서처럼 X재만 생산가능곡선 바깥쪽으로 이동한다.

③ 천연자원 발견

주어진 자원의 양이 증가하므로 생산가능곡선은 바깥쪽으로 이동한다.

④ 인구 증가

인구가 증가하면 생산요소가 증가하므로 생산가능곡선은 바깥쪽으로 이동한다.

⑤ 자본량 증가

자본량이 증가하면 생산 시설을 더 지을 수 있으므로 생산가능곡선은 바깥쪽으로 이동한다.

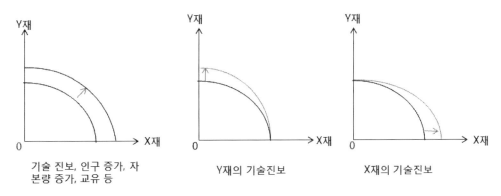

기술 진보, 인구 증가, 자
본량 증가, 교유 등

Y재의 기술진보

X재의 기술진보

(그림 2-5 생산가능곡선의 바깥쪽 이동)

(4) 생산가능곡선 내부에서 생산가능곡선 상으로 이동

실업이 감소하거나, 공장 설비의 가동률이 상승하면 (그림 2-4)에서처럼 생산가능곡선 내부의 A점에서 생산가능곡선 상의 점인 B 등으로 이동할 수 있다.

(5) 생산가능곡선 상의 이동

X재 가격이 오르면 X재 생산이 증가하고 Y재 생산이 감소하므로 (그림 2-4)의 B점에 C 점으로 이동하게 된다.

2. 기회비용이 일정한 경우의 생산가능곡선

(1) 기회비용이 일정한 경우

① 기회비용이 일정하다는 것은 X재를 추가로 생산하기 위해 포기하는 Y재의 양이 일정 하다는 것이다.

② X재를 추가로 생산하기 위해 포기하는 Y재의 양이 일정하므로 생산가능곡선은 직선 이 된다.

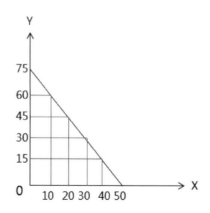

(그림 2-6 기회비용이 일정한 경우의 생산가능곡선)

(2) 리카도의 비교우위론(3장과 16장 참고)

① 리카도의 비교우위론에서는 기회비용이 일정하다고 가정하므로 생산가능곡선은 직선이 된다.

② 예를 들어 갑국은 밀 50단위와 쌀 100단위를 생산한다고 하면 갑국의 밀 생산의 기회비용과 쌀 생산의 기회비용은 일정하게 된다.

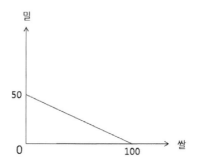

(그림 2-7 리카도의 비교우위론에서 생산가능곡선)

③ 갑국의 쌀 1단위 생산에 대한 기회비용은?

선택	포기
쌀 100단위	밀 50단위
쌀 1단위	밀 0.5단위

쌀 100단위 생산하는 경우 밀 50단위를 포기해야 하므로 쌀 1단위 생산에 대한 기회비용은 밀 0.5단위이다.

④ 갑국의 밀 1단위 생산에 대한 기회비용은?

선택	포기
밀 50단위	쌀 100단위
밀 1단위	쌀 2단위

밀 50단위 생산하는 경우 쌀 100단위를 포기해야 하므로 밀 1단위 생산에 대한 기회비용은 쌀 2단위이다.

연습문제

01. 자료에 대한 설명으로 옳은 것은?

|2013년 9월 학평|

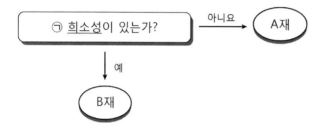

① ㉠은 인간의 욕구와 무관하게 자원이 절대적으로 적게 존재하는 것이다.
② A재는 경제적 대가를 지불해야 얻을 수 있다.
③ A재와 달리 B재는 시장에서 거래된다.
④ A재는 경제재, B재는 자유재이다.
⑤ A재는 수요가 일정할 때, 공급이 증가하면 B재로 변한다.

02. ㉠, ㉡에 대한 옳은 설명을 <보기>에서 고른 것은?

|2014년 11월 학평|

> 재화는 경제적 가치의 유무에 따라 ㉠ 과 ㉡ 으로 구분할 수 있다. 우리는 일반적으로 어떤 대가를 지불해야만 얻을 수 있는 재화를 ㉠ 이라 하고, 인간의 욕구보다 존재량이 많아 대가를 지불하지 않고도 얻을 수 있는 재화를 ㉡ 이라고 한다.

<보기>
ㄱ. ㉠은 경제재, ㉡은 자유재이다.
ㄴ. ㉠은 희귀성, ㉡은 희소성이 존재한다.
ㄷ. ㉠과 달리 ㉡은 경제의 기본 문제 대상이 되지 않는다.
ㄹ. ㉡은 수요가 감소하거나 공급이 증가하면 ㉠이 될 수 있다.

① ㄱ, ㄴ   ② ㄱ, ㄷ
③ ㄴ, ㄷ   ④ ㄴ, ㄹ
⑤ ㄷ, ㄹ

03. 진술 Ⅰ~Ⅳ에 대해 옳게 평가한 학생을 <보기>에서 고른 것은? [3점]

|2015년 3월 서울|

> Ⅰ : 합리적 선택을 위해서는 매몰비용을 제외해야 한다.
> Ⅱ : 가격 상승은 소비자에게 긍정적 유인으로 작용한다.
> Ⅲ : 계획 경제 체제에서도 경제 문제가 발생한다.
> Ⅳ : 희귀성을 지닌 자원은 모두 희소성을 가진다.

─────────────── < 보 기 > ───────────────

> 갑 : 매몰비용도 명시적 비용에 포함되기 때문에 Ⅰ은 옳은 진술이에요.
> 을 : 가격과 수요량은 음(-)의 관계에 있기 때문에 Ⅱ는 옳은 진술이에요.
> 병 : 자원의 희소성은 어느 경제 체제에서나 존재하기 때문에 Ⅲ은 옳은 진술이에요.
> 정 : 자원의 희소성은 존재량과 욕구의 상대적 크기에 의해 결정되기 때문에 Ⅳ는 틀린 진술이에요.

① 갑, 을   ② 갑, 병
③ 을, 병   ④ 을, 정
⑤ 병, 정

04. 다음은 어떤 자동차 회사의 경영 계획을 정리한 것이다. 이에 대한 옳은 설명을 <보기>에서 고른 것은?

|2013년 6월 학평|

> (가) 전기 자동차와 같은 친환경 자동차의 생산 비중을 높여 나간다.
> (나) 해외 생산 시설의 50%를 5년 이내에 국내로 이전한다.
> (다) 생산성 향상을 위해 3년 이내에 공장 자동화율을 70%까지 높인다.
> (라) 근로자의 임금 상승률을 물가 상승률 수준으로 유지한다.

─────────────── < 보 기 > ───────────────

> ㄱ. (가)는 '무엇을 얼마나 생산할 것인가'와 관련된 결정이다.
> ㄴ. (나)에서는 효율성보다 형평성을 중시하였다.
> ㄷ. (다)는 생산요소의 선택 및 결합 방법과 관련되어 있다.
> ㄹ. (라)는 '어떻게 생산할 것인가'와 관련된 결정이다.

① ㄱ, ㄴ   ② ㄱ, ㄷ
③ ㄴ, ㄷ   ④ ㄴ, ㄹ
⑤ ㄷ, ㄹ

05. 다음은 경제 수업 내용을 정리한 노트의 일부분이다. 밑줄 친 ㉠~㉣에 대한 옳은 설명을 <보기>에서 고른 것은?

|2014년 9월 학평|

> ▶ 세 가지 기본 ㉠ 경제 문제
> 1) ㉡ 무엇을 얼마나 생산할 것인가?
> 2) ㉢ 어떻게 생산할 것인가?
> 3) ㉣ 누구를 위해 생산할 것인가?

―――――< 보 기 >―――――

ㄱ. ㉠은 모든 경제 체제에서 발생하는 문제이다.

ㄴ. ㉡의 사례로는 자동차 회사가 소형차와 중형차를 몇 대씩 생산할 것인지를 결정하는 것을 들 수 있다.

ㄷ. ㉢은 효율성보다 형평성을 우선하여 고려해야 한다.

ㄹ. ㉣은 생산요소의 선택과 결합의 문제이다.

① ㄱ, ㄴ   ② ㄱ, ㄷ

③ ㄴ, ㄷ   ④ ㄴ, ㄹ

⑤ ㄷ, ㄹ

06. 자료에 대한 설명으로 옳은 것은? [3점]

|2015년 3월 학평|

갑은 무료 야식 쿠폰으로 무엇을 먹을지 고민 중이다. 선택 가능한 야식과 그 편익은 아래 표와 같다.

메뉴	치킨	족발	피자	탕수육
편익	20	13	18	15

단, 무료 야식 쿠폰으로 한 가지 메뉴만 선택할 수 있다.
쿠폰은 본인만 사용할 수 있고 현금으로 돌려받을 수 없다.

① 피자 선택의 기회비용이 가장 작다.

② 족발을 먹는 것이 합리적인 선택이다.

③ 탕수육 선택의 기회비용은 포기한 편익의 합인 51이다.

④ 치킨 선택의 기회비용은 피자 선택으로 얻을 수 있는 편익이다.

⑤ 치킨을 선택했을 때와 피자를 선택했을 때의 기회비용은 동일하다.

07. 갑, 을의 대화에 대한 분석으로 옳지 <u>않은</u> 것은? (단, 갑과 을은 합리적 경제 주체이다.)

[3점]

|2015년 6월 학평|

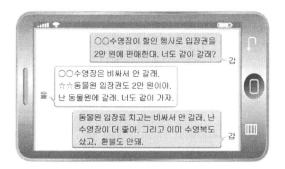

① 갑과 을은 경제적 유인에 따라 선택하려 한다.
② 갑의 수영장 이용에 대한 효용은 을보다 크다.
③ 갑이 지불한 수영복 가격은 매몰비용이다.
④ 을의 수영장 이용에 대한 효용은 2만 원보다 작다.
⑤ 수영장 이용에 대한 기회비용은 을보다 갑이 더 크다.

08. 다음 사례에 대한 옳은 분석을 <보기>에서 고른 것은? [3점] |2012년 11월 학평|

갑은 입장료가 3만 원인 연극의 무료입장권을 얻었다. 그런데 같은 날, 같은 시간에 좋아하는 가수의 콘서트가 열린다. 콘서트 입장료는 5만 원이며, 갑은 콘서트를 관람하기 위해 8만 원까지 지불할 용의가 있다. 연극과 콘서트 중에서 고민하던 갑은 연극을 보기로 결정하였다. (단, 무료입장권은 다른 사람에게 팔 수 없으며, 갑이 어떤 공연을 본다고 해도 입장료 외에 추가 비용은 없다.)

< 보기 >

ㄱ. 연극을 볼 때의 기회비용은 0원이다.
ㄴ. 연극을 볼 때의 편익은 3만 원보다 작다.
ㄷ. 콘서트 관람을 통해 얻을 수 있는 편익은 8만 원이다.
ㄹ. 콘서트 관람보다 연극을 볼 때의 기회비용이 더 작다.

① ㄱ, ㄴ
② ㄱ, ㄷ
③ ㄴ, ㄷ
④ ㄴ, ㄹ
⑤ ㄷ, ㄹ

09. 다음 사례에 대한 옳은 분석 및 추론을 <보기>에서 고른 것은? |2015년 11월 학평|

갑은 가격이 너무 비싸다고 생각되어 관람을 포기했던 음악회의 관람권을 50% 할인하여 판매한다는 소식을 듣고 ㉠ 20,000원에 구매하였다. 그런데 구매 후 음악회 관람 시간과 동일한 시간에 해야 하는 아르바이트 제의가 들어와 ㉡ 음악회에 갈지 아르바이트를 할지 고민 중이다. 아르바이트하면 ㉢ 30,000원을 받을 수 있고, 음악회 관람권은 재판매 또는 환불이 불가능하다.

─────────── <보기> ───────────

ㄱ. 음악회 관람권을 구입할 당시 갑이 판단한 음악회 관람의 편익은 40,000원보다 크다.
ㄴ. ㉡의 선택에 있어 ㉠은 매몰비용으로 고려 대상이 아니다.
ㄷ. ㉢은 갑이 음악회 관람을 선택할 경우의 명시적 비용이다.
ㄹ. 음악회 관람에 따른 편익이 ㉢보다 크다면 음악회 관람을 선택하는 것이 합리적이다.

① ㄱ, ㄴ
② ㄱ, ㄷ
③ ㄴ, ㄷ
④ ㄴ, ㄹ
⑤ ㄷ, ㄹ

10. 그래프는 갑, 을, 병 세 국가의 생산가능곡선이다. 이에 대한 옳은 설명을 <보기>에서 고른 것은? (단, 세 나라는 X, Y재만을 생산한다.) [3점] |2011년 11월 학평|

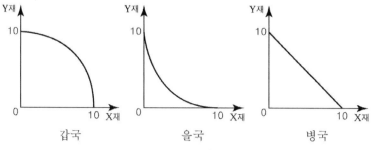

─────────── <보기> ───────────

ㄱ. 갑국이 X재의 생산을 증가시킬수록 포기해야 하는 Y재의 양은 감소한다.
ㄴ. 을국에서는 자원의 희소성이 존재하지 않는다.
ㄷ. 병국에서 X재 1단위 추가 생산의 기회비용은 곡선 상의 모든 점에서 동일하다.
ㄹ. X재 또는 Y재만을 생산할 때의 기회비용은 세 국가에서 모두 동일하다.

① ㄱ, ㄴ
② ㄱ, ㄷ
③ ㄴ, ㄷ
④ ㄴ, ㄹ
⑤ ㄷ, ㄹ

11. 그림은 X재와 Y재만을 생산하는 갑국의 생산가능곡선이다. 이에 대한 분석으로 옳은 것은? [3점]

|2015년 6월 학평|

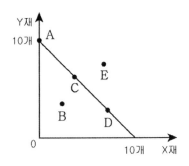

① A점은 생산이 불가능한 조합이다.
② B점은 가장 효율적인 생산이 이루어지는 조합이다.
③ C점보다 D점에서 X재 한 단위 추가 생산에 따른 기회비용이 더 크다.
④ E점은 기술 혁신이 이루어지면 생산 가능한 조합이 될 수 있다.
⑤ E점에서 C점으로 이동하는 것은 갑국 경제가 성장하는 것으로 볼 수 있다.

12. 그림은 X재와 Y재만을 생산하는 갑국의 생산가능곡선이다. 이에 대한 분석으로 옳지 않은 것은? [3점]

|2014년 9월 학평|

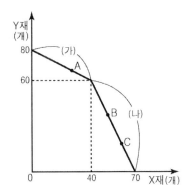

① A, B, C는 모두 효율적인 생산 조합이다.
② B와 C에서 X재 1개 추가 생산의 기회비용은 동일하다.
③ (가) 구간의 X재 1개 추가 생산의 기회비용은 Y재 1/2개이다.
④ (나) 구간의 Y재 1개 추가 생산의 기회비용은 X재 1/2개이다.
⑤ Y재 1개 추가 생산의 기회비용은 (가) 구간에 비해 (나) 구간에서 더 크다.

13. 그래프는 갑국과 을국의 생산가능곡선을 나타낸 것이다. 이에 대한 설명으로 옳은 것은? (단, 생산요소는 노동 하나뿐이고, 양국에서 투입 가능한 노동의 양은 동일하다고 가정한다.) [3점]

| 2012년 9월 학평 |

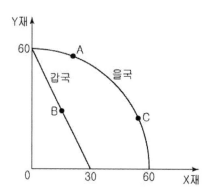

① 갑국의 X재 1단위 생산에 따른 기회비용은 Y재 1/2단위이다.

② 을국의 C점은 A점보다 효율적이다.

③ B점은 갑국에게는 비효율적, 을국에게는 효율적이다.

④ X재만 생산할 경우, X재 1단위당 생산비는 갑국이 을국보다 저렴하다.

⑤ X재 1단위 추가 생산의 기회비용은 갑국은 항상 일정하고 을국은 점차 증가한다.

14. 다음은 어떤 승용차 공장에서 주어진 생산요소와 생산 기술을 사용하여 최대한 생산할 수 있는 두 상품의 생산량을 나타낸 것이다. 자료에서 추론할 수 <u>없는</u> 것은?

	A	B	C	D	E
경차	160	120	80	40	0
중형차	0	20	40	60	80

① 어떤 조합을 선택하든 대가를 치러야 한다.

② 경차를 120대 생산하려면 중형차 20대를 포기해야 한다.

③ 기술 혁신이 일어난다면 위 조합의 자동차 대수보다 더 많은 자동차를 생산할 수 있다.

④ 만약 모든 생산 자원이 경차 생산에 투입된다면 160단위를 생산할 수 있다.

⑤ A~E 중에서 어떤 방법을 선택하더라도 효율적이다.

15. 그림은 철수의 소비 가능 곡선이다. 이에 대한 설명으로 옳은 것은? (단, 철수는 용돈 3만 원을 모두 소비하며, 옷과 빵 두 가지 재화만 구매한다.) [3점] |2012년 6월 학평|

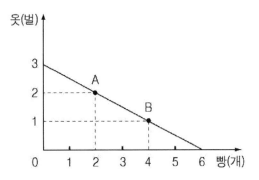

① 빵 1개의 기회비용은 옷 1/2벌이다.
② 빵 4개와 옷 2벌을 동시에 구매할 수 있다.
③ 빵 구매를 늘려감에 따라 빵 1개 구매에 대한 기회비용이 증가한다.
④ A보다 B를 선택하는 것이 합리적이다.
⑤ B에서 A로 선택을 바꾼다면 옷 1벌보다 빵 2개를 더 좋아하는 것이다.

CHAPTER

3

분업과 특화 및 경제 체제

1. 분업

(1) 분업

① 분업의 정의
  ㉠ 재화나 서비스를 생산하는 과정에서 작업 과정을 여러 개로 나누고,
  ㉡ 나눈 각각의 작업 과정을 서로 다른 작업자가 맡아 자기 작업에만 전념하는 것을 분업이라고 한다.

② 아담 스미스의 분업에 관한 견해
  ㉠ 노동 생산력의 개선과 숙련도 및 솜씨의 향상은 분업의 결과였다고 그의 저서『국부론』에서 주장했다.
  ㉡ 분업을 통한 핀 제조
    한 사람이 혼자서 핀을 만든다면 하루에 20개의 핀도 만들 수 없지만 10명의 인원이 분업을 통해 핀을 만든다면 하루에 수만 개를 만들 수 있다고 하며 분업의 중요성을 강조했다.

(2) 분업의 장점

① 한 가지 작업만을 되풀이할 경우 학습 효과에 의한 작업 기능의 숙달로 생산성이 향상된다.
② 작업 과정 단순화에 따른 비숙련공 고용으로 생산비를 절감할 수 있다.

(3) 분업의 단점

① 단순 작업의 반복으로 인한 노동자의 스트레스 및 피로감이 증가할 수 있다.
② 노동자는 창의적인 존재가 아니라 작업 과정 중의 한 부분이라는 수동적 존재로 전락하면서 인간 소외 현상이 일어날 수 있다.
③ 한 작업 과정의 불량이 전체 생산과정에 영향을 미칠 수도 있다.

(4) 최근의 경향

여러 작업 현장을 교환 근무한다든지 팀별 협력 체제를 도입하여 분업의 단점을 극복하려 하고 있다.

2. 특화와 교환

(1) 특화

① 개인, 기업 등의 경제 주체가 자신이 가지고 있는 생산요소를 특정 상품의 생산에 집중하는 것을 특화라고 한다.

② 한 사람이 여러 가지 상품을 만들 수 있어도 가장 잘 만들 수 있는 하나의 상품의 생산에 집중하고, 다른 사람들도 각자 자기가 가장 잘 만들 수 있는 상품의 생산에 집중하는 것을 특화라고 한다.

③ 특화하면 전문성과 생산성이 높아진다.

(2) 특화 후 교환

① 자기에게 필요한 모든 상품을 만드는 것이 아니고 특화한 상품만 만들므로 특화한 후에는 서로 교환을 하여야만 특화로 인한 이득을 서로 나누어 가질 수 있다.

② 예를 들어 제빵업자는 빵만을 생산하고, 구두업자는 구두만을 생산하고, 의류업자는 의류만을 생산하면 특화로 인한 생산성 상승으로 혼자서 빵, 구두, 의류를 모두 만들 때보다 저렴하게 더 많이 생산할 수 있다. 특화 후 교환을 통해서 서로에게 필요한 것을 저렴하게 충분히 나눌 수 있으므로, 사회 전체적으로 이익이 된다는 것이다.

3. 절대우위와 비교우위에 따른 특화

(1) 특화의 기준

① 누가 어떤 재화나 서비스를 특화하여 생산할 것인가를 해결하는 것이 특화의 기준이다.

② 절대우위와 비교우위를 통해 특화에 관한 문제를 해결할 수 있다.

(2) 절대우위에 따른 특화

① 어떤 재화를 생산하는 경우에 동일한 양의 자원을 투입하여 다른 생산자보다 더 많이 그 재화를 생산하면 절대우위에 있다고 한다.

ⓐ 갑과 을은 동일한 양의 자원을 투입해서 빵과 옷을 생산한다.

ⓑ 갑, 을의 시간당 빵과 옷의 생산량이 아래와 같다.

	빵(개)	옷(벌)
갑	10	5
을	5	10
총생산량	15	15

ⓒ 갑은 시간당 빵을 10개 생산하고, 을은 5개 생산하므로 갑이 빵을 생산하는 데 있어 절대우위가 있다고 한다.

ⓔ 갑은 시간당 옷을 5벌 생산하고, 을은 10벌 생산하므로 을이 옷을 생산하는 데 있어 절대우위가 있다고 한다.

② 특화 이전

ⓐ 갑과 을이 각각 빵과 옷의 생산에 1시간씩 투입하면 갑은 빵 10개, 옷 5벌, 을은 빵 5개, 옷 10벌로 총 생산량은 빵 15개, 옷 15벌이다.

ⓑ 갑과 을의 생산가능곡선

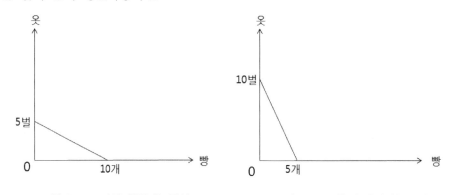

그림 3-1-1 갑의 생산가능곡선   그림 3-1-2 을의 생산가능곡선

(그림 3-1 특화 이전 갑과 을의 생산가능곡선)

③ 특화 이후

ⓐ 갑은 빵 생산에 절대우위가 있으므로 빵 생산에 특화하여 빵 20개를 생산하고, 을은 옷 생산에 절대우위가 있으므로 옷 생산에 특화하여 옷 20벌을 생산하면 총생산량은 아래와 같다. (갑과 을은 빵과 옷 생산에 각각 2시간씩 투입한다.)

	빵(개)	옷(벌)
갑	20	0
을	0	20
총생산량	20	20

ⓒ 갑과 을의 생산가능곡선과 소비점

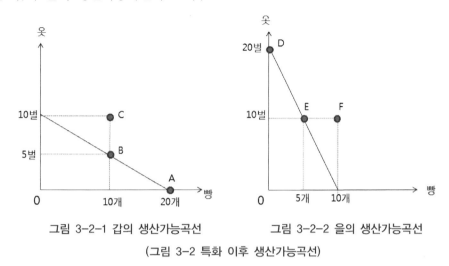

그림 3-2-1 갑의 생산가능곡선   그림 3-2-2 을의 생산가능곡선

(그림 3-2 특화 이후 생산가능곡선)

- 갑이 2시간을 모두 빵 생산에 투입하면 빵은 20개를 만들 수 있으며, 2시간을
  모두 옷 생산에 투입하면 옷은 10벌을 만들 수 있다. (그림 3-2-1)는 특화 이후의
  갑의 생산가능곡선이다.
- 을이 2시간을 모두 빵 생산에 투입하면 빵은 10개를 만들 수 있으며, 2시간을 모
  두 옷 생산에 투입하면 옷은 20벌을 만들 수 있다. (그림 3-2-2)는 특화 이후의
  을의 생산가능곡선이다.

④ 교환의 이득

ⓐ 갑과 을의 빵과 옷의 교환 조건은 1:1이라고 가정한다.

ⓑ 갑은 특화 이전에는 B점에서 빵 10개, 옷 5벌을 만들어서 소비하고 있었다. 특화
   이후에는 빵만을 생산하므로 A점에서 빵 20개를 생산한다.

ⓒ 을은 특화 이전에는 E점에서 빵 5개, 옷 10벌을 만들어서 소비하고 있었다. 특화
   이후에는 옷만을 생산하므로 D점에서 옷 20벌을 생산한다.

ⓓ 빵과 옷의 교환비율이 1:1이므로 갑과 을은 빵 10개와 옷 10벌을 서로 교환하면 갑
   과 을은 빵 10개, 옷 10벌을 소비하므로 갑은 옷 5벌을 을은 빵 5개를 추가로 소비
   할 수 있다.

| | 특화 이전 | | 특화 후 생산 | 교역 | 소비 | 추가소비 |
	생산	소비				
갑	빵 10개 옷 5벌	빵 10개 옷 5벌	빵 20개	빵 10개와 옷 10벌을 교환	빵 10개 옷 10벌	옷 5벌
을	빵 5개 옷 10벌	빵 5개 옷 10벌	옷 20벌		빵 10개 옷 10벌	빵 5개

⑩ 그림에서 생산가능곡선 위의 부분은 특화 이전에는 소비가 불가능한 영역이지만 특화 이후에는 C점과 F점에서 소비가 가능하다. 이처럼 특화 이전에는 소비 불가능 영역이 특화 이후에는 소비 가능 영역으로 바뀌는데, 이것이 특화 후 교환의 이익이다.

(3) 비교우위에 따른 특화

① 한 생산자가 어떤 재화를 생산할 때 다른 생산자보다 더 작은 기회비용으로 생산하는 경우 그 재화의 생산에 비교우위가 있다고 한다.

② 갑, 을의 시간당 빵과 옷의 생산량은 아래와 같다.

	갑	을
빵(개)	10	16
옷(벌)	10	8

③ 갑은 을보다 옷 생산량이 많으므로 옷 생산에서 을에 비해 절대우위에 있고, 을은 갑보다 빵 생산량이 많으므로 빵 생산에서 갑에 비해 절대우위에 있다.

　㉠ 일반적으로 한 생산자가 두 재화 모두에서 절대우위 또는 절대열위에 있을 수 있으나 두 재화 모두에서 비교우위 또는 비교열위에 있을 수는 없다.

　㉡ 갑과 을의 생산가능곡선

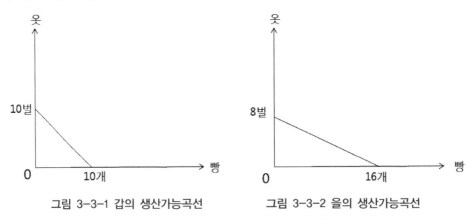

그림 3-3-1 갑의 생산가능곡선　　　그림 3-3-2 을의 생산가능곡선

(그림 3-3 갑과 을의 생산가능곡선)

④ 기회비용의 계산

	갑	을
빵(개)	10	16
옷(벌)	10	8
빵의 기회비용	옷 1벌	옷 0.5벌
옷의 기회비용	빵 1개	빵 2개

ⓒ 갑은 1시간당 빵 10개, 옷 10벌을 만들 수 있는데, 빵을 10개 생산하면 옷 10벌을 만드는 것을 포기해야 하므로 빵 1개의 기회비용은 옷 1벌이다. 반대로 옷 10벌을 생산하면 빵 10개를 포기해야 하므로 옷 1벌의 기회비용은 빵 1개이다.

	선택	포기	
빵의 기회비용	빵 10개 빵 1개	옷 10벌 옷 1벌	빵 1개의 기회비용은 옷 1벌이다.
옷의 기회비용	옷 10벌 옷 1벌	빵 10개 빵 1개	옷 1벌의 기회비용은 빵 1개이다.

ⓒ 을은 1시간당 빵 16개, 옷 8벌을 만들 수 있는데, 빵을 16개 생산하면 옷 8벌을 만드는 것을 포기해야 하므로 빵 1개의 기회비용은 옷 0.5벌이다. 반대로 옷 8벌을 생산하면 빵 16개를 포기해야 하므로 옷 1벌의 기회비용은 빵 2개이다.

	선택	포기	
빵의 기회비용	빵 16개 빵 1개	옷 8벌 옷 0.5벌	빵 1개의 기회비용은 옷 0.5벌이다.
옷의 기회비용	옷 8벌 옷 1벌	빵 16개 빵 2개	옷 1벌의 기회비용은 빵 2개이다.

⑤ 비교우위에 따른 특화
  ⓒ 기회비용이 작은 쪽을 선택한다.
    비교우위에 따른 특화를 결정할 때는 기회비용이 작은 쪽을 선택하면 된다.
  ⓒ 을은 빵의 생산에 비교우위가 있다.
    갑은 빵 1개를 더 생산하기 위해 옷 1벌을 포기하지만, 을은 옷 0.5벌만을 포기하면 된다. 빵 1개를 더 생산하기 위해서는 포기하는 옷이 작은 쪽은 을이므로(즉, 을의 빵 생산 기회비용이 작으므로) 을은 빵 생산에 비교우위가 있다.
  ⓒ 갑은 옷의 생산에 비교우위가 있다.
    갑은 옷 1벌을 더 생산하기 위해 빵 1개를 포기하지만, 을은 빵 2개를 포기한다. 옷 1벌을 더 생산하기 위해 포기하는 빵이 작은 쪽은 갑이므로(즉, 갑의 옷 생산의 기회비용이 작으므로) 갑은 옷 생산에 비교우위가 있다.

⑥ 특화 이후
  ⓒ 갑은 옷 생산에 특화하여 2시간 동안 옷 20벌을 생산하고, 을은 빵의 생산에 특화하여 2시간 동안 빵 32개를 생산한다.

ⓛ 특화 이후 갑과 을의 생산가능곡선

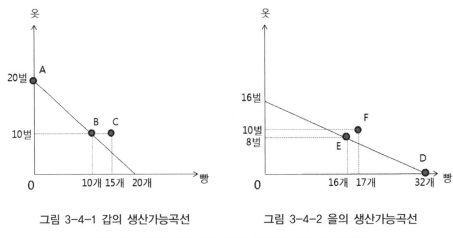

그림 3-4-1 갑의 생산가능곡선   그림 3-4-2 을의 생산가능곡선

(그림 3-4 특화 이후 갑과 을의 생산가능곡선 및 소비점)

- 갑이 2시간을 모두 빵 생산에 투입하면 빵은 20개를 만들 수 있으며, 2시간을 모두 옷 생산에 투입하면 옷은 20벌을 만들 수 있다. (그림 3-4-1)은 특화 이후의 갑의 생산가능곡선이다.

- 을이 2시간을 모두 빵 생산에 투입하면 빵은 32개를 만들 수 있으며, 2시간을 모두 옷 생산에 투입하면 옷은 16벌을 만들 수 있다. (그림 3-4-2)는 특화 이후의 을의 생산가능곡선이다.

⑦ 교환의 이득

  ㉠ 갑과 을의 옷과 빵의 교환 조건은 1:1.5라고 가정한다.

  ㉡ 갑은 특화 이전에는 B점에서 빵 10개, 옷 10벌을 만들어서 소비하고 있었다. 특화 이후에는 옷만을 생산하므로 A점에서 옷 20벌을 생산한다.

  ㉢ 을은 특화 이전에는 E점에서 빵 16개, 옷 8벌을 만들어서 소비하고 있었다. 특화 이후에는 빵만을 생산하므로 D점에서 빵 32개를 생산한다.

  ㉣ 옷과 빵의 교환비율이 1:1.5이므로 갑과 을은 옷 10벌과 빵 15개를 서로 교환하면 아래의 표처럼 갑은 빵 5개를 추가로 소비하고 을은 빵 1개와 옷 2벌 추가로 소비할 수 있게 된다.

	특화 이전		특화 후 생산	교역	소비	추가소비
	생산	소비				
갑	빵 10개 옷 10벌	빵 10개 옷 10벌	옷 20벌	빵 15개와 옷 10벌을 교환	빵 15개 옷 10벌	빵 5개
을	빵 16개 옷 8벌	빵 16개 옷 8벌	빵 32개		빵 17개 옷 10벌	빵 1개 옷 2벌

　　◎ 그림에서 생산가능곡선 위의 부분은 특화 이전에는 소비가 불가능한 영역이지만 특화 이후에는 C점과 F점에서 소비가 가능하다. 이처럼 특화 이전에는 소비 불가능 영역이 특화 이후에는 소비 가능 영역으로 바뀌는데, 이것이 특화 후 교환의 이익이다.

4. 여러 가지 경제 체제

(1) 경제 체제의 의미

기본적인 경제 문제를 해결하는 제도나 방식의 총체를 경제 체제라 한다.

(2) 경제 체제의 유형

① 전통 경제 체제

　　㉠ 기본적인 경제 문제가 관습과 전통에 의해 이루어지는 경제 체제이다.

　　㉡ 장점

　　　전통에 따라 경제 문제가 해결되기 때문에 경제적 갈등이나 고민이 다른 경제 체제보다 적어 안정적이다.

　　㉢ 단점

　　　전통이나 관습에 의해 경제적 자유가 제한되고 사회 발전이 지연될 수 있다.

② 시장 경제 체제

　　㉠ 시장의 자동 조절 기능에 따라 경제 문제를 해결하는 경제 체제이다.

　　㉡ 경제적 유인에 의해 동기가 부여됨에 따라 개인의 창의성이 잘 발휘된다.

　　　(예 마이크로소프트의 빌 게이츠, 애플의 스티브 잡스)

　　㉢ 사유 재산과 영리 추구 활동이 보장되며, 각 경제 주체가 영리를 추구하는 가운데 자원이 효율적으로 배분된다.

　　㉣ 한계

　　　빈부 격차의 심화, 불공정 거래에 따른 시장가격 기구의 왜곡, 공공재의 부족, 경기 변동 등의 시장실패가 나타날 수 있다.

③ 계획 경제 체제
   ㉠ 중앙정부가 경제 활동 전반을 계획하고 통제하는 경제 체제이다.
   ㉡ 모든 경제 활동이 중앙정부의 지시와 통제에 의존하기 때문에 명령 경제 체제라고
      도 한다.
   ㉢ 경제적 유인에 의해 동기부여가 되지 않고, 결과의 평등을 추구하여 개인의 창의성
      이 발휘되기 어렵다.
   ㉣ 주요 생산 수단이 국유화되고 사유 재산도 거의 인정되지 않는다.
   ㉤ 계획 경제 체제였던 동유럽 사회주의 국가들은 경제적 유인의 부족, 결과의 평등으
      로 인한 저성장, 비효율로 인해 경제 발전이 서구에 비해 많이 뒤떨어졌으며 동유
      럽 사회주의 몰락으로 계획 경제 체제는 역사에서 거의 사라졌다.

⑶ 혼합 경제 체제

① 시장 경제 체제를 기본으로 하면서 계획 경제 체제의 일부 요소를 도입한 것을 혼합
   경제 체제라 한다. 대부분의 자유주의 국가들은 시장 경제 체제를 기본으로 하면서
   복지나 공정한 시장 거래 등에 계획 경제 체제의 요소를 도입하고 있다.
② 사회주의 체제를 기본으로 하면서 시장 경제 체제 도입
   ㉠ 중국이나 베트남 등이 대표적인 국가이다.
   ㉡ 정치적으로는 사회주의 체제이나 경제적으로는 시장 경제 체제를 도입하여 경제
      개발을 하고 있다.
③ 엄밀한 의미에서 순수한 시장 경제 체제나 순수한 계획 경제 체제는 없으며, 모든 국
   가들이 각국 실정에 맞는 혼합경제 체제를 도입하여 경제 문제를 해결하고 있다.

⑷ 생산 수단의 소유 형태에 따라

① 자본주의
   생산 수단의 사유화가 인정되며, 주로 시장 경제 체제에서 운용된다.
② 사회주의
   생산 수단이 국유화되어 있으며, 주로 사회주의 경제 체제에서 운용된다.

(5) **시장 경제 체제와 계획 경제 체제의 특성 비교**

구분	시장경제 체제(자본주의)	계획경제 체제(사회주의)
생산 수단의 소유	사유	국유(공유)
자원 배분 양식	시장의 가격기구	정부의 계획과 통제
경제 활동의 동기	이윤 극대화, 효용 극대화	목표 달성, 이념
추구하는 가치	효율성	공평성
경제운영주체	개별경제 주체	중앙계획 당국
의사 결정방식	분권화	중앙집권화
장점	자원 배분이 효율적 개인의 선택자유 보장	공평한 소득분배
단점	소득분배 불균형 경제 불안정(경기 변동) 빈부 격차 인간 소외	자원 배분이 비효율적 개인의 선택 자유 제약 생산성 저하 및 계획의 비신축성

01. 자료에 대한 분석으로 옳은 것은? [3점]　　　　　　　|2013년 9월 학평|

> 갑과 을이 하루에 최대로 생산할 수 있는 옷과 포도주의 양은 표와 같다. 생산요소는 노동 뿐이고, 노동 시간을 늘려도 노동 시간당 생산량은 변하지 않는다. 또한 두 사람이 생산하 는 옷과 포도주의 질은 동일하다.
>
> | 구분 | 옷(벌) | 포도주(병) |
> |------|--------|-----------|
> | 갑 | 9 | 8 |
> | 을 | 10 | 11 |

① 갑은 포도주를 특화해야 한다.

② 을이 포도주 1병을 추가로 생산하기 위해 포기해야 하는 옷은 1.1벌이다.

③ 옷 1벌 생산의 기회비용은 갑이 을보다 크다.

④ 갑은 을에 비해 두 재화 모두 절대우위에 있다.

⑤ 갑은 옷, 을은 포도주에 비교우위가 있다.

02. 다음은 책상과 의자만을 생산하는 갑과 을이 한 시간 동안 최대로 생산할 수 있는 재화 의 조합이 변화한 것을 나타낸 표이다. 이에 대한 분석으로 옳은 것은? (단, 생산요소는 노동뿐이며 노동의 질은 변화가 없다.) [3점]　　　　|2014년 6월 학평|

	갑	을
책상	4	8
의자	2	8

(단위 : 개)

→

	갑	을
책상	4	20
의자	2	8

(단위 : 개)

① 변화 후에도 갑은 의자에 절대우위가 있다.

② 갑은 책상 생산을 위한 기술 혁신을 하였다.

③ 갑의 책상 생산의 기회비용은 의자 4개로 일정하다.

④ 변화 후에 갑과 을의 비교우위 재화는 변화하였다.

⑤ 변화 후에 갑은 책상을 특화하여 생산하는 것이 유리하다.

03. 자료에 대한 분석으로 옳은 것은? [3점] |2015년 9월 학평|

> 표는 감자와 생선만을 생산하는 갑과 을이 두 재화 생산에 각각 1시간씩 투자하여 얻을 수 있는 최대 생산량을 나타낸다.
>
> | 구분 | 갑 | 을 |
> |---|---|---|
> | 감자(kg) | 10 | 8 |
> | 생선(마리) | 6 | 20 |
>
> * 두 사람이 비교우위 재화만 생산하다.
> ** 2시간 생산 후 각자의 1시간 생산량을 모두 맞교환한다.
> *** 두 사람이 노동 시간을 늘려도 시간당 생산량은 변하지 않는다.

① 갑은 두 재화 생산에 모두 절대우위를 갖는다.
② 감자 1kg 추가 생산의 기회비용은 갑이 을보다 크다.
③ 갑은 생선, 을은 감자 생산에 특화하는 것이 유리하다.
④ 을이 교환을 통해 얻을 수 있는 이득은 감자 10kg이다.
⑤ 갑은 교환 후 감자 10kg과 생선 20마리를 소비할 수 있다.

04. 표의 경제 체제 A~C에 대한 설명으로 옳은 것은? |2015년 11월 학평|

질문	경제 체제		
	A	B	C
생산 수단의 사적 소유를 허용하는가?	예	아니요	예
시장가격 기구에 의해 경제 문제를 해결하는가?	예	아니요	예
경제 활동에 대한 정부의 개입이 강조되는가?	아니요	예	예

① A에서는 효율성보다 형평성을 중시한다.
② B에서는 경제 문제가 발생하지 않는다.
③ B보다 A에서 더 많은 경제적 유인이 제공된다.
④ C보다 B에서 기업의 자유로운 이윤 추구가 보장된다.
⑤ A보다 C에서 '보이지 않는 손'에 의한 자원 배분이 강조된다.

05. 표는 A국과 B국의 경제 체제의 특징을 비교한 것이다. 이에 대한 설명으로 옳은 것은? (단, A국과 B국은 각각 시장 경제 체제, 계획 경제 체제 중 하나를 채택하고 있다.)

|2014년 11월 학평|

구분	A국	B국
정부의 개입 정도	약함	강함
생산 수단의 공유화 정도	낮음	높음

① A국에서는 시장실패보다 정부실패의 가능성이 크다.

② B국에서는 형평성보다 효율성을 중시한다.

③ A국은 B국보다 시장의 자기 조정 기능을 신뢰한다.

④ B국은 A국보다 경기 변동에 의한 불안정성이 크다.

⑤ A국과 달리 B국에서는 희소성에 따른 경제 문제가 발생하지 않는다.

06. 다음은 A, B국 국민 간의 대화이다. 양국의 경제 체제에 대한 설명으로 옳은 것은? (단, A, B국은 시장 경제 체제와 계획 경제 체제 중 하나이다.)

|2014년 9월 학평|

> A국 국민 : 잘 지냈어? 요즘 하는 일은 어때?
>
> B국 국민 : 응, 요즘 한가해. 우리 공장에서는 이미 정부로부터 지시받은 수량을 모두 생산했기 때문에 작업이 없어.
>
> A국 국민 : 그래? 우리 회사는 이익을 늘리기 위해 생산량을 자율적으로 결정해. 요즘 우리 회사 제품은 소비자들에게 인기가 좋아 공급이 부족해. 그래서 생산량을 늘리고 있어.
>
> B국 국민 : 우리는 정부에서 지시한 생산량만 채우면 그만이야. 왜 너희는 생산량을 늘리니?
>
> A국 국민 : 생산량을 늘리면 기업의 이윤이 증가하고, 성과에 따라 상여금을 받기 때문이야.

① A국은 시장 원리에 의해 자원이 배분된다.

② B국은 생산 수단의 개인 소유를 원칙으로 한다.

③ B국은 민간 경제 주체의 이윤 추구 동기가 높다.

④ A국과 달리 B국은 기업이 영리를 추구한다.

⑤ B국에 비해 A국은 정부의 경제적 역할이 더 크다.

07. 밑줄 친 ㉠~㉢과 같은 유형의 경제 문제가 A, B에서 해결되는 과정에 대한 설명으로 옳지 <u>않은</u> 것은?

|2014년 6월 학평|

갑은 중국 음식 전문점 창업을 준비 중이다. 그런데 ㉠ <u>특화할 음식을 무엇으로 할지</u>, ㉡ <u>요리사를 몇 명 고용할지</u>, ㉢ <u>이윤을 어떻게 분배할지</u>에 대해서 고민하고 있다.

질문	경제 체제 유형	
	A	B
정부가 자원을 배분하는 주체인가?	아니요	예
관습과 신념에 따라 생산이 이루어지는가?	아니요	아니요
수요와 공급의 원리에 따라 가격이 결정되는가?	예	아니요

① A는 ㉠의 해결 과정에 소비자의 기본 욕구나 선호가 영향을 준다.
② A는 ㉡의 해결 과정에서 효율성이 강조된다.
③ A는 ㉢의 해결 과정에서 생산에 기여한 정도가 중시된다.
④ B는 ㉠이 개별 소비자와 생산자의 의사에 따라 결정된다.
⑤ B는 ㉡이 정부의 계획에 따라 결정된다.

08. 그림은 경제 체제에 대한 수업의 한 장면이다. (가)~(다)의 일반적인 특징으로 옳은 것은?

|2013년 11월 학평|

① (가)에서는 생산 수단의 사적 소유를 제한한다.
② (나)에서는 '보이지 않는 손'에 의해 경제 문제를 해결한다.
③ (가)보다 (나)에서 경기 변동이 크게 나타난다.
④ (가)보다 (다)에서 정부 개입 정도가 크게 나타난다.
⑤ (다)와 달리 (가)에서는 희소성에 따른 경제 문제가 발생한다.

09. 그림의 (가)에 들어갈 말로 가장 적절한 것은? (단, 상자 속에는 각각 전통 경제 체제, 계획 경제 체제, 시장 경제 체제라고 적혀 있는 세 개의 공이 들어있다.)

|2013년 6월 학평|

* 한 번 뽑은 공은 다시 넣을 수 없으며, 틀리게 말한 학생은 없다.

① 대공황 이후 등장한 경제 체제입니다.
② 주로 농경 사회에서 나타난 경제 체제입니다.
③ 개인의 이익보다 공익을 중시하는 경제 체제입니다.
④ 국가나 공공단체가 생산 수단을 소유하는 경제 체제입니다.
⑤ 경제 문제가 시장가격 기구에 의해 해결되는 경제 체제입니다.

CHAPTER

4

가계와 기업의 경제 활동

1. 가계의 경제적 역할

(1) 가계

① 개인 또는 같이 살고 있는 사람들이 **소득과 소비를 공동으로 하면서 생계를 유지하는 경제 단위를 가계라 한다.**

② 가계의 예

    ㉠ 친구끼리 소득을 공유하면서 사는 것도 가계이다.

    ㉡ 같은 집에 사는 부부라도 부부가 별도로 각자의 소득을 관리하면 각자가 가계가 된다.

    ㉢ 같이 살고 있진 않지만, 부모로부터 생활비를 받아 쓰는 자녀는 부모의 가계에 포함된다.

    ㉣ 위의 예를 통해서 보면 가계의 구성원이 반드시 같은 가족이나 한집에 같이 사는 것이 아닌 것을 알 수 있다.

(2) 가계의 경제적 역할

① 생산요소의 공급자

    ㉠ 가계는 생산요소시장을 통해 기업의 생산 활동에 필요한 노동, 토지, 자본 등 **생산요소를 공급**한다.

    ㉡ 가계는 생산요소를 제공한 대가로 임금, 이자, 지대 등의 소득을 얻게 되는데 이 소득으로 가계는 소비할 수 있다.

    ㉢ 가계는 기업뿐만 아니라 정부에게도 노동, 토지, 자본 등을 제공한다.

② 재화와 서비스의 소비자

    ㉠ 가계는 생산요소를 제공하고 얻은 **소득으로 기업이 생산한 재화와 서비스를 소비하며 효용의 극대화를 추구**한다.

    ㉡ 가계의 소비는 기업의 생산을 조정하는 역할을 하므로 가계의 적절한 소비는 국민 경제의 중요한 경제 활동이다.

③ 납세자

    생산요소를 제공하고 얻은 소득의 일부를 정부에 세금으로 납부한다.

2. 가계의 합리적 소비

(1) 합리적 소비

① 합리적 소비의 의미

제한된 소득으로 최대한의 효용을 얻는 소비를 합리적 소비라 한다.

② 합리적 소비의 필요성

제한된 소득으로 가계 구성원의 모든 욕구를 충족시키는 것은 어려우므로 합리적 선택을 통한 가계 구성원의 소비가 필요하다.

③ 합리적 소비의 판단 기준

  ㉠ 최소 비용으로 최대 효용을 얻는 소비를 선택한다.

  ㉡ 여러 대안이 있는 경우 비용과 편익을 따져 보아 비용 대비 편익이 가장 큰 대안을 선택한다.

  ※ 효용

  소비자가 상품을 소비할 때 느끼는 주관적인 만족의 정도이며, 기수적 효용, 서수적 효용으로 구분된다.

  ① 기수적 효용

  효용의 크기를 양적으로 측정하여 측정된 효용의 수치가 의미를 가지는 것이 기수적 효용이다. 예를 들어 사과 한 개의 효용은 5이고 감의 효용이 8이라면 감의 효용이 사과보다 3만큼 크다는 것이다.

  ② 서수적 효용

  양적으로 측정된 효용의 수치는 의미가 없고, 단지 순서만이 의미를 갖는 것이 서수적 효용이다. 측정된 효용 수치는 의미가 없으며 효용 크기의 순서가 의미가 있다는 것이다. 예를 들어 사과 한 개의 효용이 5이고 감의 효용이 8일 때, 감이 사과보다 효용이 크다고만 해석한다.

  ※ 경제학에서 합리인 가정

  개인들은 이기적이어서 자기 이익을 중시하며, 최대효과를 가져오는 대안을 언제나 정확히 선택하는 것이 경제학에서 합리인의 가정이다.

(2) 가계의 소비에 영향을 미치는 요인

① 소득수준 및 재산
② 물가 수준 및 이자율

물가 수준이 오르거나 이자율이 오르면 소비는 감소한다.

③ 생애 주기

유소년층과 노년층 : 소득 < 소비, 청장년층 : 소득 > 소비

④ 오래된 부부 : 현재 소비 지향적, 신혼부부 : 미래 소비 지향적

⑤ 고령화, 가족 구조의 변화, 저출산 등

실버산업의 발달, 1인 가구의 증가

⑥ 사회의 문화, 가치관의 변화 등

(3) 타인의 영향을 받는 가계 소비 활동

① 소비의 네트워크 효과

㉠ 일반적으로 개인의 소비는 다른 사람의 소비와 관계없이 독립적이라고 가정한다.

㉡ 그러나 타인의 소비에 영향을 받는 소비 활동도 있는데, 그런 소비 활동을 소비의 네트워크 효과라고 한다.

㉢ 타인으로부터 영향을 받는 소비 형태는 편승 효과, 속물 효과, 과시 효과 등이 있다.

② 편승 효과(밴드왜건 효과)

㉠ 다른 사람의 재화 소비를 보고, 자신도 덩달아 소비하는 것을 편승 효과라 한다.

㉡ 남들이 사니까 나도 따라 사는 것으로 구매 후 후회하는 경우가 많다.

㉢ "친구 따라 강남 간다"가 연관된 속담이다.

③ 속물 효과(백로 효과)

㉠ 편승 효과와는 반대로 남들이 구매하니까 오히려 구매하지 않는 경우를 속물 효과라 한다.

㉡ 자신이 가진 상품을 다른 사람이 보유하게 되어 그 재화의 보유에 따른 특별한 권위 의식이 감소하는 경우 해당 재화의 소비를 줄이는 것이다.

㉢ 자신만의 개성을 유지한다는 점에서는 긍정적일 수 있으나 재화의 가치보다는 자신만의 스타일을 추구해 소비 방식을 바꾸는 것은 비효율적 소비 행위가 될 수 있다.

④ 과시 효과(베블렌 효과)

㉠ 소비의 목적이 자신의 소득수준, 사회적 지위를 과시하기 위한 것이 과시 효과이다.

㉡ 자신의 위신을 높이기 위하여 가격이 비싸 남들이 구매를 꺼리는 경우에도 해당 재화를 기꺼이 구입하는 것이다.

3. 가계의 저축

(1) 저축의 의의

① 개인적 측면

새로운 소득 창출의 원천 마련, 주택 마련, 노후 대비, 자녀 교육 등 미래 생활에 대한 준비 방안이다.

② 사회적 측면

국민경제의 생산 능력 확대 및 경제 성장 촉진, 외채 의존 문제 해결 방안이다.

(2) 저축의 역설

① 지나친 저축은 소비의 감소를 초래하며, 소비가 감소하면 생산 활동이 위축되어 국민 경제에 나쁜 영향을 미친다.

② 저축에 관한 두 가지 견해

㉠ 저축이 미덕이다.

경기가 호황인 상황이거나, 경제 발전 초기 단계에서 자본이 부족한 저개발국의 경우에는 저축이 경제에 유리한 영향을 미칠 수 있다.

㉡ 소비가 미덕이다.

경기가 불황인 상황이거나, 경제 성장률이 낮은 선진국의 경우에는 저축이 경제에 나쁜 영향을 미칠 수 있다.

4. 노동 공급과 직업 생활

(1) 노동

① 노동의 의미

소득을 얻기 위해 육체적 노력이나 정신적 노력을 기울이는 것을 노동이라 한다.

② 가계와 기업에서의 노동

㉠ 가계

가계에서는 소득을 얻는 주요 수단이다.

㉡ 기업

기업에게는 재화와 서비스를 생산할 수 있는 주요 생산요소이다.

(2) 노동의 공급

① 가계는 노동을 공급하고 기업은 노동을 수요한다.

② 가계는 노동하거나 여가를 선택할 수 있는데, 일반적으로 임금이 인상되면 가계는 노동의 공급을 늘리고 여가를 줄인다.

③ 그러나 여가를 중시하는 경우 일정 임금 수준 이상으로 임금이 오른 경우에 오히려 노동 공급을 줄이고 여가를 늘리는 경우도 있다.

    ㉠ 노동을 선택하면 여가의 효용이 기회비용이 되는데, 노동보다 여가의 효용이 커지면, 노동 공급을 줄이고 여가를 늘린다.

    ㉡ 주당 근무시간의 감소

        우리나라는 주당 근무시간이 44시간에서 40시간으로 줄어들었는데, 이는 우리나라 경제 성장에 따른 소득 증가로 토요 휴무제(주 5일 근무)가 시행되어 노동 공급 시간이 감소했기 때문이다.

(3) 노동의 중요성

① 개인적 차원

    ㉠ 가계의 주요한 소득 획득 수단이다.

    ㉡ 직업 생활을 통한 자아실현 수단이다.

    ㉢ 직장에서 사회적 관계 및 존재감을 형성한다.

② 사회적 차원

    ㉠ 기업의 노동 고용이 높아져 실업률이 낮아지면 사회의 안정감이 높아진다.

    ㉡ 반대로 실업이 증가하면 사회적으로 문제가 되며, 사회적 불안도 높아진다.

③ 국가적 차원

    인적 자본에 대한 투자가 이루어져 노동생산성이 향상되면 기업의 생산이 증가하고 국가 경제가 성장한다.

(4) 노동자의 권리와 책임

① 노동자의 권리 보호 필요성

    노동자의 권리를 보호하기 위해 헌법과 근로기준법, 노동조합 관련법 등을 제정하여 법적으로 노동자의 권리를 보호하고 있다.

② 노동자의 책임과 의무

    노동자는 고용 계약을 준수하고, 맡은 바 업무에 대한 책임을 다하여야 한다.

(5) 사회의 변동과 노동

산업화 시대에서 지식 정보 시대로 진입함에 따라 단순한 육체적 노동보다는 지식이나 기술 등을 다루는 직업의 중요성이 커지고 있다.

5. 기업의 경제적 역할과 사회적 책임

(1) 기업

① 기업은 **이윤을 얻기 위해 재화나 서비스의 생산을 전문적으로 하는 조직체**이다.

② 부가가치

　㉠ 생산과정에서 **가치가 증가된 부분**을 부가가치라 한다.

　㉡ 부가가치의 예

　　음식점에서는 음식 재료 등을 투입하여 맛있는 요리를 만들어낸다. 이렇게 생산요소를 투입하여 가치가 증가된 부분이 부가가치이다.

(2) 기업의 경제적 역할

① 상품의 생산자 및 공급자로서의 기업

　기업은 생산의 주체로서 생산요소를 투입하여 재화와 서비스를 생산하며, 생산된 재화와 서비스를 시장에 공급한다.

② 생산요소 수요자로서의 기업

　가계로부터 노동, 자본 등의 생산요소를 공급받는다.

③ 납세자로서의 기업

　기업은 벌어들인 이윤의 일부를 정부에 법인세로 납부한다.

　※ 법인세

　주식회사 등 법인의 소득에 부과하는 세금을 법인세라 한다.

(3) 기업 이윤

① 이윤 극대화 가설

　㉠ 기업의 목표에 대해서는 여러 가지 의견이 있으나 가장 널리 받아들여지는 것은 이윤 극대화 가설이다.

　　※ 다른 의견

　　매출액 극대화 가설, 제약된 이윤 극대화 가설, 경영자 재량기설, 만족이윤 가설 등이 있다.

　㉡ **이윤 극대화 가설에서 기업의 목표는 이윤 극대화**이다.

② 이윤

     ㉠ 기업의 이윤은 총수입에서 총비용을 뺀 것으로 아래의 식과 같이 정의된다.

> **기업의 이윤 = 총수입 − 총비용**   (식 4-1)

     ㉡ 총수입은 기업이 생산한 상품을 판매하여 얻은 금액을 의미하며, 총비용은 생산 및 판매에 투입된 인건비, 재료비, 임대료 등을 의미한다.

③ 회계적 이윤과 경제적 이윤

     ㉠ 회계적 이윤

     총수입에서 실제로 지출된 명시적 비용을 차감한 금액이 회계적 이윤이다.

> **회계적 이윤 = 총수입 − 명시적비용**   (식 4-2)

     ㉡ 경제학적 이윤

     총수입에서 기회비용을 차감한 금액이 경제학적 이윤이다.

> **경제학적이윤 = 총수입 − 기회비용(명시적 비용 + 암묵적 비용)**   (식 4-3)

예제   1. 은행 예금 2억 원을 인출하여 사업에 투자하여 1년간 아래와 같은 총수입 2억 5천만 원과 임금 1억 원, 재료비 5천만 원, 임차료 3천만 원, 기타 2천만 원의 비용이 발생하였다. 회계적 이윤과 경제학적 이윤은? (이자율은 10%라고 가정한다.)

선택	포기
(+)총수입 2억 5천만 원	(−)은행 예금 이자 2천만 원
(−)명시적 비용 2억 원	

- 총수입 2억 5천만 원
- 명시적 비용 2억 원

    임금 : 1억 원, 재료비 : 5천만 원, 임차료 : 3천만 원, 기타 : 2천만 원

- 암묵적 비용

    포기한 은행 예금 이자

    2억 원×10%×365/365 = 2천만 원

- 회계학적 이윤

    총수입-명시적 비용 = 2억 5천만 원-2억 원 = 5천만 원

- 경제학적 이윤

  총수입-(명시적 비용 + 암묵적 비용) = 2억 5천만 원-(2억 원 + 2천만 원) = 3천만 원

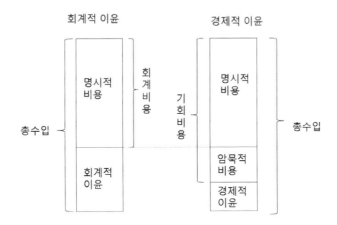

(그림 4-1 회계적 이윤과 경제적 이윤)

④ 기업가 정신

   ⊙ 신규 사업에는 고도의 불확실성과 위험이 존재하지만, 기업가는 도전 정신과 통찰력으로 신제품을 개발하여 신규 시장에 진출하게 되는데, 이러한 기업가의 도전 정신을 기업가 정신이라고 한다.

   ⊙ 기업가 정신의 중요성

   혁신을 추구하는 기업가 정신으로 인해 기술이 진보하고 자본주의 경제가 발전하게 된다.

   ⊙ 기업가 정신과 이윤

   이윤은 기업가 정신을 발휘하게 하는 경제적 유인이며, 기업가 정신에 대한 보상이다.

⑷ 기업의 합리적 의사 결정

① 기업은 이윤 극대화를 추구하므로 **기업의 합리적 의사 결정은 기업의 이윤을 극대화하는 결정**이다.

② 총비용이 일정하다면 총수입을 극대화하여야 하고 총수입이 일정하다면 총비용을 최소화하는 것이 합리적 의사 결정이다.

③ 총이윤의 극대화

   ⊙ 총수입에서 총비용을 빼서 이윤이 가장 클 때를 선택한다.

   ⊙ 한계수입과 한계비용이 같을 때 총이윤이 극대화된다.

• 한계수입

생산량을 한 단위 증가시킬 때 발생하는 수입의 증가분을 한계수입이라 한다.

• 한계비용

생산량을 한 단위 증가시킬 때 발생하는 비용의 증가분을 한계비용이라 한다.

• 총수입은 한계수입을 합한 것이다.

총수입 = Σ한계수입

• 총비용은 한계비용을 합한 것이다.

총비용 = Σ한계비용

④ 한계수입, 총수입, 한계비용, 총비용, 총이윤

생산량	한계수입	총수입	한계비용	총비용	총이윤
1	170	170	120	120	50
2	120	290	80	200	90
3	80	370	70	270	100
4	50	420	50	320	100
5	30	450	60	380	70

㉠ 한계수입과 총수입과의 관계

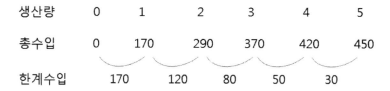

생산량	0	1	2	3	4	5
총수입	0	170	290	370	420	450
한계수입		170	120	80	50	30

• 생산량을 한 단위 증가시킬 때 추가로 얻는 수입이 한계수입인데, 처음 하나를 생산할 때는 한계수입이 170이고, 생산량이 한 개에서 두 개로 늘 때의 한계수입은 120이다. 두 개에서 세 개로 늘 때의 한계수입은 80이며 세 개에서 네 개로 증가할 때 한계수입은 50이다. 생산량이 네 개에서 다섯 개로 늘 때의 한계수입은 30이 된다.

• 한계수입을 차례대로 더하면 총수입이 되는데 생산량이 2개일 때 총수입은 한계수입 170과 120을 더한 290이 되며, 생산량이 3개일 때 총수입은 한계수입 170, 120과 80을 더한 370이 된다.

ⓛ 한계비용과 총비용과의 관계

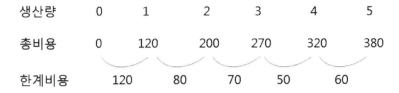

생산량	0	1	2	3	4	5
총비용	0	120	200	270	320	380
한계비용		120	80	70	50	60

- 생산량을 한 단위 증가시킬 때 추가로 발생하는 비용이 한계비용인데, 처음 하나를 생산할 때는 한계비용이 120이고, 생산량이 한 개에서 두 개로 늘 때의 한계비용은 80이다. 두 개에서 세 개로 늘 때의 한계비용은 70이며 세 개에서 네 개로 증가할 때 한계비용은 50이다. 생산량이 네 개에서 다섯 개로 늘 때의 한계비용은 60이 된다.
- 한계비용을 차례대로 더하면 총비용이 되는데 생산량이 2개일 때 총비용은 한계비용 120과 80을 더한 200이 되며, 생산량이 3개일 때 총비용은 한계비용 120, 80과 70을 더한 270이 된다.

ⓒ 이윤 극대화
- 1개에서 3개까지 생산하는 경우에는 추가로 얻는 한계수입이 추가로 발생하는 한계비용보다 커서 이윤이 계속 늘어난다.

생산량	한계수입 한계비용	이윤의 증가
1	170 > 120	50
2	120 > 80	40
3	80 > 70	10

- 생산량을 3개에서 4개로 하나 더 생산하면 추가로 얻는 한계수입은 50이고 추가로 들어가는 한계비용도 50으로 같아져 이윤은 0이 된다.

생산량	한계수입 한계비용	이윤의 증가
4	50 = 50	0

- 생산량을 4개에서 5개로 하나 더 생산하면 한계수입은 30이고 한계비용은 60이어서 오히려 총이윤은 30원 감소한다. 추가로 얻는 수입보다 발생하는 비용이 커서 이윤이 감소하며, 이윤 극대화 원칙에 맞지 않으므로 기업은 4개까지만 생산하게 된다.

생산량	한계수입 한계비용	이윤의 증가
5	30 < 60	−30

⑤ 기업의 합리적 결정

한계수입이 한계비용보다 큰 경우, 이윤이 계속 증가하므로 생산을 계속하며 한계수입이 한계비용보다 작은 경우에는 이윤이 감소하므로 이 구간에서는 생산하지 않는다. 한계수입이 한계비용보다 같은 곳에서 이익이 극대화되므로 기업은 이 구간까지 생산하는 것이 합리적 의사 결정이 된다.

한계수입 > 한계비용	한계수입 = 한계비용	한계수입 < 한계비용
이윤 증가	이윤 극대	이윤 감소

(5) 기업의 의사 결정

① 생산에 관한 의사 결정
　㉠ 생산물과 생산량에 관한 결정
　　어떤 종류의 제품을 얼마만큼 생산하는지를 결정한다.
　㉡ 생산 방법에 관한 결정
　　설비 자동화율, 노동자의 투입, 해외 생산 여부 등을 결정한다.

② 판매에 관한 의사 결정
　판매할 제품의 가격, 판매 전략, 광고, A/S 등을 검토하여 결정한다.

③ 기업의 의사 결정에 영향을 미치는 요인들
　㉠ 외적 환경 요인
　　정치·법률적 요인, 기술적 요인, 세계 경제적 환경, 사회·문화적 요인들의 영향을 받는다.
　㉡ 이해관계 집단
　　주주, 노동자, 소비자, 경쟁 기업, 정부, 시민 단체 등 이해관계 집단과 서로 영향을 주고받는다.

(6) 기업의 사회적 책임

① 기업도 사회의 한 구성원임이므로 구성원에 걸맞은 역할과 책임을 다해야 한다.

② 다양한 이해관계자 집단
　㉠ 소비자
　　기업은 소비자 만족을 통해 기업의 목표를 달성하여야 한다.
　㉡ 주주
　　이윤 극대화를 통해 주주의 이익을 극대화하여야 한다.

ⓒ 근로자

　근로자와 회사는 동반자 관계임을 인식하여 상생적인 노사관계를 수립해야 한다.

ⓔ 정부, 지역 사회, 거래 기업 등과도 이해관계를 잘 조정하여야 한다.

③ 투명 경영, 윤리 경영 등 건전한 기업 활동을 통해 사회적 책임을 다하여야 한다.

01. 다음 자료에 대한 분석으로 옳지 <u>않은</u> 것은? [3점]　　|2014년 9월 학평|

표는 어느 가족이 세탁기를 구입하기 위해 참고한 평가 자료이다. (단, 가족 구성원 모두는 이 자료를 신뢰하며, 제시된 항목 이외의 모든 조건은 동일하고, 각 항목의 점수가 높을수록 만족도가 높다.)

항목＼제품	용량	소비전력	소음	A/S
A	10	9	7	8
B	8	9	9	9
C	7	7	8	9

가족 구성원은 각자 다음과 같은 기준에 따라 항목별 점수를 합산하여 제품의 선택 순위를 결정한다.

- 어머니 : 4개 항목을 모두 고려한다.
- 아버지 : 용량만 2배의 가중치를 부여하고, 4개 항목을 모두 고려한다.
- 딸 : 소비전력과 A/S 2개 항목만을 고려한다.
- 아들 : 소음을 제외한 3개 항목만을 고려한다.

① 어머니의 선택 순위는 용량 만족도 순위와 동일하다.
② 딸은 B 제품을 선택할 것이다.
③ 어머니와 딸은 동일한 제품을 선택할 것이다.
④ 아버지와 아들의 제품 선택 순위는 동일하다.
⑤ C 제품을 선택할 가족 구성원은 없다.

02. 다음 자료에 나타난 기업의 성장 요인으로 적절하지 <u>않은</u> 것은? |2014년 9월 학평|

○○제품을 생산하는 △△사는 2014년 1분기에 30%대의 성장세를 이어갔다. 이는 연구 개발을 통해 새로운 고기능성 제품을 출시하고 기존 매장 외에도 온라인 쇼핑몰 구축을 통해 신규 고객 확보에 성공하였기 때문이다. 또한, 환경오염 유발 기업이라는 오명을 벗기 위해 환경친화적 경영을 실천하는 여러 가지 노력이 성과를 거두었다. 그리고 월 100만 개 이상 대량 생산할 수 있는 자동화 설비도 확충하였다.

① 기업 이미지 개선
② 인사 관리 제도 혁신
③ 새로운 판매 방식 확대
④ 기술 개발을 통한 신제품 출시
⑤ 규모의 경제 실현으로 생산성 향상

03. 다음은 갑이 컴퓨터 구입을 위해 작성한 대안 평가표이다. 이에 대한 분석 및 추론으로 옳지 <u>않은</u> 것은? (단, 갑은 합리적 소비자이며, 점수가 높을수록 만족도가 높다.)

|2013년 9월 학평|

평가기준 제품	제조회사(30점)	가격 (25점)	성능 (20점)	디자인 (15점)	A/S (10점)	합계 (100점)
A	25	24	15	12	6	82
B	27	20	17	13	7	84
C	28	20	14	15	9	86

① 디자인을 고려하지 않는다면 A를 선택하는 것이 합리적이다.
② 성능에 두 배의 가중치를 부여한다면 B를 선택하는 것이 합리적이다.
③ 주어진 평가표에 따르면 C를 선택하는 것이 합리적이다.
④ 평가 기준 중 제조회사에 가장 큰 비중을 두고 있다.
⑤ 제조회사의 만족도 순위와 A/S의 만족도 순위는 일치한다.

04. 다음 자료에 대한 분석으로 옳은 것은? [3점] |2012년 9월 학평|

표는 갑이 X재와 Y재를 소비했을 때 얻게 될 만족도를 나타낸 것이다. 갑은 X재와 Y재를 구입하기 위해 4,000원의 예산을 모두 소비한다. (단, X재와 Y재의 가격은 각각 1,000원이고, 수치가 클수록 만족도는 높다.)

구분	1개	2개	3개	4개
X재	8	15	21	20
Y재	6	11	15	18

① X재 소비가 증가할수록 X재 소비의 만족도는 커진다.
② X재 3개와 Y재 1개를 소비하는 것이 가장 합리적이다.
③ X재 1개와 Y재 3개를 소비할 경우 만족도의 합은 27이다.
④ Y재 1개를 더 소비할 때 추가로 얻게 될 만족도는 점차 증가한다.
⑤ X재 4개 소비 만족도는 X재 2개와 Y재 2개 소비 만족도의 합보다 크다.

05. 다음 자료에 대한 분석으로 옳은 것은? |2013년 11월 학평|

갑국에서 소금을 생산하는 A 기업의 하루 노동투입량에 따른 생산량은 아래 표와 같고 노동자 1명당 하루 임금은 5만 원이다. 갑국에서 소금의 균형가격은 1kg당 1만 원이며, A 기업이 생산한 소금은 이 가격에서 전량 소비된다. (단, 생산요소는 노동뿐이고 추가 생산을 위해서는 노동자를 2명씩 추가 고용해야 한다.)

노동투입량(명)	2	4	6	8	10	12
생산량(kg)	10	21	32	41	49	56

① 소금 1kg을 더 생산하기 위한 추가 비용은 꾸준히 감소한다.
② A 기업이 최대로 얻을 수 있는 이윤은 1만 원이다.
③ 노동자를 2명만 고용하는 경우 음(-)의 이윤이 발생한다.
④ 노동투입량을 8명에서 10명으로 늘리면 이윤이 증가한다.
⑤ 현재 32kg을 생산하고 있다면 더 이상 이윤을 증가시킬 수 없다.

06. 다음 사례의 ㉠, ㉡에 대한 옳은 분석을 <보기>에서 고른 것은? [3점] |2012년 6월 학평|

> 갑은 몇 년 동안 사용하던 자전거의 브레이크 패드라 고장 나서 ㉠ 2만 원을 들여 수리하였다. 그런데 며칠 후 브레이크 라인 전체에 결함이 있어 새로 교환한 패드를 포함해 브레이크 라인 전체를 교체해야 하며, 새로 지불해야 할 수리비용은 15만 원이라는 것을 알게 되었다. 그런데 자전거를 팔고 추가로 16만 원을 들이면 중고자전거 시장에서 동일한 만족을 주는 브레이크 결함이 없는 자전거를 구입할 수도 있다. 갑은 수리비용을 계산해 본 후 중고자전거 시장에서 ㉡ 자전거를 구입하기로 결정하였다.

<보기>

ㄱ. ㉠시점에서 브레이크 라인 전체에 결함이 발생할 상황을 예상했다면, 그 당시에 자전거를 구입하는 것이 합리적이다.
ㄴ. ㉡시점에서 갑은 자전거 수리비용이 총 17만 원이라고 생각했을 것이다.
ㄷ. ㉡시점에서 합리적 선택을 하려면 ㉠의 2만 원을 비용에 포함해야 한다.
ㄹ. ㉡시점에서는 자전거를 구입하는 것이 경제적으로 합리적이다.

① ㄱ, ㄴ   ② ㄱ, ㄷ
③ ㄴ, ㄷ   ④ ㄴ, ㄹ
⑤ ㄷ, ㄹ

07. 표는 어느 기업이 생산한 재화의 판매량과 총비용을 나타낸 것이다. 이에 대한 분석으로 옳은 것은? |2015년 6월 학평|

가격(만 원)	5	5	5	5	5	5
판매량(개)	1	2	3	4	5	6
총비용(만 원)	1	3	6	10	16	23

① 판매량이 증가할수록 이윤이 증가한다.
② 최대 이윤을 얻을 수 있는 판매량은 4개이다.
③ 판매 수입과 이윤이 최대가 되는 판매량은 같다.
④ 판매량이 증가할수록 생산자가 추가적으로 지출하는 비용은 일정하다.
⑤ 판매량이 증가할수록 생산자가 추가적으로 얻을 수 있는 판매 수입은 증가한다.

08. 다음 자료에서 A 기업의 이윤 극대화를 위한 노동투입량으로 옳은 것은?

|2013년 6월 학평|

> X재를 생산하는 A 기업의 노동투입량에 따른 X재 총생산량은 아래 표와 같다. 이 회사의 노동자 1명당 임금은 1만 원이고, X재 1kg의 가격은 1,000원이다. (단, 생산요소는 노동뿐이고, 투입할 수 있는 최대 노동자 수는 6명이다. 생산된 X재는 모두 판매된다고 가정한다.)
>
> (단위 : 명, kg)
>
> | 노동투입량 | 1 | 2 | 3 | 4 | 5 | 6 |
> |---|---|---|---|---|---|---|
> | 총생산량 | 13 | 30 | 51 | 64 | 75 | 78 |

① 2명 ② 3명

③ 4명 ④ 5명

⑤ 6명

09. A~D에 대한 옳은 설명만을 <보기>에서 있는 대로 고른 것은? |2014년 6월 학평|

> <○○ 기업 2014년 하반기 사업 계획>
>
> A : 순이익의 1%를 결식 아동의 급식비로 지원한다.
>
> B : 새로 개발한 생산 시스템을 업계 최초로 도입한다.
>
> C : 연령대별 소비 유형을 분석하여 신상품을 개발한다.
>
> D : 제품별 수익성을 고려하여 3가지 주력 상품을 선정한다.

―――― < 보 기 > ――――

ㄱ. A는 기업의 이윤을 사회에 환원하는 것이다.

ㄴ. B는 불확실성을 감수하는 기업가 정신에 해당한다.

ㄷ. C는 '누구를 위하여 생산할 것인가'의 경제 문제와 관련 있다.

ㄹ. D는 '선택과 집중'을 통해 효율성을 높이기 위한 것이다.

① ㄱ, ㄴ ② ㄱ, ㄷ

③ ㄴ, ㄷ ④ ㄱ, ㄴ, ㄷ

⑤ ㄴ, ㄷ, ㄹ

10. 그림은 기업의 역할에 대한 두 사람의 대화이다. 을의 입장에 부합하는 진술로 가장 적절한 것은?

|2013년 9월 학평|

① 기업은 형평성보다 효율성을 추구해야 한다.
② 경제적 이윤 추구는 기업의 최우선 과제이다.
③ 기업은 사회 구성원으로서 사회적 책임을 져야 한다.
④ 기업의 사적 이익 추구가 국민경제 성장보다 중요하다.
⑤ 기업에게 윤리 경영 및 사회 공헌 활동을 강요해서는 안 된다.

11. 다음은 기업의 사회적 책임에 대한 하나의 관점이다. 이 관점에 대한 옳은 설명을 <보기>에서 고른 것은?

> 기업의 사회적 책임이란 기업 자신을 포함한 사회 전체의 복지를 향상시키기 위해 법과 사회적 규범이 정하는 테두리 내에서 투자자, 근로자, 소비자, 공급업자, 정부 및 지역 사회와 같은 이해관계자들의 경제적·비경제적 필요와 욕구를 충족시켜야 하는 기업의 책무를 말한다.

───────── <보기> ─────────

ㄱ. 고객을 중시하는 경영과는 상충된다.
ㄴ. 윤리 경영, 녹색 성장 등의 기업 목표로 가시화될 수 있다.
ㄷ. 시장 경쟁의 원칙에 따라 기업의 이익을 극대화하는 것을 강조한다.
ㄹ. 기업과 사회의 협력이 장기적으로 모두에게 이롭다는 것을 가정한다.

① ㄱ, ㄴ   ② ㄱ, ㄷ
③ ㄴ, ㄷ   ④ ㄴ, ㄹ
⑤ ㄷ, ㄹ

CHAPTER

5

정부의 경제 활동

1. 정부의 경제적 역할

(1) 시장 경제 체제의 유지 및 시장 경쟁 촉진

① 정부는 가계나 기업과 달리 공익을 추구하여 시장 경제 체제의 유지 및 시장 경쟁이 원활하게 이루어지도록 한다.

② 가계 및 기업의 시장 경제 활동이 원활하게 작용할 수 있도록 법적, 제도적 기반을 정립한다.

③ 공정한 시장 경쟁을 위하여 규칙을 제정하고 시장을 관리 감독한다.
  ㉠ 독점규제 및 공정거래에 관한 법률을 제정하여 독과점 기업의 불공정 행위를 규제한다.
  ㉡ 소비자를 보호하기 위해 소비자 기본법을 제정하고 소비자 보호 기관인 한국 소비자원을 설립 운영한다.

(2) 자원의 효율적 배분

① 독과점, 공공재, 외부효과의 경우 효율적인 자원 배분이 이루어지지 않으므로 정부가 개입하여 자원의 효율적 배분을 유도한다.

② 독과점
  독과점을 규제하기 위한 법률 제정 및 공정거래위원회의 운영을 통해 독과점 등을 규제하여 자원의 효율적 배분을 유도한다.

③ 공공재 생산
  공원, 치안, 국방, 도로 등의 공공재는 기업들이 공급하기 어려운 재화 및 서비스이므로 정부가 직접 생산하여 공급한다.

④ 부정적 외부효과를 유발하는 공해나 폐수 등은 규제 강화 및 벌금 부과 등으로 과다 생산을 억제한다.

⑤ 긍정적 외부효과를 유발하는 교육, 건강 예방 등은 시장에서 적게 생산되므로 보조금 등으로 적정 생산을 유도한다.

(3) 소득 재분배

① 자본주의 경제 체제에서는 개인의 자유롭고 창의적인 경제 활동이 보장되는 반면, 개인의 능력에 따른 소득 격차가 발생한다.

② 정부는 이러한 소득 격차를 완화하기 위해 아래와 같은 정책을 시행한다.
  ㉠ 소득이 높을수록 세금 부담을 늘리는 누진세제를 통한 복지 재원 확보

   ⓛ 이러한 재원으로 기초생활보장제도, 의료 급여 등 저소득층을 위한 사회보장 제도 시행

⑷ 경제 안정화정책을 통한 경기 조절

정부는 경제의 안정적 성장을 추구하므로 경기 침체 시나 경기 활황 시에는 아래와 같은 경기 조절 정책을 시행한다.

① 경기 부양 정책

경기가 침체일 경우에는 정부의 지출 확대나 세율 인하에 따른 세금 축소 등으로 경기 부양책을 시행한다.

② 경기 억제 정책

경기가 활황일 경우에는 정부의 지출 감소 및 세율 인상에 따른 세금 증대 등으로 경기 억제 정책을 시행한다.

2. 정부의 재정 활동

⑴ 재정

① 정부가 공공욕구를 충족하기 위해 필요한 재원을 조달(세입)하고 지출하는(세출) 활동을 재정이라고 한다.

② 세입
   ㉠ 정부 또는 지방자치단체의 **한 회계연도의 모든 수입을 세입**이라 한다.
   ㉡ 조세수입이 주요 수입원이며, 국·공채 발행, 국유 재산 매각, 수수료 등도 수입원이다.
   ㉢ **조세는 조세법률주의에 의거 국회에서 정한 법에 따라 부과 징수**된다.

③ 세출
   ㉠ 정부 또는 지방자치단체의 **한 회계연도의 모든 지출을 세출**이라 한다.
   ㉡ 공무원 임금, 복지 비용, 국방 및 치안 유지 비용, 교육, 사회간접자본 등이 주요 세출 항목이다.
   ㉢ **정부의 지출은 국회에서 통과된 예산안에 따라 집행**되어야 한다.

⑵ **정부 예산**

① 예산이란 1회계연도에 있어서 국가의 정책적 목적 달성을 위한 국가의 세입과 세출에 관한 계획이다.

② 예산의 절차

    ㉠ 정부는 다음 회계연도의 예산안을 편성하여 9월에 열리는 정기 국회에 제출한다.

    ㉡ 국회는 정부가 제출한 예산안을 심의·의결한다.

    ㉢ 국회에서 의결된 예산안에 따라 정부는 예산을 집행한다.

    ㉣ 예산안 지출에 대한 결산 감사는 감사원에서 하며, 결산 감사를 국회에 보고한다.

    ㉤ 국회는 보고된 결산 감사를 심사함으로써 한 회계연도의 예산 편성 및 집행 과정이 완료된다.

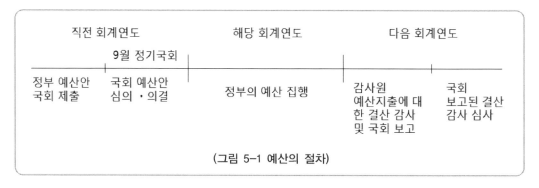

(그림 5-1 예산의 절차)

⑶ **재정 활동에서 고려해야 할 사항**

① 효율성과 형평성

    ㉠ 효율성

      정부의 정책 집행 시 효율적으로 자원을 배분하도록 하여야 한다. 국민들로부터 걷은 세금은 당연히 효율적으로 사용되어야 한다. 그러나 정부는 공익을 추구함으로 모든 정책에서 효율성을 우선시할 수는 없다.

    ㉡ 형평성

      정부는 누진세 과세, 사회복지 제도 등을 통해 빈부 격차를 해소하고 사회 안전망을 구축함으로써 형평성을 실현할 수 있다.

    ㉢ 효율성과 형평성의 조화

      효율성을 강조하면 형평성이 약화되고, 형평성을 강조하면 효율성이 떨어지므로 정부는 효율성과 형평성을 잘 조화시켜야 한다.

② 재정건전성

　ⓐ 재정건전성

　　재정의 지속 가능성으로 국가가 과도한 부채로 인해 채무 불이행에 빠지지 않고 국가 재정을 지속하게 할 수 있는 능력 또는 국가 부채를 축소하며 재정수지를 균형으로 회복할 능력이 재정건전성이다.

　ⓑ 수입보다 지출이 많은 적자 재정이 지속되면 재정건전성이 악화된다.

　ⓒ 재정건전성이 악화되면(정부의 재정적자가 심각해지면) 정부의 재정 집행에 제약이 따르게 되며, 국가 신용도도 하락하게 된다.

③ 재정 민주주의

예산을 편성하고 예산을 집행할 때 국민들의 여론이 반영되고, 국민의 감시가 이루어지는 것을 재정 민주주의라고 한다.

④ 사회·문화적 요인

고령화 사회 진입으로 인한 복지 재원의 문제, 저출산으로 인한 노동력 부족 문제 등을 고려하여야 한다.

3. 조세

(1) 조세 구조

① 국세와 지방세

　ⓐ 국세

　　중앙정부가 징수하는 것은 국세라 한다.

　ⓑ 지방세

　　특별시, 광역시 및 도 등 지방자치단체가 징수하는 것은 지방세라고 한다.

② 직접세와 간접세

　ⓐ 직접세

　　소득세, 법인세, 상속·증여세 등을 직접세라 한다.

　ⓑ 간접세

　　부가가치세, 개별 소비세 등을 간접세라 한다.

(2) **직접세와 간접세**

① 납세자와 담세자

  ㉠ 납세자

   납세자는 조세를 납부할 의무가 있는 자이다.

  ㉡ 담세자

   담세자는 실제로 조세를 부담하는 자이다.

② 직접세

  ㉠ **납세자와 담세자가 일치하는 세금**으로 소득세, 법인세 등이 직접세이다.

  ㉡ 임금을 받는 노동자나 자기 사업을 영위하는 개인 사업자는 자기 소득에 부과된 세금을 자기가 부담하고 자기가 납부하게 된다.

  ㉢ 아래의 예처럼 임금 노동자는 자기가 세금을 부담하고 자기가 세금을 납부하게 된다.

   예 월급 3,000,000원을 수령했는데 세금이 200,000원인 경우 월급 수령 분 3,000,000원에서 세금 200,000원을 정부에 납부하게 되며, 세금 납부 후 가처분소득은 2,800,000원이 된다.

  ㉣ 소득이 높을수록 세금이 많이 부과되어 **조세의 형평성이 높고 소득 재분배 효과가 크다.**

  ㉤ 세금을 인상하는 경우 가처분소득이 줄어들게 되므로 **조세 저항이 크다.**

③ 간접세

  ㉠ **납세자와 담세자가 일치하지 않는 세금**으로 부가가치세가 대표적인 간접세이다.

   • 부가가치세법에서 사업자가 부가가치세 납세 의무가 있고 일반 소비자는 부가가치세 납세 의무가 없다.

   • 부가가치세법에서는 상품(재화와 용역)을 공급할 때 부가가치세가 과세되므로 판매자는 상품을 판매할 때 상품의 가격에 부가가치세를 더한 금액을 소비자로부터 받아 부가가치세를 납부하게 된다.

   • 소비자는 상품을 구입할 때 부가가치세가 포함된 금액을 판매자에게 지불하게 된다. 판매자가 부가가치세를 별도 표기하여 소비자로부터 부가가치세를 받는 경우도 있지만, 대부분은 부가가치세가 포함된 금액으로 받기 때문에 소비자는 부가세를 부담했는지를 잘 의식하지 못하는 경우가 많다.

   • 이처럼 소비자는 부가가치세를 부담하지만, 부가가치세를 납부하는 자는 판매자가 되기 때문에 납세자와 담세자가 일치하지 않는다.

  ㉡ 납세자와 담세자가 다르기 때문에 조세 전가가 일어날 수 있다.

   ※ 조세 전가

   한 경제 주체에게 조세가 부과되었을 때 조세 부담을 다른 경제 주체에게 부담시키는 것을 조세 전가라 한다.

ⓒ 부가가치세 과세의 예

라면 1개이 부가가치세 과세 전 가격이 1,000인이고 부가가치세율이 10%인 경우 과세 전 라면 1,000원의 10%인 100원이 부가가치세가 된다.

라면	1,000원
부가가치세 1,000 × 10% = 100원	
총계	1,100원

- 부가가치세가 없으면 라면 1개 값으로 1,000원을 지불하면 된다.
- 부가가치세가 10%로 과세되면 소비자는 라면을 구입할 때 부가가치세 100원을 포함한 1,100원을 라면값으로 판매자에게 지불한다.
- 라면을 판매한 판매자는 소비자가 지불한 부가가치세를 종합하여 부가가치세를 납부하게 된다.
- 라면을 구입할 때 소비자는 부가가치세를 세무 당국에 직접 납부하는 것이 아니라 부가가치세를 포함한 금액을 판매자에게 지불하면, 판매자는 소비자로부터 받은 부가가치세를 세무 당국에 납부하게 된다.
- 부가가치세를 부담한 사람은 소비자(담세자)이고 부가가치세를 납부하는 사람은 판매자(납세자)로서 담세자와 납세자가 일치하지 않게 된다.

ⓔ 부가가치세가 과세되면 **부가가치세 과세 분만큼 가격이 인상**되므로 물가가 상승할 우려가 있으며, 이에 따라 소비가 둔화될 수 있다. 예를 들어 부가가치세가 10%에서 15%로 인상된다고 가정하면 부가가치세 인상분만큼 물가가 오르게 된다.

구 분	라면가격	세율	부가가치세	부가가치세포함 가격
부가가치세 인상 전	1,000 원	10%	100원	1,100원
부가가치세 인상 후	1,000 원	15%	150원	1,150원
증가			50원	50원

ⓜ 조세 부담의 역진성
- 조세 부담 역진성

  소득이 낮은 사람이 소득이 많은 사람보다 소득 대비 조세 부담률이 높은 것이 조세 부담의 역진성이다.
- 부가가치세는 소득에 부과되는 것이 아니라 소비되는 상품에 부과되므로 저소득층이 소득 대비 조세 부담률이 높은 조세 부담의 역진성이 나타날 수 있다. 한 달에 1,000 원짜리 라면을 10개씩 소비하는 소비자 갑과 을의 소득 대비 조세부담률을 비교하면 다음의 표와 같다.

	갑	을
소득	10,000,000원	1,000,000원
라면 구입	1,000원×10개 =10,000원	1,000원×10개 =10,000원
라면 부가세 (10%)	1,000원×10개×10% =1,000원	1,000원×10개×10% =1,000원
소득대비 조세부담율	$\dfrac{1,000}{10,000,000}$ $=\dfrac{1}{10,000}$	$\dfrac{1,000}{1,000,000}$ $=\dfrac{1}{1,000}$

똑같이 라면 10개씩 소비했지만, 부가가치세는 소득에 부과되는 것이 아니라 상품을 소비할 때에 부과되므로 소득이 낮은 사람이 조세 부담률이 높은 조세 역진성이 나타날 수 있다. 정부에서는 역진성을 완화하기 위해 쌀 등 농수산물의 경우 부가가치세를 과세하지 않는다.

ⓑ 소득에 부과되는 것이 아니라 상품 구입할 때 부과되므로 소비자들은 부가세를 납부한다는 의식이 없는 경우도 많아 소득세보다는 조세 저항이 약하다.

④ 직접세와 간접세 비교

	직접세	간접세
납세자와 담세자	일치	일치하지 않음
조세전가 여부	일어나지 않음	가능함
조세 저항	큼	약함
세율	누진세	비례세
역진성	없음	있음
조세	소득세, 법인세, 재산세 등	부가가치세, 개별 소비세 등

(3) 세율 적용의 방식

① 누진세

ㄱ **과세대상 금액이 커질수록 높은 세율을 적용**한다. (그림 5-2)에서 보는 것처럼 과세대상 금액이 커질수록 세액은 더 크게 증가한다.

ㄴ 고소득자에게는 높은 세금을 저소득자에게는 낮은 세금을 거두어 소득 간 불평등을 완화하는 목적으로 시행되기 때문에 **소득 재분배 효과가 크다.**

<우리나라의 초과누진세율>

과세표준	산출세액
1,200만 원 이하	과세표준×6%
1,200~4,600만 원	72만 원+1,200만 원 초과 금액의 15%
4,600~8,800만 원	582만 원+4,600만 원 초과 금액의 24%
8,800~1억 5,000만 원	1,590만 원+8,800만 원 초과 금액의 35%
1억 5,000만 원 초과	3,760만 원+1억 5,000만 원 초과 금액의 38%

ⓒ 능력에 따른 조세 부담을 원칙으로 하여 시행되며, 소득세·상속세·재산세 등의 직접세가 이러한 누진세에 속한다.

② 비례세

　ⓐ 과세대상 금액에 관계없이 동일한 세율을 적용하며, (그림 5-3-2)에서 보는 것처럼 **과세대상 금액과 세액 간에 일정한 비례 관계**가 나타난다.

　ⓑ 소득에 부과되는 것이 아니라 상품을 소비할 때 상품 금액에 부과하는 것으로 부가가치세, 소비세 등 간접세가 비례세에 속한다.

　ⓒ 소득에 관계없이 상품을 소비할 때 과세되므로 조세의 역진성이 나타난다.

③ 역진세

　ⓐ 과세대상 금액이 높을수록 낮은 세율을 적용한다.

　ⓑ 현실에서는 거의 존재하지 않는다.

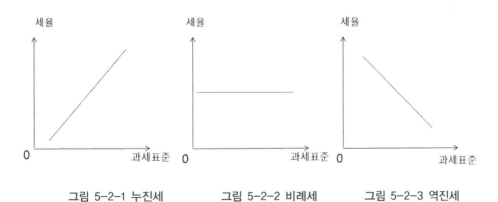

그림 5-2-1 누진세　　　그림 5-2-2 비례세　　　그림 5-2-3 역진세

(그림 5-2 세율 적용에 따른 구분)

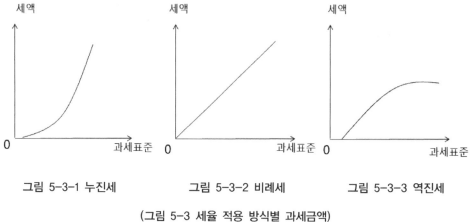

그림 5-3-1 누진세   그림 5-3-2 비례세   그림 5-3-3 역진세

(그림 5-3 세율 적용 방식별 과세금액)

④ 정액세

　　㉠ **과세대상 금액에 관계없이 동일한 세금을 부과하는 것이다.**

　　㉡ 주민세는 균등할 주민세와 소득할 주민세가 있는데 이 중 균등할 주민세는 담세능
　　　력을 고려하지 않으므로 인두세(人頭稅)의 성격을 띤다. 즉, 균등할은 시·군 내에
　　　주소를 두고 있는 개인(세대주)과, 사무소·사업소를 둔 법인에게 균등한 금액으로
　　　부과하므로 정액세이다.

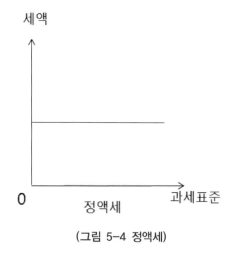

(그림 5-4 정액세)

연습문제

01. 교사의 질문에 옳은 답변을 한 학생을 <보기>에서 고른 것은? |2015년 6월 학평|

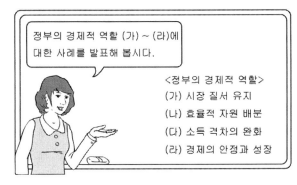

정부의 경제적 역할 (가) ~ (라)에 대한 사례를 발표해 봅시다.

<정부의 경제적 역할>
(가) 시장 질서 유지
(나) 효율적 자원 배분
(다) 소득 격차의 완화
(라) 경제의 안정과 성장

─────── < 보 기 > ───────

갑 : (가)의 사례로 공정하고 자유로운 경쟁이 이루어질 수 있도록 법과 제도를 정비하는 것을 들 수 있습니다.

을 : (나)의 사례로 과소비를 억제하기 위해 고가의 사치품에 대해 고율의 소비세를 부과하는 것을 들 수 있습니다.

병 : (다)의 사례로 경제 성장을 위해 주요 산업에 대한 연구개발을 지원하는 것을 들 수 있습니다.

정 : (라)의 사례로 정부가 국방과 치안 서비스를 직접 공급하는 것을 들 수 있습니다.

① 갑, 을   ② 갑, 병
③ 을, 병   ④ 을, 정
⑤ 병, 정

02. 교사의 질문에 대한 학생의 답변으로 옳은 것은? |2014년 11월 학평|

① 갑 : A는 주로 소비 행위에 부과됩니다.

② 을 : B는 주로 누진세율을 적용합니다.

③ 병 : B는 담세 능력을 기준으로 부과됩니다.

④ 정 : A는 B보다 조세 저항이 약합니다.

⑤ 무 : B는 A보다 물가 상승을 유발할 가능성이 큽니다.

03. 그림은 A국의 재정 관련 지표의 변화를 나타낸 것이다. 이에 대한 옳은 분석을 <보기>에서 고른 것은? [3점] |2012년 6월 학평|

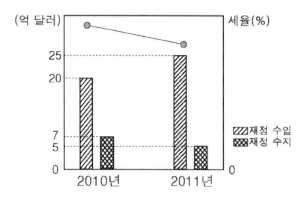

* 재정 수지=재정 수입-재정 지출

* A국의 재정 수입은 조세수입만으로 구성된다.

<보기>

ㄱ. 2010년에 비해 2011년에 재정 지출이 증가하였다.

ㄴ. 2010년에 비해 2011년에 A국의 국내 경제 활동은 위축되었다.

ㄷ. 2010년과 2011년 모두 재정 지출에 비해 재정 수입이 더 크다.

ㄹ. 2011년은 재정 수입의 변화율보다 재정 지출의 변화율이 더 작다.

① ㄱ, ㄴ   ② ㄱ, ㄷ

③ ㄴ, ㄷ   ④ ㄴ, ㄹ

⑤ ㄷ, ㄹ

04. (가)와 (나)의 일반적인 특징에 대한 옳은 설명을 <보기>에서 고른 것은?

|2015년 9월 학평|

조세는 납세자와 담세자의 일치 여부에 따라 (가)와 (나)로 구분한다. (가)에는 소득세, 재산세 등이 있으며, (나)에는 부가가치세, 개별 소비세 등이 있다.

<보기>

ㄱ. (가)의 세율 증가는 가계의 처분 가능 소득의 감소 요인이다.

ㄴ. (나)는 납세자와 담세자가 일치한다.

ㄷ. (가)는 (나)에 비해 소득 재분배 효과가 크다.

ㄹ. (나)는 (가)에 비해 조세 저항이 크게 나타난다.

① ㄱ, ㄴ   ② ㄱ, ㄷ

③ ㄴ, ㄷ   ④ ㄴ, ㄹ

⑤ ㄷ, ㄹ

05. 표에 대한 옳은 설명을 <보기>에서 고른 것은?

|2012년 9월 학평|

(단위:%)

구분	2009년	2010년	2011년
조세 대비 간접세 비율	49.4	46.9	44.6
조세 대비 직접세 비율	50.6	53.1	55.4
GDP 대비 사회 복지비 지출 비율	5.6	6.9	8.5

< 보기 >

ㄱ. 정부의 재정 적자가 커지고 있다.

ㄴ. 정부의 간접세 수입이 감소하고 있다.

ㄷ. 삶의 질을 높이려는 정부의 노력이 나타나고 있다.

ㄹ. 조세 전가가 가능한 세금의 비중이 감소하고 있다.

① ㄱ, ㄴ   ② ㄱ, ㄷ

③ ㄴ, ㄷ   ④ ㄴ, ㄹ

⑤ ㄷ, ㄹ

06. 그림의 A, B 조세가 갖는 특징으로 가장 적절한 것은? (단, A와 B는 각각 직접세, 간접세 중 하나이다.)

|2012년 11월 학평|

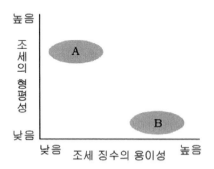

① A의 과세대상은 주로 소비지출 행위이다.

② A는 조세 전가로 물가 상승의 원인이 되기도 한다.

③ B는 주로 비례세율이 적용된다.

④ A는 B에 비해 조세의 역진성이 뚜렷하게 나타난다.

⑤ B는 A에 비해 저축과 근로의욕을 저하시킨다.

07. 그림은 세율 적용 방식에 따른 조세를 나타낸 것이다. ㉠, ㉡에 대한 옳은 설명만을 <보기>에서 있는 대로 고른 것은? [3점]

|2012년 9월 학평|

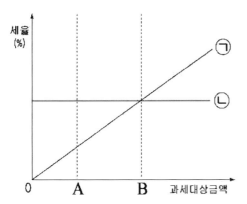

A : 갑의 과세대상 금액
B : 을의 과세대상 금액

<보기>

ㄱ. ㉠은 과세대상 금액에 관계없이 동일한 세율이 적용된다.
ㄴ. ㉡이 적용되는 사례로 부가가치세가 있다.
ㄷ. ㉡이 적용될 때 갑과 을이 내는 세액은 동일하다.
ㄹ. ㉠은 ㉡보다 빈부 격차를 완화시키는 효과가 크다.

① ㄱ, ㄴ
② ㄱ, ㄷ
③ ㄴ, ㄹ
④ ㄱ, ㄷ, ㄹ
⑤ ㄴ, ㄷ, ㄹ

08. 표의 (가), (나)는 납세자와 담세자의 일치 여부에 따라 분류한 조세 유형이다. 이에 대한 옳은 설명을 <보기>에서 고른 것은?

|2014년 3월 서울|

구분	(가)	(나)
종류	소득세, 재산세, 상속세	부가가치세, 주세, 개별 소비세

<보기>

ㄱ. (가)는 주로 누진세율이 적용된다.

ㄴ. (나)는 소비 행위에 부과되는 세금이다.

ㄷ. (가)와 달리 (나)는 일반적으로 저소득층에 유리하다.

ㄹ. (가)에 비해 (나)에서는 조세 저항이 강하게 나타난다.

① ㄱ, ㄴ   ② ㄱ, ㄷ

③ ㄴ, ㄷ   ④ ㄴ, ㄹ

⑤ ㄷ, ㄹ

09. 밑줄 친 ㉠, ㉡의 일반적인 특징에 대한 옳은 설명을 <보기>에서 고른 것은?

|2015년 3월 학평|

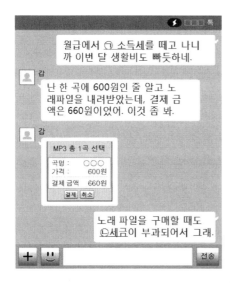

<보기>

ㄱ. ㉠은 납세자와 담세자가 일치한다.

ㄴ. ㉡에는 주로 누진세율이 적용된다.

ㄷ. ㉠은 ㉡보다 소득 재분배 효과가 크다.

ㄹ. ㉡은 ㉠에 비해 조세 저항이 크다.

① ㄱ, ㄴ   ② ㄱ, ㄷ

③ ㄴ, ㄷ   ④ ㄴ, ㄹ

⑤ ㄷ, ㄹ

10. ⊙, ⓒ 조세에 대한 설명으로 옳은 것은?

|2012년 7월 인천|

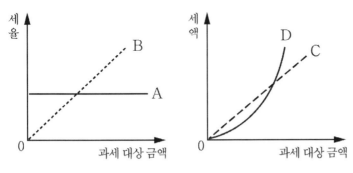

① ⊙의 세율 인상은 물가 상승을 초래한다.
② ⓒ은 납세자와 담세자가 동일한 직접세이다.
③ ⓒ은 과세 금액이 증가할수록 세율이 높아진다.
④ ⊙은 ⓒ보다 소득 재분배 효과가 크다.
⑤ ⊙은 ⓒ보다 징세 절차가 간편하고 조세 저항이 작다.

11. 그래프는 세율 적용 방식에 따른 과세 제도를 나타낸 것이다. A~D에 대한 설명으로 가장 적절한 것은? [3점]

|2013년 11월 학평|

① A는 과세대상 금액에 상관없이 세액이 동일하게 부과된다.
② B는 기울기가 커지면 처분 가능 소득의 계층 간 격차가 커진다.
③ C는 과세대상 금액이 커짐에 따라 세율이 일정하게 증가한다.
④ A는 D와 달리 조세의 역진성이 나타난다.
⑤ B와 C는 세율 적용 방식이 동일하다.

12. 정부가 소득세 제도를 (가)에서 (나)로 변경했을 때 나타나는 결과로 옳은 추론을 <보기>에서 고른 것은? [3점]

|2014년 6월 학평|

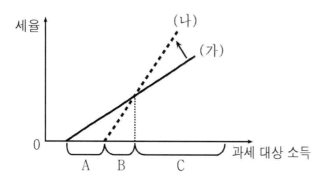

<보기>

ㄱ. A 구간의 납세자는 처분 가능 소득이 증가하였을 것이다.
ㄴ. B 구간에서 소득세에 의한 재정 수입은 증가할 것이다.
ㄷ. C 구간의 납세자는 세금 부담이 커졌을 것이다.
ㄹ. 조세의 역진성이 더욱 강화되었을 것이다.

① ㄱ, ㄴ
② ㄱ, ㄷ
③ ㄴ, ㄷ
④ ㄴ, ㄹ
⑤ ㄷ, ㄹ

13. 그림에 나타난 갑국~병국의 소득세 제도에 대한 분석이나 추론으로 옳은 것은?

|2013년 10월 서울|

① 갑국에서는 소득세가 역진성을 나타내고 있다.
② 을국에서는 소득세 부과 후 빈부 격차가 커질 것이다.
③ 병국의 소득세에는 누진세율이 적용되고 있다.
④ 갑국에 비해 병국 고소득층의 소득세 부담이 작을 것이다.
⑤ 을국, 병국에 비해 갑국이 분배의 형평성을 더 중시한다.

CHAPTER

6

수요와 공급

1. 수요의 개념

(1) 일정 기간에 주어진 가격으로 수요자들이 구입하고자 의도하는 재화와 서비스의 총량을 수요라 한다.

(2) 실제 구입량이 아니라 구입하고자 의도하는 양이다.

(3) 유량 개념임

① 일정 기간에 걸쳐 측정되는 것을 유량이라고 한다.

(저량 : 일정 시점에 측정되는 것을 저량이라고 한다. 예를 들어 한 달에 사과를 10개 산다고 하면 유량이고 지금 사과를 5개 가지고 있다 하면 저량이다)

② 사과의 수요가 10개라고 하면 어떤 문제가 있을까?

단순하게 사과의 수요가 10개라고 하면 하루에 10개를 수요하는지, 일주일에 10개를 수요하는지, 한 달에 10개를 수요하는지 불분명하다는 것이다. 그러나 기간 개념을 도입해서 일주일에 사과 10개라고 하면 그 의미가 명확해진다.

2. 수요의 법칙

(1) 다른 모든 조건이 일정할 때 가격이 상승하면 수요량이 감소하고, 가격이 하락하면 수요량이 증가하는 역의 관계를 수요의 법칙이라고 한다.

> 가격↑ ⇒ 수요량↓, 가격↓ ⇒ 수요량↑

※ 다른 모든 조건이 일정할 때(ceteris paribus)
라틴어 문구 "세테리스 파리부스는 다른 조건이 변하지 않는다면"이라는 뜻으로서 경제학의 기본가정이다. 수요에 영향을 주는 변수는 많으나 이를 일일이 고려하면 수요 법칙의 정립이 불가능해지기 때문에 한 가지 변수를 검토할 동안 그 이외의 나머지 변수들은 사실상 없는 것으로 가정한다.

(2) 사과의 가격과 수량과의 예

가격(원)	6,000	5,000	4,000	3,000	2,000	1,000
수량(개)	1	2	3	4	5	6

위의 표를 보면 사과의 가격이 높으면 사과를 덜 사려 하고, 사과 가격이 내리면 사과를 더 사고 싶어 한다. 이렇게 사과의 가격과 수요량 간에 역의 관계가 나타나는 것을 수요의 법칙이라고 한다. 피자의 가격이 싸지거나 비싸지면 어떻게 될까? 이 경우도 마찬가지다. 피자를 좋아하는 경우 피자값이 싸지면 더 사고 싶은 마음이 들 것이다. 반대로 피

자값이 오르면 피자를 이전보다 적게 구입하려 할 것이다.

3. 수요곡선

(1) 수요곡선에 영향을 주는 요인들

수요에 영향을 주는 여러 가지 요인들이 있는데, 이것들을 수요 요인들이라고 한다. 수요 요인 중 가장 영향력이 큰 것이 가격이며, 가격 외에도 소득, 대체재의 가격, 보완재의 가격, 소비자의 예상, 광고, 소비자의 선호 등이 있다.

> **수요 요인 : 가격, 소득, 대체재의 가격, 보완재의 가격, 소비자의 예상, 소비자의 선호…**

(2) 수요 함수

① 어떤 재화의 수요와 수요 요인들 간의 관계를 함수 형태로 나타낸 것을 수요 함수라 하는데 아래와 같이 나타낼 수 있다.

$$D = f(\text{가격} : \overset{\displaystyle A}{\overline{\text{소득, 대체재 가격, 보완재 가격, 소비자 예상, 소비자의 선호 등, …}}}) \qquad \text{(식 6-2)}$$

② 수요 요인 중에서 가격이 가장 큰 영향을 미치므로 가격 이외에 다른 수요 요인들은 고정이라고 가정하고 수요 함수를 나타내면 (식 6-2)와 같다.

③ 위의 수요 함수를 그래프로 나타내면 아래와 같다.
  (경제에서는 독립변수가 y축에 온다.)

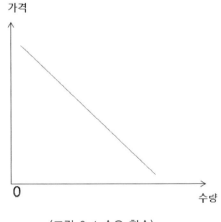

(그림 6-1 수요 함수)

4. 개별 수요곡선과 시장 수요곡선

(1) 개별수요곡선

개별소비자들이 각각의 가격에서 구입하고자 하는 재화와 서비스의 수량을 나타내는 곡선을 개별수요곡선이라고 한다.

(2) 시장수요곡선

① 시장수요곡선은 개별수요곡선을 수평으로 합하여 도출한다. 즉 각각의 가격 수준에서 개별수요자들의 수요량을 더하면 시장수요곡선을 구할 수 있다.

② 시장에서 수요자가 갑과 을만 있는 경우, 각각의 가격 수준에서 개별 수요자의 수요량을 더하여 시장수요곡선을 구하면 개별수요곡선보다 완만한 형태로 나타난다.

시장 전체 수요 = Σ개별수요곡선의 수평의 합

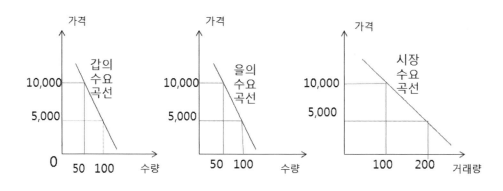

(그림 6-2 개별수요곡선과 시장수요곡선)

5. 수요량의 변화와 수요의 변화

(1) 수요량의 변화

① (식6-2)에서 다른 수요 요인들은 변화가 없다고 가정(상수화:A)했으므로 (식6-3)과 같이 수요함수를 가격만의 함수로 나타낼 수 있다.

D = f(가격)   (식 6-3)

② 가격의 변화

(식 6-3)에서 가격을 제외한 다른 변수들은 고정되어 있다고 가정했으므로 수요 곡선은 가격이 변수인 함수가 된다. (식 6-3)에서 수요곡선은 가격과 수량의 함수이므로

가격에 대응하는 수요량은 수요곡선 상의 한 점으로 표시된다. 가격이 변하면 대응하는 수요량 역시 수요곡선 상의 한 점으로 표시된다. (그림 6-3)에서 가격이 P_0에서 P_1으로 변하게 되면 균형점은 A에서 B로 변하여 수요곡선 상에서의 이동으로 나타난다.

가격의 변화 : 수요곡선 상에서 이동

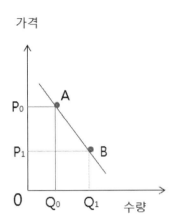

(그림 6-3 수요곡선 상의 이동)

(2) 수요의 변화

① 수요의 변화란?

가격 이외에 고정되었다고 가정했던 소득, 대체재 가격, 보완재 가격 등의 여러 가지 수요 요인들이 변화하여 **수요곡선이 이동하는 것을 수요의 변화**라 한다.

② 소득수준 향상

㉠ 소득수준이 향상되면 사과를 더 살 수 있으므로 주어진 각각의 가격 수준에서 사과의 수요량이 증가한다.

㉡ 예를 들어, 가격이 ₩3,000일 때 사과 4개를 수요했던 소비자는 소득이 증가하면 사과를 6개를 수요하게 되며, 사과 가격이 ₩5,000일 때는 사과 2개에서 사과 4개로 사과 수요가 증가한다.

가격(원)	6,000	5,000	4,000	3,000	2,000	1,000
소득 증가 전 수량(개)	1	2	3	4	5	6
소득 증가 후 수량(개)	3	4	5	6	7	8

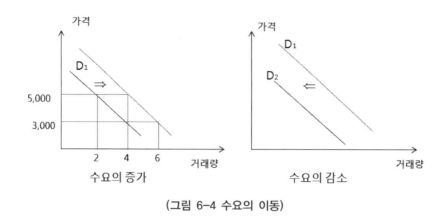

(그림 6-4 수요의 이동)

ⓒ 이처럼, 소득이 증가하면 주어진 각각의 가격 수준에서 수요량이 증가하므로 위의 그림처럼 수요곡선 자체가 오른쪽 위로 이동한다.

> • 수요의 증가
> 수요곡선의 오른쪽 이동 ⇒ 가격 상승, 수량 증가

> • 수요의 감소
> 수요곡선의 왼쪽 이동 ⇒ 가격 하락, 수량 감소

6. 다른 재화의 가격 변화 : 대체재, 보완재

(1) 보완재

① 삼겹살 가격이 하락하면 삼겹살의 수요량이 증가하면서 상추의 수요도 같이 증가한다. 반대로 삼겹살 가격이 상승하면 삼겹살의 수요량이 감소하면서 상추의 수요도 감소한다.

② 이처럼, 관련 제품의 가격이 상승할 때 해당 제품의 수요가 감소하고, 관련 제품의 가격이 하락할 때 수요가 증가하는 것을 보완재라고 한다.

③ 삼겹살과 상추, 커피와 설탕, 피자와 콜라 등이 보완재의 예이며, 보완재 간의 가격과 수요는 역의 관계(-)이다.

> **X재의 가격 하락 ⇒ X재 수요량의 증가 ⇒ Y재의 수요 증가**
> **X재의 가격 상승 ⇒ X재 수요량의 감소 ⇒ Y재의 수요 감소**

④ 보완재 간의 관계

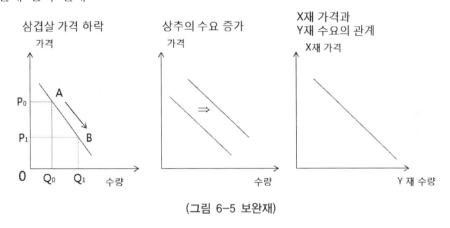

(그림 6-5 보완재)

㉠ (그림 6-5)의 왼쪽 그림에서 균형점이 A에서 B로 이동하여 삼겹살의 가격이 하락하였다.

㉡ 삼겹살 가격 하락에 따라 삼겹살 수요량이 증가한다. 삼겹살 수요량이 증가하면 상추의 수요도 증가하므로 상추의 수요곡선이 오른쪽으로 이동한다.

㉢ 보완재인 X재 가격과 Y재 수요의 관계는 역의 관계이다.

(2) 대체재

① 쇠고기의 가격이 상승하면 돼지고기의 수요가 증가하고, 쇠고기의 가격이 하락하면 돼지고기의 수요는 감소한다.

② 이처럼, 관련 제품의 가격이 상승할 때 해당 제품의 수요가 증가하고, 관련 제품의 가격이 하락할 때 해당 제품의 수요가 감소하는 것을 대체재라고 한다.

③ 돼지고기와 쇠고기, 콜라와 사이다, 커피와 홍차 등이 대체재의 예이며, 대체재 간의 가격과 수요는 정의 관계(+)이다.

> **X재의 가격 상승 ⇒ X재 수요량의 감소 ⇒ Y재의 수요 증가**
> **X재의 가격 하락 ⇒ X재 수요량의 증가 ⇒ Y재의 수요 감소**

④ 대체재 간의 관계

　㉠ (그림 6-6)의 왼쪽 그림에서 균형점이 A에서 B로 이동하여 쇠고기의 가격이 상승하였다.

　㉡ 쇠고기 가격 상승에 따라 돼지고기의 수요가 증가하므로 수요곡선이 오른쪽으로 이동한다.

　㉢ 대체재인 X재 가격과 Y재 수요의 관계는 양(+)의 관계이다.

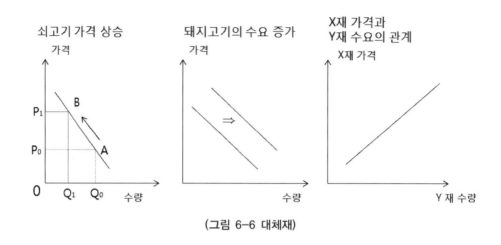

(그림 6-6 대체재)

7. 기타

(1) 소비자의 가격 변화 예상

① 어떤 재화나 서비스의 가격이 오를 것이라고 예상될 때 소비자들이 기존 가격으로 더 많이 사려 하므로(일명 사재기), 이런 경우에는 수요곡선이 오른쪽으로 이동한다. 반대로 가격이 내릴 것으로 예상되면 수요가 감소하기 때문에 수요곡선이 왼쪽으로 이동한다.

② 국제 원유값이 크게 오르면 국내 유가도 크게 오를 것으로 예상되기 때문에 소비자들은 현재의 가격 수준에서 석유 수요를 늘리게 되므로 수요곡선이 오른쪽으로 이동한다.

(2) 인구의 증가, 소비자 선호의 증가

① 인구가 증가하거나 소비자 선호가 증가하면 수요곡선이 오른쪽으로 이동한다.

② 인구가 감소하거나 소비자 선호가 감소하면 수요곡선은 왼쪽으로 이동한다.

8. 수요 법칙의 예외

(1) 위풍재

① 재화의 가격이 상승할 때 오히려 그 재화의 수요량이 증가하는 효과로서 수요곡선이 우상향으로 도출되므로 수요 법칙의 예외적인 경우이다.

② 값비싼 재화를 소비할 능력이 있음을 과시하기 위해 재화의 가격이 비싸질수록 수요가 늘어나는 현상으로서 일명 베블렌 효과라고도 한다.

(2) 기펜재

① 재화의 가격이 하락했음에도 오히려 수요량의 감소를 가져오는 재화를 기펜재라고 한다.

② 19세기 아일랜드에서 감자 가격이 하락했음에도 오히려 감자의 소비를 줄이고 돼지고기 소비를 늘린 사례가 기펜재의 대표적인 예이다

③ 현실적으로 기펜재는 거의 존재하지 않는다.

1. 공급의 개념

(1) 일정 기간에 주어진 가격으로 공급자들이 판매하고자 의도하는 재화와 서비스의 총량을 공급이라 한다.

(2) 실제 판매량이 아니라 판매하고자 의도하는 양이다.

(3) 유량 개념

공급도 일정 기간에 걸쳐 측정되어야 의미가 명확해진다. 단순히 사과의 공급이 50개라고 한다면 이것이 하루에 50개인지, 일주일에 50개인지, 아니면 한 달에 50개 인지가 불명확해지기 때문이다.

2. 공급의 법칙

(1) 다른 모든 조건이 일정할 때 가격이 상승하면 공급량이 증가하고, 가격이 하락하면 공급량이 감소하는 정의 관계를 공급의 법칙이라고 한다.

> 가격↑ ⇒ 공급량↑, 가격↓ ⇒ 공급량↓

(2) 일반적으로 공급자들은 재화의 가격이 상승할 때, 즉, 비싸지면 물건을 더 많이 판매하려고 하고, 재화의 가격이 하락하면 재화를 판매할 의사가 적어진다.

(3) 한라봉의 가격과 수량과의 관계

한라봉의 가격과 수량과의 관계는 아래 표와 같다.

(단위 : 원, 개)

5,000	7,000	9,000	11,000	13,000	15,000
1	2	3	4	5	6

한라봉의 가격이 오르면 한라봉을 생산하는 농민은 한라봉의 공급을 늘리려고 할 것이며, 다른 농부도 한라봉의 생산을 고려할 것이다. 이처럼, 가격이 오를 때 공급자는 공급을 늘리려 할 것이며, 반대로 가격이 하락하면 공급을 줄이려고 하는데, 이를 공급의 법칙이라 한다.

3. 공급곡선

(1) 공급곡선에 영향을 주는 요인들

공급에 영향을 주는 여러 가지 요인들이 있는데, 이것들을 공급 요인들이라고 한다. 공급 요인들 중 가장 영향력이 큰 것이 가격이며, 가격 외에도 기술진보, 생산요소 가격, 공급자의 수, 보조금 지급, 생산면에서 보완재의 가격, 생산면에서 대체재의 가격, 조세 부과, 공급자의 예상 등의 공급 요인이 있다.

> • 공급 요인
> 가격, 기술진보, 생산요소 가격, 공급자 수, 보조금 지급, 조세 부과, 생산면에서 보완재, 생산면에서 대체재, 공급자의 예상…

(2) 공급 함수

① 어떤 재화의 공급과 공급 요인들 간의 관계를 함수 형태로 나타낸 것을 공급 함수라 하는데 아래와 같이 나타낼 수 있다.

- S = f(가격 : 기술진보, 생산요소 가격, 공급자 수, 보조금 지급, 조세 부과, 생산면에서 보완재, 생산면에서 대체재, ...)　　　　　　　　　　　　(식 6-4)

② 공급 요인 중에서 가격이 가장 큰 영향을 미치므로 가격 이외에 다른 공급 요인들은 고정이라고 가정하고 공급 함수를 나타내면 (식 6-5)와 (식 6-6)과 같다.

$$\overline{\quad\quad\quad\quad\quad\quad\quad B \quad\quad\quad\quad\quad\quad\quad}$$

- S = f(가격 : 기술진보, 생산요소 가격, 공급자 수, 보조금 지급, 조세 부과, 생산면에서 보완재, 생산면에서 대체재, ...)　　　　　　　　　　　(식 6-5)

- S = f(가격)　　　　　　　　　　　　　　　　　　　　　　　　　　(식 6-6)

③ (식6-5)에서 다른 공급 요인들은 변화가 없다고 가정(상수화:B)했으므로 (식 6-6)과 같이 공급함수를 가격만의 함수로 나타낼 수 있다.

④ 위의 공급 함수를 그래프로 나타내면 아래와 같다.

(경제에서는 독립변수가 y축에 온다.)

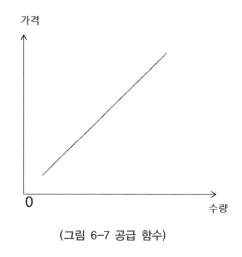

(그림 6-7 공급 함수)

4. 개별 공급곡선과 시장 공급곡선

(1) 개별공급곡선

개별공급자들이 각각의 가격에서 공급하고자 하는 재화와 서비스의 수량을 나타내는 곡선을 개별공급곡선이라고 한다.

(2) 시장공급곡선

① 시장공급곡선은 개별공급곡선을 수평으로 합하여 도출한다. 즉 각각의 가격 수준에서 개별공급자들의 공급량을 더하면 시장공급곡선을 구할 수 있다.

② 현재 시장에서 공급자가 갑과 을만 있는 경우, 각각의 가격 수준에서 개별 공급자의 공급량을 더하여 시장공급곡선을 구하면 개별공급곡선보다 완만한 형태로 나타난다.

> **시장 전체 공급 = Σ개별공급곡선의 수평의 합**

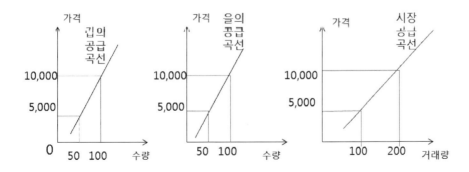

(그림 6-8 개별공급곡선과 시장공급곡선)

5. 공급량의 변화와 공급의 변화

(1) 공급량의 변화

① 가격의 변화

(식 6-6)에서 가격을 제외한 다른 변수들은 고정되어 있다고 가정했으므로 공급곡선은 가격이 변수인 함수가 된다. (식 6-6)에서 공급곡선은 가격과 수량의 함수이므로 가격에 대응하는 공급량은 공급곡선 상의 한 점으로 표시된다. 가격이 변하면 대응하는 공급량 역시 공급곡선 상의 한 점으로 표시된다. (그림 6-9)에서 가격이 P_0에서 P_1으로 변하게 되면 균형점은 A에서 B로 변하여 공급곡선 상에서의 이동으로 나타난다.

> **가격의 변화 : 공급곡선 상에서 이동**

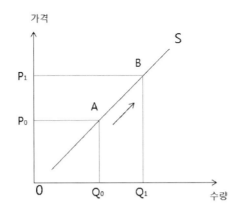

(그림 6-9 공급곡선 상의 이동)

(2) **공급의 변화**

① 공급의 변화란?

가격 이외에 고정되었다고 가정했던 기술진보, 생산요소 가격, 공급자 수, 보조금 지급, 생산면에서 보완재, 생산면에서 대체재, 조세 부과, 공급자의 예상 등의 공급 측 요인이 변화하여 공급곡선이 이동하는 것을 공급의 변화라 한다.

② 기술진보

기술진보가 일어나면 생산 비용이 낮아져 기존보다 저렴한 비용으로 공급할 수 있거나 또는 생산 기술 향상으로 더 많이 공급할 수 있으므로 공급곡선은 오른쪽으로 이동한다.

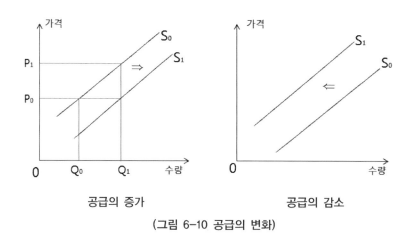

(그림 6-10 공급의 변화)

> ・**공급의 증가**
> 공급곡선의 오른쪽 이동⇒가격 하락, 수량 증가

> ・**공급의 감소**
> 공급곡선의 왼쪽 이동⇒가격 상승, 수량 감소

③ 생산요소 가격의 하락이나 상승

> 생산 요소 가격 상승⇒생산 비용 상승⇒공급 가격 상승⇒공급곡선 왼쪽 이동(공급 감소)

㉠ 원유나 철광석 등 생산요소 가격이 상승하면 생산 비용이 상승하여 공급이 감소하고, 공급곡선은 왼쪽 위로 이동한다.

㉡ 생산요소 가격이 하락하면 생산 비용이 하락하여 공급이 증가하고, 공급곡선은 오른쪽 아래로 이동한다.

> **생산요소 가격 하락 ⇒ 생산 비용 하락 ⇒ 공급 가격 하락 ⇒ 공급곡선 오른쪽 이동(공급 증가)**

④ 공급자 수 증가

㉠ 공급자 수가 증가하면 공급이 증가하므로 공급곡선은 오른쪽 아래로 이동한다.

㉡ 공급자 수가 감소하면 공급이 감소하므로 공급곡선은 왼쪽 위로 이동한다.

> **공급자 수 증가 ⇒ 공급 증가 ⇒ 공급곡선 오른쪽 이동**

> **공급자 수 감소 ⇒ 공급 감소 ⇒ 공급곡선 왼쪽 이동**

⑤ 생산면에서 보완재

㉠ 쇠고기의 가격이 상승하면 공급자들은 더 많은 쇠고기를 공급하려 하므로 공급량은 A에서 B로 증가한다.

㉡ 쇠고기의 공급량이 증가한다는 것은 더 많은 소를 생산했다는 것이므로 쇠가죽의 공급도 증가하여 쇠가죽 공급곡선이 오른쪽($S_0 \Rightarrow S_1$)으로 이동한다.

㉢ 생산면에서 보완재인 쇠고기 가격과 쇠가죽 수량은 정의 관계를 갖는다.

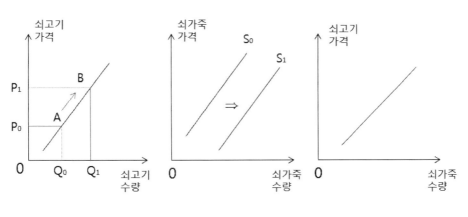

쇠고기의 가격 상승　　　　쇠가죽의 공급 증가　　　쇠고기의 가격과 쇠가죽 수량

(그림 6-11 생산면에서 보완재)

⑥ 생산면에서 대체재-옥수수와 콩은 생산면에서 대체재이다.

　㉠ 최근 바이오 에너지의 수요가 늘어나면서 옥수수의 수요가 증가하여 옥수수의 가격이 오르자 농부들은 옥수수 재배 면적을 늘려 옥수수를 더 많이 생산하고 있다. (그림 6-12)에서 옥수수 가격이 P_0에서 P_1으로 오르자 옥수수 공급량도 Q_0에서 Q_1으로 증가하여 균형점이 A에서 B로 이동하였다.

　㉡ 옥수수 재배 면적이 늘어나면 생산 측면에서 대체재인 콩의 재배 면적은 감소하여 콩의 공급이 줄어든다. 콩의 공급이 감소하므로 콩의 공급곡선은 왼쪽($S_0 \Rightarrow S_1$)으로 이동한다.

　㉢ 생산면에서 대체재인 옥수수 가격과 콩의 수량은 음(-)의 관계를 갖는다.

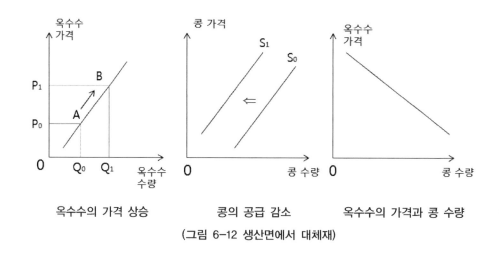

옥수수의 가격 상승　　　콩의 공급 감소　　　옥수수의 가격과 콩 수량

(그림 6-12 생산면에서 대체재)

⑦ 조세 부과

　㉠ 공급자에게 조세를 부과하면 재화의 공급 가격이 상승하므로 공급곡선은 왼쪽으로 이동한다. (그림 6-13)에서 T만큼의 조세를 부과하면 공급곡선은 T만큼 왼쪽 위로 이동하여 공급이 감소한다.

　㉡ 공급자에게 부과된 조세를 철회하면 공급 가격이 하락하므로 공급곡선은 오른쪽으로 이동한다. (그림 6-13)에서 T만큼의 조세 부과를 인하하면 공급곡선은 T만큼 오른쪽 아래로 이동하여 공급이 증가한다.

　(y축은 가격이므로 조세 부과나 인하 시에는 수직 방향으로 이동한다.)

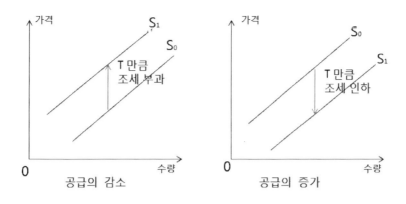

(그림 6-13 조세 부과와 인하)

⑧ 공급자의 예상

공급자가 상품가격이 앞으로 오를 것이라고 예상하면 상품 팔기를 꺼리므로 상품의 공급은 감소한다. 반대로 앞으로 가격이 내려갈 것으로 예상하면 가격이 내려가기 전에 팔기 위해 상품의 공급은 증가한다.

※ 매점매석

가격이 오를 때 공급자가 폭리를 취할 목적으로 상품을 사두고(매점) 공급을 꺼리는 것(매석)을 매점매석이라 한다.

6. 공급 법칙의 예외

(1) 토지나 골동품 등

토지는 거의 고정되어 있다. 물론 간척을 통해 토지의 공급을 늘릴 수 있고 용도 변경을 통해 논, 밭을 대지로 이용할 수 있지만, 토지의 공급은 거의 고정되어 있다고 보아도 무방하다. 또 희귀 골동품 등의 공급도 거의 고정적이다.

공급이 고정적인 경우에 공급곡선은 수직으로 나타난다. 가격이 변화해도 공급을 늘릴 수 없는 경우이다.

(2) 노동의 공급

① 하루 24시간 중 수면 시간을 제외한 나머지 시간은 노동이나 여가에 투입할 수 있다.

② 임금을 인상하는 경우에 노동을 중시하느냐 아니면 여가를 중시하느냐에 따라서 노동 공급곡선의 형태가 달리 나타날 수 있다.

③ 임금을 인상할 때에 노동 공급을 늘리는 경우

　　㉠ W_0에서 W_1으로 임금이 인상되는 경우에도 여가보다 노동이 중요하면 여가를 줄이고 노동 공급을 늘린다.(노동이 증가하면 여가가 줄고 노동이 감소하면 여가는 증가한다.)

　　㉡ 임금이 인상될 때 노동의 공급이 증가하므로 공급 법칙에 위배되지 않는다.

④ 임금을 인상할 때에 노동 공급을 줄이는 경우

　　㉠ 임금이 계속 오르게 되어 W_1 수준 이상이 되면 노동자는 노동 공급을 줄이고 여가를 늘린다

　　㉡ 이 경우 임금이 증가할 때 노동의 공급이 감소하므로 공급 법칙의 예외적인 경우가 된다.

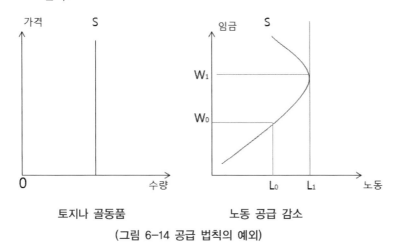

토지나 골동품　　　　　노동 공급 감소

(그림 6-14 공급 법칙의 예외)

01. (가), (나)에 대한 옳은 설명을 <보기>에서 고른 것은? |2013년 9월 학평|

(가)

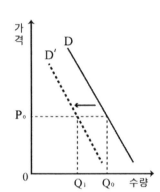

나)

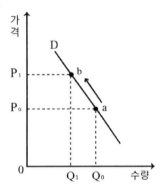

─── <보기> ───

ㄱ. 인구 증가는 (가)의 D가 D′로 이동하는 원인이다.

ㄴ. 해당 재화에 대한 선호도 감소는 (가)의 D가 D′로 이동하는 원인이다.

ㄷ. 정상재인 경우 소득의 증가는 (나)의 a에서 b로 이동하는 원인이다.

ㄹ. (가)는 수요의 감소이고, (나)는 수요량의 감소이다.

① ㄱ, ㄴ   ② ㄱ, ㄷ

③ ㄴ, ㄷ   ④ ㄴ, ㄹ

⑤ ㄷ, ㄹ

02. 아래의 보기 중에서 국산 스마트폰 공급곡선 이동의 원인을 모두 고른 것은? (단, 다른 조건은 일정하다.)

―――――――――――― < 보기 > ――――――――――――

ㄱ. 국민소득의 증가 　　　　　　ㄴ. 종업원 임금의 하락

ㄷ. 생산 기술의 발달 　　　　　　ㄹ. 수입 스마트폰의 가격 하락

ㅁ. 국산 스마트폰 선호 증가 　　　ㅂ. 원자재의 가격 하락

① ㄱ, ㄴ, ㄹ 　　　　　　　　② ㄱ, ㄷ, ㅁ

③ ㄴ, ㄷ, ㅂ 　　　　　　　　④ ㄴ, ㅁ, ㅂ

⑤ ㄷ, ㄹ, ㅂ

03. 그림은 X재의 수요곡선을 나타낸다. 이에 대한 옳은 설명을 <보기>에서 고른 것은? (단, 수요곡선의 이동은 좌우 평행으로만 가능하다.) [3점]　　|2015년 9월 학평|

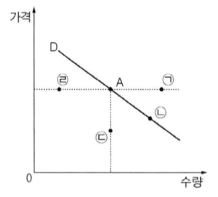

―――――――――――― < 보기 > ――――――――――――

ㄱ. X재에 대한 선호도가 높아지면, A는 ㉠으로 이동할 수 있다.

ㄴ. X재의 가격이 하락하면, A는 ㉡으로 이동할 수 있다.

ㄷ. X재의 소비자 수가 증가하면, A는 ㉢으로 이동할 수 있다.

ㄹ. X재의 대체재 가격이 상승하면, A는 ㉣로 이동할 수 있다.

① ㄱ, ㄴ 　　　　　　　　② ㄱ, ㄷ

③ ㄴ, ㄷ 　　　　　　　　④ ㄴ, ㄹ

⑤ ㄷ, ㄹ

04. 갑국과 을국이 기대하는 효과가 수요곡선에 옳게 표시된 것을 <보기>에서 골라 짝지은 것은?

|2015년 6월 학평|

- 갑국은 담배 가격을 인상하기로 하였다.
- 을국은 담뱃갑에 금연을 위한 경고 그림을 넣고, 금연광고를 확대하기로 결정하였다.

< 보 기 >

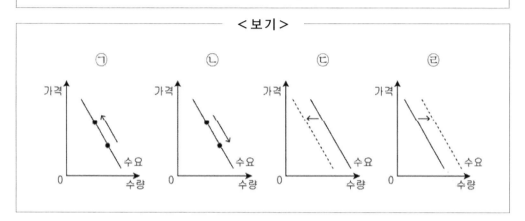

	갑국	을국		갑국	을국
①	㉠	㉡	②	㉠	㉢
③	㉢	㉠	④	㉣	㉡
⑤	㉢	㉣			

05. (가), (나)로 인한 X재의 시장 수요 또는 수요량이 최초의 A점에서 변화하는 방향을 옳게 짝지은 것은?

|2014년 6월 학평|

(가) 추수 감사절 다음날 금요일을 '블랙 프라이데이' 라고 하고, 이날부터 상품의 가격을 할인하는 행사를 한다. 이에 X재도 가격의 50%를 할인하여 판매한다.

(나) 한 주간지는 풍부한 영양소를 갖춰 건강에 도움이 되는 10대 식품 중 하나로 X재를 선정하였다. 이로 인해 X재에 대한 선호도가 급격히 높아졌다.

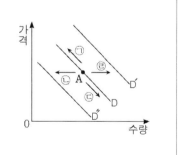

	(가)	(나)		(가)	(나)
①	㉠	㉢	②	㉡	㉣
③	㉢	㉠	④	㉢	㉡
⑤	㉢	㉣			

06. 그래프는 만년필의 시장 수요 또는 수요량이 어떤 원인에 의하여 최초의 E점에서 변화하는 방향을 나타낸 것이다. 그 원인과 변화 방향을 바르게 짝지은 것은? [3점]

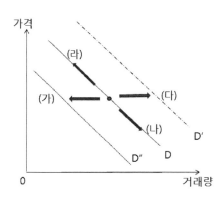

원인	변화 방향		원인	변화 방향
① 잉크 가격 상승	(다)		② 잉크 가격 하락	(나)
③ 볼펜 가격 상승	(가)		④ 볼펜 가격 하락	(나)
⑤ 만년필 가격 상승	(라)			

07. (가), (나)에서 나타난 수요·공급의 변화를 찾아 옳게 짝지은 것은? |2014년 6월 학평|

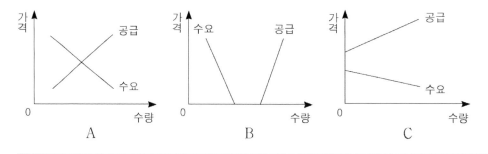

(가) 과거에 세계 일주 여행은 매우 위험했고 선박을 제조하는 비용 부담 때문에 아무도 엄두를 내지 못했다. 하지만 최근 안전성이 보장되고 기술 발전으로 선박 제조 비용이 감소하여 일부 부유층들이 호화 여객선을 이용하여 여행을 즐기고 있다.

(나) 과거에 갑국에서는 맑은 산소가 희소하지 않았다. 그러나 최근에는 환경 오염 때문에 맑은 산소가 희소한 자원이 되었다. 그래서 맑은 산소를 휴대 용기에 담은 상품의 매출이 증가하고 있다.

	(가)	(나)		(가)	(나)
①	A→B	C→A	②	B→A	A→C
③	B→A	C→A	④	C→A	A→B
⑤	C→A	B→A			

08. A~C재에 대한 옳은 설명을 <보기>에서 고른 것은? |2013년 9월 학평|

- A재와 B재는 용도가 비슷하여 A재 대신 B재를 소비해도 만족의 크기에는 별 차이가 없다.
- B재와 C재는 따로 소비할 때보다 함께 소비할 때 더 큰 만족을 얻을 수 있다.

< 보 기 >

ㄱ. A재의 가격이 상승하면 B재의 수요는 증가한다.
ㄴ. A재의 공급이 감소하면 C재의 가격은 하락한다.
ㄷ. B재의 가격 변화와 C재의 수요 변화는 역(-)의 관계이다.
ㄹ. C재의 공급이 증가하면 B재의 수요는 감소한다.

① ㄱ, ㄴ ② ㄱ, ㄷ
③ ㄴ, ㄷ ④ ㄴ, ㄹ
⑤ ㄷ, ㄹ

09. 그림은 대체재 또는 보완재 관계를 보여준다. 이에 대한 분석으로 옳은 것은? [3점]
|2015년 3월 학평|

X재의 가격 하락	→	Y재 수요 감소
Z재의 가격 하락	→	Y재 수요 증가

① X재는 Y재의 보완재이다.
② Z재는 Y재의 대체재이다.
③ Z재의 가격이 상승하면 Y재의 가격도 상승한다.
④ Z재의 공급이 증가하면 Y재의 수요는 감소한다.
⑤ X재의 가격이 상승하면 Y재의 판매 수입이 증가한다.

10. 그림은 X, Y, Z재의 관계를 나타낸다. 각 재화의 관계에 대한 옳은 분석을 <보기>에서 고른 것은?

|2015년 9월 학평|

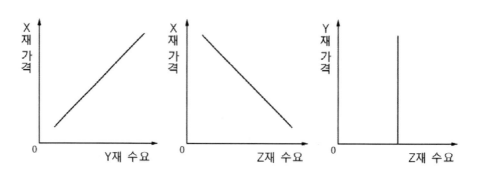

─────────── < 보 기 > ───────────
ㄱ. X재와 Y재는 대체 관계에 있다.
ㄴ. Y재와 Z재는 보완 관계에 있다.
ㄷ. X재의 공급이 증가하면 Y재의 수요는 감소한다.
ㄹ. X재의 공급이 감소하면 Z재의 수요는 증가한다.

① ㄱ, ㄴ ② ㄱ, ㄷ
③ ㄴ, ㄷ ④ ㄴ, ㄹ
⑤ ㄷ, ㄹ

11. ㉠과 ㉡에 대한 설명으로 적절한 것은?

|2012년 11월 학평|

갑 상점은 판매할 상품을 진열하는데 일정한 원칙을 가지고 있다. 예를 들어, ㉠ <u>치킨과 함께 먹기 좋은 탄산음료를 치킨 판매대 바로 옆에 진열하며</u> ㉡ <u>홍차, 녹차 등도 같은 판매대에 진열하여 소비자들의 다양한 선택을 보장한다.</u> 이러한 판매 기법으로 갑 상점은 판매 수입을 올리고 있다.

① ㉠에서 두 재화 중 어느 재화를 대신 소비해도 비슷한 만족을 준다.
② ㉠에서 치킨의 가격이 하락하면 탄산음료의 판매 수입이 감소한다.
③ ㉡에서 홍차의 공급이 증가하면 녹차의 소비가 증가한다.
④ ㉡에서 홍차의 가격과 녹차의 수요는 정(+)의 관계에 있다.
⑤ ㉠은 대체재 관계, ㉡은 보완재 관계에 있는 재화의 사례이다.

12. 다음 글을 읽고, 애그플레이션을 유발할 수 있는 공급 측 요인과 수요 측 요인을 <보기>에서 골라 바르게 묶은 것은? [3점]

> 올해 들어 곡물값이 급등하면서 애그플레이션(agflation)이 세계 경제의 중요한 문제로 대두되고 있다. 애그플레이션은 농업(agriculture)과 인플레이션(inflation)의 합성어로 농산물 가격 급등에 따른 물가 상승을 의미한다.

<보기>

ㄱ. 주요 곡물 생산국의 기상 이변
ㄴ. 식량 수출국의 자원 민족주의 확산
ㄷ. 유전자 변형 곡물(GMO)의 대량 생산
ㄹ. 중국, 인도 등 신흥 개발도상국의 소득 증가
ㅁ. 곡물을 원료로 하는 바이오 에너지 생산의 증가

	(공급 측 요인)	(수요 측 요인)		(공급 측 요인)	(수요 측 요인)
①	ㄱ, ㄴ	ㄹ, ㅁ	②	ㄷ, ㄹ	ㄱ, ㄴ
③	ㄱ, ㄴ, ㄷ	ㄹ, ㅁ	④	ㄱ, ㄴ, ㅁ	ㄷ, ㄹ
⑤	ㄷ, ㄹ, ㅁ	ㄱ, ㄴ			

CHAPTER

7

시장의 균형

|

가격의 결정과 변동

1. 시장의 균형

(1) 시장의 균형

① 경제학에서 균형이란 다른 외부적인 요인들의 변화가 없는 한 현재 상태가 그대로 유지되는 경향을 말한다.

② 시장의 균형

시장에서 상품의 수요곡선과 공급곡선이 교차하는 점에서 균형이 이뤄지며, 이 균형점에서 가격과 거래량은 안정된 상태가 된다.

③ 균형점에서의 가격과 거래량을 균형가격, 균형거래량이라고 한다.

④ 균형점을 이탈하게 되어 불균형 상태가 되면, 초과 수요나 초과 공급으로 나타난다.

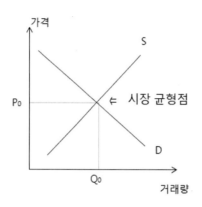

(그림 7-1 시장의 균형)

(2) 초과 수요

① 공급보다 수요가 많은 경우를 초과 수요라 한다.

② (그림 7-2)의 왼쪽 그림을 보면 P_1의 가격에서는 수요가 공급보다 많으므로 초과 수요 상태이다.

③ 수요가 공급보다 많으므로 가격은 상승 압력을 받아 P_0까지 상승하고, 가격이 오름에 따라 초과 수요도 감소하게 된다.

④ P_0, Q_0에서 수요량과 공급량이 일치하여 시장 균형점이 된다.

(3) 초과 공급

① 수요보다 공급이 많은 경우를 초과 공급이라 한다.

② (그림 7-2)의 오른쪽 그림을 보면 P_2의 가격에서는 공급이 수요보다 많으므로 초과 공급 상태이다.

③ 공급이 수요보다 많으므로 가격은 하락 압력을 받아 P₀까지 하락하고, 가격이 하락함
   에 따라 초과 공급도 감소하게 된다.

④ P₀, Q₀에서 수요량과 공급량이 일치하여 시장 균형점이 된다.

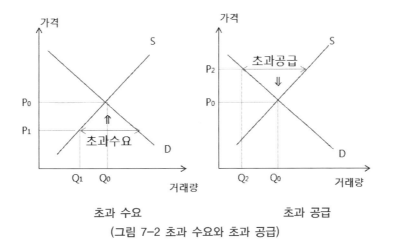

(그림 7-2 초과 수요와 초과 공급)

(4) 균형이 존재하지 않는 경우

① 공기나 햇빛 같은 자유재

   공기나 햇빛은 수요보다 공급이 너무 많아서 균형이 존재하지 않는다.

② 고가의 우주여행

   우주여행의 수요는 있으나, 공급이 수요보다 너무 비싸서 균형이 존재하지 않는다.

③ 물은 거의 자유재였으나 경제재로 바뀌었다.

   ※ 자유재와 경제재

   자유재 : 아무런 대가를 지불하지 않고 얻을 수 있는 재화

   경제재 : 대가를 지불해야 얻을 수 있는 재화

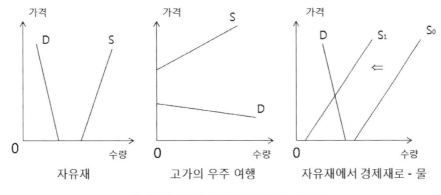

(그림 7-3 균형이 존재하지 않는 경우)

2. 수요와 공급의 관계

(1) 수요의 증가, 감소 요인

① 수요의 증가 요인

소득 증가, 대체재의 가격 상승, 보완재의 가격 하락, 소비자의 선호 증가, 소비자의 가격 상승 예상, 인구 증가

② 수요의 감소 요인

소득 감소, 보완재 가격 상승, 대체재 가격 하락, 소비자의 선호 감소, 소비자의 가격 하락 예상, 인구 감소

(2) 공급의 증가, 감소 요인

① 공급의 증가

기술진보, 생산요소 가격 하락, 공급자 수 증가, 보조금 지급, 생산면에서 보완재 증가, 생산면에서 대체재 감소, 조세 감소, 공급자의 가격하락 예상

② 공급의 감소

생산요소 가격 상승, 공급자 수 감소, 보조금 삭감, 생산면에서 보완재 생산 감소, 생산면에서 대체재 생산 증가, 조세 부과, 공급자의 가격 상승 예상

3. 시장 균형의 변동 ⇒ 플마[+, −] 해법

(1) 수요의 증가

① 수요곡선이 오른쪽 위로 이동하므로 가격은 상승하고, 거래량은 증가한다.
② **수요의 증가 ⇒ 가격 상승 : P+, 거래량 증가 : Q+**

(2) 수요의 감소

① 수요곡선이 왼쪽 아래로 이동하므로 가격은 하락하고, 거래량은 감소한다.
② **수요의 감소 ⇒ 가격 하락 : P−, 거래량 감소 : Q−**

(3) 공급의 증가

① 공급곡선이 오른쪽 아래로 이동하므로 가격은 하락하고, 거래량은 증가한다.
② **공급의 증가 ⇒ 가격 하락 : P−, 거래량 증가 : Q+**

(4) 공급의 감소

① 공급곡선이 왼쪽 위로 이동하므로 가격은 상승하고, 거래량은 감소한다.

② 공급의 감소 ⇒ 가격 상승 : P+, 거래량 감소 : Q -

수요의 증가	수요의 감소	공급의 증가	공급의 감소
가격 상승 : P+ 거래량 증가 : Q+	가격 하락 : P- 거래량 감소 : Q-	가격 하락 : P- 거래량 증가 : Q+	가격 상승 : P+ 거래량 감소 : Q-

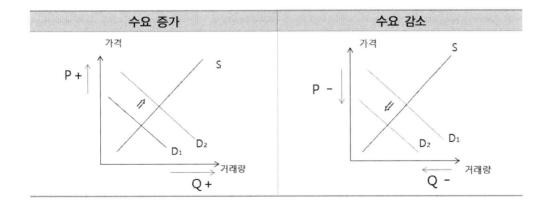

4. 시장 균형의 이동 방향 - 수요만 변동 또는 공급만 변동(플마[+, -]해법)

(1) 수요만 변동

① 수요 증가

수요 증가 　　　⇒ 가격 상승: P+, 　거래량 증가: Q+

균형의 이동 방향 　　가격 상승: P+, 　거래량 증가: Q

② 수요 감소

수요 감소 　　　⇒ 가격 하락: P-, 　거래량 감소: Q-

균형의 이동 방향 　　가격 하락: P-, 　거래량 감소: Q-

수요 증가	수요 감소

⑵ 공급만 변동

① 공급 증가

공급 증가   ⇒   가격 하락: $P-$,   거래량 증가: $Q+$

균형의 이동 방향   가격 하락: $P-$,   거래량 증가: $Q+$

② 공급 감소

공급 감소   ⇒   가격 상승: $P+$,   거래량 증가: $Q-$

균형의 이동 방향   가격 상승: $P+$,   거래량 증가: $Q-$

공급 증가	공급 감소

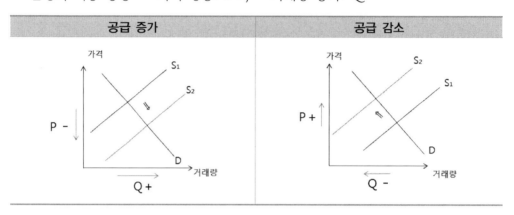

5. 수요와 공급의 변동(플마[+, -]해법)

⑴ 수요 증가, 공급 증가

수요 증가   ⇒   가격 상승 : $P+$, 거래량 증가 : $Q+$

공급 증가   ⇒   가격 하락 : $P-$, 거래량 증가 : $Q+$

균형의 이동 방향   가격 변화 : $P?$, 거래량 증가 : $Q+$

수요 증가 > 공급 증가 ⇒가격 오름	수요 증가=공급 증가 ⇒가격 불변	수요 증가 < 공급 증가 ⇒가격 내림

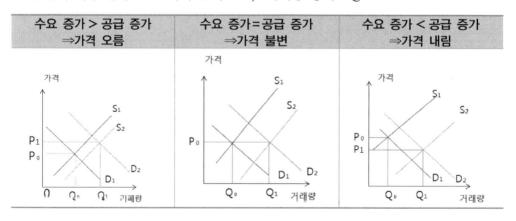

거래량은 증가하나 가격의 변화는 불분명하다. 그림과 같이 수요의 증가 크기와 공급의 증가 크기에 따라 가격이 결정된다.

(2) 수요 증가, 공급 감소

수요 증가   ⇒ 가격 상승 : P+, 거래량 증가 : Q+
공급 감소   ⇒ 가격 상승 : P+, 거래량 감소 : Q-
균형의 이동방향   가격 상승 : P+, 균형거래량 : ?

균형가격은 상승하나 균형거래량의 변화는 불분명하다. 그림과 같이 수요의 증가 크기와 공급의 감소 크기에 따라 균형거래량이 결정된다.

수요 증가 > 공급 감소 ⇒거래량 증가	수요 증가=공급 감소 ⇒거래량 불변	수요 증가 < 공급 감소 ⇒거래량 감소

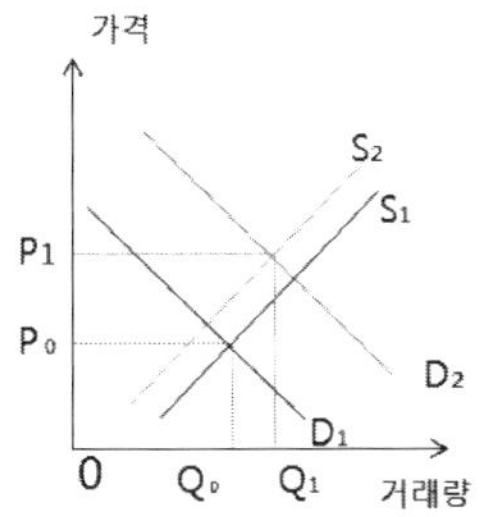

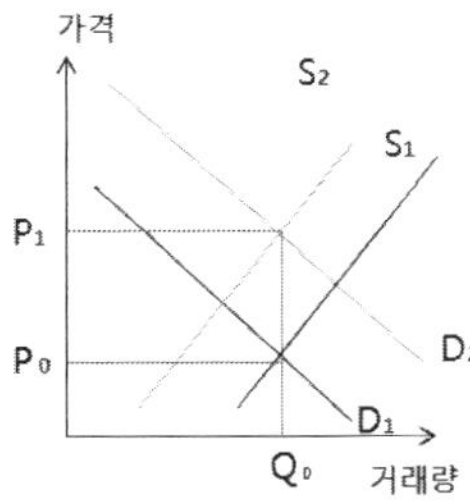

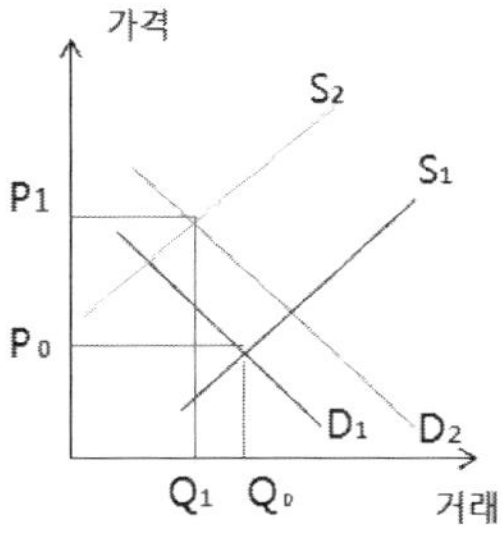

(3) 수요 감소, 공급 증가

수요 감소   ⇒ 가격 하락 : P-, 거래량 감소 : Q-
공급 증가   ⇒ 가격 하락 : P-, 거래량 증가 : Q+
균형의 이동 방향   가격 하락 : P-, 균형거래량 : ?

균형가격은 내리나 균형거래량 변화는 불분명하다. 그림과 같이 수요의 감소 크기와 공급의 증가 크기 따라 균형거래량이 결정된다.

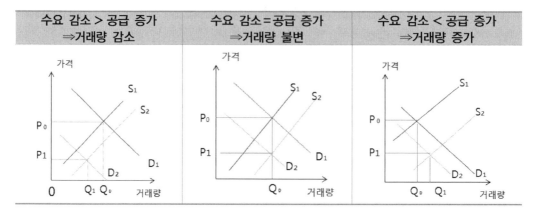

(4) 수요 감소, 공급 감소

수요 감소　　　⇒ 가격 하락 : P-, 거래량 감소 : Q-

공급 감소　　　⇒ 가격 상승 : P+, 거래량 감소 : Q-

균형의 이동 방향　　가격 변화 : ?,　　거래량 감소 : Q-

균형거래량은 감소하나 가격 변화는 불분명하다. 그림과 같이 수요의 감소 크기와 공급의 감소 크기에 따라 균형가격이 결정된다.

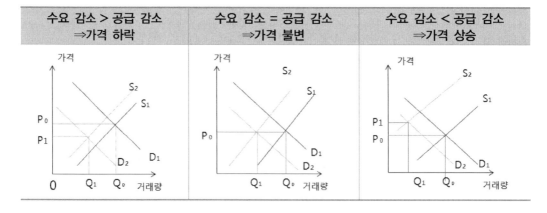

01. 표는 A재의 가격에 따른 수요량과 공급량을 나타낸 것이다. 이에 대한 분석으로 옳은 것은? |2014년 9월 학평|

가격(원)	수요량(개)	공급량(개)
1,000	400	600
800	400	500
600	400	400
400	400	300
200	400	200

① A재의 균형가격은 400원이다.
② A재의 수요곡선의 형태는 수평이다.
③ A재의 가격이 800원일 경우 거래량은 400개이다.
④ A재의 가격과 공급량은 역(-)의 관계가 나타난다.
⑤ A재의 가격이 1,000원일 경우 200개의 초과 수요가 발생한다.

02. 표는 X재의 가격에 따른 수요량과 공급량을 나타낸 것이다. 이에 대한 옳은 분석을 <보기>에서 고른 것은? [3점] |2015년 3월 학평|

가격(원)	수요량(개)	공급량(개)
1,800	120	80
1,900	110	90
2,000	100	100
2,100	90	110
2,200	80	120

<보기>

ㄱ. 1,800원에서 가격 하락의 압력이 존재한다.
ㄴ. 1,900원에서 X재의 초과 공급량은 20개이다.
ㄷ. X재의 균형가격은 2,000원, 균형거래량은 100개이다.
ㄹ. 모든 가격에서 수요량이 20개씩 증가할 경우 균형가격은 100원 상승한다.

① ㄱ, ㄴ
② ㄱ, ㄷ
③ ㄴ, ㄷ
④ ㄴ, ㄹ
⑤ ㄷ, ㄹ

03. **그래프에서 국내 철강 시장의 균형점 E가 A 또는 B로 이동하게 되는 적절한 요인을 <보기>에서 고른 것은?** |2013년 11월 학평|

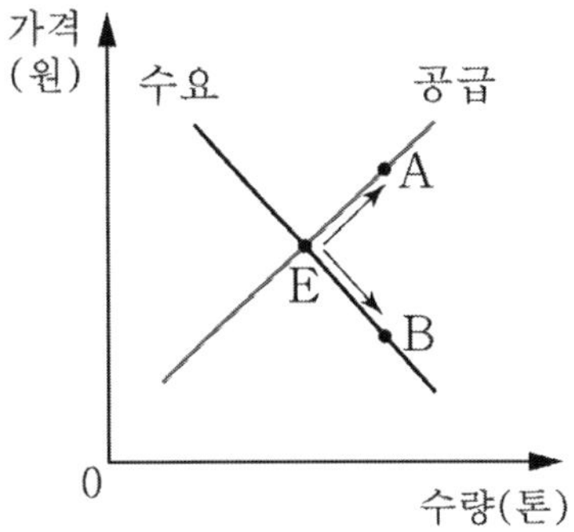

<보기>

ㄱ. E→A : 새로 개발된 신소재가 철강을 대체하고 있다.
ㄴ. E→A : 철강을 원료로 하는 선박의 생산이 증가하였다.
ㄷ. E→B : 시장 개방으로 외국산 철강의 수입이 증가하였다.
ㄹ. E→B : 철강의 주요 원자재인 철광석의 가격이 폭등하였다.

① ㄱ, ㄴ
② ㄱ, ㄷ
③ ㄴ, ㄷ
④ ㄴ, ㄹ
⑤ ㄷ, ㄹ

04. 그림은 사과 시장의 균형점 이동을 나타낸 것이다. A점으로 이동할 수 있는 요인을 <보기>에서 고른 것은? (단, 사과는 정상재이다.) |2013년 6월 학평|

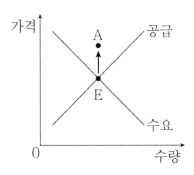

<보기>

ㄱ. 국민의 소득이 증가했다.

ㄴ. 태풍으로 사과의 수확량이 감소했다.

ㄷ. 대체 관계에 있는 귤의 가격이 하락했다.

ㄹ. 사과 재배 기술의 발달로 생산량이 늘었다.

① ㄱ, ㄴ   ② ㄱ, ㄷ

③ ㄴ, ㄷ   ④ ㄴ, ㄹ

⑤ ㄷ, ㄹ

05. 그림은 A~D는 X재 균형점 E의 이동 영역을 나타낸다. 이에 대한 옳은 설명을 <보기>에서 고른 것은? (단, X재는 정상재이다.) [3점] |2015년 9월 학평|

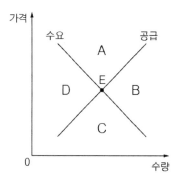

───────── < 보 기 > ─────────

ㄱ. X재의 선호가 높아지고, 원자재 가격이 상승하면 A로 이동한다.

ㄴ. 가계 소득이 증가하고, X재의 생산 기술이 향상되면 B로 이동한다.

ㄷ. X재의 대체재 가격이 하락하고, 임금이 상승하면 C로 이동한다.

ㄹ. X재의 보완재 가격이 하락하고, 원자재 가격이 상승하면 D로 이동한다.

① ㄱ, ㄴ   ② ㄱ, ㄷ

③ ㄴ, ㄷ   ④ ㄴ, ㄹ

⑤ ㄷ, ㄹ

06. 표는 (가), (나)로 인한 시장의 변화를 나타낸 것이다. 이에 대한 옳은 분석을 <보기>에서 고른 것은? (단, (가), (나)는 수요와 공급 중 한 가지의 변동이다.) |2013년 4월 경기|

수요 · 공급의 변동	균형가격	균형거래량
(가)	상승	A
(나)	하락	B

───────── < 보 기 > ─────────

ㄱ. A가 증가이면, (가)는 공급 증가이다.

ㄴ. A가 감소이면, (가)는 공급 감소이다.

ㄷ. B가 감소이면, (나)는 수요 감소이다.

ㄹ. B가 증가이면, (나)는 수요 증가이다.

① ㄱ, ㄴ   ② ㄱ, ㄷ

③ ㄴ, ㄷ   ④ ㄴ, ㄹ

⑤ ㄷ, ㄹ

07. 다음 사례에서 나타날 수 있는 장미 시장의 변화를 옳게 예측한 것은? (단, 장미 시장은 수요와 공급의 법칙을 따른다.)

|2015년 9월 학평|

> '스마트 LED 전등'을 이용하여 장미를 재배하는 기술이 개발됨에 따라 시장에 장미의 공급이 늘었지만, 연인에게 장미를 선물하는 ○○데이를 맞아 폭발적으로 증가하는 장미 수요를 따라잡기에는 턱없이 부족한 실정이다.

	균형가격	균형거래량			균형가격	균형거래량
①	상승	증가		②	상승	감소
③	하락	감소		④	하락	알 수 없음
⑤	알 수 없음	증가				

08. 그림을 통해 추론할 수 있는 즉석밥 시장의 변화로 옳은 것은? (단, 즉석밥 시장은 수요와 공급의 법칙을 따른다.)

|2014년 6월 평가원|

	균형가격	균형거래량			균형가격	균형거래량
①	알 수 없음	증가		②	알 수 없음	감소
③	하락	증가		④	하락	감소
⑤	상승	알 수 없음				

09. 그림을 통해 추론할 수 있는 아이스크림 시장의 변화로 옳은 것은? (단, 아이스크림 시장은 수요와 공급의 법칙을 따른다.)

|2013년 6월 평가원|

	균형가격	균형거래량		균형가격	균형거래량
①	상승	불분명	②	상승	감소
③	불분명	증가	④	하락	증가
⑤	하락	불분명			

10. 표는 분기별 X재 시장의 균형가격 및 균형거래량을 나타낸다. 이와 같은 변화를 가져올 수 있는 수요 및 공급 변동 요인으로 옳은 것은? (단, X재는 수요 및 공급 법칙을 따른다.) [3점]

|2015년 11월 학평|

구분	1분기	2분기
균형가격(만 원)	50	40
균형거래량(만 개)	60	60

	수요 측 요인	공급 측 요인
①	선호도 하락	생산 보조금 지급
②	생산 기술 향상	가격 하락 예상
③	가격 상승 예상	원자재 가격 하락
④	보완재의 가격 하락	생산요소의 가격 하락
⑤	대체재의 가격 하락	노동자의 임금 인상

11. 다음 글의 밑줄 친 (가), (나)에 대한 설명으로 옳은 내용을 <보기>에서 고른 것은? [3점]

|2008년 6월 평가원|

> 갑국은 사탕수수를 이용한 석유 대체 에너지의 사용을 촉진시키기 위해 사탕수수 재배에 (가)보조금을 지급하였다. 이후 사탕수수 생산은 증가하고 (나)가격도 상승하였다.

─── < 보기 > ───

ㄱ. (가)는 사탕수수 공급곡선을 왼쪽으로 이동시켰다.
ㄴ. (가)로 인해 사탕수수 시장의 거래량이 증가하였다.
ㄷ. (나)는 사탕수수 수요량이 증가하였기 때문이다.
ㄹ. (나)는 사탕수수의 공급보다 수요의 변동 폭이 더 크기 때문이다.

① ㄱ, ㄴ   ② ㄱ, ㄷ
③ ㄴ, ㄷ   ④ ㄴ, ㄹ
⑤ ㄷ, ㄹ

12. X재의 균형가격 P_0보다 가격이 상승할 것으로 분명하게 예상되는 경우를 <보기>에서 고른 것은? [3점]

|2005년 6월 평가원|

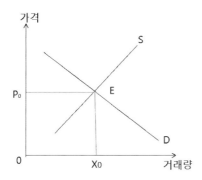

─── < 보기 > ───

ㄱ. 기술 혁신으로 노동생산성이 증가한 경우
ㄴ. 대체재인 Y재 가격과 임금 수준이 모두 상승한 경우
ㄷ. 소비자의 소득이 증가하고 기업 보조금이 감소한 경우
ㄹ. 소비자의 수가 증가하고 X재 생산에 필요한 원자재 가격이 하락한 경우

① ㄱ, ㄴ   ② ㄱ, ㄷ
③ ㄴ, ㄷ   ④ ㄴ, ㄹ
⑤ ㄷ, ㄹ

13. a~d는 원래의 균형점에서 새로운 균형점 E로의 이동을 나타낸 것이다. 이에 대한 옳은 설명을 <보기>에서 고른 것은? (단, 수요곡선은 우하향하며, 공급곡선은 우상향한다.) [3점]

|2012년 11월 학평|

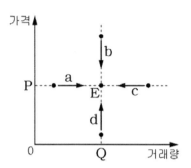

<보기>

ㄱ. 소득 증대와 기술 혁신이 동시에 나타날 경우 a가 가능하다.
ㄴ. 소비자의 선호도가 증가할 경우 b가 가능하다.
ㄷ. 인구 감소와 원자재 가격 상승이 동시에 나타날 경우 c가 가능하다.
ㄹ. b와 d는 수요와 공급의 이동 방향이 정(+)의 관계인 경우에 나타난다.

① ㄱ, ㄴ
② ㄱ, ㄷ
③ ㄴ, ㄷ
④ ㄴ, ㄹ
⑤ ㄷ, ㄹ

14. 밑줄 친 '캠핑용 텐트' 시장의 변화를 나타낸 그래프로 가장 적절한 것은?

|2013년 11월 학평|

> 갑국에서는 가족과 함께 야외에서 주말을 보내며 마음의 휴식을 얻으려는 사람들이 늘어나 캠핑 열풍이 불고 있다. 이로 인해 많은 소비자가 캠핑용 텐트를 찾게 됨에 따라 캠핑용 텐트의 가격이 상승하였고 생산량도 늘었다.

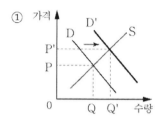

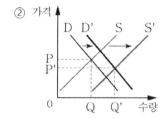

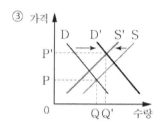

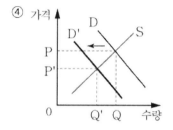

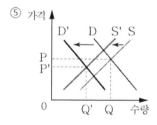

CHAPTER

8

수요와 공급의 가격탄력성

수요의 가격탄력성

1. 수요의 가격탄력성

(1) 수요의 가격탄력성

① 가격이 변화할 때 수요량의 변화가 큰 상품도 있고, 반대로 수요량의 변화가 별로 없는 상품도 있다. 이처럼 가격의 변화에 따른 수요량의 변화 정도를 나타내는 것이 수요의 가격탄력성이다.

② 수요의 가격탄력성은 수요량의 변화율을 가격의 변화율로 나누어 구한다.

③ 수요의 가격탄력성 공식

$$\varepsilon = -\frac{수요량의\ 변화율(\%)}{가격의\ 변화율(\%)}$$

$$= -\frac{(변화된\,수요량-변화전\,수요량)/변화전\,수요량\times100}{(변화된\,가격-변화전\,가격)/변화전\,가격\times100}$$

$$= -\frac{\dfrac{\triangle Q}{Q}\times100}{\dfrac{\triangle P}{P}\times100}$$

수요의 가격탄력성은 상품의 가격이 1% 변화할 때, 수요량이 몇% 변동하는지를 나타낸다.

④ 가격과 수요량과의 관계는 역(-)의 관계이어서 수요량의 변화율을 가격의 변화율로 나누면 음(-)의 값이 나오게 된다. 수요의 가격탄력성은 +값인지, -값인지가 중요하지 않고 크기가 중요하므로 공식 앞에 -를 붙여서 절댓값으로 표시한다.(수요의 가격탄력성과 달리 소득탄력성과 교차탄력성은 +부호, -부호가 중요하다.)

⑤ 수요의 가격탄력성은 수요량의 변화율을 가격의 변화율로 나누어 구하므로, 측정 단위가 다른 경우에도 수요의 가격탄력도를 구하면 상품 간 탄력도를 비교할 수 있다.

예제 1. 다음 두 경우의 탄력도를 구해 보자.

(가) 고구마 가격이 개당 1,500원 일 때 수요량이 1,000개이었는데, 고구마 가격이 개당 1,650원
으로 인상되면서 수요량이 950개로 감소하였다.

(나) 휘발유 가격이 ℓ 당 1,500원일 때 수요량이 100만ℓ 이었는데, 휘발유 가격이 ℓ 당 1,350원
으로 인하되면서 수요량이 120만ℓ 로 늘어났다.

(가) P=1,500원, Q=1,000개

고구마 수요량의 변화=△Q=950개-1,000개 = - 50개(고구마 수요량이 감소했으므로 - 로 표시)

고구마 가격의 변화=△P=1,650원-1,500원 = +150원(고구마 가격이 상승했으므로 +로 표시)

• 고구마 수요의 가격탄력도

$$\varepsilon = -\frac{수요량의 변화율}{가격의 변화율} = -\frac{\triangle Q/Q \times 100}{\triangle P/P \times 100}$$

$$= -\frac{-50개/1,000개 \times 100}{+150원/1,500원 \times 100} = -\frac{-0.05}{0.1} = 0.5$$

(나) P=1,500원, Q=100만ℓ

휘발유 수요량의 변화=△Q=120만ℓ-100만ℓ = +20만ℓ(휘발유 수요량이 증가했으므로 +로 표시)

휘발유 가격의 변화=△P=1,350원-1,500원 = - 150원(휘발유 가격이 하락했으므로 - 로 표시)

• 휘발유 수요의 가격탄력도

$$\varepsilon = -\frac{수요량의 변화율}{가격의 변화율} = -\frac{\triangle Q/Q \times 100}{\triangle P/P \times 100}$$

$$= -\frac{20만l/100만l \times 100}{-150원/1,500원 \times 100} = -\frac{0.2}{-0.1} = 2$$

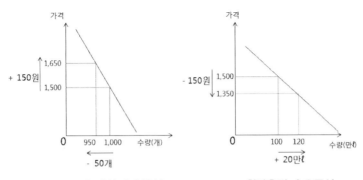

고구마의 수요곡선   휘발유의 수요곡선

(그림 8-1 고구마와 휘발유의 수요곡선)

(2) 가격탄력도의 구분

① $\varepsilon = 0$: 완전비탄력적

    ㉠ 가격이 변화해도 수요량은 변화가 없는 경우로 $\triangle Q/Q$에서 $\triangle Q=0$이므로

$$\varepsilon = -\frac{\triangle Q/Q}{\triangle P/P} = -\frac{0}{\triangle P/P} = 0$$이 된다.

    ㉡ 소비자는 가격이 변화해도 일정량을 소비함으로 수요곡선은 수직선이 된다.

    ㉢ 현실적으로 존재하기 어려운 상품이다.

② $\varepsilon = 1$: 단위탄력적

    ㉠ 가격의 변화율과 수요량의 변화율이 같으므로 즉, $\triangle Q/Q = \triangle P/P$이므로

    탄력도 $\varepsilon = -\dfrac{\triangle Q/Q}{\triangle P/P}$ 는 1이 된다.

    ㉡ 탄력도가 1인 경우의 수요곡선은 직각쌍곡선이다. 직각쌍곡선 상에서 각 점의 면적은 동일하므로 소비자는 가격과 상관없이 일정한 금액만 소비한다.

    ㉢ 가격이 변해도 일정 금액만 소비하므로 그림에서 보면 $P_0 \times Q_0$의 면적과 $P_1 \times Q_1$의 면적이 같다. 소비자는 가격이 변해도 일정 금액 M만을 지출하므로, $P_0 \times Q_0 = P_1 \times Q_1 = M$이 되는 경우이다.

$\varepsilon = 0$: 완전비탄력적	$\varepsilon = 1$: 단위탄력적
가격이 변화해도 수요량은 변화가 없음	**가격의 변화율과 수요량의 변화율이 같음**
$\triangle Q/Q$에서 $\triangle Q=0$이므로 $\varepsilon = -\dfrac{\triangle Q/Q}{\triangle P/P} = -\dfrac{0}{\triangle P/P} = 0$	$\triangle Q/Q = \triangle P/P$이므로 $\varepsilon = -\dfrac{\triangle Q/Q}{\triangle P/P} = 1$
수요곡선이 수직선 **가격과 상관없이 일정량을 수요**	수요곡선이 직각쌍곡선 **가격이 변하더라도 일정한 금액을 지출**

③ $0 < \varepsilon < 1$: 비탄력적

　㉠ 가격의 변화보다 수요량의 변화가 작은 경우이다.

　㉡ 가격의 변화율보다 수요량의 변화율이 낮으므로 $\triangle P/P > \triangle Q/Q$이 된다.

　㉢ 가격의 변화율보다 수요량의 변화율이 낮으므로 수요곡선은 가파르게 나타난다.

　㉣ 농산물이나, 생필품 등 필수재 등의 경우 가격탄력도가 비탄력적이다.

④ $1 < \varepsilon < \infty$: 탄력적

　㉠ 가격의 변화보다 수요량의 변화가 큰 경우이다.

　㉡ 가격의 변화율보다 수요량의 변화율이 크므로 $\triangle P/P < \triangle Q/Q$이 된다.

　㉢ 가격의 변화율보다 수요량의 변화율이 크므로 수요곡선은 완만하게 나타난다.

　㉣ 대부분의 사치재의 경우 가격탄력도는 탄력적이다.

⑤ $\varepsilon = \infty$: 완전탄력적

　㉠ 가격이 조금 변하더라도 수요량은 엄청 많이 변화하므로 수요곡선은 거의 수평에
　　가깝다.

　㉡ 현실적으로 존재하기 어려운 상품이다.

$0 < \varepsilon < 1$: 비탄력적	$1 < \varepsilon < \infty$: 탄력적	$\varepsilon = \infty$: 완전탄력적
가격의 변화보다 수요량의 변화가 작은 경우	가격의 변화보다 수요량의 변화가 큰 경우	가격의 변화보다 수요량의 변화가 엄청 큰 경우
$\triangle P/P > \triangle Q/Q$ 이므로 $$\varepsilon = -\frac{\triangle Q/Q}{\triangle P/P} < 1$$	$\triangle P/P < \triangle Q/Q$ 이므로 $$\varepsilon = -\frac{\triangle Q/Q}{\triangle P/P} > 1$$	$$\varepsilon = -\frac{\triangle Q/Q}{\triangle P/P} = \infty$$
수요곡선이 가파름	**수요곡선이 완만함**	**수요곡선이 수평선**

2. 수요의 가격탄력성과 판매자의 총수입

(1) 판매자의 총수입

① 시장가격에 판매량을 곱한 것이 판매자의 총수입액이 된다.

판매자의 총수입액 = P×Q

② 판매자 총수입액은 소비자가 지출하는 것이므로 소비자 총지출액과 일치한다.

(2) 판매자가 총수입액을 늘리려 할 때는 가격을 올려야 할 것인가 아니면 내려야 할 것인가?

① 일반적으로는 가격을 내리면 판매량이 증대되어 판매 수입이 늘어난다고 생각하지만, 가격을 내리면 오히려 판매 수입이 줄어드는 경우도 있다. 또 가격을 올리면 판매 수입이 증가하는 경우도 있다. 이런 부분들을 다음 예에서 살펴보기로 하자.

② 한산한 야구장인데 판매 수입을 높이기 위해 가격을 인상했다.

야구장을 찾은 팬들은 비록 소수이지만 열성 팬들이어서 비가 오나 눈이 오나 이 야구단의 경기를 관람하러 온다는 것이다. 이런 경우는 야구장을 찾는 고객이 거의 고정되어 있으므로(비탄력적) 가격을 내리면 오히려 판매 수입이 줄어든다.

③ 백화점에서 할인 판매 행사를 시행했다.

백화점에서 할인 판매 행사를 시행하는 경우, 심하면 주변 일대의 교통이 마비될 정도로 많은 고객이 몰려온다. 가격 인하분보다 거래량이 많이 증가하는 경우에는(탄력적) 가격을 인하하면 판매 수입이 늘어난다.

④ 위의 두 가지 예에서 보듯이 판매 수입을 늘리기 위해서는 단순히 가격만 고려해선 안 되고 가격이 변화할 때 거래량의 변화를 살펴보아야 한다. 즉 해당 상품의 탄력도를 고려해서 가격 인상 및 인하 여부를 검토해야 한다.

(3) 수요의 가격탄력도에 따른 총수입액의 변화

① $\varepsilon > 1$인 경우(탄력적)

㉠ $\triangle P/P < \triangle Q/Q$이므로 가격이 1% 변화하면 수요량이 1%보다 더 크게 변화한다.

㉡ 아래의 그림에서 보는 것처럼 가격이 P_0일 때 판매 수량은 Q_0이므로 판매수입은 사각형 $A(P_0 \times Q_0)$이고 가격이 P_1일 때 판매 수량은 Q_1이므로 사각형 $B(P_1 \times Q_1)$가 판매 수입이 된다.

㉢ 가격이 P_0에서 P_1으로 하락하면 판매 수입은 사각형 A에서 사각형 B로 커지게 되

어 총판매 수입은 증가한다.

ⓔ 반대로 가격이 P_1에서 P_0로 상승하면 판매 수입은 사각형 B에서 사각형 A로 작아져 총판매 수입은 감소한다.

② $\varepsilon < 1$인 경우(비탄력적)

ⓐ $\triangle P/P > \triangle Q/Q$이므로 가격이 1% 변화하더라도 수요량이 1%보다 작게 변화한다.

ⓑ 즉, 아래의 그림에서 보는 것처럼 가격이 P_0일 때 판매 수량은 Q_0이므로 판매 수입은 사각형 C($P_0 \times Q_0$)이고 가격이 P_1일 때 판매 수량은 Q_1이므로 사각형 D($P_1 \times Q_1$)가 판매 수입이 된다.

ⓒ 가격이 P_0에서 P_1으로 하락하면 판매 수입은 사각형 C에서 사각형 D로 작아지게 되어 총판매 수입은 감소한다.

ⓓ 반대로 가격이 P_1에서 P_0로 상승하면 판매 수입은 사각형 D에서 사각형 C로 커져 총판매 수입은 증가한다.

$\varepsilon > 1$인 경우(탄력적)	$\varepsilon < 1$인 경우(비탄력적)
$\triangle P/P < \triangle Q/Q$	$\triangle P/P > \triangle Q/Q$
수요곡선의 기울기는 완만함	수요곡선의 기울기는 가파름
$P\uparrow \Rightarrow$ 판매 수입$\downarrow$ $P\downarrow \Rightarrow$ 판매 수입$\uparrow$	$P\uparrow \Rightarrow$ 판매 수입$\uparrow$ $P\downarrow \Rightarrow$ 판매 수입$\downarrow$

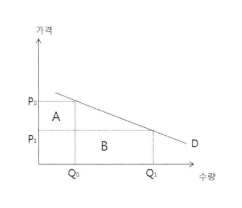

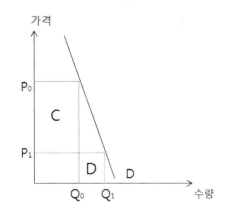

ε＝1인 경우(단위탄력적)	ε＝0인 경우(완전비탄력적)
△P/P＝△Q/Q	△Q/Q에서 △Q＝0
수요곡선은 직각쌍곡선	수요곡선은 수직선
판매 수입은 일정	**가격변화율만큼 판매 수입이 변화함**

③ ε=1인 경우(단위탄력적)

㉠ △P/P＝△Q/Q이어서 가격의 변화율과 거래량의 변화율이 같다.

㉡ ε=1인 경우 수요곡선이 직각 쌍곡선이므로 사각형 E와 사각형 F의 면적은 같다. 즉, $P_0 \times Q_0 = P_1 \times Q_1 = M$이다.

㉢ 가격이 변화해도 사각형의 면적이 변화가 없으므로 판매 수입도 변화 없이 일정하게 된다.

④ ε=0인 경우(완전비탄력적)

㉠ △Q/Q에서 △Q＝0이므로 판매 가격이 변화해도 거래량의 변화는 없다.

㉡ 거래량의 변화가 없으므로 수요곡선이 수직이 되고, 가격의 변화율만큼 판매 수입이 증가하거나 감소한다.

㉢ 가격이 P_0에서 P_1으로 상승하면 가격 상승분만큼 판매 수입(H)가 증가하고 가격이 P_1에서 P_0로 하락하면 가격 하락분만큼 판매 수입이 감소한다.

⑤ ε＝∞

㉠ 수요의 가격탄력도가 완전탄력적인 경우에는 가격은 고정되어 있고 거래량만 변화하므로 거래량의 변화에 따라 판매자의 수입이 결정된다.

㉡ 판매량이 Q_0에서 Q_1으로 증가하면 판매 수입은 I만큼 증가하며, 반대로 판매량이 Q_1에서 Q_0로 감소하면 판매 수입은 I만큼 감소한다.

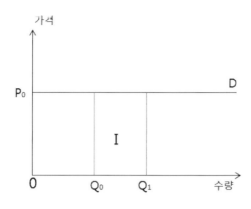

(그림 8-2 완전탄력적일 때 판매 수입)

3. 수요의 가격탄력성 결정 요인

(1) 대체재의 수

① 대체재의 수가 많으면 많을수록 그 재화는 일반적으로 탄력적이다.
② 청량음료는 대체재가 많으므로 탄력적이고 쌀 등 농산물은 대체재가 적으므로 비탄력적이다.

(2) 소비에서 차지하는 비중

① 소비자의 소비지출에서 차지하는 비중이 클수록 탄력성은 커진다.
② 볼펜이나 연필 등은 소비지출에서 차지하는 비중이 작아 가격의 변화가 거래량의 변화에 큰 영향을 주진 않지만, 자동차와 에어컨 등은 소비에서 차지하는 비중이 커서 가격의 변화에 따라 거래량은 많은 영향을 받는다.
(자동차와 에어컨 같이 오랫동안 사용되는 재화를 내구재라 하는데 경기가 둔화되면 구매를 삼가는 경향이 커서 수요의 변동이 심한 성격을 가진다.)

(3) 재화의 분류 범위

① 재화의 분류 범위가 좁을수록 탄력적이다.
② 사과는 과일 중의 하나이므로 과일의 분류 범위가 넓다. 사과의 경우 토마토, 포도, 배 등 대체재를 찾기가 쉽지만, 과일로 분류 범위를 넓히면 다른 대체재를 찾기가 어려워진다.

⑷ 재화의 성격

① 생활필수품은 비탄력적이고, 사치품은 탄력적인 것이 일반적이다.

② 쌀, 채소 등 생필품은 수요량을 쉽게 줄이거나 늘리기 어려우므로 비탄력적이고 사치재는 가격 변화에 따라 수요량을 늘리거나 줄일 수 있으므로 탄력적이다.

⑸ 기간의 장단

① 수요의 탄력성을 측정하는 기간이 길어질수록 대체재가 나올 가능성이 커져 탄력적이 된다.

② 휘발유 승용차가 주종이었지만 시간이 흐르면서 디젤 승용차, 하이브리드 승용차 등이 개발되면서 휘발유 승용차의 대체재가 등장하고 있다.

4. 수요의 소득탄력성과 교차탄력성

⑴ 수요의 소득탄력성

① 수요의 소득탄력성이란 소득 변화에 따라 수요량이 변화하는 정도를 나타낸다.

$$\varepsilon_M = \frac{\text{수요량의 변화율}}{\text{소득의 변화율}} = \frac{(\text{변화된 수요량} - \text{변화전 수요량})/\text{변화전 수요량} \times 100}{(\text{변화된 소득} - \text{변화전 소득})/\text{변화전 소득} \times 100}$$

$$= \frac{\frac{\triangle Q}{Q}}{\frac{\triangle M}{M}}$$

> **예제** 2. 소득이 2,500,000원에서 3,000,000원으로 증가했을 때 한우의 소비가 5kg에서 6kg으로 증가했다. 이때 한우의 소득탄력도는?
>
> M = 2,5000,000원, △M = 3,000,000원 - 2,500,000원 = +500,000원
>
> Q = 5kg, △Q = 6kg - 5kg = +1kg
>
> $$\varepsilon_M = \frac{\frac{\triangle Q}{Q}}{\frac{\triangle M}{M}} = \frac{\frac{+1kg}{5kg}}{\frac{+500,000원}{2,500,000원}} = \frac{+0.2}{+0.2} = +1$$

② 수요의 가격탄력도와는 달리 소득탄력도는 +, - 의 부호가 중요한데 탄력도가 $\varepsilon_M > 0$
이면 정상재이며, 탄력도가 $\varepsilon_M < 0$이면 열등재가 된다.

소득탄력도 $\varepsilon_M > 0 \Rightarrow +$	정상재
소득탄력도 $\varepsilon_M < 0 \Rightarrow -$	열등재

㉠ 소득이 늘 때 수요량이 증가하거나, 소득이 감소할 때 수요량이 감소하면 정상재가
된다.

> **소득↑⇒수요량↑, ⇒ 움직이는 방향이 같으므로 + ⇒ $\varepsilon > 0$: 정상재**
> **소득↓⇒수요량↓**

㉡ 소득이 늘 때 수요량이 감소하거나 소득이 감소할 때 수요량이 증가하면 열등재가
된다.

> **소득↑⇒수요량↓, ⇒ 움직이는 방향이 다르므로 - ⇒ $\varepsilon < 0$: 열등재**
> **소득↓⇒수요량↑**

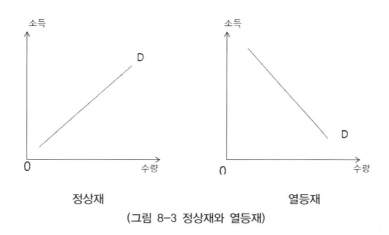

(그림 8-3 정상재와 열등재)

예제 3. 철수의 월 소득이 2,500,000원에서 3,000,000원으로 증가했을 때 쇠고기의 소비량은 5kg에서 6kg으로 증가하고 돼지고기의 소비량은 5kg에서 4kg으로 감소했다. 이때 쇠고기와 돼지고기의 소득탄력도는?

① 쇠고기의 소득탄력도

M = 2,5000,000원, △M = 3,000,000원 - 2,500,000원 = +500,000원

Q = 5kg, △Q = 6kg - 5kg = +1kg

$$\varepsilon_M = \frac{\frac{\triangle Q}{Q}}{\frac{\triangle M}{M}} = \frac{\frac{+1kg}{5kg}}{\frac{+500,000원}{2,500,000원}} = \frac{+0.2}{+0.2} = +1$$

쇠고기의 소득탄력도 +1로서 $\varepsilon_M > 0$이므로 쇠고기는 정상재이다.

② 돼지고기의 소득탄력도

M = 2,5000,000원, △M = 3,000,000원 - 2,500,000원 = +500,000원

Q = 5kg, △Q = 4kg - 5kg = - 1kg

$$\varepsilon_M = \frac{\frac{\triangle Q}{Q}}{\frac{\triangle M}{M}} = \frac{\frac{-1kg}{5kg}}{\frac{+500,000원}{2,500,000원}} = \frac{-0.2}{+0.2} = -1$$

돼지고기의 소득탄력도는 -1로서 $\varepsilon_M < 0$이므로 열등재이다.

(2) 수요의 교차탄력성

① 수요의 교차탄력성이란 한 재화의 가격과 다른 재화의 수요량과의 관계를 나타내는 탄력도이다. 예를 들어 돼지고기의 가격이 변할 때, 상추 수요량의 변화 정도를 나타내는 것이 수요의 교차탄력성이다.

② 한 재화(Y재)의 가격이 변화할 때 다른 재화(X재) 수요량의 변화 정도를 나타내는 것으로서 +, -의 부호에 따라 대체재, 보완재, 독립재 등으로 구분된다.

$$\varepsilon_{XY} = \frac{X재의\ 수요량\ 변화율}{Y재의\ 가격\ 변화율}$$

$$= \frac{\frac{(변화된\ X재의\ 수요량 - 변화전\ X재의\ 수요량)}{변화전\ X재의\ 수요량} \times 100}{\frac{(변화된\ Y재의\ 가격 - 변화전\ Y재의\ 가격)}{변화전\ Y재의\ 가격} \times 100}$$

$$= \frac{\dfrac{\triangle Qx}{Qx}}{\dfrac{\triangle Py}{Py}}$$

$\varepsilon_{XY} > 0$	대체재
$\varepsilon_{XY} < 0$	보완재
$\varepsilon_{XY} = 0$	독립재

③ 교차탄력성의 부호에 따라 두 재화 간의 관계를 알 수 있다.

㉠ $\varepsilon_{XY} > 0$: 대체재

(커피 가격↑ ⇒ 홍차 수요↑)

커피 가격이 오르면 홍차의 수요는 증가한다. 커피 가격의 변화율은 +, 홍차 수요량의 변화율도 +이므로 교차탄력도는 0보다 크다.

㉡ $\varepsilon_{XY} < 0$: 보완재

(커피 가격↑ ⇒ 크림 수요↓)

커피 가격이 오르면 크림 수요는 감소한다. 커피 가격의 변화율은 +, 크림 수요량의 변화율은 -이므로 교차탄력도는 0보다 작다.

㉢ $\varepsilon_{XY} = 0$: 독립재

(커피 가격↑ ⇒ 철강 수요 불변)

커피 가격이 올라도 철강 수요는 불변이다. 커피 가격의 변화율은 +, 철강 수요량의 변화율은 0이므로 교차탄력도는 0이다.

대체재	보완재	독립재
$\varepsilon_{XY} > 0$	$\varepsilon_{XY} < 0$	$\varepsilon_{XY} = 0$
Py↑⇒Qx↑ Py↓⇒Qx↓	Py↑⇒Qx↓ Py↓⇒Qx↑	Py가 변해도 Qx=0

예제 4. 커피의 가격이 3,000원에서 3,300원으로 오르자 홍차의 수요량은 100잔에서 120잔으로 증가하고 크림의 수요량은 100봉지에서 90봉지로 감소하였다. 이 경우 커피와 홍차, 커피와 크림의 교차탄력도를 구하면?

① 커피와 홍차

Py = 3,000원 △Py = 3,300원-3,000원 = +300원

Qx = 100잔 △Qx = 120잔 - 100잔 = +20잔

$$\varepsilon_{XY} = \frac{X재의\ 수요량\ 변화율}{Y재의\ 가격\ 변화율} = \frac{\dfrac{\triangle Qx}{Qx}}{\dfrac{\triangle Py}{Py}} = \frac{\dfrac{+20잔}{100잔}}{\dfrac{+300원}{3,000원}} = \frac{+0.2}{+0.1} = +2$$

ε_{XY} = +2이므로 커피와 홍차는 대체재이다.

② 커피와 크림

Py = 3,000원 △Py = 3,300원 - 3,000원 = +300원

Qx = 100봉지 △Qx = 90봉지 - 100봉지 = -10봉지

$$\varepsilon_{XY} = \frac{X재의\ 수요량\ 변화율}{Y재의\ 가격\ 변화율} = \frac{\dfrac{\triangle Qx}{Qx}}{\dfrac{\triangle Py}{Py}} = \frac{\dfrac{-10봉지}{100봉지}}{\dfrac{+300원}{3,000원}} = \frac{-0.1}{0.1} = -1$$

ε_{XY} = -1이므로 커피와 크림은 보완재이다.

1. 공급의 가격탄력성

(1) 공급의 가격탄력성

① 어떤 상품의 가격 변화에 따라 상품의 공급량 변화 정도를 나타내는 것이 공급의 탄력성이다.

② 공급의 가격탄력성 공식

$$\eta = \frac{공급량의\ 변화율(\%)}{가격의\ 변화율(\%)} = \frac{\dfrac{(변화된공급량 - 변화전공급량)}{변화전공급량} \times 100}{\dfrac{(변화된가격 - 변화전가격)}{변화전가격} \times 100}$$

$$= \frac{\dfrac{\triangle Q}{Q}}{\dfrac{\triangle P}{P}} = \frac{\triangle Q}{\triangle P} \times \frac{P}{Q}$$

③ 가격과 공급량과의 관계는 양(+)의 관계이다. 공급량의 변화율을 가격의 변화율로 나누면 양(+)의 값이 나오므로, 수요의 가격탄력성과는 달리 절댓값으로 표시할 필요가 없다.

> **예제** 5. 토마토의 가격이 개당 1,000원에서 1,200원으로 상승하자 토마토의 공급 수량이 10,000개에서 11,000개로 늘어났다. 이 경우 토마토 공급의 가격탄력도는?
>
> Q = 10,000개 △Q = 11,000개 - 10,000개 = +1,000개
>
> P = 1,000원 △P = 1,200원 - 1,000원 = +200원
>
> $$\eta = \frac{\dfrac{+1,000개}{10,000개}}{\dfrac{+200원}{1,000원}} = \frac{+0.1}{+0.2} = 0.5$$

(2) 탄력도에 따른 구분

① $\eta = 0$: 완전 비탄력적

  ㉠ 가격이 변화해도 공급량은 변화가 없는 경우로 $\triangle Q/Q$에서 $\triangle Q=0$이므로

  $\eta = \dfrac{\triangle Q/Q}{\triangle P/P} = \dfrac{0/Q}{\triangle P/P} = 0$이 된다.

  ㉡ 토지나 골동품의 경우 공급이 거의 고정되어 있어 가격이 변해도 공급은 변화할 수 없으므로 공급의 가격탄력도는 0이 된다.

  ㉢ 공급의 가격탄력도는 0이므로 공급곡선은 수직선이다.

② $0 < \eta < 1$: 비탄력적

  ㉠ 가격의 변화보다 공급량의 변화가 작은 경우이다.

  ㉡ 가격의 변화율보다 공급량의 변화율이 작으므로 $\triangle P/P > \triangle Q/Q$이다.

  ㉢ 가격의 변화분보다 공급량의 변화분이 작으므로 공급곡선은 가파르게 나타난다.

  ㉣ 농산물의 경우처럼 가격이 변해도 공급을 바로 늘릴 수 없을 때 비탄력적이 된다.

③ $\eta = 1$: 단위탄력적

  ㉠ 가격의 변화율과 공급량의 변화율이 같으므로 즉, $\triangle Q/Q = \triangle P/P$이므로 탄력도

  $\eta = \dfrac{\triangle Q/Q}{\triangle P/P}$ 는 1이 된다.

  ㉡ 공급곡선이 직선일 때 공급의 가격탄력도가 단위탄력적이면 공급곡선은 원점을 통과한다.

④ $1 < \eta < \infty$: 탄력적

  ㉠ 가격의 변화보다 공급량의 변화가 큰 경우이다.

  ㉡ 가격의 변화율보다 공급량의 변화율이 크므로 $\triangle P/P < \triangle Q/Q$이 된다.

  ㉢ 가격의 변화보다 공급량의 변화가 크므로 공급곡선은 완만하게 나타난다.

  ㉣ 일반적으로 공산품이나 사치재의 경우 탄력적이다.

⑤ $\eta = \infty$: 완전탄력적

  ㉠ 가격의 변화율보다 공급량의 변화율이 엄청 큰 경우이다.

  ㉡ 현실적으로 존재하기 어려운 재화이다.

η =0 : 완전비탄력적	η =1 : 단위탄력적
가격이 변화해도 공급량은 변화가 없음	가격의 변화율과 공급량의 변화율이 같음
$\triangle Q/Q$에서 $\triangle Q=0$이므로 $$\eta = \frac{\triangle Q/Q}{\triangle P/P} = \frac{0/Q}{\triangle P/P} = 0$$	$\triangle Q/Q = \triangle P/P$이므로 $$\eta = \frac{\triangle Q/Q}{\triangle P/P} = 1$$
공급곡선이 수직선 가격과 상관없이 공급량이 고정	공급곡선이 직선인 경우에는 공급곡선이 원점을 통과

0<η <1 : 비탄력적	1<η <∞ : 탄력적	η = ∞ : 완전탄력적
가격의 변화보다 공급량의 변화가 작은 경우	가격의 변화보다 공급량의 변화가 큰 경우	가격의 변화보다 공급량의 변화가 엄청 큰 경우
$\triangle P/P > \triangle Q/Q$ 이므로 $$\eta = \frac{\triangle Q/Q}{\triangle P/P} < 1$$	$\triangle P/P < \triangle Q/Q$ 이므로 $$\eta = \frac{\triangle Q/Q}{\triangle P/P} > 1$$	$$\eta = \frac{\triangle Q/Q}{\triangle P/P} = \infty$$
공급곡선이 가파름	공급곡선이 완만함	공급곡선이 수평선

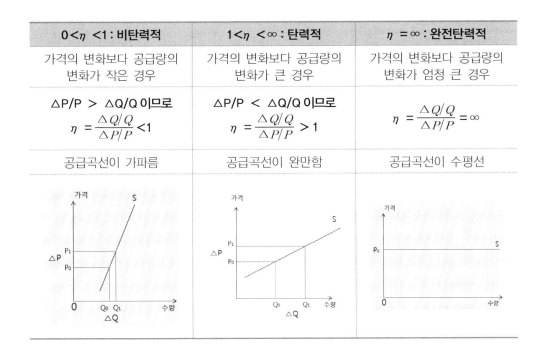

2. 공급의 가격탄력성 결정 요인

(1) 기술 수준

생산비는 기술 수준에 의하여 많은 영향을 받으므로 기술 수준의 향상이 빠른 상품은 보다 탄력적이 된다.

(2) 상품의 생산 특성

생산하기 위해 오랜 시간이 걸리는 농산물의 경우 유연한 생산 조절이 어려우므로 비탄력적이고 공장 가동을 조절하거나 생산 설비를 쉽게 조절할 수 있는 공산품은 탄력적이 된다.

(3) 생산량 변화에 따른 비용의 변화 정도

생산량이 증가할 때 임금이나 자재비 등 생산비가 급격히 상승하는 상품은 비탄력적인 반면 생산비가 완만하게 상승하는 상품은 보다 탄력적이 된다.

(4) 상품의 저장 가능성

① 상품의 저장이 용이한 경우는 탄력적이고 저장이 어려운 상품은 비탄력적이다.
② 저장 가능성이 낮은 농수산물은 비탄력적이고 저장 가능성이 큰 공산품은 탄력적이다.

(5) 기간의 장단

① 기간이 길면 생산 설비 규모의 조정이 용이하므로 공급의 탄력성은 커진다.
② 단기에는 생산 설비를 확충하기가 어렵지만, 장기에는 공장이나 설비를 증설할 수 있으므로 공급의 탄력성은 커진다.

(6) 유휴시설이 존재하는 경우

① 유휴시설이 있으면 가격이 변화할 때 즉각적인 생산 대응이 가능하므로 탄력적이 된다.
② 생산규모는 100만 개인데 100만 개를 생산하는 경우 추가 공급이 어렵지만 50만 개를 생산하는 경우 추가 생산을 통해 공급을 늘릴 수 있으므로 탄력적이다.

• 수요곡선이 직선일 때 수요의 가격탄력성

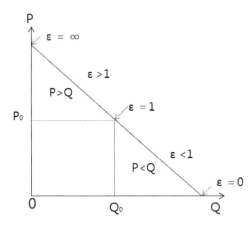

(그림 8-4 수요곡선 상의 각 점에서의 탄력성)

1. 수요 가격탄력성의 공식의 의미

$$\varepsilon = - \frac{\triangle Q/Q \times 100}{\triangle P/P \times 100} = - \frac{\frac{\triangle Q}{Q} \times 100}{\frac{\triangle P}{P} \times 100} = - \frac{\triangle Q}{\triangle P} \times \frac{P}{Q} = - \frac{1}{\frac{\triangle P}{\triangle Q}} \times \frac{P}{Q}$$

기울기의 역수

2. 수요곡선이 우하향의 직선일 때

수요곡선의 기울기는 $\frac{\triangle P}{\triangle Q}$ 이다. 그런데 $\frac{\triangle Q}{\triangle P}$ 는 기울기의 역수이므로 상수가 된다.

3. 수요곡선이 우하향의 직선일 때

$\frac{\triangle Q}{\triangle P}$ 는 상수이므로 탄력도는 P와 Q의 관계에서 결정된다.

4. 수요곡선 상의 각 점에서의 탄력성

(1) 수요곡선이 우하향의 직선일 때 수요곡선의 중점에서는 P = Q이므로 수요의 가격탄력성이 1이 된다.

$$\varepsilon = -\frac{\triangle Q}{\triangle P} \times \frac{P}{Q} = \frac{\triangle Q}{\triangle P} \times \frac{P = Q}{Q} = 1$$

(2) 수요곡선의 중점보다 위쪽인 OQ_0 구간에서는 P > Q이므로 가격탄력성이 1보다 크게 되며, 수요곡선을 따라 위쪽으로 이동할수록 P의 값이 Q의 값보다 커지므로 수요의 가격탄력성은 점점 커지게 된다.

$$\varepsilon = -\frac{\triangle Q}{\triangle P} \times \frac{P\uparrow}{Q\downarrow} > 1$$

(3) 수요곡선의 중점보다 아래쪽인 Q_0Q_1 구간에서는 P<Q이므로 가격탄력성이 1보다 작게 된다. 수요곡선을 따라 아래로 이동할수록 Q의 값이 P의 값보다 커지므로 수요의 가격탄력성은 점점 작아지게 된다.

$$\varepsilon = -\frac{\triangle Q}{\triangle P} \times \frac{P\downarrow}{Q\uparrow} < 1$$

(4) 가격 축에서 Q = 0이므로 수요의 가격탄력도는 ∞가 된다.

$$\varepsilon = -\frac{\triangle Q}{\triangle P} \times \frac{P}{Q} = \frac{\triangle Q}{\triangle P} \times \frac{P}{Q = 0} = \infty$$

(5) 수량 축에서는 P = 0이므로 수요의 가격탄력도는 0이 된다.

$$\varepsilon = -\frac{\triangle Q}{\triangle P} \times \frac{P}{Q} = \frac{\triangle Q}{\triangle P} \times \frac{P = 0}{Q} = 0$$

P와 Q	Q = 0	P > Q	P = Q	P < Q	P = 0
탄력도	$\varepsilon = \infty$	$\varepsilon > 1$	$\varepsilon = 1$	$\varepsilon < 1$	$\varepsilon = 0$

01. 다음 자료의 X재, Y재에 대한 설명을 옳은 것은? |2014년 6월 평가원|

- X재와 Y재의 수요곡선은 우하향한다.
- X재의 공급은 가격에 대해 완전 비탄력적인 반면 Y재의 공급은 가격에 대해 완전탄력적이다.

① X재의 공급이 증가하면 균형가격이 상승한다.
② X재의 공급이 증가해도 균형거래량은 변화하지 않는다.
③ Y재의 수요가 증가하면 균형가격이 상승한다.
④ Y재의 수요가 증가해도 균형거래량은 변화하지 않는다.
⑤ X재와 Y재 모두 수요가 증가하면 판매 수입이 증가한다.

02. (가), (나)와 같이 수요와 공급곡선이 변화하는 원인을 바르게 연결한 것은?

|2013년 9월 학평|

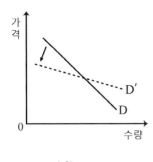 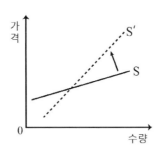

    <u>(가)</u>   <u>(나)</u>
① 대체재의 증가   생산요소 간 대체 가능성 감소
② 대체재의 감소   저장 기술의 진보
③ 재화의 필수품화   공급자 간 경쟁 약화
④ 재화의 사치품화   생산 기간의 단축
⑤ 소득에서 차지하는 비중 증가   생산 기술의 진보

03. 표는 X재의 가격에 따른 수요량 및 공급량을 나타낸다. 이에 대한 분석으로 옳은 것은? (단, 수요와 공급곡선은 모두 직선이다.) [3점]

가격(원)	수요량(개)	공급량(개)
1,000	10	30
800	30	30
600	50	30
400	70	30
200	90	30

① 공급의 가격탄력성은 단위탄력적이다.

② 가격과 수요량의 관계는 정(+)의 관계가 나타난다.

③ 가격이 600원으로 주어질 경우 거래량은 30개이다.

④ 가격이 400원으로 주어질 경우 40개의 초과 공급이 발생한다.

⑤ 가격을 400원에서 200원으로 하락시킬 경우 거래량은 20개 증가한다.

04. 표는 X재 가격이 10% 상승하였을 때 지역별 판매 수입의 변화를 나타낸다. 이에 대한 분석으로 옳은 것은? [3점]

|2015년 9월 학평|

(단위 : 원)

지역	기존 판매 수입	가격 상승 후 판매 수입
A	100,000	110,000
B	100,000	105,000
C	100,000	100,000
D	100,000	95,000
E	100,000	90,000

① A에서 X재 판매량은 증가하였다.

② B에서 X재 가격의 상승률보다 수요량의 감소율이 높다.

③ C에서 X재 수요의 가격탄력성은 1이다.

④ D에서 X재 수요는 가격 변동에 대해 비탄력적이다.

⑤ E에서 X재 수요는 가격 변동에 대해 단위탄력적이다.

05. 아래 대화 중 ㉠, ㉡의 수요의 가격탄력성으로 옳은 것은? [3점] |2015년 3월 학평|

우리 가게 ㉠팥빙수 가격을 10 % 인하했더니 판매수입이 20 % 증가했어.

그래? 우리 가게는 ㉡떡볶이 가격을 10% 인상했는데도 판매 수입에 변화가 없었어.

	㉠	㉡
①	탄력적	비탄력적
③	탄력적	단위탄력적
⑤	비탄력적	단위탄력적

	㉠	㉡
②	탄력적	완전탄력적
④	비탄력적	탄력적

06. 다음 사례에 대한 분석 및 추론으로 옳은 것은? |2013년 6월 학평|

- A 서점은 ○○ 책과 △△ 책의 가격을 할인하여 판매하였다. 이로 인해 ○○ 책의 판매량은 20% 증가한 반면 △△ 책의 판매량은 전혀 변함이 없었다.
- B 기획사가 공연하는 ◇◇ 뮤지컬은 관람석이 모두 차는 반면 ☆☆ 뮤지컬은 항상 관람석의 절반도 차지 않는다. 이에 ☆☆ 뮤지컬의 관람료를 할인한 결과 관객이 50% 증가하였다.

① A 서점의 △△ 책 판매 수입은 변함이 없다.
② ☆☆ 뮤지컬의 공연 비용은 할인 전에 비해 감소한다.
③ 관람료 할인 전 ☆☆ 뮤지컬 시장에서는 초과 수요가 발생하였다.
④ ○○ 책과 ☆☆ 뮤지컬 시장의 수요곡선은 오른쪽으로 이동하였다.
⑤ ◇◇ 뮤지컬의 관람료를 할인할 경우 B 기획사의 ◇◇ 뮤지컬 관람료 수입은 감소한다.

07. (가)와 (나)에 대한 옳은 설명을 <보기>에서 고른 것은? [3점] |2012년 9월 학평|

다른 조건이 불변일 때,
(가)-소득이 증가하면 수요가 증가하는 재화
(나)-소득이 증가하면 수요가 감소하는 재화

─────────── < 보 기 > ───────────

ㄱ. 소득 증가는 (가)의 가격을 상승시키는 요인이다.
ㄴ. (나)에서 수요의 소득탄력성은 음수(-)이다.
ㄷ. 소득 증가는 (나)의 공급을 증가시키는 요인이다.
ㄹ. (가)는 열등재, (나)는 정상재이다.

수요의 소득탄력성 = 수요량의 변화율/소득의 변화율

① ㄱ, ㄴ   ② ㄱ, ㄷ
③ ㄴ, ㄷ   ④ ㄴ, ㄹ
⑤ ㄷ, ㄹ

08. 다음 자료의 ㉠~㉢ 중 X재와 Y재의 가격 변화율에 따른 수요량 변화율에 해당하는 지점으로 옳은 것은? [3점] |2015년 11월 학평|

A 기업은 최근 X재 가격을 10% 인상하였으나 판매 수입은 변함이 없었다. 반면 B 기업은 Y재 가격을 10% 인하하였더니 판매 수입이 10% 감소하였다.

<가격 변화율에 따른 수요량 변화율 >

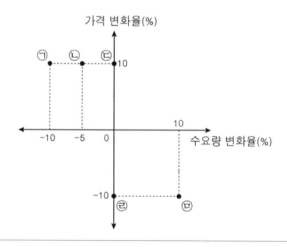

	X재	Y재
①	㉠	㉣
③	㉡	㉣
⑤	㉢	㉤

	X재	Y재
②	㉠	㉤
④	㉡	㉤

09. 그림에서 파악할 수 있는 경제 개념에 대한 설명으로 옳지 <u>않은</u> 것은? [3점]

|2012년 9월 학평|

① 기업의 이윤을 더 크게 하기 위한 전략이다.

② 공급자가 시장 지배력을 가지고 있어야 가능하다.

③ 수요자의 지불 의사를 고려하여 가격을 달리하는 것이다.

④ 고속열차 동일 좌석의 주중과 주말 가격 차이가 그 사례이다.

⑤ 수요의 가격탄력성이 큰 집단에게 높은 가격, 작은 집단에게 낮은 가격을 부과한다.

10. 그림은 가격의 변화에 따른 판매 수입의 변화를 나타낸 것이다. Ⅰ~Ⅳ 영역에 속한 각 재화에 대한 설명으로 옳은 것은? (단, 각 재화는 수요 및 공급 법칙에 따른다.) [3점]

|2014년 11월 학평|

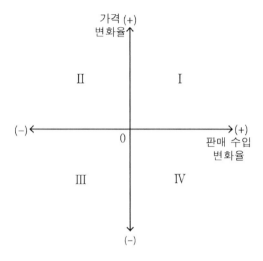

① Ⅰ 영역의 재화는 수요의 가격탄력성이 1보다 크다.

② Ⅱ 영역의 재화는 공급의 가격탄력성이 1보다 작다.

③ Ⅲ 영역의 재화는 수요의 가격탄력성이 1보다 작다.

④ Ⅳ 영역의 재화는 사치재보다는 필수재의 성격에 더 가깝다.

⑤ Ⅱ 영역 재화의 대체재가 증가하면 Ⅲ 영역으로의 이동이 나타날 수 있다.

11. 그림은 A, B, C재 가격 변화율에 따른 판매 수입 변화율을 나타낸 것이다. 이에 대한 분석으로 옳은 것은? [3점]

|2014년 9월 학평|

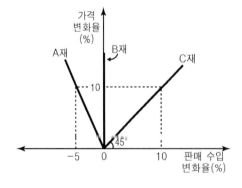

① A재 수요의 가격탄력성은 비탄력적이다.
② B재 수요의 가격탄력성은 단위탄력적이다.
③ C재 수요의 가격탄력성은 탄력적이다.
④ A재와 달리 B재는 가격이 상승하면 판매 수입이 증가한다.
⑤ B재에 비해 C재 수요의 가격탄력성이 더 크다.

12. 다음 자료에 대한 분석으로 옳은 것은? [3점]　　|2013년 11월 학평|

> A재와 B재, A재와 C재는 각각 밀접한 연관재
> 이다. 최근 A재에만 쓰이는 원자재 가격의 상
> 승으로 인해 그림과 같은 시장 변화가 나타났
> 다. (단, A재, B재, C재는 모두 수요와 공급 법
> 칙을 따르는 최종재이며, E_0은 A재 원자재 가
> 격 상승 이전의 상태를 나타낸다.)

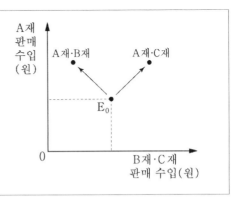

① A재 수요의 가격탄력성은 탄력적이다.
② B재 수요의 가격탄력성은 비탄력적이다.
③ A재 가격 변화로 인해 B재 가격이 상승하였다.
④ A재 가격 변화로 인해 C재 거래량이 증가하였다.
⑤ B재의 가격이 상승하면 C재의 거래량은 감소한다.

13. 표는 A, B재의 가격 변화율에 따른 판매 수입 변화율을 나타낸 것이다. 두 재화의 수요의 가격탄력성에 대한 옳은 설명을 <보기>에서 고른 것은? [3점] |2013년 9월 학평|

구분		가격 변화율(%)				
		−10	−5	0	5	10
판매 수입 변화율(%)	A재	0	0	0	0	0
	B재	−10	−5	0	5	10

< 보기 >

ㄱ. A재는 완전 비탄력적인 재화이다.

ㄴ. 가격이 변화해도 항상 정해진 금액만큼 휘발유를 구매하면, 휘발유의 수요의 가격탄력성은 A재와 같다.

ㄷ. B재는 가격의 변화율과 수요량의 변화율이 같은 재화이다.

ㄹ. A재가 B재보다 수요의 가격탄력성이 크다.

① ㄱ, ㄴ
② ㄱ, ㄷ
③ ㄴ, ㄷ
④ ㄴ, ㄹ
⑤ ㄷ, ㄹ

14. 그래프는 X재의 전월 대비 가격 변화율과 소비지출액 변화율의 관계를 나타낸 것이다. 이에 대한 설명으로 옳은 것은? (단, X재는 수요 법칙에 충실하다.) [3점]

|2012년 11월 학평|

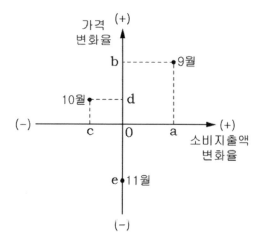

① 9월의 X재는 수요의 가격탄력성이 비탄력적이다.

② 10월의 X재는 공급의 가격탄력성이 탄력적이다.

③ 11월의 X재는 수요량의 변화율이 가격의 변화율보다 크다.

④ X재의 대체재가 감소한 것은 9월에서 10월 사이의 변화 요인이 될 수 있다.

⑤ 10월에서 11월 사이에는 수요의 가격탄력성이 커졌다.

15. 그림은 연도별 A재와 B재의 시장 균형가격과 판매 수입의 변화를 나타낸 것이다. 이에 대한 옳은 분석을 <보기>에서 고른 것은? (단, A재와 B재는 모두 수요와 공급 법칙을 따른다.) [3점] 　|2013년 11월 학평|

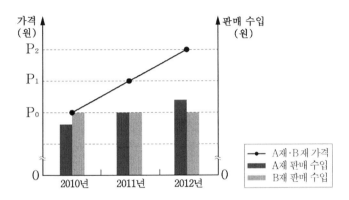

──────────── < 보 기 > ────────────

ㄱ. 2012년에 A재의 거래량은 B재보다 많다.

ㄴ. A재의 수요는 가격에 대해 탄력적이다.

ㄷ. B재의 수요는 가격에 대해 단위탄력적이다.

ㄹ. 가격이 P_1로 변화할 때 두 재화의 수요의 가격탄력성은 동일하다.

① ㄱ, ㄴ 　　　　　　　　② ㄱ, ㄷ

③ ㄴ, ㄷ 　　　　　　　　④ ㄴ, ㄹ

⑤ ㄷ, ㄹ

CHAPTER

9

수요 공급 이론의 응용

1. 소비자 잉여와 생산자 잉여

(1) 소비자 잉여

> 며칠 전 소비자 갑은 상품 A를 구매하기로 하고 가격을 문의하였더니 10,000원에 거래되고 있는 것을 알았다. 다소 비싸지만, 꼭 갖고 싶었던 거라 10,000원을 주고라도 구입하려는데, 그 사이 상품 A의 가격이 내려간 덕분에 5,000원을 주고 구입하게 되었다.

① 소비자 잉여의 예
  ㉠ 소비자 갑은 10,000원을 주고라도 구입하려 했는데, 5,000원을 주고 구입하게 되면 어떤 기분이 들까? 아마 이득을 보았다고 생각할 것이다. 그래서 소비자 갑은 상품 A를 1개 더 살 수도 있거나, 아니면 현금 5,000원이 주머니에 남게 될 것이다
  ㉡ 이처럼 소비자가 자기가 사려고 마음먹은 가격보다 싸게 물건을 살 때 어떤 이득을 보게 되는 것을 소비자 잉여라고 한다.

② 소비자 잉여의 정의
소비자가 상품을 구매할 때 지불할 용의가 있는 최대 금액에서 실제로 지불한 금액을 뺀 차이를 소비자 잉여라고 한다.

③ 수요곡선의 또 다른 모습⇒지불용의 곡선
  ㉠ 수요곡선의 높이 즉, 가격은 각각의 소비자가 어떤 상품을 구매할 때 지불할 수 있는 최대 금액을 나타낸다.
  ㉡ 소비자들은 사과를 소비하는 경우 사과 소비에 대한 만족도(효용)가 다른 데, 사과 소비의 효용이 큰 소비자는 더 많은 금액을 지불하고 사과를 구매하려 할 것이고, 사과 소비의 효용이 작은 소비자는 적은 금액을 지불하고 사과를 구매하려 할 것이다.
  ㉢ 아래 표는 소비자의 효용의 크기 순으로 소비자가 지불할 수 있는 금액을 나타내고 있다.

A	B	C	D
10,000원	9,000원	8,000원	7,000원

  ㉣ 소비자 A는 사과 소비의 효용이 크므로 10,000원을 지불하고 구매할 의사가 있으며, 사과 소비의 효용이 작은 소비자 D는 7,000원을 주고 구입하려 할 것이다.
  ㉤ 소비자들은 효용의 크기에 비례해서 금액을 지불하려고 하므로 수요곡선의 높이는 소비자가 지불할 수 있는 최대 금액을 나타낸다.
  ㉥ 소비자들은 10,000원이나 9,000원 등을 지불하고서도 사과를 구입할 의사를 가지

고 있는데, 시장에서 사과의 가격이 7,000원으로 결정되면 소비자는 10,000원이
나 9,000원이 아니라 7,000원을 주고 사과를 구입할 수 있게 된다.

ⓐ 높은 가격을 지불하고도 구입할 의사가 있는데 실제로는 이보다 낮은 금액을 지불
하고 재화를 구입하게 되어 이득을 얻게 되는데, 이를 소비자 잉여라고 한다.

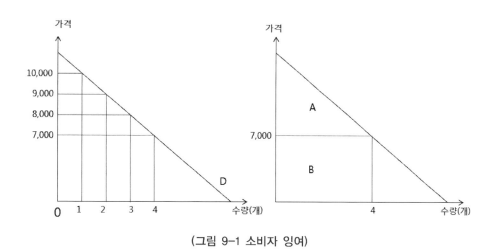

(그림 9-1 소비자 잉여)

④ 소비자 잉여

지불할 의사가 있는 최고 금액	: 삼각형 A+사각형 B
- 실제 사과 구입 금액	: 사각형 B
소비자 잉여	: 삼각형 A

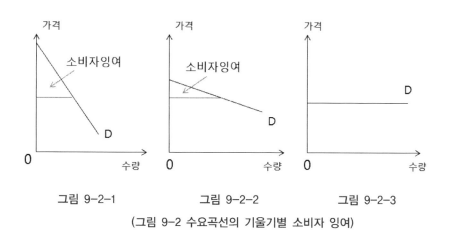

그림 9-2-1   그림 9-2-2   그림 9-2-3

(그림 9-2 수요곡선의 기울기별 소비자 잉여)

⑤ 수요곡선의 기울기에 따른 소비자 잉여

　　㉠ (그림 9-2-1)과 (그림 9-2-2)를 비교해보면 (그림 9-2-1)의 경우가 소비자 잉여가 더 큰 것을 알 수가 있다. 그림에서 보듯이 **균형점이 같은 경우**에 수요곡선이 가파르면 소비자 잉여는 커지며 수요곡선이 완만할수록 소비자 잉여는 작아진다.

　　㉡ (그림 9-2-3)에서 수요곡선이 수평인 경우에는 소비자 잉여가 없다.

　　㉢ 수요곡선이 가파를수록 소비자가 지불할 의사가 있는 최고 금액이 커져서 시장가격과 차이가 크게 나며, 기울기가 완만할수록 지불할 의사가 있는 최고 금액이 낮아져 시장가격과 차이가 크게 나지 않는다.

⑥ 시장가격 수준에 따른 소비자 잉여

　　㉠ (그림 9-3)에서 보듯이 시장가격이 P_1일 때는 소비자 잉여가 삼각형 A고 시장가격이 P_0일 때는 (삼각형 A+사각형 B)가 소비자 잉여이다.

　　㉡ 따라서 시장가격이 낮을수록 소비자 잉여는 커진다.

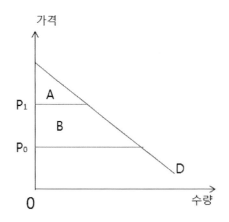

(그림 9-3 시장가격에 따른 소비자 잉여)

(2) 생산자 잉여

농부 갑은 토마토를 생산 판매하고 있고, 현재 시장에서 토마토 한 개당 2,000원에 거래되고 있다. 이 가격에 판매하면 충분하다고 생각하고 판매 준비를 하고 있는데, 뉴스에서 토마토가 건강에 좋은 과일이라는 연구 결과를 발표하여 토마토 한 개당 가격이 4,000원으로 상승하였다.

① 생산자 잉여의 예

　ⓐ 농부 갑은 2,000원은 받고 판매하려고 했는데, 4,000원을 받고 판매하게 되면 어떤 기분이 들까? 토마토 한 개당 최소한 2,000원만 받아도 충분하다고 생각했는데 토마토 한 개당 4,000원을 받으면 훨씬 더 많은 이익을 볼 거라고 생각할 것이다.

　ⓑ 이처럼 생산자가 자기가 팔려고 마음먹은 가격보다 비싸게 상품을 팔 때 어떤 이득을 보게 되는 것을 생산자 잉여라고 한다.

② 정의

생산자가 어떤 상품을 판매할 때 최소한 받고자 하는 금액과 실제로 받은 금액과의 차이를 생산자 잉여라고 한다.

③ 공급곡선의 또 다른 모습-수취용의 곡선

　ⓐ 공급곡선의 높이, 즉, 가격은 생산자가 어떤 상품을 판매할 때 받으려고 하는 최소 금액을 나타낸다.

　ⓑ 공급곡선의 각각의 가격은 각각의 생산자가 최소한 받아야 하는 가격이므로 만약 이 가격 아래로 받으면 손해가 난다는 것을 의미한다.

　ⓒ 아래의 표는 생산자의 생산 비용 순으로 각 생산자가 받아야 할 최소 금액을 나타내고 있다.

F	G	H	I
1,000원	2,000원	3,000원	4,000원

　ⓓ 생산자 F는 판매 가격이 1,000원 이상이면 판매할 것이며, 생산자 I는 판매 가격이 4,000원 이상이 되어야 판매에 응할 것이다.

　ⓔ 생산자 F는 1,000원 이상을, 생산자 G는 2,000원 이상을 받으면 시장에서 판매할 의사가 있는데, 시장에서 균형가격이 4,000원으로 결정되면 1,000원, 2,000원이 아니라 시장가격 4,000원에 판매한다.

　ⓕ 더 낮은 가격을 받고서도 판매할 의사가 있었는데 이보다 높은 금액을 받고 상품을 공급하게 되어 이득을 얻게 되는 것을 생산자 잉여라고 한다.

　ⓖ 상품의 가격이 4,000원이라면 생산자의 총판매 수입은 사각형의 면적이다. 사각형의 면적에서 공급곡선 아래의 면적, 즉, 생산자가 최소한 받아야겠다고 생각한 삼각형K를 차감하고 남은 삼각형H가 공급자 잉여가 된다.

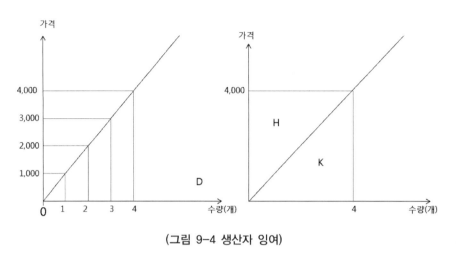

(그림 9-4 생산자 잉여)

④ 생산자 잉여

생산자가 판매한 금액	: 삼각형 H＋삼각형 K
－ 생산자가 최소한 받아야 할 금액	: 　　　　　삼각형 K
생산자 잉여	: 삼각형 H

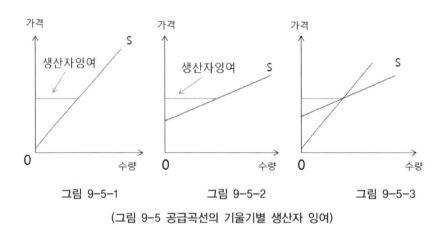

(그림 9-5 공급곡선의 기울기별 생산자 잉여)

⑤ 공급곡선의 기울기에 따른 공급자 잉여

ㄱ (그림 9-5-1)과 (그림 9-5-2)를 비교해보면 (그림 9-5-1)의 경우가 생산자 잉여가 더 큰 것을 알 수가 있다. 그림에서 보듯이 **균형점이 같은 경우** 공급곡선이 가파르면 생산자 잉여는 커지며 공급곡선이 완만할수록 생산자 잉여는 작아진다.

ㄴ (그림 9-5-3)은 (그림 9-5-1)과 (그림 9-5-2)를 겹쳐 놓은 것으로서 공급곡선이 기울기에 따른 생산자 잉여를 비교할 수 있다.

ㄷ 공급곡선이 가파를수록 생산자가 받아야 할 최소 금액이 적어져서 시장가격과 차

이가 크게 나게 되며, 기울기가 완만할수록 받아야 할 최소 금액이 커져서 시장가격과 차이가 크게 나지 않게 된다.

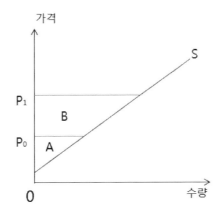

(그림 9-6 가격 수준에 따른 생산자 잉여)

⑥ 가격 수준에 따른 생산자 잉여

　㉠ (그림 9-6)에서 보듯이 시장가격이 P_0일 때는 삼각형 A가 생산자 잉여이고 시장가격이 P_1일 때는 (삼각형 A+사각형 B)가 생산자 잉여이다.

　㉡ 따라서 시장가격이 높을수록 생산자 잉여는 커진다.

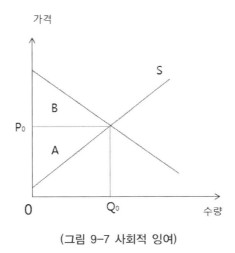

(그림 9-7 사회적 잉여)

(3) **사회적 잉여**

① 삼각형 A는 생산자 잉여이고 삼각형 B는 소비자 잉여이다. 생산자 잉여와 소비자 잉여를 합한 것을 사회적 잉여라고 한다.

② 수요와 공급이 만나는 점에서 균형가격이 결정될 때 자원이 가장 효율적으로 배분되며, 자원이 가장 효율적으로 배분될 때 사회적 잉여도 가장 커진다.

③ 정부의 개입 등으로 가격이 균형에서 이탈할 때는 사회적 잉여의 손실이 발생한다.

2. 최고가격제

(1) 의미

① 시장에서 생필품 등의 균형가격이 너무 높은 경우 정부가 인위적으로 **균형가격보다 낮은 수준에서 가격을 설정할 때, 이를 최고가격제라 한다.**

② 최고가격제는 생필품 등의 균형가격이 너무 높은 경우 물가안정과 소비자보호를 위해 시행한다.

③ 따라서 **최고가격은 반드시 시장의 균형가격보다 낮은 수준에서 설정되어야만** 최고가격제의 의미가 있게 된다.

④ 최고가격제의 예로는 임대료 규제, 분양가 상한제, 이자율 상한제 등이 있다.

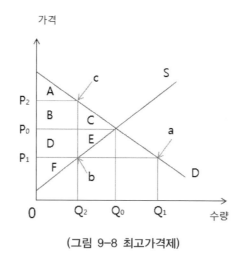

(그림 9-8 최고가격제)

(2) 최고가격제의 효과

① 긍정적 효과

최고가격제를 시행하면 소비자들은 가격 규제 전의 가격 P_0 보다 낮은 가격인 P_1에 상품을 구할 수 있게 된다.

② 부정적 효과

    ㉠ Q_1~Q_2만큼의 초과 수요 발생

    현재 어떤 상품의 가격이 P_0이어서 정부는 소비자 보호 차원에서 최고가격을 P_1으로 설정하면, 소비자들은 수요곡선 상의 a점에서 수요하게 되며, 공급자들은 가격이 낮아졌으므로 공급곡선 상의 b점에서 공급하게 되어 Q_1~Q_2만큼의 초과 수요가 발생한다.

    ㉡ 암시장의 형성 가능성

    균형가격 아래에서 최고가격이 설정되면 공급자들은 공급량을 Q_2로 감소시켜 공급물량이 부족하게 된다. 공급물량이 부족하게 되면 최고가격보다 더 높은 가격으로 구입할 소비자가 나타나 암시장이 형성될 가능성이 크다. 이 경우 공급량이 Q_2이므로 암시장에서의 이론적인 최고가격은 P_2가 된다.

    ㉢ 품질 저하 가능성

    최고가격제로 상품 가격이 낮아지면 상품 공급자는 저급 자재를 사용하여 상품을 만든다든지 아니면 관리를 소홀히 함으로써 상품의 품질이 떨어지게 된다.

    ㉣ 사회적인 후생손실 발생

    최고가격제 시행으로 공급량이 Q_2로 감소하게 되면 소비자 잉여는 C만큼 감소하고 생산자 잉여는 E만큼 감소하여 사회적인 총 잉여는 $-(C+E)$만큼 감소하게 된다.

	소비자 잉여	생산자 잉여	사회적 잉여
최고 가격 실시 전	A+B+C	D+E+F	A+B+C+D+E+F
최고 가격 실시 후	A+B+D	F	A+B+D+F
증감	+D-C	-D-E	-(C+E)

③ 최고가격제에서 재화의 배분

    ㉠ 최고가격제에서는 선착순, 배급제도 등으로 재화를 배분하는 방법이 있다.

    ㉡ 선착순

    먼저 온 순서대로 재화를 구입할 수 있는 방법으로 소비자의 선호가 반영되는 장점이 있으나, 재화의 배분은 불공평해질 수 있다.

    ㉢ 배급제도

    배급표를 나눠 주고 배급표를 가진 사람만이 재화를 구입할 수 있도록 하는 제도로 재화의 배분이 공평하게 이루어지나 소비자의 선호가 제대로 반영되지 못할 수 있다.

3. 최저가격제(최저임금제)

(1) 의미

① 시장에서 임금 등의 균형가격이 너무 낮다고 판단되어, 정부가 인위적으로 **균형 가격 보다 높은 수준에서 가격을 설정할 때 이를 최저가격제라 한다.**

② 노동시장에서 공급자는 노동자이고 수요자는 기업이 되는데, 최저가격제는 공급자인 노동자를 보호하기 위해 시행한다.

③ **최저임금은 시장의 균형 임금보다 반드시 높아야 의미가 있다.** 아래 그림에서처럼 최 저임금 W_1은 균형 임금 W_0보다 높은 수준에서 설정된다.

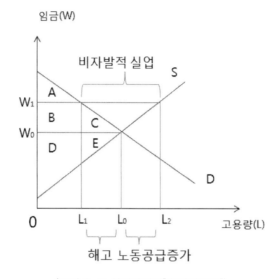

(그림 9-9 최저가격제[최저임금제])

(2) 최저임금제의 효과

① 비자발적 실업의 발생

　㉠ 노동시장이 균형일 때 균형 임금은 W_0이고, 균형고용량은 L_0이다. 이제 정부가 최저 임금제를 시행하면 시장의 임금은 균형 임금 W_0보다 높은 W_1이 된다.

　㉡ 임금이 W_1으로 상승하면 노동자의 노동공급량은 L_2로 증가하지만, 기업의 노동수 요량은 L_1으로 감소하여 L_1~L_2만큼의 실업이 발생한다.

　㉢ 최저임금제를 시행하면 L_1~L_2만큼의 비자발적 실업이 발생하는데, L_0~L_1만큼은 기존

의 취업 노동자들이 해고된 것이며, $L_0 \sim L_2$만큼은 최저임금이 올라 노동 공급이 증가하여 발생한 비자발적 실업이다.

② 취업 노동자들의 소득 증가

최저임금제를 시행하면 임금이 상승하므로 취업 노동자들의 소득은 증가한다.

③ 해고 노동자들의 후생 감소

최저임금제가 시행되어 임금이 오르면 기업은 노동수요를 줄이게 된다. 노동수요가 줄면 $L_0 \sim L_1$만큼의 해고 노동자가 발생한다. 해고된 노동자의 후생은 감소하게 된다.

(3) 최저임금제와 총노동소득

① 최저임금제 시행으로 인한 노동자들의 노동소득 증감 여부는 노동수요의 임금탄력성에 달려 있다.

$$\text{노동수요의 임금탄력성} = -\cfrac{\cfrac{\text{노동수요량의 변화분}}{\text{노동수요량}} \times 100}{\cfrac{\text{임금의 변화분}}{\text{임금}} \times 100} = -\cfrac{\cfrac{\triangle L}{L} \times 100}{\cfrac{\triangle W}{W} \times 100}$$

즉, 임금이 변화할 때 노동수요량이 적게 변화하는지 많이 변화하는지에 따라 노동자들의 노동소득 증감이 결정된다.

② 노동수요 탄력도에 따른 노동소득 증감

㉠ 노동수요의 임금탄력성이 완전비탄력적인 경우

- **고용량 감소율 = 0**
- 노동수요의 임금탄력성이 완전비탄력적이라는 것은 노동 수요곡선이 수직이라는 것인데, 이 경우 임금이 상승해도 고용량은 변화가 없으므로 임금상승률만큼 총노동소득이 증가한다.

㉡ 노동수요의 임금탄력성이 1보다 작은 경우

- **임금 상승률 > 고용량 감소율**
- 최저임금제가 시행되어 임금이 상승하더라도 임금 상승률보다 고용량 감소율이 더 적으므로 **총노동소득이 증가**한다.

㉢ 노동수요의 임금탄력성이 1보다 큰 경우

- **임금 상승률 < 고용량 감소율**
- 최저임금제가 시행되어 임금이 상승하면 임금 상승률보다 고용량 감소율이 더 크므로 **총노동소득은 감소**한다.

ⓔ 최저임금제를 통해 총노동소득을 증가시키려면 노동수요의 임금탄력성이 비탄력적인 경우 효과적일 수 있다.

노동수요의 임금탄력성이 완전 비탄력적인 경우	노동수요의 임금탄력성이 1보다 작은 경우(비탄력적인 경우)	노동수요의 임금탄력성이 1보다 큰 경우(탄력적인 경우)
고용량 감소율 = 0	임금 상승률 > 고용량 감소율	임금 상승률 < 고용량 감소율
임금상승분만큼 총노동소득이 증가함	임금의 증가분이 임금의 감소분보다 커서 총노동소득이 증가함	임금의 증가분이 임금의 감소분보다 작아서 총노동소득이 감소함

4. 농산물의 가격 파동

(1) 배경

① 배추가 사상 최대의 풍작이라고 할 때 산지 농민들의 소득이 증가하기는커녕 배추 가격이 생산비에도 미치지 못해서 배추 수확을 포기하는 경우도 있으며, 가뭄으로 배추 작황이 좋지 못할 때 가격이 폭등하여 오히려 농민의 소득이 증가되는 경우도 있다.

② 이처럼 풍년일 때 농부의 소득이 감소하고, 흉년일 때 농부의 소득이 증가하는 것을 농부의 역설이라고 한다.

(2) 농산물 가격 파동의 원인

① **농산물 수요의 가격탄력성과 공급의 가격탄력성이 비탄력적인 것**이 원인인데, 아래의 그림처럼 공급이 약간만 변해도 농산물 가격이 급등하거나 급락하는 가격 파동이 나타나게 된다.

② 수요의 가격탄력성이 비탄력적인 이유
배추, 고추 등의 농산물은 필수재 성격이 있어 가격이 상승하거나 하락해도 다른 것으로 대체하기가 어려워 수요의 가격탄력성이 비탄력적이다. 즉, 가격이 오르거나 내려도 수요가 잘 변하지 않는다.

③ 공급의 가격탄력성이 비탄력적인 이유

농산물 등은 재배 기간이 몇 달씩 걸리고 저장이 곤란한 경우가 많아 공산품과 달리 공급을 시장 상황에 맞추어 조절하기가 쉽지 않다. 시장가격이 변해도 농산물은 공급 조절이 어렵다.

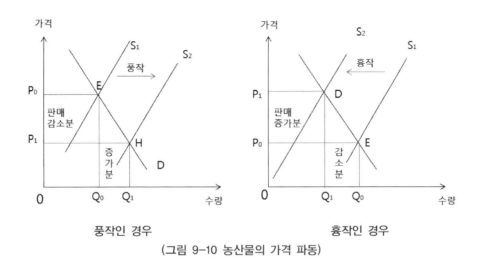

풍작인 경우   흉작인 경우

(그림 9-10 농산물의 가격 파동)

(3) 시장가격 변화와 농민의 소득

① 풍작인 경우

공급곡선의 탄력도가 1보다 작으므로 공급곡선이 S_1에서 S_2로 이동하면 가격이 급락하게 된다. 가격이 급락해도 소비자들은 농산물의 수요량을 많이 늘릴 수 없으므로 농부의 총소득은 감소한다.

② 흉작인 경우

공급곡선의 탄력도가 1보다 작으므로 공급곡선이 원 S_2에서 S_1으로 이동하면 가격이 급등하게 된다. 가격이 급등해도 소비자들은 농산물의 수요량을 많이 줄일 수 없으므로 농부의 총소득은 증가한다.

5. 탄력도에 따른 가격 차별

(1) 가격 차별의 예

① 극장에서 상영되는 똑같은 영화라도 시기에 따라서 가격이 다르게 책정되어 있다. 주중보다는 주말이 비싸고 주중에서도 오후 시간이 조조보다 비싼 것이 일반적이다.

② 동일한 영화인데 극장에서는 이처럼 다양한 가격을 매기는 이유는 무엇일까?

즉, 동일한 상품인데 가격을 다르게 적용하는 이유는 주말, 주중, 조조 고객의 수요의 가격탄력도가 각각 다른 점을 이용하여 수입을 극대화하고자 하려는 의도 때문이다.

③ 비탄력적인 주말 고객에는 높은 가격을 책정하고, 탄력도가 높은 조조 고객에는 낮은 가격을 책정하여 수입을 극대화하는 것이다.

(2) 탄력도에 따른 가격 정책

① 수요의 가격탄력도가 비탄력적인 경우

시간상 여유가 없거나 다른 이유 등으로 주말에 영화를 보아야 하는 경우에는 영화 가격이 주중보다 비싸더라도 영화를 볼 수밖에 없다. 영화 가격이 주중보다 다소 비싸더라도 영화에 대한 수요는 많이 줄지 않는다. 즉, 수요의 가격탄력도가 비탄력적이라는 것이다. 극장에서는 바로 이런 점에 유의해서 가격탄력도가 비탄력적인 주말에는 가격을 올려서 받는다.

② 수요의 가격탄력도가 탄력적인 경우

㉠ 주중 조조에 극장에서 영화를 관람하는 관객은 많지는 않을 것이다. 그러나 방학 때라든지 휴가철인 경우에는 시간적 여유가 있어 주중 조조에 영화를 관람하는 관객이 많을 수 있다. 이런 경우 오전에 한가한 고객들을 영화관으로 오도록 유인하려면 주중보다 싸게 받으면 될 것이다.

㉡ 가격을 내리면 영화 관람 수요가 많이 늘어난다는 것은 영화 수요의 가격탄력도가 탄력적이라는 것이다. 이런 경우에는 가격을 인하하면 수입이 늘어나므로 극장에서는 조조할인 가격 정책을 시행한다.

(3) 가격 차별을 위한 조건들

① 시장이 분리가 가능하고 시장 간 재판매가 불가능하여야 한다.

㉠ 조조, 주중, 주말 등으로 시장이 분리 가능하여야 한다.

㉡ 조조에서 구입한 티켓을 주말에 사용할 수 있으면 가격 차별을 할 수 없으므로 시장 간 재판매가 불가능해야 한다.

② 각 시장별로 수요의 가격탄력성이 서로 달라야 한다.

위에서 살펴본 것처럼 시장별로 가격탄력도가 다르면, 가격 차별을 시행해서 수입을 더 늘릴 수 있다.

01. 다음 자료에 대한 분석으로 옳은 것은? |2014년 11월 학평|

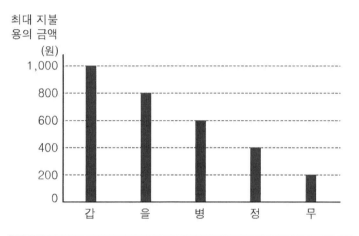

그림은 갑~무가 X재 1개를 구입할 때 지불할 의사가 있는 최대 금액을 나타낸다. 시장의
수요자는 갑~무만 존재하며, 각자 X재를 1개까지만 소비할 수 있다.

① 가격이 800원일 때 수요량은 4개이다.
② 균형가격이 200원일 때 사회적 잉여는 없다.
③ 균형가격이 400원일 때 공급량은 2개이다.
④ 균형가격이 600원일 때 균형거래량은 3개이다.
⑤ 균형가격이 1,000원일 때 소비자 잉여는 최대가 된다.

02. 표는 X재 시장의 가격에 따른 수요량과 공급량을 나타낸 것이다. 이에 대한 분석으로 옳은 것은? [3점]

|2015년 6월 학평|

가격(원)	30	40	50	60	70	80
수요량(개)	600	500	400	300	200	100
공급량(개)	100	200	300	400	500	600

① 생산자 잉여는 50원일 때가 60원일 때보다 크다.

② 사회적 잉여가 극대화되는 가격은 60원보다 높다.

③ 60원일 때 원하는 만큼 구매하지 못하는 수요자가 발생한다.

④ 40원일 때 수요자의 지출액보다 80원일 때 공급자의 판매수입이 많다.

⑤ 공급자에게 X재 1개당 10원의 보조금을 지원할 때의 균형 가격은 50원이다.

03. 그림의 대화와 관련된 추론으로 옳지 <u>않은</u> 것은? [3점]

|2014년 6월 학평|

① 갑에 따르면 술 수요량이 줄어들 것이다.

② 갑에 따르면 술의 최저가격이 결정될 것이다.

③ 을에 따르면 술에 대한 초과 공급이 발생할 것이다.

④ 을에 따르면 술 수요곡선이 좌측으로 이동할 것이다.

⑤ 술의 시장가격은 갑보다 을의 경우에 더 낮게 결정된다.

04. 다음 자료에 대한 옳은 분석 및 추론을 <보기>에서 고른 것은? [3점]

|2014년 11월 학평|

표는 갑국의 X재 가격에 따른 수요량과 공급량을 나타낸 것이다. 갑국 정부는 X재 시장에서 가격 규제 정책을 고려하고 있으며, 항상 실효성 있는 가격 규제 정책을 시행한다.

가격(달러)	200	300	400	500	600
수요량(개)	410	350	240	150	50
공급량(개)	40	140	230	350	400

<보기>

ㄱ. 균형가격은 500달러보다 낮다.
ㄴ. 균형거래량은 230개보다 적다.
ㄷ. 최저가격제를 시행할 경우 규제 가격은 400달러보다 높을 것이다.
ㄹ. 최고가격제를 시행할 경우 시장의 공급량은 350개보다 많을 것이다.

① ㄱ, ㄴ   ② ㄱ, ㄷ
③ ㄴ, ㄷ   ④ ㄴ, ㄹ
⑤ ㄷ, ㄹ

05. 그림은 X재 시장에서의 공급 변화를 나타낸 것이다. 이에 대한 분석으로 옳은 것은?

|2015년 3월 학평|

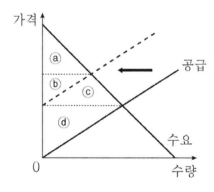

① 소비자 잉여가 감소한다.   ② 생산자 잉여가 증가한다.
③ 사회적 잉여가 증가한다.   ④ 변화 이전 소비자 잉여는 ⓐ이다.
⑤ 변화 이후 생산자 잉여는 ⓑ+ⓒ+ⓓ이다.

06. 그림은 X재 시장에서 수요의 변화를 나타낸다. 이에 대한 옳은 설명을 <보기>에서 고른 것은?

|2014년 6월 평가원|

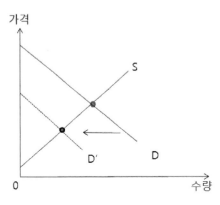

--- < 보 기 > ---

ㄱ. 균형가격이 하락했다.

ㄴ. 균형거래량이 증가했다.

ㄷ. 생산자 잉여는 감소했다.

ㄹ. 소비자 잉여는 증가했다.

① ㄱ, ㄴ   ② ㄱ, ㄷ

③ ㄴ, ㄷ   ④ ㄴ, ㄹ

⑤ ㄷ, ㄹ

07. 최고가격을 P₁로 설정했을 때, 소비자 잉여와 생산자 잉여로 옳은 것은?

|2013년 3월 서울|

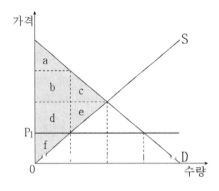

	소비자 잉여	생산자 잉여
①	a	b+d+f
②	a+b+c	d+e+f
③	a+b+d	f
④	a+b+d+f	c+e
⑤	a+b+d+c+e	f

08. 가격 규제 정책이 시행되고 있는 (가), (나)에 대한 설명으로 옳지 <u>않은</u> 것은?

|2014년 6월 평가원|

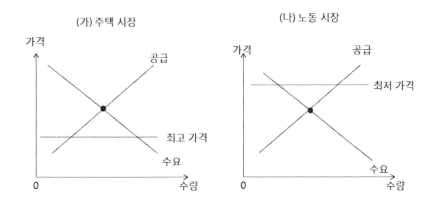

① (가)에서 초과 수요가 발생한다.

② (가)에서 선착순이나 추첨에 의한 배분이 나타날 수 있다.

③ (나)에서 가격 규제 전에 비해 임금이 상승한다.

④ (나)에서 가격 규제 정책은 노동시장에서의 수요자를 보호하기 위한 것이다.

⑤ (가)와 (나)에서 규제 전에 비해 거래량은 감소한다.

09. 그림의 P_1은 정부가 설정한 최저임금이다. 최저임금제 시행 후의 변화에 대한 옳은 분석을 <보기>에서 고른 것은?

|2015년 9월 학평|

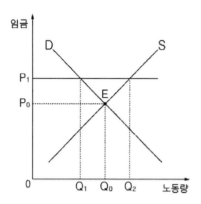

――――――― < 보기 > ―――――――

ㄱ. Q_1, Q_0만큼 고용량이 감소된다.

ㄴ. 임금의 총액은 $P_1 \times Q_1$이 된다.

ㄷ. Q_0, Q_2만큼 초과 공급이 발생한다.

ㄹ. 초과 수요가 발생하여 암시장이 형성된다.

① ㄱ, ㄴ   ② ㄱ, ㄷ

③ ㄴ, ㄷ   ④ ㄴ, ㄹ

⑤ ㄷ, ㄹ

10. 밑줄 친 정책의 시행으로 인해 나타날 변화에 대한 설명으로 옳은 것은? [3점]

|2014년 3월 서울|

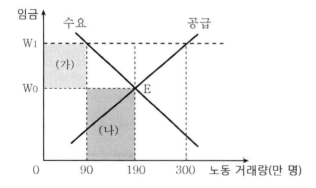

갑국의 노동시장은 현재 E점에서 균형을 이루고 있는데, 정부는 <u>최저임금을 W_1 수준에서</u> <u>설정</u>하고자 한다.

① 실업자가 110만 명 증가한다.
② 노동시장에서 초과 수요가 발생한다.
③ (가)가 (나)보다 작으면, 기업의 인건비 지출은 증가한다.
④ 새롭게 노동시장에 진입하여 실업자가 되는 사람이 있다.
⑤ 정책 시행 전의 취업자들은 모두 임금 상승의 혜택을 본다.

11. **자료의 X재 시장에서 나타날 정부 개입의 영향에 대한 추론으로 옳은 것은? [3점]**

|2014년 6월 학평|

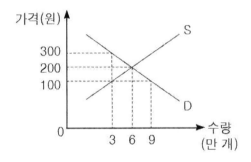

그림은 X재 시장의 수요와 공급을 나타낸 것이다. 정부는 가격 안정을 위해 X재의 가격을 100원으로 규제하고, 부족한 양만큼 정부가 비축해 두었던 것을 100원에 공급하기로 했다.

① 생산자 잉여는 증가할 것이다.
② 소비자의 총 지출액은 감소할 것이다.
③ 민간 기업의 판매 수입은 증가할 것이다.
④ 정부는 300만 원의 판매 수입을 얻게 될 것이다.
⑤ 전체 거래량은 가격이 300원일 때와 같아질 것이다.

12. 그림에 대한 설명으로 옳지 <u>않은</u> 것은? (단, 암시장은 형성되지 않는다.) [3점]

|2013년 9월 학평|

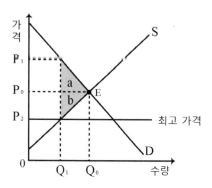

① P_2로 가격 규제 시 초과 수요가 나타난다.

② P_2로 가격 규제 시 생산자 잉여는 증가한다.

③ P_2의 가격 규제는 소비자를 보호하기 위한 것이다.

④ P_2로 가격 규제 시 사회적 잉여는 'a+b'만큼 감소한다.

⑤ 최고가격제 시행 이전에는 Q_0에서 사회적 잉여가 극대화된다.

13. 그림과 같이 P_1 또는 P_2로 가격 규제가 이루어질 때, 이에 대한 옳은 설명을 <보기>에서 고른 것은? (단, 가격 규제로 인한 암시장은 존재하지 않는다.) [3점]

|2014년 9월 학평|

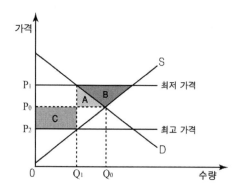

─────────── < 보 기 > ───────────

ㄱ. P_1로 가격 규제 시 사회적 잉여는 B만큼 증가한다.

ㄴ. P_2로 가격 규제 시 A에 비해 C가 더 클 경우 소비자 잉여는 증가한다.

ㄷ. P_1과 달리 P_2로 가격 규제 시 생산자 잉여는 증가한다.

ㄹ. P_1과 P_2로 가격 규제 시 사회적 잉여의 크기는 동일하다.

① ㄱ, ㄴ   ② ㄱ, ㄷ
③ ㄴ, ㄷ   ④ ㄴ, ㄹ
⑤ ㄷ, ㄹ

14. 다음 자료에서 최저임금제가 갑국의 미숙련 노동시장에 미치는 영향에 대한 설명으로 옳지 않은 것은? [3점]

|2013년 11월 학평 수정|

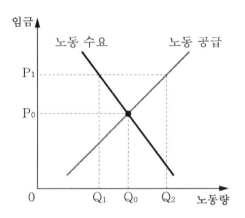

<보기>

그래프는 갑국의 미숙련 노동시장을 나타낸다. 갑국 정부는 미숙련 노동시장의 균형 임금인 P_0가 너무 낮다고 판단하여 최저임금을 P_1 수준에서 규제하기로 하였다. (단, 규제 전후 취업자의 1인당 노동 시간은 동일하며 미숙련 노동 시장 이외의 노동시장에는 변화가 없다.)

① 고용량은 감소한다.
② 기존에 고용된 사람 중 Q_0, Q_1만큼 해고되어 실업자가 된다.
③ 미숙련 노동시장에서 Q_1, Q_2만큼의 초과 공급이 발생한다.
④ 정부가 노동시장에서 최저임금을 규제하는 것은 노동수요자를 보호하기 위한 것이다.
⑤ 미숙련 노동수요가 임금에 대해 비탄력적이면 총임금은 증가한다.

CHAPTER

시장실패와 정부실패

1. 시장의 실패

(1) 효율적인 자원 배분

① 시장에서 수요와 공급이 균형을 이루어 균형가격과 균형 수량이 결정될 때, 시장의 가격기구가 효율적으로 자원 배분을 한다고 한다.

② 효율적인 자원 배분 상태에서는 소비자 잉여와 생산자 잉여가 최대가 되어, 사회적 잉여도 최대가 된다.

(2) 시장실패

① 시장실패란 시장의 가격기구가 제대로 작동하지 못해 효율적인 자원 배분이 이루어지지 못하는 경우를 말한다.

② 시장실패가 발생하면 사회적으로 바람직한 양보다 과다 또는 과소 생산·소비되어 자원 배분이 효율적으로 이루어지지 못하게 된다.

③ 시장실패가 발생하면 자원이 효율적으로 배분되지 못하므로 정부의 시장개입에 대한 이론적인 근거가 된다.

④ 시장실패의 발생 원인은 다음과 같다.
외부효과의 작용, 공공재, 독과점 시장, 경제정보의 비대칭성 등이 시장실패의 주요 원인이다.

2. 외부효과

(1) 외부효과의 의미

① 거리를 걸어갈 때 자동차의 매연으로 고생한다든지, 공장의 폐수로 강이 오염된다든지, 이웃집 정원의 꽃향기가 기분 좋은 경우처럼 **의도하지 않았는데 제3자에게 효과를 미치는 경우**가 있다.

② 이처럼, 생산과 소비에 직접 참여하지 않은 제3자에게 의도하지 않은 이익이나 피해를 주면서도 **보상이나 비용청구가 시장을 통해 이루어지지 않는 것을 외부효과라 한다.**

③ 사회적으로 유리한 것은 외부경제, 불리한 것은 외부불경제라 하며 **둘 다 사회적으로 바람직한 양보다 과다·과소 생산되거나 소비되므로 시장실패이다.**

	외부경제	외부불경제
생산면	사회적으로 바람직한 생산량보다 적게 생산됨 – 신기술 개발 등	사회적으로 바람직한 생산량보다 많이 생산됨 – 공장 오염물질 등
소비면	사회적으로 바람직한 소비량보다 적게 소비됨 – 꽃밭, 예방 주사 등	사회적으로 바람직한 소비량보다 많이 소비됨 – 흡연, 이웃의 소음 등
공통점	**둘 다 시장실패이다.**	

(2) 사적 편익, 사회적 편익, 사적 비용, 사회적 비용

① 사적 편익

　재화를 소비하는 사람이 얻는 편익이 사적 편익이다.

② 사회적 편익

　사적인 편익에 제3자가 얻는 편익까지 합한 것이 사회적 편익이다.

③ 사적 비용

　개인이나 기업의 입장에서 본 비용을 사적 비용이라 한다.

④ 사회적 비용

　사적인 비용과 외부성이 있을 때 발생하는 비용의 합이 사회적 비용이다.

　외부성이 있을 때 발생하는 비용은 외부 경제가 발생할 때는 음(-)이 되고 외부불경제가 발생할 때는 양(+)이 된다.

⑤ 외부효과가 존재하지 않는 경우 사적인 비용과 사회적인 비용 그리고 사적인 편익과 사회적인 편익이 일치하나 외부효과가 발생하면 사적인 비용과 사회적인 비용 그리고 사적인 편익과 사회적인 편익이 달라지게 된다.

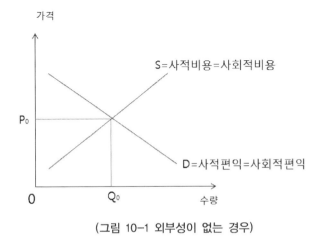

(그림 10-1 외부성이 없는 경우)

(3) 외부경제

① 과수원 옆으로 양봉업자가 이사를 와서 과일 생산량이 증대되는 경우, 이웃집에서 꽃을 심어 만족도가 높아지는 경우, 같은 반 친구가 독감 예방 주사를 맞고 와 독감 걸릴 확률이 떨어지는 경우처럼 제3자에게 의도하지 않은 이익을 주는 경우가 있다.

② 이처럼, **한 경제 주체의 행동이 다른 경제 주체에게 의도하지 않은 유리한 영향을 미치면서도 대가를 받지 못하는 경우를 외부경제**라 한다.

③ 꽃, 교육 서비스, 예방 주사처럼 유리한 영향을 주어도 대가를 받지 못하는 경우에는 시장에서 필요한 양보다 적게 생산·소비되어 시장실패가 된다.

④ 소비 측면에서 외부경제

    ㉠ 이웃집에서 꽃을 심어서 옆집이 기분이 좋다든지 친구들이 예방 주사를 맞아 감염 확률이 떨어지는 경우는 소비 측면의 외부경제에 해당한다.

    ㉡ 꽃을 심으면 본인만 즐거운 것이 아니라 이웃들도 즐겁게 된다. 따라서 사적 편익보다 사회적 편익이 크다.

    ㉢ 그러나 꽃을 심는다고 해서 이득을 본 이웃들이 비용을 보조해 주는 것은 아니므로 시장에서 필요한 양보다 적게 공급된다.

    ㉣ 외부경제를 해결하기 위해서는 보조금을 주면 되는데 꽃밭을 만들 경우 정부에서 보조금을 지급하는 것이 예가 되겠다.

⑤ 생산 측면에서 외부경제

    ㉠ 과수원 옆으로 양봉업자가 이사와 과일 생산량이 늘어나는 경우나 기술 혁신에 따른 기술 파급 효과로 생산성이 향상되는 것은 생산 측면에서 외부경제에 해당한다.

    ㉡ 사적비용

        양봉업자의 양봉 비용은 사적비용에 해당한다.

    ㉢ 사회적 비용 (양봉업 비용 + 부수 비용)

        과수원 주인이 아무런 조치도 취하지 않았는데도 불구하고(즉, 추가적인 과일 생산 비용 투입이 없는 경우에도), 양봉업자가 이사 온 덕분에 과일 생산량이 늘어날 수 있다. 이 경우 추가 비용 투입 없이 과일 생산량이 증대되므로 과일 생산 비용이 절감된다. (추가 비용 없이 과일 생산량이 증가했으므로 개당 과일 생산 비용이 하락한다.) 과일 생산 비용이 절감되면 부수 비용이 음(-)이 되므로 사회적 비용은 사적비용보다 적게 된다.

    ㉣ 양봉업자가 과수원 근처로 와 과일 생산량이 늘어나서 과수원 주인이 이득을 보더라도 과수원 주인은 비용을 보조해 주지 않는다. 제3자들은 비용을 부담하지 않으므로 사적 비용이 사회적 비용보다 크게 되어 사회적으로 바람직한 최적거래량보

다 시장거래량이 적은 과소 생산 문제가 발생한다.

ⓑ 생산면에서이 외부경제를 해결하기 위해서는 보조금을 지급하면 되는데, 국가가 기술 개발을 위해 지원금을 지급하는 것이 예가 되겠다.

소비 측면의 외부경제	생산 측면의 외부경제
사회적 편익 > 사적 편익	사회적 비용 < 사적 비용
(정원주인+이웃 주민) > 정원주인	(양봉업자 비용 - 과일 생산 비용 절감) < 양봉업자 비용
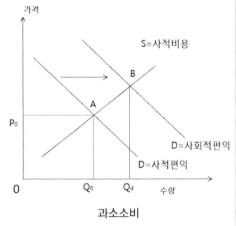과소소비	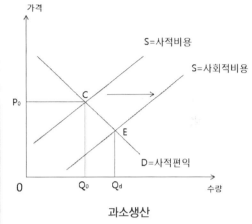과소생산
• 그림에서 시장거래량은 A이고 사회적으로 바람직한 최적거래량은 B점이므로 과소 소비 문제가 발생한다. • 소비 주체에게 보조금을 지급하면 꽃을 더 심든 지 예방 주사를 더 맞으므로 시장거래량이 증가한다. • 보조금 지급으로 수요가 증가하여 편익 곡선이 오른쪽 위로 이동하면 거래량이 사회적으로 최적 거래량에 이르게 되어 외부경제의 과소 소비 문제가 해소된다.	• 그림에서 시장거래량은 C이고 사회적으로 바람직한 최적거래량은 E점이므로 과소 생산 문제가 발생한다. • 양봉업자에게 보조금을 지급하면 양봉 비용이 감소하여 양봉 공급이 늘어나게 된다. • 보조금 지급으로 공급이 증가하여 사적 비용 곡선이 오른쪽 아래로 이동하면 거래량이 사회적으로 최적거래량이 이르게 되어 외부경제의 과소 생산 문제가 해소된다.

(4) 외부불경제

① 기업의 오염물질 배출, 자동차의 매연, 이웃집의 개 짖는 소리, 흡연자로 인한 옆 사람의 고통처럼 제3자에게 의도하지 않은 피해를 주는 경우가 있다.

② 이처럼, **한 경제 주체의 행동이 다른 경제 주체에게 의도하지 않은 불리한 영향을 미치면서도 그에 대한 대가를 주지 않는 경우를 외부불경제라 한다.**

③ 소비하는 개인이나 생산하는 기업들은 생산이나 소비로 인해 다른 경제 주체들이 겪는 고통이나 불편에 대해 보상을 하지 않으므로 사회적으로 필요한 양보다 많이 공급된다.

④ 소비면에서 외부불경제

　㉠ 이웃집의 소음, 주변의 담배 연기 등은 소비 측면에서 외부불경제에 해당된다.

　㉡ 담배를 피우는 흡연자 본인은 좋을지 몰라도 주변 사람들은 간접흡연으로 인해 고통을 받게 된다. 담배를 피운 개인은 기분 좋을지 몰라도 사회적으로는 바람직하지 않은 영향을 미친다. 즉, 사적 편익이 사회적 편익보다 크다는 것이다.

　㉢ 간접흡연으로 고통받는 제3자에게 흡연자가 보상을 해주지 않는다. 물론 담배를 피운다고 항의를 받을 수 있지만, 그 피해에 대해 직접 보상을 해주지 않는다. 피해를 보상해 주지 않기 때문에 사회적으로 바람직한 최적거래량보다 시장거래량이 많게 된다. 즉, 과잉 소비 문제가 발생한다.

　㉣ 소비면에서 외부불경제는 법적 규제를 통해 해결할 수 있다. 금연 구역을 확대 지정한다든지 소음 유발 행위에 대해 과태료를 부과하여 과다 소비 문제를 개선할 수 있다.

　㉤ 그래프에서 시장거래량은 A점이고, 사회적으로 바람직한 최적거래량은 B점이다. 시장거래량이 최적거래량보다 크므로 과잉 소비 문제가 발생한다. 법적 규제를 통해 수요가 줄어들면 시장거래량과 최적거래량이 같게 되어 외부불경제 문제가 해소된다.

⑤ 생산면에서 외부불경제

　㉠ 공장에서 폐수를 방류하거나 달리는 트럭이 매연을 뿜는 경우 등은 생산 측면에서의 외부불경제에 해당된다.

　㉡ 생산과정에서 오염물질을 배출하면 주변에 있는 제3자들에게 피해를 준다. 오염물질을 배출하여 생산하는 기업이야 이익을 얻겠지만, 오염물질 배출은 사회적으로 바람직하지 않은 영향을 미친다.

　㉢ 오염물질 때문에 환경이 오염되어 피해를 보아도 기업들이 보상해 주지 않는다. 생산과정에서 남에게 피해를 주어도 보상해 주지 않기 때문에 사적 비용이 사회적 비용보다 작아 사회적으로 바람직한 최적거래량보다 시장거래량이 많게 된다. 즉, 과잉 생산 문제가 발생한다.

　㉣ 생산면에서 외부불경제를 해결하기 위해서는 공해 배출 기업에 조세를 부과하면 된다. 공해 정화 장치를 설치하지 않은 기업에 조세를 부과하면 기업들은 공해 정화 장치를 설치할 것이다. 공해 정화 장치를 설치하면 생산비가 올라가서 기업의 사적 비용이 사회적 비용과 같아져 과잉 생산 문제를 해결할 수 있다.

소비 측면의 외부불경제	생산 측면의 외부불경제
사적 편익 > 사회적 편익	사회적 비용 > 사적 비용
흡연자의 만족감 > (흡연자의 만족감−비흡연자의 고통)	(오염물질 배출＋병원 비용) > 오염물질 배출

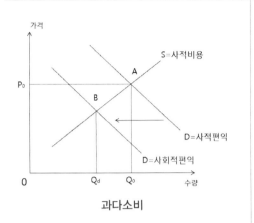

과다소비

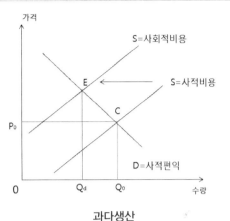

과다생산

• 그림에서 시장거래량은 A점이고 사회적으로 바람직한 최적거래량은 B점이므로 과다소비 문제가 발생한다. • 금연 구역내에서 흡연을 할 경우 과태료를 부과한다. • 과태료 부과로 흡연 수요가 감소하여 편익곡선이 왼쪽 아래로 이동하면 거래량이 사회적으로 최적거래량에 이르게 되어 외부불경제 문제가 해소된다.	• 그림에서 시장거래량은 C점이고 사회적으로 바람직한 최적거래량은 E점이므로 과다생산 문제가 발생한다. • 매연 트럭에게 공해 저감 장치를 부착하게 하든지 아니면 조세를 부과하면 비용 증가로 공급이 감소한다. • 법적 규제나 조세 부과로 공급이 감소하여 사적 비용 곡선이 왼쪽 위로 이동하면 거래량이 사회적으로 최적거래량이 이르게 되어 외부불경제 문제가 해소된다.

3. 독과점 시장-불완전 경쟁

(1) 완전경쟁시장

① 다음의 조건을 갖춘 시장을 완전경쟁시장이라고 한다.

　㉠ 다수의 공급자와 다수의 수요자

　　다수의 공급자와 다수의 수요자가 시장에 참여함으로써 개별 공급자나 개별 수요자는 시장가격 지배력이 없다.

　㉡ 동질적인 상품

　　상품의 질이 다 같다는 의미이다. 예를 들면 자장면을 어디서 먹을지 고민할 필요가 없다는 것인데, 왜냐하면 상품의 질이 다 같으므로 아무 데서나 먹어도 맛은 똑같기 때문이다.

ⓒ 완전한 정보

시장에 어떤 뉴스가 나오면 시장 참가자들은 그 즉시 모두가 정보를 똑같이 안다는 것이다. 정보의 차이가 없다는 의미이다.

ⓔ 자유로운 진입과 퇴거

시장에 참가하거나 나올 때 아무런 장애가 없다는 것이다.

② **위의 조건이 충족된 완전경쟁시장에서는 수요자나 공급자 모두 시장가격에 영향력을 미칠 수 없다.** 가격 지배력이 없기 때문에 균형가격과 균형 공급량은 시장에서 수요와 공급의 원리에 따라 결정된다.

③ 완전경쟁시장에서 수요와 공급의 원리에 따라 균형가격과 균형 공급량이 결정될 때 자원이 효율적으로 배분되고 있다고 한다.

④ 완전경쟁시장은 현실에서 그 예를 찾기가 상당히 어려우며, 일부 농산물이나 주식시장이 근접한 예가 될 수 있다.

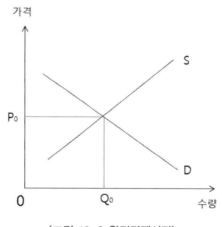

(그림 10-2 완전경쟁시장)

(2) **불완전경쟁시장**

① 소수의 공급자, 이질적인 상품, 정보의 차이, 진입 장벽의 존재 등 완전경쟁시장의 조건이 충족되지 않는 경우를 우리는 불완전경쟁시장이라 한다.

② 이러한 시장에서는 공급자가 가격 지배력을 갖고 있어 균형가격보다는 높은 가격에, 균형 공급량보다는 적은 양을 시장에 공급하여 자원이 효율적으로 배분되지 않는 시장실패가 일어난다

③ 불완전경쟁시장에는 독점, 과점, 독점적 시장이 있다.

(3) 독점

① 독점

 ㉠ **시장 지배력을 갖는 1개의 기업이 재화를 공급하는 시장형태를 독점이라 한다.**

 ㉡ 경쟁 상대가 없이 시장 지배력을 갖고 있으므로 독점 기업이 가격을 설정할 수 있다.

② 공급곡선의 부재

 ㉠ 완전경쟁시장에서 기업들은 주어진 가격을 받아들여야 하지만, 독점 기업은 가격을 설정할 수 있으므로 주어진 수요곡선 상에서 한 점을 선택하여 공급할 수 있다.

 ㉡ 이익 극대화를 위해 주어진 수요곡선 상의 한 점을 선택하여 공급하므로 공급곡선이 존재하지 않는다.

 ㉢ 수요와 공급에 따라 균형가격과 균형량이 결정되는 것이 아니라 독점 기업의 이익 극대화를 위해 한 점이 선택되므로 가격은 적정가격보다 높아지고 공급량은 적정공급량보다 적게 되는 시장실패가 발생한다.

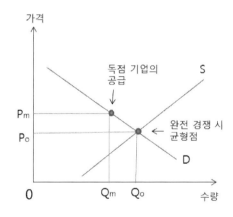

(그림 10-3 독점 기업의 공급)

③ 독점의 발생 원인

 ㉠ 규모의 경제

  초기에는 막대한 설비투자비용이 발생하나 생산규모가 커질수록 평균비용이 낮아지는 것을 규모의 경제라 한다. 초기에 막대한 자본이 소요되는 전기, 전화, 철도 등에 규모의 경제가 발생한다.

  예

초기 설비투자비용	생산량(개)	단위당 평균비용
10억	1,000	1,000,000원
10억	1,000,000	1,000원

 ⓛ 정부의 진입 규제

  가스, 전기, 철도 사업 등에 정부가 독점적 권한을 부여하는 경우에 독점이 발생한다.

 ⓒ 법률에 의한 독점

  특허권, 저작권, 지적 재산권 등의 경우 기술 개발 및 연구 개발 유인 목적으로 일정한 기간에 배타적 사용 권리를 법적으로 보장한다.

(4) 과점

① 소수의 공급자가 시장 수요의 대부분을 공급하는 시장 형태를 과점이라 한다.
 이동통신, 정유사 등이 과점 시장의 예이다.

② **시장 내 소수의 기업이 존재하므로 가격 및 생산량 등에 기업 간 상호의존성이 큰 편이다.**

③ 담합이나 카르텔

 기업 간 가격 경쟁을 할 경우 피해가 예상되므로 공급자 간 담합이나 카르텔 등을 통해 가격 경쟁을 제한함으로써 시장에서 가격 지배력을 갖게 된다.

④ 공급자 간 담합을 통해 가격을 지배하므로 자원이 비효율적으로 배분되는 시장실패가 일어난다.

※ 담합이나 카르텔

동일 업종의 기업들이 가격 책정, 생산 활동 등에 대해 명시적 또는 묵시적으로 합의하여 경쟁을 제한하는 것을 담합(카르텔)이라 한다.

(5) 독점적 시장

① **다수의 공급자가 존재하는 시장으로 음식점, 미용실, 커피 전문점 등이 독점적 시장 형태이다.**

② 독점적 시장에서 각 기업은 커피나 라면 등 같은 제품을 판매하고 소비자는 좋아하는 가게의 제품을 선택하게 된다. 예를 들어, **커피의 경우 입맛에 맞는 커피 전문점을 선택할 수 있으므로 제품의 대체성은 큰 편이다.**

③ 같은 제품을 판매하므로 경쟁력 우위를 확보하기 위한 제품 차별화가 큰 편이다. 질적 차이를 통한 유명 맛집, 유명 미용실, 유명 커피집 등이 그 예이다.

④ 차별화를 통해 경쟁력의 우위를 확보하여 시장 지배력을 갖게 되면 균형가격보다 가격을 높게 책정하는 등의 시장 실패가 일어난다.

4. 공공재

(1) 공공재

① 국방, 치안, 도로, 다리, 법률, 공중파방송 등을 공공재라 하는데, **공공재는 일단 생산되면 그 소비의 혜택이 특정 개인이나 집단에게만 돌아가는 것이 아니라 그 사회 구성원 모두에게 혜택이 돌아간다.**

② 공공재의 생산에는 대규모 자본이나 오랜 시간, 그리고 이윤 획득의 곤란 등으로 민간 부문에서는 공급이 이루어지기 어렵거나 공급이 안 된다.

③ 시장의 가격 기구를 통해 공급이 이루어지기 어려워 과소 생산되므로 시장실패가 일어나며, 정부가 이러한 공공재를 공급하게 된다.

(2) 공공재의 특성

① 비경합성과 비배제성
비경합성과 비배제성은 공공재의 2가지 특성이다.

② 비경합성
  ㉠ 어떤 사람이 다리를 건넌다고 해서 다른 사람이 못 건너는 것도 아니고, 내가 공중파방송으로 텔레비전을 시청한다고 해서 다른 사람이 못 보는 것도 아닌 경우처럼 공공재는 공동 소비가 가능하다.
  ㉡ 위와 같이 **한 개인의 공공재 소비가 다른 사람의 소비 가능성을 감소시키지 않는 것을 비경합성**이라고 한다.
  ㉢ 경합성
  한 사람의 소비로 다른 사람의 소비가 줄어드는 재화의 특성을 경합성이라 하며 풀밭의 풀, 어장의 물고기, 철도 승차 등은 먼저 소비하면 다른 사람의 소비를 감소시킬 수 있으므로 경합성이 있다.

③ 비배제성
  ㉠ 비용을 부담하지 않는다고 해서 치안, 법률, 도로, 다리 등의 이용을 제한하는 것은 현실적으로 상당히 어렵다.
  ㉡ 이와 같이 **세금을 안 내거나 생산비를 부담하지 않은 개인이라고 하더라도 공공재를 이용하지 못하게 할 수 없는데 이를 비배제성**이라 한다.
  ㉢ 무임승차자의 문제(free rider's problem)
  개인들은 공공재는 이용하되 대가를 부담하지 않으려고 하는데 이런 것을 무임승차자의 문제라 한다. **무임승차자의 문제는 공공재의 소비에 있어서 대가를 부담하**

지 않은 개인의 배제가 불가능한 비배제성의 특성 때문에 발생한다.

ㄹ 배제성

대가를 지불하지 않은 사람을 사용에서 제외할 수 있는 것이 배제성인데, 대가를 지불한 경우에만 공원의 입장 또는 고속도로 이용이 가능한 경우가 배제성이다.

(3) 경합성과 배제성에 따른 재화의 구분

① 재화의 구분

		배제성	
		가능	**불가능**
경합성	**있음**	콜라, 라면, 옷 등	공동 소유의 목초지, 무료 낚시터
	없음	케이블 TV, 한산한 고속도로	국방, 치안, 법률

※ 순수공공재
비경합성과 비배제성을 모두 갖춘 재화를 순수공공재라 하는데 국방, 치안, 법률, 지상파 방송 등이 순수공공재이다.

② 공유지의 비극(비배제성 + 경합성)

㉠ 공동 어장의 물고기를 남획하면 어족 자원이 고갈되고, 공동 소유의 목초지에서 풀을 마구 뜯으면 풀이 남아나지 않는다.

㉡ 공유지의 비극이 발생하는 원인은 소유권이 제대로 정해져 있지 않아 경합성은 있지만, 배제성은 없기 때문이다.

㉢ 어장이나 풀밭 등에 소유권을 부여하면 적정한 관리가 가능해지는데, 이는 소유권 부여를 통해 소비에서 배제시킬 수 있기 때문이다.

5. 정보의 비대칭성

(1) 정보의 비대칭

① 중고차의 경우 중고차를 팔려고 하는 사람은 중고차에 대해 더 잘 알고 있지만, 중고차를 사려는 구매자는 중고차의 특성에 대해 중고차 업자보다는 잘 모를 것이다. 보험도 마찬가지인데 보험회사는 보험에 가입하려는 사람의 상황을 보험가입자 본인보다는 잘 모를 것이다.

② 위와 같이 거래되는 상품에 대한 거래당사자의 정보 수준이 다른 것을 **정보의 비대칭성**이라고 하며, 정보의 양이 동일한 경우를 대칭 정보라고 한다.

③ 정보의 비대칭성이 존재하면 정보를 적게 가진 중고차 구입자나 보험회사가 손해를 볼 수 있어 효율적인 자원 배분이 이루어지지 않으므로 시장실패가 발생한다.

④ 정보의 비대칭이 존재할 때 발생하는 문제가 역선택과 도덕적 해이이다.

(2) 역선택

① **거래상대방에 대한 정보 수준을 적게 가진 쪽에서 바람직하지 않은 거래상대방을 만날 가능성이 커지는 것을 역선택**이라고 한다.

② 중고차의 경우 질이 더 안 좋은 차를 선택하게 된다든지, 보험의 경우 건강상태가 좋은 사람보단 안 좋은 사람이 가입하는 것이 역선택의 예이다.

(3) 도덕적 해이

① **계약이나 거래가 이루어진 후, 상대방의 행동을 관찰할 수 없거나 통제가 어려운 상황 하에서 정보를 가진 상대방이 바람직하지 못한 행동을 하는 것을 도덕적 해이라 한다.**

② 화재 보험 가입 후 보험가입자의 태도가 바뀌어 화재 예방을 게을리한다든지, 직장에 취업하고 나서 직무를 태만하게 하는 현상이 일어날 수 있는데, 이와 같이 계약이나 거래 이후 바람직하지 않은 행동을 하는 것이 도덕적 해이이다.

6. 정부실패

(1) 시장실패와 정부실패

① **시장의 가격기구가 효율적으로 작동하지 않는 것을 시장실패**라 하며, 정부의 시장 개입의 근거가 된다.

② 정부실패
  ㉠ **시장실패를 교정하기 위한 정부의 시장 개입이 오히려 시장의 효율성을 떨어뜨리는 현상을 정부실패**라 한다.
  ㉡ 정부의 간섭으로 인한 시장의 자원 배분의 왜곡, 공기업의 방만한 조직과 비효율적 운영, 정부 기구의 비대화로 인한 비효율성 등이 그 예이다.

③ 발생 원인
  ㉠ 지식·정보의 부족
    지식·정보의 부족으로 정부 개입이 잘못된 결과를 가져올 가능성이 있다.
  ㉡ 이윤 동기의 부족

경제적 유인이 부족하여 효율성이 낮아질 가능성이 있다.

ⓒ 관료제도의 문제

정부의 공무원이 국민을 위하는 방향보단 행정 편의나 자기 부서의 이익을 우선시
할 가능성이 있다.

ⓔ 정치과정의 문제

정치권력 간에 정치적 고려를 우선시한 타협이 이루어질 경우 의도하지 않은 결과
가 나올 수 있다.

ⓜ 이익 집단의 압력

선거 임박 시의 선심성 공약이나 특정 이익 집단의 압력에 의해 정책 결정이 이루
어질 수 있다.

(2) 정부실패의 보완

① 시장 개입 최소화

㉠ 규제 개혁

불필요한 규제를 폐지 또는 완화하여 정부의 시장 개입을 최소화한다.

㉡ 공기업 민영화

공기업을 민영화하여 시장 원리에 따른 공기업 경영을 한다.

② 시민 단체의 감시 및 시민운동

01. 경쟁의 형태에 따라 구분한 A~C 시장의 일반적인 특징을 <보기>에서 고른 것은? (단, A~C 시장은 독점시장, 완전경쟁시장, 독점적 경쟁시장 중 하나이다.)

|2013년 9월 학평|

─────── <보기> ───────

ㄱ. A 시장은 한 상품에 단 하나의 가격만이 존재한다.

ㄴ. B 시장에서 개별 기업은 시장 지배력이 없다.

ㄷ. C 시장에서 기업은 가격 결정자이다.

ㄹ. B 시장과 달리 C 시장은 비가격경쟁이 존재한다.

① ㄱ, ㄴ   ② ㄱ, ㄷ

③ ㄴ, ㄷ   ④ ㄴ, ㄹ

⑤ ㄷ, ㄹ

02. 다음의 밑줄 친 현상과 관련되지 <u>않은</u> 것은?

|2006년 9월 평가원|

> 시장에서 '경쟁'은 자원을 효율적으로 배분하는 중요한 원동력이다. 즉, 시장은 생산자 간, 소비자 간의 경쟁을 통하여 희소한 자원을 가장 낮은 비용으로 가장 필요한 사람에게 배분한다. 그러나 시장이 항상 이렇게 바람직한 기능을 제대로 수행하는 것은 아니다. 때로는 시장의 외부적 환경 요인이나 재화의 특성 등으로 인해 <u>시장이 자원을 효율적으로 배분하지 못하는 경우가 발생한다.</u>

① ○○공장의 폐수 방류로 강물이 오염되었다.
② 이라크 전쟁으로 인하여 휘발유 값이 폭등하였다.
③ 무더위를 피해 계곡에 몰린 피서객들이 쓰레기를 많이 버렸다.
④ 대형 정유사들이 휘발유의 공급 가격을 적정선으로 인상하는 데 합의하였다.
⑤ △△시가 가로등 설치를 주민 자율에 맡기자 가로등이 충분히 설치되지 않았다.

03. 다음 자료에 대한 옳은 설명을 <보기>에서 고른 것은? [3점]

> 시장에서 (가)는 대부분의 경우 자원이 효율적으로 배분되도록 하지만 반드시 그런 것은 아니다. 이와 같이 시장이 자유롭게 기능하도록 맡겨 둘 경우 효율적인 자원 배분을 달성하지 못하는 것을 (나)라고 한다. 이러한 경우가 발생하는 대표적인 원인의 하나인 (다)는 소수의 생산자가 시장가격에 대해 임의로 영향을 미칠 수 있는 것을 의미하며, (라)는 어떤 사람의 경제 행위가 대가 없이 제3자의 경제적 후생에 영향을 미치는 현상을 말한다.

―――――――――― < 보기 > ――――――――――

ㄱ. 생산요소시장에서 (가)는 가계의 소득수준을 결정하는 요인이다.
ㄴ. 이상 기후로 인한 농작물의 가격 폭등은 (나)의 예이다.
ㄷ. (다)는 시장의 진입 장벽이 높을수록 강화된다.
ㄹ. 정부는 일반적으로 규제 완화를 통해 (라)의 문제를 해결한다.

① ㄱ, ㄴ   ② ㄱ, ㄷ
③ ㄴ, ㄷ   ④ ㄴ, ㄹ
⑤ ㄷ, ㄹ

04. (가)~(라)에 해당하는 적절한 사례를 <보기>에서 고른 것은?　　　|2012년 11월 학평|

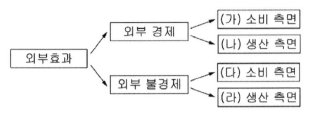

─────────── <보기> ───────────

ㄱ. (가) - A는 사람이 많은 지하철 안에서 큰 소리로 전화 통화를 하였다.

ㄴ. (나) - B사는 해킹에 대비한 새로운 컴퓨터 보안 기술을 개발하였다.

ㄷ. (다) - C는 독감에 걸리지 않기 위해 예방 주사를 맞았다.

ㄹ. (라) - D 염료 회사는 주변 하천에 폐수를 무단 방류하였다.

① ㄱ, ㄴ　　　　　　　　　　② ㄱ, ㄷ

③ ㄴ, ㄷ　　　　　　　　　　④ ㄴ, ㄹ

⑤ ㄷ, ㄹ

05. (가), (나)에 대한 설명으로 옳은 것은? [3점]　　　|2015년 3월 학평|

> (가) 갑이 과수원 주변에서 양봉업을 하여 과수원 주인은 그 이전보다 더 많은 과일을 수확하는 혜택을 얻었다. 하지만 그 대가를 지불하지 않았다.
>
> (나) A 기업은 ○○ 제품을 생산하여 이익을 얻고 있지만, 생산과정에서 폐수를 방류하여 인근 농민에게 피해를 주었다. 하지만 어떠한 보상도 하지 않았다.

① (가)의 꿀벌은 공공재에 해당한다.

② (가)는 외부불경제의 사례에 해당한다.

③ (가)는 소비 과정에서 발생한 외부효과의 사례에 해당한다.

④ (나)는 긍정적 외부효과의 사례에 해당한다.

⑤ (가), (나)는 모두 시장실패에 해당하는 사례이다

06. (가), (나)에 대한 옳은 분석을 <보기>에서 고른 것은? |2014년 11월 학평|

> (가) 갑의 집 주변에 있는 공장에서 얼마 전부터 심한 악취가 발생하고 있다. 이로 인해 갑이 고통을 겪고 있지만, 사업주는 어떠한 대가도 지불하지 않고 있다.
>
> (나) 을의 집 앞에 꽃구경을 위해 사람들이 모여들고 있다. 이들은 을이 시간과 돈을 들여 기른 꽃으로 즐거움을 얻고 있지만, 을에게 어떠한 대가도 지불하지 않고 있다.

< 보 기 >

ㄱ. (가)에서 정부는 사업주의 사적 비용을 증가시켜 외부효과를 해결할 수 있다.
ㄴ. (나)에서는 사회적 편익이 을의 사적 편익보다 크다.
ㄷ. (가)는 외부경제, (나)는 외부불경제에 해당한다.
ㄹ. (가)와 달리 (나)에서는 자원이 효율적으로 배분되고 있다.

① ㄱ, ㄴ   ② ㄱ, ㄷ
③ ㄴ, ㄷ   ④ ㄴ, ㄹ
⑤ ㄷ, ㄹ

07. 두 사람의 대화에서 ㉠과 ㉡이 근거로 제시할 수 있는 진술을 <보기>에서 바르게 짝지은 것은?

> (갑) : 교육비 지출은 사회의 인적 자원에 대한 투자이며, ㉠긍정적 외부효과가 있어.
> (을) : 교육은 경합성과 배제성이 있으므로 기본적으로 ㉡사적 재화이지.

< 보 기 >

ㄱ. 의무 교육은 경제 전체의 생산성 향상에 기여한다.
ㄴ. 기초 과학 교육은 국가 전체의 후생 증진에 기여한다.
ㄷ. 학급당 학생 수가 작아야 개별적 학습 지도를 받을 수 있다.
ㄹ. 개인은 자신에게 알맞은 교육 기관을 선택하고 그에 따른 교육비를 지출한다.

	㉠	㉡		㉠	㉡
①	ㄱ, ㄴ	ㄷ, ㄹ	②	ㄱ, ㄷ	ㄴ, ㄹ
③	ㄴ, ㄷ	ㄱ, ㄹ	④	ㄴ, ㄹ	ㄱ, ㄷ
⑤	ㄷ, ㄹ	ㄱ, ㄴ			

08. 그래프는 사적 비용과 사회적 비용이 다른 X재의 시장 상황을 나타낸 것이다. 이에 대한 옳은 설명을 <보기>에서 고른 것은? |2013년 11월 학평|

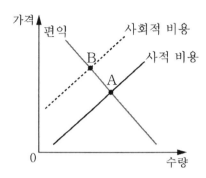

<보기>

ㄱ. 시장에서의 균형점은 B에서 결정된다.

ㄴ. 독감 예방 접종에서 발생하는 외부효과를 나타낸다.

ㄷ. 시장 균형점에서는 사회적 최적수준보다 과다 거래된다.

ㄹ. 생산자에게 세금을 부과하여 시장 균형거래량을 사회적 최적 수준으로 유도할 수 있다.

① ㄱ, ㄴ   ② ㄱ, ㄷ

③ ㄴ, ㄷ   ④ ㄴ, ㄹ

⑤ ㄷ, ㄹ

09. 다음은 경제 수업의 한 장면이다. 학생의 발표 내용으로 옳은 것은? [3점]

|2013년 9월 학평|

① 갑 : 외부경제로 사적 편익보다 사회적 편익이 큽니다.

② 을 : 외부경제로 시장 균형생산량은 사회적 최적생산량보다 많습니다.

③ 병 : 외부불경제로 사적 비용보다 사회적 비용이 큽니다.

④ 정 : 외부불경제로 시장 균형생산량은 사회적 최적생산량보다 적습니다.

⑤ 무 : 외부불경제로 시장 균형가격은 사회적 최적 가격보다 높은 수준입니다.

10. (가)와 (나)에 대한 설명으로 옳은 것은? [3점]

|2012년 9월 학평|

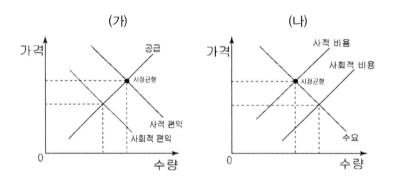

① (가)는 외부경제로 인한 시장실패이다.

② (가)에서 사적 편익은 사회적 편익보다 크다.

③ (나)의 사례로 공장 폐수로 인한 양식업자의 피해를 들 수 있다.

④ (나)는 의도하지 않게 타인에게 부정적인 영향을 끼치고도 대가를 지불하지 않는 경우이다.

⑤ (가)와 (나)의 시장 균형거래량은 사회적 최적거래량보다 적다.

11. 그림 (가), (나)는 소비에서 발생하는 외부효과를 나타낸 것이다. 이에 대한 설명으로 옳지 않은 것은? [3점]

|2014년 9월 학평|

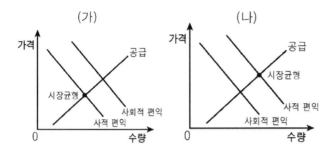

① (가)는 외부경제에 해당된다.

② (가)에서는 소비자에게 보조금을 지급하여 사회적 최적수준으로 소비 증가를 유도할 수 있다.

③ (나)에서는 사회적 최적수준보다 과소 소비된다.

④ (나)에서는 사회적 편익에 비해 사적 편익이 크다.

⑤ (가), (나) 모두 시장실패에 해당된다.

12. 표는 외부효과를 생산과 소비 측면에서 구분한 것이다. (가)~(라)에 대한 옳은 설명을 <보기>에서 고른 것은? [3점]

|2012년 7월 인천|

구분	생산	소비
외부경제	(가)	(나)
외부불경제	(다)	(라)

< 보기 >

ㄱ. (가) - 사적 비용이 사회적 비용보다 크다.

ㄴ. (나) - 시장 균형거래량은 최적거래량보다 적다.

ㄷ. (다) - 공급 감소 정책을 시행하면 사적 비용은 감소한다.

ㄹ. (라) - 과잉 소비의 문제는 보조금을 지급하여 해결할 수 있다.

① ㄱ, ㄴ   ② ㄱ, ㄷ

③ ㄴ, ㄷ   ④ ㄴ, ㄹ

⑤ ㄷ, ㄹ

13. 표는 경합성과 배제성을 기준으로 재화를 분류한 것이다. A~D재에 대한 옳은 설명을 <보기>에서 고른 것은? |2013년 9월 학평|

구분	배제성	비배제성
경합성	A재	B재
비경합성	C재	D재

< 보기 >

ㄱ. A재는 한 사람의 소비가 다른 사람의 소비를 제한하지 않는다.
ㄴ. B재는 남용으로 고갈되기 쉽다.
ㄷ. C재의 사례로는 교통체증이 심한 무료 도로를 들 수 있다.
ㄹ. D재는 시장에 맡길 경우 충분히 공급되기 어렵다.

① ㄱ, ㄴ   ② ㄱ, ㄷ
③ ㄴ, ㄷ   ④ ㄴ, ㄹ
⑤ ㄷ, ㄹ

14. 밑줄 친 것과 같은 재화에 대한 옳은 설명을 <보기>에서 고른 것은? |2012년 9월 학평|

등대는 선박들의 안전한 항해를 위한 시설물이다. 어두운 밤바다를 비추는 등대의 불빛은 인근을 지나는 모든 선박에게 안전한 항로를 안내해 준다. 그중 사용료를 내지 않은 선박을 찾아서 등대 이용을 제한하기란 어려운 일이다.

< 보기 >

ㄱ. 배제성은 있고, 경합성은 없다.
ㄴ. 무임승차의 문제가 발생할 수 있다.
ㄷ. 공동 목초지와 같은 공유자원에 해당한다.
ㄹ. 필요한 수준보다 적게 생산되는 경향이 있다.

① ㄱ, ㄴ   ② ㄱ, ㄷ
③ ㄴ, ㄷ   ④ ㄴ, ㄹ
⑤ ㄷ, ㄹ

15. 그림은 경합성과 배제성의 유무를 기준으로 재화의 유형을 분류한 것이다. (가), (나)에 해당하는 유형을 A~D에서 고른 것은?

|2015년 9월 학평|

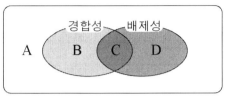

	(가)	(나)			(가)	(나)
①	A	C		②	B	A
③	B	D		④	C	D
⑤	D	B				

16. 다음의 밑줄 친 (가)~(라)에 대한 옳은 설명을 <보기>에서 모두 고른 것은? [3점]

|2006년 9월 평가원|

(가) ○○강 하구의 재첩을 어느 누구나 (나) 자유롭게 채취하여 국거리로 판매할 수 있었다. 요즘은 (다) 강의 오염, (라) 무분별한 채취 등으로 인해 채취량이 급감하고 있다.

< 보기 >

ㄱ. (가)는 경합성과 배제성이 있다.
ㄴ. (나)는 재첩이 자유재임을 의미한다.
ㄷ. (다)는 사회적 최적수준보다 과도해지는 경향이 있다.
ㄹ. (라)는 사유 재산권이 분명하지 않은 경우에 나타난다.

① ㄱ, ㄴ   ② ㄱ, ㄷ

③ ㄴ, ㄷ   ④ ㄴ, ㄹ

⑤ ㄷ, ㄹ

17. 다음은 시장실패 종류 중 정보 비대칭에 대한 설명이다. (가), (나)의 적절한 사례를 <보기>에서 골라 바르게 연결한 것은? [3점]

|2012년 7월 인천|

> (가) 불완전한 감시를 받고 있는 사람이 정직하지 않거나 바람직하지 않은 행위를 하는 현상
>
> (나) 거래 상대에 대해 정보를 갖지 못한 사람이 바람직하지 않은 상대방과 거래할 가능성이 큰 현상

< 보기 >

> ㄱ. 육아 도우미로 고용된 사람이 아이의 과도한 TV 시청을 방치하는 경우
>
> ㄴ. 화재(火災) 보험에 가입한 사람이 가입 전보다 화재 예방을 소홀히 하는 경우
>
> ㄷ. 품질이 구분되지 않는 중고차 시장에서 구매자가 기대했던 것보다 품질이 낮은 차를 구매하게 되는 경우
>
> ㄹ. 건강한 사람들보다 건강이 좋지 않은 사람들이 생명 보험에 주로 가입하여 보험회사가 어려움에 부닥치는 경우

    (가)   (나)   (가)   (나)

① ㄱ, ㄴ   ㄷ, ㄹ   ② ㄱ, ㄷ   ㄴ, ㄹ

③ ㄴ, ㄷ   ㄱ, ㄹ   ④ ㄴ, ㄹ   ㄱ, ㄷ

⑤ ㄷ, ㄹ   ㄱ, ㄴ

CHAPTER

11

경제의 순환과 국민소득

1. 국민경제의 순환

(1) 국민경제의 순환

① 한나라의 경제 주체인 가계, 기업, 정부가 생산물시장과 생산요소시장 등에서 상호 작용하면서 재화와 서비스를 생산, 분배, 지출하는 과정이 반복되는 과정을 국민경제의 순환이라고 한다.

② 개방 경제에서는 가계, 기업, 정부 외에 해외 부문도 경제 순환 과정에 참여하게 된다.

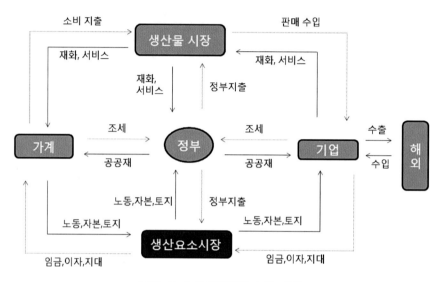

(그림 11-1 국민경제의 순환 과정)

③ 가계
   ㉠ 가계는 생산요소시장을 통해 기업 및 정부에게 노동, 자본, 토지 등의 생산 요소를 제공한다.
   ㉡ 생산요소를 제공한 대가로 기업으로부터 임금, 지대, 이자, 이윤을 제공받아 일부를 세금으로 납부한 다음 처분가능소득의 일부를 재화와 서비스의 구입에 지출한다.
   (처분가능소득 = 소득 - 세금)
   ㉢ 가계의 **처분가능소득 중 소비지출에 사용되지 않은 부분은 저축**이라 한다.
   (소득 = 소비 + 저축, 저축 = 소득 - 소비)

④ 기업
   ㉠ 가계로부터 고용한 노동, 토지, 자본으로 재화와 서비스를 생산한다.
   ㉡ 재화와 서비스를 판매하여 얻은 수입의 일부분은 정부에 조세로 제공하고, 생산요소를 제공한 가계에게 임금, 이자, 이윤, 지대를 제공한다.

⑤ 정부

　　㉠ 정부는 가계와 기업으로부터 세금을 걷어 이들 재화나 서비스 구입에 사용하거나 공공재를 제공하는데, 이를 정부지출활동이라 한다.

　　㉡ 정부는 조세와 재정 지출을 통해 국민경제 활동을 성장시키거나 안정화시키는 등의 역할을 한다.

⑥ 해외

　개방 경제하에서는 해외 부문과의 무역 및 각종 거래가 국민경제에 많은 영향을 미친다.

2. 국내총생산(GDP)

(1) 국내총생산(GDP)

① 의미

　　㉠ **일정 기간 한 나라 국경 안에서 생산된 모든 최종생산물의 시장가치를 합한 것이** 국내총생산이다.

　　㉡ 2015년에 컴퓨터 20대, 자동차 10대, 스마트폰 10대가 생산된 경우 GDP는 아래와 같이 계산된다.

> 컴퓨터　20대 ×　 50만 원 = 1,000만 원
> ＋ 자동차　10대 × 100만 원 = 1,000만 원
> ＋ 스마트폰 10대 ×　50만 원 ＝　500만 원
> 국내총생산　　　　　　　 ＝ 2,500만 원

② 일정 기간

　　㉠ 국내총생산이 1조 달러라고 하자. 그런데 기간이 명시되지 않으면 우리는 이 국내총생산이 1년 동안인지, 2년 동안인지, 아니면 10년 동안에 이뤄진 것인지 알 수가 없다. 2010년에 국내총생산이 1조 달러라고 기간을 명시하면 그 의미가 명확해진다.

　　㉡ **이렇게 기간 단위로 측정하는 것을 유량 개념이라고 한다.**

　　㉢ 분기 또는 반기 단위로 기간을 설정해 측정하기도 한다.

　　2015년 국내총생산 : 1조 2천억 달러, 2015년 2/4분기 국내총생산 : 2,700억 달러

③ 한 나라 국경 안에서(속지주의 개념)

　　㉠ **외국인이 생산하든, 내국인이 생산하든 한 나라 국경 안에서 생산된 물건은 국내총생산에 포함시킨다.**

　　㉡ 내국인이나 내국 기업도 한 나라 국경 밖에서 생산한다면 국내총생산에는 포함시

키지 않는다. 즉, 외국인이 국내에서 생산한 것은 포함되고, 내국인이 외국에서 생산한 것은 포함하지 않는다.

ⓒ 우리나라 기업이 중국에서 공장을 짓고 생산하거나 우리나라 국민이 중국에 있는 기업에서 일한 것은 국내총생산에 포함하지 않는다.

> 예 삼성전자의 중국 공장 생산액 : 중국의 국내총생산
>
> 미국에서 활동 중인 우리나라의 야구 선수 : 미국의 국내총생산

ⓔ 외국인 노동자가 우리나라에 있는 공장에서 생산한 것이나 외국 기업이 우리나라에 공장을 만들고 생산한 것은 국내총생산에 포함된다.

> 예 GM의 우리나라 공장 자동차 생산액 : 우리나라 국내총생산
>
> 외국인 노동자가 우리나라 기업에 근무하는 경우 : 우리나라 국내총생산

④ 생산된

ⓐ **해당 기간에 생산된 것만 국내총생산에 포함된다는 것이다.**

ⓑ 올해 새롭게 제작된 신차의 경우는 해당 기간에 생산된 것이므로 국내총생산에 포함되지만, 중고차는 이미 과거년도에 생산이 이루어졌기 때문에 시장에서 거래되어도 국내총생산에 포함되지 않는다.

ⓒ 중고차, 기존 주택, 골동품 등은 해당 연도 생산이 아니므로 국내총생산에 포함되지 않는다.

⑤ 최종생산물

ⓐ **다른 재화나 서비스에 사용되는 중간생산물은 제외하고 최종적으로 사용된 재화나 서비스만을 국내총생산에 포함한다.**

ⓑ 중간생산물을 국내총생산을 집계할 때 포함하면 이중계산이 되므로 중간재는 국내총생산에 포함하지 않는다.

ⓒ 예를 들어 쌀 만 원을 생산하여 쌀 오천 원은 떡 만 원을 생산하는 데 사용하고, 나머지는 밥을 해서 먹은 경우 떡 생산에 투입된 중간투입물인 쌀은 국내총생산에 포함하지 않는다.

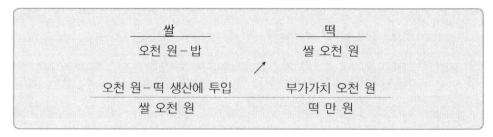

위의 예처럼 떡 생산에 투입된 중간투입물 쌀 오천원을 국내총생산에 포함하면 이중계산이 되므로 중간투입물은 국내총생산에 포함하지 않는다. 따라서 국내총생산

은 쌀 오천 원과 떡 만 원을 합한 만 오천 원이다.

ⓒ 시장가치를 합산한 것

㉠ **국내총생산은 최종생산물의 시장 가치를 합한 것이므로 시장에서 거래된 것만 포함되며, 시장에서 거래가 되지 않는 것은 제외한다.**

㉡ 똑같은 가사노동의 경우 주부의 가사노동은 시장에서 거래되지 않으므로 국내총생산에 포함되지 않으나, 가사도우미의 가사노동은 시장에서 거래되므로 국내총생산에 포함된다.

㉢ 밀수품이나 암시장 등을 지하 경제라 하는데 정상적인 시장에서 거래된 것이 아니므로 국내총생산에 포함되지 않는다.

※ 재고

재고는 기업이 생산한 재화 중 팔리지 않은 부분으로 재고투자라는 명목으로 재고 생산연도의 실질 GDP에 포함된다.

(2) 국민소득의 계산 방법

① 국민소득을 계산하는 방법은 아래와 같이 3가지의 방법이 있는데 각각의 방법으로 계산해도 국민소득은 같게 된다.

㉠ 최종생산물의 가치

㉡ 총생산물의 가치-중간생산물의 가치

㉢ 각 생산 단계에서 새롭게 창출된 부가가치의 합계

예제 1. 국내총생산(GDP)의 계산

종자업자	농부	제분업자	제빵업자
밀 씨앗 : 50만 원	밀 생산 : 250만 원	밀가루 : 350만 원	빵 : 500만 원

② 최종생산물의 시장가치

최종생산물인 빵의 시장가격 500만 원이 국내총생산이 된다.

③ 총생산물의 가치 - 중간생산물의 가치

㉠ 총생산물의 가치

밀 씨앗 50만 원 + 밀 250만 원 + 밀가루 350만 원 + 빵 500만 원 = 1,150만 원

㉡ 중간생산물의 가치

밀 씨앗 50만 원 + 밀 250만 원 + 밀가루 350만 원 = 650만 원

㉢ 총생산물의 가치 - 중간생산물의 가치

1,150만 원 - 650만 원 = 500만 원

④ 각 생산 단계에서 새롭게 창출된 부가가치의 합계

    ㉠ 밀 씨앗의 부가가치

        50만 원

    ㉡ 밀 생산의 부가가치

        밀 250만 원 - 밀 씨앗 50만 원 = 200만 원

    ㉢ 밀가루의 부가가치

        밀가루 350만 원 - 밀 250만 원 = 100만 원

    ㉣ 빵의 부가가치

        빵 500만 원 - 밀가루 350만 원 = 150만 원

    ㉤ 부가가치의 합계

        밀 씨앗 50만 원 + 밀 200만 원 + 밀가루 100만 원 + 빵 150만 원 = 500만 원

(3) 국민소득 3면 등가의 법칙

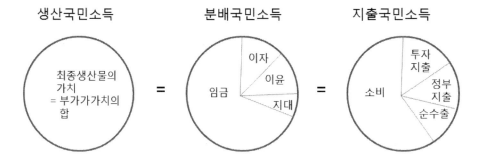

(그림 11-2 국민소득 3면 등가의 법칙)

① 생산 측면에서 국민소득을 측정하거나, 분배 측면에서 국민소득을 측정하거나, 지출 측면에서 국민소득을 측정하더라도 국민소득은 동일하게 측정된다는 것이 국민소득 3면 등가의 법칙이다.

② 생산 국민소득

최종생산물의 가치 또는 생산 활동을 통해 새롭게 만들어 낸 부가가치의 합계가 생산 측면에서 측정한 국민소득이다.

③ 분배 국민소득

가계가 생산요소를 제공하고 임금, 지대, 이자, 이윤으로 얻은 소득이 분배 측면에서 측정한 국민소득이다.

④ 지출 국민소득

　　㉠ 분배된 소득으로 재화와 서비스에 사용된 것의 합계가 지출 국민소득이다.

　　㉡ 가계가 지출한 것은 소비지출이고, 기업이 지출한 것은 투자지출이며, 정부가 지출한 것은 정부지출이 된다.

　　㉢ 수출은 해외 부문에서 국내총생산에 대해 지출한 것이다.

　　㉣ 지출 국민소득을 식으로 표시하면 다음과 같다.

　　　　지출국민소득 = 소비지출 + 투자지출 + 정부지출 + (수출 - 수입)

　　　　　　　　 = 소비지출 + 투자지출 + 정부지출 + 순수출

(4) GDP의 유용성과 한계

① 국내총생산 개념의 유용성

　　㉠ 한 나라의 경제 활동 수준과 국민소득 규모를 파악하는 지표가 된다.

　　㉡ 국가 간에 경제력을 비교할 수 있다.

　　㉢ 경기상황 판단, 경제정책의 유용성 등에 관한 자료를 제공해 준다.

② 한계

　　㉠ 소비자들의 여가가 고려되지 않는다.

　　　여가 활동으로 인한 즐거움은 국민 총생산에 포함되지 않는다.

　　㉡ 시장을 통해 거래되지 않은 재화와 서비스는 반영되지 않는다.

　　　가사노동의 경우 주부의 가사노동은 시장에서 거래되지 않으므로 GDP에 포함되지 않지만, 가사도우미의 가사노동은 시장에서 거래되기 때문에 GDP에 포함되는 모순이 있다.

　　㉢ 생산과정에서 발생하는 자연파괴·공해 등이 고려되지 않는다.

　　　폐수나 공기 오염 등으로 인한 피해는 국내총생산에 고려되지 않는다.

　　㉣ 재화의 질적 변화를 고려하지 못한다.

　　　스마트폰의 가격은 변함없지만, 성능이 업그레이드된 경우 등은 국내총생산에 반영되지 않는다.

　　㉤ 지하경제 규모를 제대로 반영하지 못한다.

　　　암시장이나 밀수 등 지하 경제 활동의 거래는 국내총생산에 포함되지 않는다.

예제 2. 국민소득계산에 포함되는 항목에 ○표시를 할 것

ⓐ 지대(○)　　　　　　　　　ⓑ 가정주부의 가사노동(　)
ⓒ 가사도우미의 가사노동(○)　ⓓ 여가의 가치(　)
ⓔ 농가의 농기구 도입(○)　　　ⓕ 기존주택 구입금액(　)

ⓖ 금융기관의 서비스(○)　　　　ⓗ 정부의 이전지출(　)

ⓘ 기업의 유보이윤(○)　　　　　ⓙ 자동차 생산(○)

ⓚ 상속, 증여(　)　　　　　　　ⓛ 임금(○)

ⓜ 회사채 이자(○)

※ 임금, 회사채 이자, 기업의 유보이윤은 분배 국민소득이다.

(4) 관련 개념

① 1인당 국내총생산

　㉠ 국내총생산(GDP)을 총인구수로 나눈 것이 1인당 국내총생산이다.

　㉡ 국내총생산은 총량 개념이어서 복지 수준 및 소득 분배 파악에는 부적절하다.

　㉢ 1인당 국내총생산은 한 나라 국민의 평균적 소득 수준을 나타내므로 복지 수준 및
　　소득 분배 파악에 더 유용하다.

② 국민 총생산(GNP)

　㉠ 국민에 초점을 맞춘 개념-속인주의

　　**한 나라 국민이 국내 또는 해외에서 일정한 기간 새롭게 생산한 재화와 서비스의
　　시장가치를 합산한 것이다.**

　㉡ GDP와 GNP의 차이

　　GDP는 내국인이든 외국인이든 상관없이 **국내에서 생산한 것**(속지주의)이며, GNP
　　는 국내이든지 해외이든지 간에 **내국인이 생산한 것**을 대상으로 한다.(속인주의)

　㉢ GDP와 GNP의 관계

　　국민총생산(GNP)

　　**= 국내총생산(GDP)-외국인이 국내에서 벌어간 소득+내국인이 해외에서 벌어들인
　　소득**

　㉣ 해외 투자가 많은 경우 : GDP < GNP

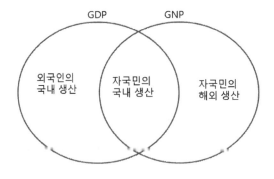

(그림 11-3 GDP와 GNP의 비교)

(5) 실질 국민총소득(GNI)

① 실질 국민총소득(Gross National Income : GNI)

ㄱ 국민들이 **생산 활동을 통해 획득한 소득의 실질구매력을 나타내는 지표이다.**

ㄴ **GDP가 한 나라의 생산 활동을 나타내는 생산 지표임에 비하여, GNI는 국민들의 생활수준을 측정하기 위한 소득지표이다.**

ㄷ 세계화로 인해 국가 간 무역 규모가 증가하면서 교역조건의 변화에 따라 한나라의 실질구매력이 변동하게 된다. 실질 구매력이 변동하는 경우를 예를 들면 아래와 같다.

ㄹ 교역 조건 변화에 따른 실질구매력의 변동
- 우리나라는 2010년과 2011년에 자동차 10대만을 생산하여 생산된 자동차 모두를 대당 1만 달러에 수출하고, 외국에서 석유를 수입한다고 가정한다.
  (2010년과 2011년 모두 자동차 10대만을 생산하여 국내총생산은 동일하다고 가정한다.)
- 2010년도에 자동차 10대를 생산해 대당 1만 달러에 수출하여 수출 대금 10만 달러를 가지고 원유를 배럴당 50달러에 2,000배럴을 수입하였다.
- 2011년도에 원유 가격만 100달러로 올랐고 나머지 조건은 변함없다고 가정하면 2011년에는 자동차 수출 대금 10만 달러로 수입할 수 있는 원유가 1,000배럴로 감소하게 된다.

	자동차 수출	원유 수입
2010년	자동차 10대 × 1만 달러 =10만 달러	10만 달러 ÷ 50 $/배럴 =2,000 배럴
2011년	자동차 10대 × 1만 달러 =10만 달러	10만 달러 ÷ 100 $/배럴 =1,000 배럴

- 수입품의 가격 상승에 따른 교역 조건 변화로 자동차 10대로 살 수 있는 원유가 절반으로 줄어들어 소득의 실질 구매력이 감소하게 된다.

ㅁ 2010년과 2011년에 자동차 수출이 동일해도(즉, 국내 총생산에 변화가 없어도) 교역 조건이 악화되면 실질구매력이 감소하는 결과가 나타난다. 국내 총생산으로는 교역 조건 변화에 따른 구매력의 변화를 정확하게 나타내기 어려우므로 국민총소득이라는 새로운 지표를 사용하여 국민 소득을 측정한다.

② GNI와 GDP의 관계

GNI = 국내총생산GDP + 교역조건 변화에 + 국외 순수취 요소소득
　　　　　　　　　　　　　따른 실질 무역 소득

※ 국외 순수취 요소소득
　국외 순수취 요소소득=국외수취 요소 소득 - 국외지급 요소소득

⊙ 국외수취 요소소득(자국민이 해외에서 번 소득)

우리나라 근로자나 기업이 외국에서 생산한 것은 GDP에는 포함되지 않지만, 이들이 벌어온 돈은 우리나라 국민의 소득이므로 국민총소득을 구할 때는 포함시켜야 한다.

⊙ 국외지급 요소소득(외국인이 국내에서 번 소득)

외국 노동자나 기업이 우리나라에서 생산한 것은 우리나라 GDP에는 포함되지만, 외국인들이 번 돈은 우리나라 국민의 소득이 아니므로 국민총소득을 계산할 때 이를 빼주어야 한다.

ⓒ 교역조건 변화에 따른 실질 무역 손익

- 외국과의 무역할 때 수입상품가격이 오르면 상품을 수출해서 받은 돈으로 구매할 수 있는 수입상품량이 감소하여 국민 총소득은 감소한다.

  반대로 수입상품가격이 내리면 상품을 수출해서 받은 돈으로 구매할 수 있는 수입상품량이 증가하여 국민총소득은 증가한다.

- 수입상품가격이나 수출상품가격의 변화에 따른 실질 무역 이익이 실질국민총소득에 영향을 주므로 교역조건에 따른 무역 손익을 고려하여야 한다.

- 교역조건은 수출상품가격을 수입상품가격으로 나눈 것인데 수출상품가격이 오르면 무역 이익이 늘어나 교역조건이 개선되고, 수입상품가격이 오르면 무역 이익이 감소하여 교역조건이 악화된다.

$$교역조건 = \frac{수출상품\ 가격}{수입\ 상품\ 가격} \times 100$$

01. 그림은 갑국 내에서 한 해 동안 이루어진 모든 생산 활동을 나타낸 것이다. 이에 대한 분석으로 옳은 것은? |2015년 3월 학평|

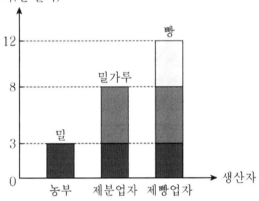

* 밀은 밀가루 생산에, 밀가루는 빵 생산에 전량 활용된다.

① 밀가루는 최종재이다.
② 국내총생산은 12만 달러이다.
③ 농부가 창출한 부가가치는 4만 달러이다.
④ 밀을 생산하는 활동은 국내총생산에 기여하지 않았다.
⑤ 제빵업자가 제분업자보다 더 많은 부가가치를 창출하였다.

02. 다음은 폐쇄 경제인 갑국에서 일정 기간 발생한 경제 활동이다. 이에 대한 설명으로 옳지 않은 것은?

|2012년 9월 평가원|

> 종자업자가 중간생산물의 투입 없이 밀 종자를 생산하여 80만 원에 농부에게 판매하였다. 농부는 이를 가지고 밀을 생산하여 제분업자에게 200만 원에 판매하였다. 제분업자는 이 밀을 원료로 밀가루를 생산하여 제빵업자에게 300만 원에 판매하였다. 제빵업자는 이 밀가루로 빵을 생산하여 450만 원에 최종소비자에게 판매하였다.

① GDP는 450만 원이다.

② 종자업자의 부가가치는 80만 원이다.

③ 생산 측면에서 측정된 GNP는 450만 원이다.

④ 중간생산물 가치를 모두 더하면 GDP 규모보다 작다.

⑤ 제빵업자의 부가가치가 제분업자의 부가가치보다 크다.

03. (가), (나)는 갑국의 2011년 경제 활동 사례이다. 이와 관련된 설명으로 옳은 것은? (단, 중간재는 2011년에 갑국에서 생산된 것이다.) [3점]

|2012년 7월 인천|

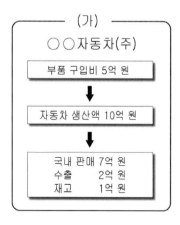

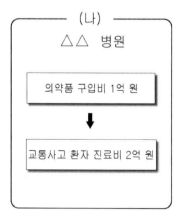

① (가)에서 재고 1억 원은 갑국 GDP에 포함되지 않는다.

② (가)에서 ○○자동차㈜가 외국인 소유라면 자동차 생산액은 갑국 GDP에 포함되지 않는다.

③ (나)에서 △△병원이 창출한 부가가치는 2억 원이다.

④ (나)에서 교통사고 환자 진료는 갑국 GDP를 감소시킨다.

⑤ (가), (나)에서 발생한 갑국 GDP는 12억 원이다.

04. A와 B는 갑국과 을국의 GDP를 다른 방식으로 나타낸 것이다. 이에 대한 설명으로 옳은 것은? [3점]

|2015년 4월 경기|

① ㉠의 증가는 갑국의 수출 증가를 의미한다.
② ㉡은 정신적 노동을 제공한 대가이다.
③ A는 분배 국민소득, B는 지출 국민소득이다.
④ 갑국의 수입이 증가하더라도 A의 크기는 변동이 없다.
⑤ 갑국 국민이 을국에서의 생산 활동에 참여하고 받은 임금은 B에 포함되지 않는다.

05. 그림에 대한 분석으로 옳지 <u>않은</u> 것은? [3점]

|2013년 9월 학평|

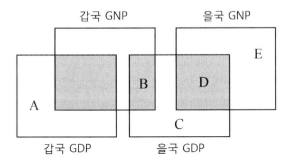

① A는 갑국 내에서 을국 국민을 제외한 외국인이 벌어들인 소득이다.
② B는 갑국 국민이 을국에서 벌어들인 소득이다.
③ D는 을국 국민이 자국에서 벌어들인 소득이다.
④ E는 을국 국민이 갑국에서 벌어들인 소득이다.
⑤ 을국 국민이 해외에서 벌어들인 소득이 외국인이 을국에서 벌어들인 소득보다 많을 경우 E는 'B+C'보다 크다.

06. 교사의 질문에 대해 옳게 답변한 학생을 <보기>에서 고른 것은? |2014년 9월 학평|

─────── < 보 기 > ───────

갑 : 갑국 전업주부의 가사노동은 A에 해당합니다.

을 : 노동이나 자본의 국가 간 이동이 확대될수록 B의 비중이 작아집니다.

병 : 갑국 프로야구 선수가 해외에 진출하여 벌어들인 소득은 C에 해당합니다.

정 : A와 달리 C는 갑국 내의 생산, 고용 등 경제 활동 수준 파악에 유용합니다.

① 갑, 을   ② 갑, 병
③ 을, 병   ④ 을, 정
⑤ 병, 정

07. 다음 대화에서 ○○○ 선수의 소득이 해당하는 영역으로 옳은 것은? |2014년 3월 학평|

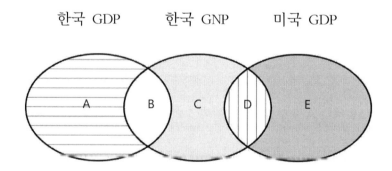

갑 : 너 어제 ○○○ 선수에 관한 스포츠 뉴스 봤니?

을 : 미국 메이저리그에서 활약 중인 한국 국적의 야구 선수 말이야.

갑 : 응. 7년간 1억 3천만 달러를 받는 조건으로 계약했대.

을 : 그런데 ○○○ 선수가 실제 받는 소득은 계약 금액의 50%가 채 안 된다고 하더군.

① A
② B
③ C
④ D
⑤ E

08. 다음 대화의 (가)에 해당하는 적절한 진술을 <보기>에서 고른 것은? |2015년 11월 학평|

--- < 보 기 > ---

ㄱ. 경기 변동을 파악하는 지표로 활용하기 어렵다.

ㄴ. 여가와 같은 삶의 질을 정확하게 파악하기 어렵다.

ㄷ. 시장에서 거래되지 않는 상품의 가치를 파악하기 어렵다.

ㄹ. 재화와 달리 서비스는 최종생산물의 시장가치에 포함되지 않는다.

① ㄱ, ㄴ
② ㄱ, ㄷ
③ ㄴ, ㄷ
④ ㄴ, ㄹ
⑤ ㄷ, ㄹ

09. 교사의 질문에 대한 답변으로 옳지 <u>않은</u> 것은? |2015년 9월 학평|

① 소득 분배 상태를 파악하기 곤란합니다.

② 외국인이 국내에서 생산한 것은 포함됩니다.

③ 국민 전체의 복지 수준을 파악하는 데 유용하게 사용됩니다.

④ 일반적으로 시장에서 거래되지 않는 재화와 서비스는 포함되지 않습니다.

⑤ 전년도에 생산되어 판매되지 않은 재화는 해당 연도에 포함되지 않습니다.

10. 다음 내용을 종합하여 도출할 수 있는 국내총생산의 한계로 가장 적절한 것은?

|2014년 3월 학평|

> • 자동차의 생산과 판매를 늘리게 되면 교통사고와 교통체증이 늘어나지만, 국내총생산은 증가할 수 있다.
> • 주 5일제 시행과 같이 노동 시간을 줄이게 되면 근로자들의 여가가 늘어나지만, 국내총생산은 감소할 수 있다.

① 자국민의 해외 생산을 고려하지 않는다.

② 국민의 삶의 질을 정확히 반영하지 못한다.

③ 소득의 분배 상태를 정확히 보여주지 못한다.

④ 국민의 평균적인 생활 수준을 보여주지 못한다.

⑤ 시장 밖의 경제 활동을 추계에 반영하지 못한다.

11. 그림은 갑국의 GDP와 GNP의 변화를 나타낸 것이다. 2013년에 대한 분석으로 옳지 않은 것은? [3점]

|2014년 7월 인천|

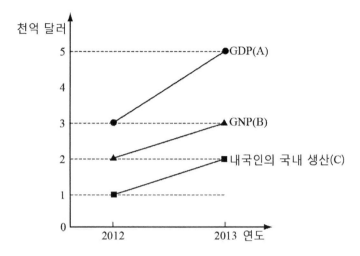

① GNP와 외국인의 국내 생산은 동일하다.
② (A), (B), (C) 중 증가율이 가장 높은 것은 (C)이다.
③ 내국인의 해외 생산과 외국인의 국내 생산은 동일하다.
④ GDP에서 내국인의 국내 생산보다 외국인의 국내 생산의 비중이 더 크다.
⑤ GNP에서 내국인의 해외 생산보다 내국인의 국내 생산의 비중이 더 크다.

12. (가), (나)는 2013년 갑국의 GDP를 서로 다른 측면에서 나타낸 것이다. 이에 대한 설명으로 옳지 <u>않은</u> 것은?

|2014년 7월 인천|

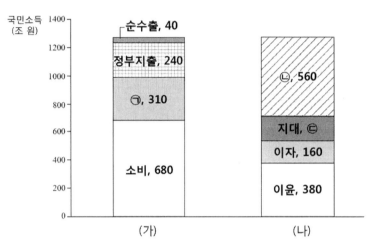

* 단, (가)와 (나) 측면에서 측정한 금액은 동일하다.

① (가)는 지출 측면에서 파악한 국민소득이다.

② (나)는 분배 측면에서 파악한 국민소득이다.

③ 2013년에 생산하였으나 판매되지 않은 최종재는 ㉠에 해당된다.

④ ㉡에는 근로소득과 재산소득이 포함된다.

⑤ ㉢은 170조 원이다.

13. 표는 갑국의 GDP와 GNP를 항목별로 분류한 것이다. 이에 대한 분석으로 옳지 않은 것은?

(단위 : 억 달러)

구분	GDP ㉠	갑국 국민의 국내 소득	GNP 갑국 국민의 해외 소득
임금	㉡	㉢	90
이윤	50	㉣	65
이자	20	70	10
지대	10	80	15

① 갑국에서 활동하는 외국인 야구 선수의 연봉이 인상되면 ㉠이 늘어난다.

② ㉡이 100억 달러보다 많으면 GDP가 GNP보다 크다.

③ 갑국 국민이 국내에 설립된 외국계 기업에 취업하여 받는 임금은 ㉢에 포함된다.

④ 갑국 기업이 수입품을 국내에 팔아 얻는 이윤은 ㉣에 포함된다.

⑤ 갑국에서는 150억 달러의 재산소득이 발생하였다.

CHAPTER

12

경제 성장과 실업

1. 경제 성장

(1) 경제 성장

시간이 흐름에 따라 경제 전체의 총생산량이 증가하여 국민경제의 전체 규모가 확대되는 것을 경제 성장이라 한다.

(2) 실질 GDP와 명목 GDP

① 실질 GDP

　㉠ **해당 연도의 생산물**에 **기준 연도 가격**을 곱하여 계산한 것이 실질 GDP이다.

　㉡ 실질 GDP = $\Sigma(P_0 \times Q_t)$

　　P_0 : 기준 연도 가격, Q_t : 해당 연도 생산량

② 명목 GDP

　㉠ **해당 연도의 생산물**에 **해당 연도 가격**을 곱하여 계산한 것이 명목 GDP이다.

　㉡ 명목 GDP = $\Sigma(P_t \times Q_t)$

　　P_t : 해당 연도 가격, Q_t : 해당 연도 생산량

예제 1. 실질 GDP와 명목 GDP의 계산 예

	단위 가격	에어컨 생산량	명목 GDP(A)	실질 GDP(B)	GDP디플레이터
2010년	100만 원	10대	1,000만 원	1,000만 원	100
2011년	120만 원	9대	1,080만 원	900만 원	120
2012년	150만 원	8대	1,200만 원	800만 원	150

- 기준 연도는 2010년이며 기준 연도는 5년마다 다시 설정되므로 2015년이 기준 연도가 된다.
- 기준 연도의 실질 GDP와 명목 GDP
  - ㉠ 실질 GDP = 10대×100만 원 = 1,000만 원
  - ㉡ 명목 GDP = 10대×100만 원 = 1,000만 원
  - ㉢ 기준 연도에는 기준 연도 가격으로 실질 GDP와 명목 GDP를 계산하므로 실질 GDP와 명목 GDP가 같다.
- 2011년 실질 GDP와 명목 GDP
  - ㉠ 실질 GDP=2010년 가격×2011년 생산량=100만 원×9대=900만 원
  - ㉡ 명목 GDP=2011년 가격×2011년 생산량=120만 원×9대=1,080만 원

ⓒ 2011년 실질 GDP는 기준 연도의 가격(2010년 가격)을 적용하여 계산하고 명목 GDP는 2011년 해당 연도의 가격을 적용하여 계산한다.

ⓔ 2011년에는 실질 생산량이 에어컨 10대에서 9대로 감소했음에도 2011년에 물가가 올라 명목 GDP는 2010년도 대비 증가했다.

- 2012년 실질 GDP와 명목 GDP
  ⓐ 실질 GDP=2010년 가격×2012년 생산량=100만 원×8대=800만 원
  ⓑ 명목 GDP=2012년 가격×2012년 생산량=150만 원×8대=1,200만 원
  ⓒ 2012년 실질 GDP는 기준 연도의 가격(2010년 가격)을 적용하여 계산하고 명목 GDP는 2012년 해당 연도의 가격을 적용하여 계산한다.
  ⓔ 2012년에는 실질 생산량이 에어컨 8대로 감소했음에도 2012년에 물가가 올라 명목 GDP는 2011년도 대비 증가했다.

- 실질 GDP는 실제 생산량에 기준 연도 가격을 적용하여 계산하므로 물가변동의 영향을 받지 않는다. 실제 생산량이 감소하면 실질 GDP는 감소하게 된다.

- 명목 GDP는 실제 생산량에 해당 연도 가격을 적용하여 계산하므로 실제 생산량이 감소해도 물가가 올라 명목 GDP가 증가하는 것으로 나온다.

- 명목 GDP는 물가가 상승하는 경우 실질 경제 성장을 제대로 반영하지 못하므로 경제 성장을 측정할 경우에는 실질 GDP를 사용한다.

(3) GDP 디플레이터

$$\text{GDP 디플레이터} = \frac{\text{명목 GDP}}{\text{실질 GDP}} \times 100 = \frac{\sum(P_t \times Q_t)}{\sum(P_o \times Q_t)} \times 100$$

- 명목 GDP $= \sum(P_t \times Q_t)$, 실질 GDP $= \sum(P_0 \times Q_t)$

① 실질 GDP와 명목 GDP를 구한 후 명목 GDP를 실질 GDP로 나눈 값을 GDP 디플레이터라고 한다.

② GDP 디플레이터는 일종의 물가지수인데, 위의 공식에서 보듯이 분모 분자의 생산량(Q_t)은 같고 가격 수준만 다르기 때문이다.

③ 기준 연도의 GDP 디플레이터
기준 연도에는 실질 GDP와 명목 GDP가 같기 때문에 기준 연도의 GDP 디플레이터는 100이다.

- 기준 연도 GDP 디플레이터 $= \dfrac{100\text{만 원} \times 10\text{대}}{100\text{만 원} \times 10\text{대}} \times 100 = 100$

④ 2011년도의 GDP 디플레이터

2011년도 실질 GDP는 900만 원이고 명목 GDP는 1,080만 원이므로 GDP 디플레이터는 120이다.

- 2011년도의 GDP 디플레이터 $= \dfrac{120\text{만 원} \times 9\text{대}}{100\text{만 원} \times 9\text{대}} \times 100 = 120$

⑷ 경제 성장률

① 명목 GDP는 해당 연도의 가격으로 계산되어 물가가 상승하는 경우 실질 경제 성장을 제대로 반영하지 못하므로 경제 성장률은 실질 GDP 증가율로 측정한다.

② 경제 성장률

경제 성장률은 전년도 대비 실질 GDP 증가분을 전년도 실질 GDP로 나누어서 구한다.

- 경제 성장률 $= \dfrac{\text{금년도 실질GDP} - \text{전년도 실질GDP}}{\text{전년도 실질GDP}} \times 100$

예제 2. 경제 성장율과 GDP 디플레이터 계산 예

	생산량		가격		명목 GDP	실질 GDP	GDP디플레이터
	사과	배	사과	배			
2010	5	5	100	200	1,500	1,500	100
2011	6	7	110	220	2,200	2,000	110
2012	8	8	120	240	2,880	2,400	120

㉠ 2011년 경제 성장률

- $\dfrac{2011\text{년 실질GDP} - 2010\text{년 실질GDP}}{2010\text{년 실질GDP}} \times 100 = \dfrac{2,000 - 1,500}{1,500} \times 100 = 33.3\%$

㉡ 2012년 경제 성장률

- $\dfrac{2012\text{년 실질GDP} - 2011\text{년 실질GDP}}{2011\text{년 실질GDP}} \times 100 = \dfrac{2,400 - 2,000}{2,000} \times 100 = 20\%$

㉢ GDP 디플레이터

- 2010년 GDP 디플레이터 $= \dfrac{1,500}{1,500} \times 100 = 100$

- 2011년 GDP 디플레이터 $= \dfrac{2,200}{2,000} \times 100 = 110$

- 2012년 GDP 디플레이터 $= \dfrac{2,880}{2,400} \times 100 = 120$

예제 3. 금년도 실질 GDP 1,050조, 전년도 실질 GDP 1,000조일 경우 금년도 경제성장률은?

(1,050조-1,000조)/1,000조×100 = 5%

(5) 경제 성장의 요인과 저해 요인

① 경제 성장의 요인

　㉠ 생산요소 투입 증가

　　노동투입 증가, 자본설비 증가가 이뤄지면 경제는 성장한다.

　㉡ 기술진보

　　기술진보에 따라 생산성 향상이 이루어지며, 장기적인 경제 성장에 있어 가장 중요한 역할을 하는 것으로 평가된다.

　㉢ 기업가 정신

　　미래를 향한 진취적 기업가 정신

　㉣ 합리적 제도와 관행, 원만한 노사 관계 유지

② 경제 성장 저해 요인

　㉠ 투자 재원의 부족

　㉡ 높은 인구 증가율과 인적자본의 부족

　㉢ 시장실패

　㉣ 정치적 불안

2. 실업

(1) 실업

① 일할 능력도 있고 일할 의사도 있는데 일자리가 없어서 일을 못 하고 있는 상태를 실업이라 한다.

② 실업은 인플레이션과 더불어 가장 큰 경제적 문제이므로 정부의 경제 최우선 목표는 고용과 물가의 안정이다.

(2) 실업의 측정

취업자	실업자	
경제활동인구		비경제활동인구

15세 이상 생산가능인구

① 생산가능인구

　㉠ **15세 이상은 생산가능인구**라 한다.

　㉡ 15세 미만은 특별한 경우를 제외하고는 원칙적으로 근로기준법상 취업이 금지되어 있으므로 실업을 측정하는 경우 고려 대상이 아니다.

② 경제 활동인구와 비경제 활동인구

　㉠ 경제 활동인구

　　15세 이상 생산가능인구 중에서 일하려는 의사가 있는 사람들을 경제 활동인구라 한다.

　㉡ 취업자와 적극적으로 구직활동을 한 실업자를 합한 것이 경제 활동인구이다.

> **경제 활동인구 = 취업자 + 실업자**

　㉢ 비경제 활동인구

　　• 15세 이상의 인구 중에서 일할 능력은 있으나 일할 의사가 없는 주부, 학생과 일할 능력이 없는 환자 · 고령자 등이 포함된다.

　　• 실업자가 **구직 활동을 포기하여 실망노동자(구직포기자)가 되면, 이 실망노동자는 비경제 활동인구에 포함**된다.

③ 경제 활동 참가율, 취업률, 실업률, 고용률

　㉠ 경제 활동 참가율

$$경제\ 활동\ 참가율 = \frac{경제활동인구}{15세\ 이상의\ 인구} \times 100$$

$$= \frac{경제활동인구}{(경제활동인구 + 비경제활동인구)} \times 100$$

　㉡ 취업률

$$취업률 = \frac{취업자수}{경제활동인구} \times 100 = \frac{취업자수}{(취업자 + 실업자)} \times 100$$

ⓒ 실업률

$$실업률 = \frac{실업자수}{경제활동인구} \times 100 = \frac{실업자수}{(취업자+실업자)} \times 100$$

ⓔ 고용률

$$고용률 = \frac{취업자수}{15세 이상의 인구} \times 100 = \frac{취업자수}{(경제활동인구+비경제활동인구)} \times 100$$

예제 4. 15세 이상 인구 천만 명, 비경제 활동인구 300만 명, 취업자 665만 명일 때 경제 활동 참가율, 실업률, 고용률은?

- 생산가능인구 : 1,000만 명
- 경제 활동인구 : 생산가능인구-비경제 활동인구=1,000만 명 - 300만 명=700만 명
- 실업자 수 : 경제 활동인구-취업자 수=700만 명 - 665만 명=35만 명
- 경제 활동 참가율 $= \frac{700만명}{1,000만명} \times 100 = 70\%$

- 실업률 $= \frac{35만명}{700만명} \times 100 = 5\%$, 고용률 $= \frac{665만명}{1,000만명} \times 100 = 66.5\%$

④ 취업자와 실업자

㉠ 취업자

다음 중 한 경우에 해당하는 사람을 취업자라 한다.
- 조사대상 기간 중 수입을 목적으로 지난 1주일 동안 1시간 이상 일을 한 사람
- 가족이 경영하는 사업체나 농장에서 주당 18시간 이상 일한 무급가족 종사자도 취업자에 포함된다.
- 직장을 갖고 있으나 일시적으로 쉬고 있는 사람

㉡ 실업자

지난 1주간 수입을 목적으로 1시간 이상 일을 하지 않았으며, 지난 4주간 적극적으로 일자리를 찾아보았으나 일자리가 없는 사람을 실업자라 한다.

㉢ 실망노동자(구직포기자)
- 실업자가 일을 찾으려고 노력했으나 일자리가 없어 구직을 포기한 사람을 실망노동자라 한다.
- **실업자는 경제 활동인구에 속하는데, 실망노동자가 되면 비경제 활동인구에 포함된다.**

⑤ 실망노동자와 고용률

  ㉠ 실망노동자

실업자가 실망노동자가 되면 일을 안 하는 것은 똑같은데 실업률 통계에 포함되지 않아 실업률은 하락하며 경제 활동 참가율도 하락한다.

  ㉡ 고용률

- 고용률은 15세 이상의 생산 가능 인구 중 취업자가 차지하는 비율인데, 취업자의 증감을 통해 실업률을 가늠할 수 있으므로 실업률 통계가 가지는 문제점을 보완할 수 있다.

- 실업자가 실망노동자로 되면 실업률은 하락하고 취업률은 오르게 된다. 고용은 늘어난 것이 없는데 실업률이 하락하는 통계상의 문제점이 발생하게 된다. 그러나 고용률은 취업자만으로 비율을 구하므로 고용률의 변화가 없게 되어 실업률 하락에 따른 통계상의 문제점을 보완할 수 있다.

예제 5. 15세 이상 인구 천만 명, 비경제 활동인구 300만 명, 취업자 665만 명, 실업자 35만 명인데, 실업자 중 3.5만 명이 실망노동자가 된 경우 실업률과 고용률의 변화는?

① 실망노동자 발생 이전

경제활동인구 = 1,000만 명 - 300만 명 = 700만 명

$$실업률 = \frac{35만명}{700만명} \times 100 = 5\% \ , \ 고용률 = \frac{665만명}{1,000만명} \times 100 = 66.5\%$$

$$경제활동\ 참가율 = \frac{700만명}{1,000만명} \times 100 = 70\%$$

② 실망노동자 발생 후

$$실업률 = \frac{(35만명 - 3.5만명)}{700만명} \times 100 = 4.5\%$$

$$고용률 = \frac{665만명}{1,000만명} \times 100 = 66.5\%$$

$$경제활동\ 참가율 = \frac{(700만명 - 3.5만명)}{1,000만명} \times 100 = 69.65\%$$

실망노동자가 발생하면 실업률은 하락하나 고용률은 변화가 없다.

③ 비경제활동인구는 300만 명에서 303.5만 명으로 증가한다.

(3) 경제 활동 참가율, 실업률, 고용률 간의 관계

	경제활동 참가율	취업률	고용률	그림
실업자가 취업한 경우	변화 없음	상승	상승	취업자 / 실업자 / 경제활동인구 / 비경제활동인구 취업자 / 실업자 / 경제활동인구 / 비경제활동인구
취업자가 실업자가 된 경우	변화 없음	하락	하락	취업자 / 실업자 / 경제활동인구 / 비경제활동인구 취업자 / 실업자 / 경제활동인구 / 비경제활동인구
실업자가 실망노동자가 된 경우	하락	상승	변화 없음	취업자 / 실업자 / 경제활동인구 / 비경제활동인구 취업자 / 실업자 / 경제활동인구 / 비경제활동인구
취업자가 비경제 활동인구가 된 경우	하락	하락	하락	취업자 / 실업자 / 경제활동인구 / 비경제활동인구 취업자 / 실업자 / 경제활동인구 / 비경제활동인구
비경제 활동인구가 취업자가 된 경우	상승	상승	상승	취업자 / 실업자 / 경제활동인구 / 비경제활동인구 취업자 / 실업자 / 경제활동인구 / 비경제활동인구

⑷ 자발적 실업과 비자발적 실업

① 자발적 실업

　　㉠ 자발적 실업이란 일을 할 능력이 있으나 현재의 임금 수준이 마음에 들지 않아 실업 상태에 있는 경우를 자발적 실업이라 한다.

　　㉡ 마찰적 실업

　　　이전의 직장보다 더 좋거나 더 적합한 직장을 찾는 과정에서 발생한 실업을 마찰적 실업이라 한다. 본인이 원하는 직업을 찾는 과정에서 발생한 실업이므로 마찰적 실업은 자발적 실업의 한 유형이라 볼 수 있다.

　　㉢ 마찰적 실업은 새로운 직장을 구하는 데 시간이 걸려 발생하므로 일자리에 관한 정보 제공 등이 주요한 해결책이 될 수 있다.

　　㉣ 마찰적 실업은 실업 기간이 짧아 사회적으로 큰 문제는 되지 않으며, 그 성격상 완전히 제거할 수는 없다.

② 비자발적 실업

　　㉠ 현재의 임금 수준에서 일할 의사가 있으나, 일자리가 없는 경우를 비자발적 실업이라 한다.

　　㉡ 본인은 일하고 싶으나 일을 할 수 없는 상태이므로 사회적으로 큰 문제가 된다.

　　㉢ 비자발적 실업에는 경기적 실업, 구조적 실업, 계절적 실업 등이 있다.

⑸ 경기적 실업, 구조적 실업, 계절적 실업

① 경기적 실업

　　㉠ 경기적 실업은 전반적인 경기 침체로 발생하는 것이어서 경제 전반에 영향을 미치며 주요한 사회 문제가 된다.

　　㉡ 전반적인 경기 침체로 실업이 발생하는 것이므로 정부는 재정정책을 통해, 중앙은행은 금융정책을 통해 경기를 부양하여 실업 문제를 해결하려 한다.

② 구조적 실업

　　㉠ 기술의 발전 등으로 산업구조가 변하는 과정에서 일부 산업이 경쟁력을 상실하여 실업이 발생하는 경우를 구조적 실업이라 한다.

　　㉡ 우리나라의 경우 과거 신발, 섬유 산업, 석탄 광산 등에서 일자리가 많이 없어졌는데, 기술의 발전과 국가 간 경쟁으로 일부 산업이 경쟁력을 잃게 되는 것은 자연스러운 흐름으로써 구조적 실업은 불가피한 측면이 있다.

　　㉢ 직업 전환 교육, 신기술 교육 등이 구조적 실업자를 위한 대책이 될 수 있다.

③ 계절적 실업

ⓒ 계절에 따른 생산 또는 수요가 변함에 따라 발생하는 실업이다.

ⓛ 겨울철이 농한기나 졸업 시즌의 실업 증가 등이 계절적 실업의 예이다.

(6) 완전 고용의 의미

경제학에서 말하는 완전고용은 실업자가 하나도 없는 상태를 말하는 것이 아니라 마찰적 실업 정도가 있는 상태를 말한다.

3. 실업의 영향

(1) 개인적 차원

소득 상실로 생계유지 곤란, 자아실현 기회의 박탈, 사회적 소외감 등

(2) 사회적 차원

• 인적 자원 낭비 및 총수요 감소로 인한 경제 성장 둔화
• 가정 파괴나 범죄 증가와 같은 사회 문제 발생 등

01. 다음은 갑국의 2013년 GDP를 계산하기 위한 자료이다. 이에 대한 옳은 설명을 <보기>에서 고른 것은? (단, 갑국은 X, Y재만 생산한다.) [3점] |2014년 7월 인천|

(기준 연도 : 2012년)

구분	2012년		2013년	
	가격(원)	생산량(개)	가격(원)	생산량(개)
X재	100	10	150	10
Y재	200	15	200	15

(가) : (150원×10개)+(200원×15개)=4,500원
(나) : (100원×10개)+(200원×15개)=4,000원

───────────< 보 기 >───────────

ㄱ. (가)는 명목 GDP, (나)는 실질 GDP이다.
ㄴ. 2013년 물가는 상승하였다.
ㄷ. 2013년 경제 성장률은 12.5%이다.
ㄹ. 2012년 명목 GDP보다 2013년 실질 GDP가 크다.

① ㄱ, ㄴ   ② ㄱ, ㄷ
③ ㄴ, ㄷ   ④ ㄴ, ㄹ
⑤ ㄷ, ㄹ

02. 표는 A국, B국의 실질 GDP의 변화를 나타낸다. 이에 대한 옳은 분석을 <보기>에서 고른 것은? (단, 기준 연도는 2010년이다.) [3점] |2014년 3월 학평|

(단위 : 억 달러)

구분	2009년	2010년	2011년
A국	100	120	150
B국	100	110	140

<보기>

ㄱ. 2009년 A국과 B국의 1인당 실질 GDP는 같다.
ㄴ. 2010년의 명목 GDP는 A국이 B국보다 크다.
ㄷ. 2011년의 경제 성장률은 A국이 B국보다 낮다.
ㄹ. B국은 A국과 달리 경제 성장 속도가 둔화되고 있다.

① ㄱ, ㄴ   ② ㄱ, ㄷ
③ ㄴ, ㄷ   ④ ㄴ, ㄹ
⑤ ㄷ, ㄹ

03. 그림은 갑국의 경제 성장률 추이다. 이에 대한 분석으로 옳은 것은? [3점] |2013년 9월 학평|

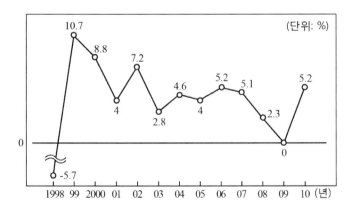

① 1999년의 경제 규모가 가장 크다.
② 2001년은 전년도에 비해 1인당 실질 GDP가 감소하였다.
③ 2003년은 전년도에 비해 실질 GDP가 감소하였다.
④ 2006년과 2010년의 실질 GDP는 동일하다.
⑤ 2008년과 2009년의 경제 규모는 동일하다.

04. 그림은 어느 나라의 경제 성장률 추이를 나타낸다. 이에 대한 옳은 분석을 <보기>에서 고른 것은?

|2014년 3월 학평|

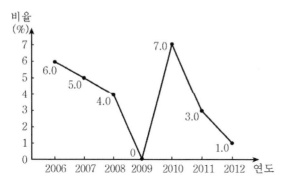

─────────── < 보 기 > ───────────

ㄱ. 2007년의 실질 GDP는 2006년에 비해 작아졌다.

ㄴ. 2008년과 2009년의 실질 GDP는 같다.

ㄷ. 2011년의 실질 GDP는 2009년에 비해 10% 커졌다.

ㄹ. 2012년의 실질 GDP가 가장 크다.

① ㄱ, ㄴ   ② ㄱ, ㄷ

③ ㄴ, ㄷ   ④ ㄴ, ㄹ

⑤ ㄷ, ㄹ

05. 표는 갑국의 명목 GDP와 실질 GDP를 나타낸다. 이에 대한 분석으로 옳은 것은? (단, 기준 연도는 2010년이고, 물가지수는 GDP 디플레이터로 측정한다.) [3점]

|2015년 11월 학평|

(단위 : 억 달러)

구분	2011년	2012년	2013년
명목 GDP	150	150	300
실질 GDP	100	150	200

★ GDP 디플레이터=(명목 GDP/실질 GDP) × 100

① 2011년의 경제 성장률은 양(+)의 값을 갖는다.

② 2012년과 2013년의 경제 성장률은 동일하다.

③ 2011년 물가 수준은 전년도보다 낮다.

④ 2012년 물가 수준은 전년도와 동일하다.

⑤ 2011년과 2013년의 물가 수준은 동일하다.

06. 표는 갑국의 경제 성장률과 명목 GDP 증가율을 나타낸 것이다. 이에 대한 옳은 분석을 <보기>에서 고른 것은? (단, 기준 연도는 2010년이다.) [3점] |2014년 11월 학평|

구분	2011년	2012년	2013년	2014년
경제 성장률(%)	7	3	−2	2
명목 GDP 증가율(%)	8	3	3	4

─────────── <보기> ───────────

ㄱ. 2011년의 물가 상승률은 양(+)의 값을 가진다.
ㄴ. 2012년에는 명목 GDP와 실질 GDP의 규모가 같다.
ㄷ. 2012년보다 2013년의 물가 상승률이 높다.
ㄹ. 2012년과 2014년의 실질 GDP 규모는 같다.

① ㄱ, ㄴ   ② ㄱ, ㄷ
③ ㄴ, ㄷ   ④ ㄴ, ㄹ
⑤ ㄷ, ㄹ

07. 그림은 갑국의 명목 GDP와 실질 GDP의 변화 추이를 나타낸 것이다. 이에 대한 분석으로 옳은 것은? (단, 기준 연도는 t년이며, 물가 수준은 GDP 디플레이터로 측정한다.) [3점]
|2015년 10월 서울|

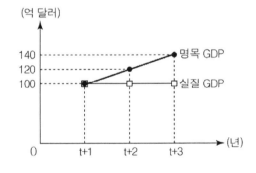

① t+1년의 물가 수준은 t년과 동일하다.
② t+1년의 실질 GDP는 t년과 동일하다.
③ t+2년의 물가지수는 t년보다 낮다.
④ t+2년과 t+3년의 물가 상승률은 같다.
⑤ t+3년의 경제 성장률은 t+2년보다 낮다.

08. 표에 대한 분석으로 옳은 것은? (단, 물가 수준은 GDP 디플레이터로 측정한다) [3점]

|2015년 6월 평가원|

〈갑국의 명목 GDP와 실질 GDP〉

구분	2012년	2013년	2014년
명목 GDP	100	100	100
실질 GDP	100	110	120

(기준 연도 : 2010년, 단위 : 억 달러)

① 갑국의 물가 수준은 지속적으로 높아지고 있다.
② 갑국의 생산수준은 지속적으로 높아지고 있다.
③ 기준 연도 가격으로 계산한 GDP는 매년 일정하다.
④ 2014년의 경제 성장률과 물가 상승률은 동일하다.
⑤ 2013년과 2014년의 경제 성장률은 동일하다.

09. 밑줄 친 ⊙~ⓒ에 대한 설명으로 옳지 않은 것은? (단, 주어진 조건만을 고려한다.) [3점]

|2015년 3월 학평|

갑은 어린 시절 삼촌 손에 이끌려 바둑을 배우게 되었다.
국기원에 연구생으로 들어가 프로 바둑 기사를 꿈꾸었지만, 입단에 실패하고 결국 바둑을 그만두었다. 고졸 학력이 전부인 갑은 ⊙ 구직활동을 하다가 자포자기하여 지난 일년 동안 ⓛ 구직활동을 단념하였다. 그러던 중 우연히 지인의 추천으로 ○○기업의 ⓒ 신입사원이 되었다.

① ⊙ 시기의 갑은 경제 활동 인구에 해당한다.
② ⓛ 시기의 갑은 실업자에 해당한다.
③ ⓛ 시기의 갑은 비경제 활동 인구에 해당한다.
④ ⓒ으로 인해 취업률은 상승한다.
⑤ ⓒ으로 인해 경제 활동 인구가 증가한다.

10. 금년에 대학을 졸업한 갑은 1년 동안 열심히 일자리를 찾았으나, 결국 실패하여 실망한 끝에 일자리 찾기를 포기하였다. 구직을 포기한 갑의 행동이 가져올 결과는?

① 실업자 수는 영향을 받지 않는다.

② 경제 활동인구의 수는 영향을 받지 않는다.

③ 실업률이 감소한다.

④ 실업률이 증가한다.

⑤ 비경제 활동인구는 변함이 없다.

11. 갑국의 총인구는 5,000만 명, 15세 미만의 인구가 1,000만 명, 비경제 활동인구가 1,000만 명, 그리고 실업자가 150만 명일 때 경제 활동 참가율과 실업률은 각각 얼마인가?

	경제 활동 참가율	실업률		경제 활동 참가율	실업률
①	75%	5%	②	80%	3.75%
③	80%	5%	④	75%	3.75%
⑤	60%	5%			

12. 다음 대화에서 갑, 을이 말하는 실업의 유형에 해당하는 사례를 <보기>에서 고른 것은? [3점]

|2014년 3월 학평|

갑: 경기 침체가 장기화되면서 직장에서 쫓겨나는 경우가 적지 않아

을: 최근 산업 구조의 변화로 인해 일자리를 잃는 사람들도 많아.

갑   을

<보기>

ㄱ. 글로벌 금융 위기의 영향으로 많은 사람이 정리 해고를 당했다.

ㄴ. 무인 경비 시스템이 확대되면서 경비 인력을 줄이는 회사가 늘고 있다.

ㄷ. 고용 안정성이 약화되면서 공무원 시험을 준비하는 사람들이 늘고 있다.

ㄹ. 장마가 지속되면서 일손을 놓고 있는 일용직 건설 노동자들이 늘고 있다.

	갑	을			갑	을
①	ㄱ	ㄴ		②	ㄱ	ㄷ
③	ㄴ	ㄷ		④	ㄴ	ㄹ
⑤	ㄷ	ㄹ				

13. 표는 갑국과 을국의 고용 관련 지표를 나타낸 것이다. 이에 대한 옳은 분석을 <보기>에서 고른 것은? (단, 갑국과 을국의 경제 활동 인구는 같다.) [3점] |2014년 11월 학평|

(단위 :%)

구분	경제 활동 참가율	실업률	고용률
갑국	90	20	72
을국	80	10	72

*고용률(%) = $\dfrac{\text{취업자 수}}{\text{15세 이상 인구}} \times 100$

<보기>

ㄱ. 15세 이상 인구는 갑국이 더 적다.

ㄴ. 비경제 활동 인구는 을국이 더 많다.

ㄷ. 취업률은 을국이 더 낮다.

ㄹ. 취업자 수는 갑국과 을국이 같다.

① ㄱ, ㄴ   ② ㄱ, ㄷ

③ ㄴ, ㄷ   ④ ㄴ, ㄹ

⑤ ㄷ, ㄹ

14. 다음은 갑국의 고용 관련 뉴스이다. 2011년 대비 2012년의 고용지표 변화에 대한 분석으로 옳지 <u>않은</u> 것은? (단, 15세 이상 인구는 변함이 없다.) |2013년 11월 학평|

말풍선: 전년 대비 2012년의 고용률*은 증가하였음에도 실업률은 변동이 없었습니다.

$$*고용률(\%) = \frac{취업자\ 수}{15세\ 이상\ 인구} \times 100$$

① 취업자 수가 증가했다.
② 취업률은 변동이 없다.
③ 실업자 수는 변동이 없다.
④ 경제 활동 참가율이 상승했다.
⑤ 비경제 활동 인구가 감소했다.

15. 그래프는 고용률과 실업률의 변화를 나타낸 것이다. $t_1 \sim t_2$ 기간 동안 나타난 변화에 대한 옳은 설명을 <보기>에서 고른 것은? (단, 경제 활동 인구는 변함없다.) [3점] |2012년 11월 학평|

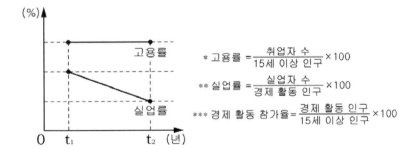

$$*고용률 = \frac{취업자\ 수}{15세\ 이상\ 인구} \times 100$$

$$**실업률 = \frac{실업자\ 수}{경제\ 활동\ 인구} \times 100$$

$$***경제\ 활동\ 참가율 = \frac{경제\ 활동\ 인구}{15세\ 이상\ 인구} \times 100$$

<보기>

ㄱ. 취업자 수에는 변함이 없다.

ㄴ. 15세 이상 인구는 증가했다.

ㄷ. 경제 활동 참가율은 커졌다.

ㄹ. 비경제 활동 인구는 증가했다.

① ㄱ, ㄴ   ② ㄱ, ㄷ

③ ㄴ, ㄷ   ④ ㄴ, ㄹ

⑤ ㄷ, ㄹ

16. 다음은 경제 수업의 한 장면이다. 교사의 질문에 옳게 답한 학생을 <보기>에서 고른 것은? [3점]

|2014년 3월 학평|

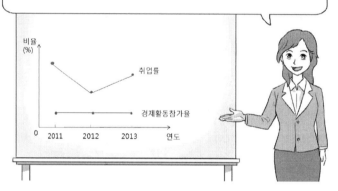

15세 이상 인구가 100만 명으로 일정한 사회를 가정하고 그림을 분석해 볼까요?

* 취업률=(취업자 수/경제 활동 인구)×100

* 경제 활동 참가율=(경제 활동 인구/15세 이상 인구)×100

<보기>

갑 : 2011년의 실업률보다 2013년의 실업률이 더 낮아요.

을 : 2011년~2013년의 비경제 활동 인구는 변함이 없어요.

병 : 전년 대비 2012년에 감소한 취업자 수와 증가한 실업자 수는 같아요.

정 : 2013년의 취업자가 60만 명이면 취업률은 60%가 돼요.

① 갑, 을   ② 갑, 병

③ 을, 병   ④ 을, 정

⑤ 병, 정

CHAPTER

총수요와 총공급

1. 총수요

(1) 총수요(Aggregate Demand : AD)

① 총수요
  ㉠ 일정 기간 한나라 전체에서 생산된 생산물 즉, 국내총생산(GDP)에 대한 가계, 기업, 정부, 해외 부문의 수요를 총수요라 한다.
  ㉡ 국내 기업이 생산한 재화와 서비스에 대한 수요를 의미하므로 가계, 기업, 정부가 소비한 것 중에서 수입 부분을 제외해야 국내 생산품에 대한 수요를 측정할 수 있다.

② 총수요는 국내에서 생산된 최종생산물(실질 GDP)에 대한 수요로 지출국민소득 측면에서 소비 지출, 투자 지출, 정부 지출, 순수출의 합으로 나타낼 수 있다.

> 실질 GDP = 최종생산물의 시장가치 = 부가가치의 합계 : 생산면
> = 소비 + 투자 + 정부지출 + 순수출(수출 − 수입) : 지출면

③ 지출국민소득 측면에서 본 총수요
  ㉠ 공식

> 민간소비 + 민간투자 + 정부지출 + 순수출(수출 − 수입)
> 총수요 = 실질 GDP =　　 C 　+　 I 　+　 G 　+　　 (X−M)

  ㉡ 수입을 빼주는 이유
  - (C+I+G)는 국내·외에서 생산된 재화에 대한 총지출이므로 국외에서 생산된 재화, 즉, 수입에 대한 지출도 포함되어 있다.
  - 그런데 실질 GDP는 국내에서 생산된 최종생산물을 의미하는 것이므로, 지출국민소득에는 국외에서 생산된 재화(수입)에 대한 지출이 포함되어선 안 된다.
  - 외국에서 생산된 상품에 대한 지출은 국내에서 생산된 상품에 대한 지출이 아니므로 민간 수입 소비, 민간투자 수입 소비, 정부지출 수입 소비 등은 (C+I+G)에서 제외하여야 한다.
  - 실질 GDP = 최종생산물의 시장가치 = 지출국민소득
  - AD = (C - Cm) + (I - Im) + (G - Gm) + X
        = (C+I+G) + (X - Cm - Im - Gm)
        = C+I+G+(X - M)

• Cm : 민간 수입 소비, Im : 민간투자 수입 소비, Gm : 정부지출 수입 소비

M = Cm + Im + Gm

ⓒ 수출이 포함되는 이유

국내에서 생산된 재화를 외국에서 구입하는 것은 국내생산물에 대한 수요이므로 수출은 국내 총수요에 포함시킨다.

ⓔ 수입이 증가해도 총수요가 일정한 이유

국내 생산분에 대한 지출을 구하려면 (C + I + G)에 포함된 외국 재화에 대한 지출을 제외하여야 한다. (C + I + G)에 포함되어 있는 외국 재화에 대한 지출분을 수입으로 빼주게 되면 국내 생산분에 대한 지출을 구할 수 있다. 수입은 (C + I + G)에 포함되어 있는 외국 재화에 대한 지출을 상계하는 것이므로 수입이 증가하거나 또는 감소해도 **국내 생산분에 대한 총수요는 일정**하게 된다.

(2) 총수요곡선

① 총수요곡선은 **다른 요인들이 일정할 때** 각각의 물가 수준에서 총수요와의 대응 관계를 나타내는 곡선이다.

> **총수요곡선 : 물가 수준과 총수요와의 관계**

② 물가가 변동하면 민간소비, 민간투자, 수출이 변동하게 되어 총수요가 변동하게 되는데, 이렇게 물가의 변동과 총수요의 관계를 나타낸 것이 총수요곡선이다.

(3) 물가와 총수요가 역의 관계인 이유 : 총수요곡선이 우하향하는 이유

① 물가와 총수요의 관계

> **물가↑→ 총수요↓, 물가↓→ 총수요↑**

물가가 오르면 총수요는 감소하고 물가가 내리면 총수요는 증가하게 되어 물가와 총수요는 역의 관계에 있다.

② 물가가 변동하게 되면 이자율효과, 실질잔고효과(부의 효과), 경상 수지효과가 나타나 총수요에 영향을 미치게 된다.

③ 이자율 효과

> **물가 하락 ⇒ 화폐에 대한 수요 감소 ⇒ 이자율 하락 ⇒ 민간소비, 투자 증가 ⇒ 총수요 증가**

⊙ 물가가 하락하면 물가 하락 이전보다 더 적은 금액으로 재화를 구매할 수 있어 화폐에 대한 수요가 감소하므로 이자율은 하락한다.

⊙ 화폐에 대한 수요가 감소하여 이자율이 하락하면 민간투자와 민간소비가 증가하여 총수요가 증가한다.

ⓒ 반대로 물가가 상승하면 재화 구매시 물가상승 이전부다 더 많은 돈이 필요하여 화폐에 대한 수요가 증가한다. 화폐에 대한 수요가 증가하면 이자율이 상승하여 총수요는 감소한다.

④ 실질잔고효과(부의 효과)

> **물가 하락 ⇒ 화폐의 구매력 향상 ⇒ 민간의 실질부 증가 ⇒ 민간소비 증가 ⇒ 총수요 증가**

⊙ 물가가 하락하면 화폐와 예금, 채권 등 명목자산의 실질가치가 올라 명목자산의 구매력이 증가한다. 반대로 물가가 상승하면 명목자산의 실질가치가 떨어져 명목자산의 구매력이 감소한다. 이처럼 물가가 변동함에 따라 보유 재산의 실질가치가 변화해 소비에 영향을 미치는 것을 실질자산효과라 한다.

※ 명목자산

예금, 채권 등의 가치가 화폐 단위로 고정되어 있는 자산을 명목자산이라 한다.

⊙ 물가가 하락하여 화폐의 구매력이 증가하면 더 적은 금액으로 상품의 구입이 가능하므로 민간의 실질부가 증가한다.

ⓒ 실질부가 증가하면 민간소비도 증가하여 총수요가 증가한다.

ⓔ 물가가 오르면 더 많은 화폐를 지불하여야 하므로 실질부가 감소하여 총수요가 감소한다.

⑤ 경상 수지효과

> **물가 하락 ⇒ 수출품의 상대 가격 하락 ⇒ 수출 증가 ⇒ 총수요 증가**

⊙ 물가가 하락하면 수출품과 수입품의 상대 가격이 변화하여 수출이 증가한다. 물가가 하락하면 국내 생산품의 가격이 해외 생산품의 가격보다 하락하여 가격경쟁력을 확보하므로 수출이 증가한다.

⊙ 수출이 증가하면 총수요가 증가한다.

ⓒ 물가가 오르면 국내 생산품의 가격이 해외 생산품의 가격보다 상승하여 가격 경쟁력을 상실하므로 수출이 감소하여 총수요가 감소한다.

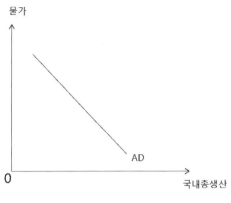

(그림 13-1 총수요곡선)

⑷ 총수요곡선 상의 이동과 총수요곡선의 이동

① 총수요곡선 상의 이동

㉠ 총수요곡선에 영향을 주는 요인들은 물가, 소비, 투자, 정부지출, 수출 등 여러 요인이 있는데, 이를 함수로 나타내면 아래와 같다.

$$AD = f(물가, 소비, 투자, 정부지출, 수출, ...)$$ (식 13-1)

㉡ 여기서 물가 외에 다른 변수가 고정되어 있고 고정된 변수들을 A로 가정하면 (식 13-1)을 (식 13-2)와 (식 13-3)으로 나타낼 수 있다.

$$AD = f(물가, \overbrace{소비, 투자, 정부지출, 수출, ...}^{A})$$ (식 13-2)

$$AD = A \times f(물가)$$ (식 13-3)

㉢ 총수요곡선 상의 이동

> **물가의 변화 : 총수요곡선 상의 이동**

(식 13-3)에서 물가를 제외한 다른 변수들은 고정되어 있다고 가정했으므로 총수요곡선은 물가가 변수인 함수가 된다. (식 13-3)에서 총수요곡선은 물가와 국내총생산의 함수이므로 물가에 대응하는 국내총생산은 총수요곡선 상의 한 점으로 표시된다. 물가가 변하면 대응하는 국내총생산 역시 총수요곡선 상의 한 점으로 표시된다. (그림 13-2)에서 물가가 P_0에서 P_1으로 변하게 되면 균형점은 A에서 B로 변하여 총수요곡선 상의 이동으로 나타난다.

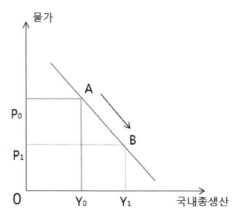

(그림 13-2 총수요곡선 상의 이동)

② 총수요곡선의 이동

    ㉠ 총수요곡선의 이동

        물가 이외에 고정되었다고 가정했던 소비, 투자, 정부지출, 수출 등의 여러 가지 총수요 요인들이 변화하면 총수요곡선이 이동한다.

    ㉡ 그림에서는 x축은 국내총생산, y축은 물가이므로 투자지출의 증가로 인한 총수요 증가를 총수요곡선 상에서는 나타낼 수가 없다. 대신, 투자지출이 증가하거나 감소한 경우 주어진 물가 수준에서 총수요가 늘거나 줄게 되므로 총수요곡선 자체가 오른쪽 위나 왼쪽 아래로 이동한다.

    ㉢ 소비 증가, 투자 증가, 정부지출 증가, 수출 증가로 총수요가 증가하면 총수요곡선은 오른쪽으로 이동한다.

    ㉣ 소비 감소, 투자 감소, 정부지출 감소, 수출 감소로 총수요가 감소하면 총수요곡선은 왼쪽으로 이동한다.

> • 소비 증가, 투자 증가, 정부지출 증가, 수출 증가 ⇒ 총수요곡선 오른쪽 이동
> • 소비 감소, 투자 감소, 정부지출 감소, 수출 감소 ⇒ 총수요곡선 왼쪽 이동

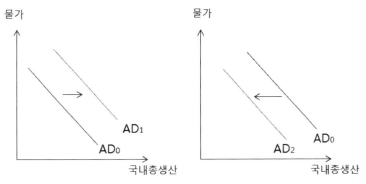

그림 13-3-1 총수요의 증가   그림 13-3-2 총수요의 감소

(그림 13-3 총수요곡선의 이동)

2. 총공급곡선

(1) 총공급

① 총공급

일정 기간 한 나라에서 기업 전체가 생산한 상품의 공급을 총공급이라고 한다.

② 총수요가 실질 GDP의 지출 측면(수요 측면)에서 파악한 것이라면 총공급은 실질 GDP의 생산 측면에서 파악한 것이다.

(2) 총공급에 영향을 주는 요인들

① 노동량

인구 증가나 근로소득세 인하에 따른 근로의욕 제고로 인해 노동 공급이 증가하면 노동 고용량이 증가하여 총공급이 증가한다. 반대로 인구 감소나 근로소득세가 인상되는 경우에는 노동 공급이 감소하여 총공급이 감소한다.

② 기술진보

기술진보가 이루어지면 기존에 투입된 생산요소로도 더 많은 생산이 가능해지므로 총공급이 증가한다.

③ 자본량

자본량이 증가하면 생산 시설을 확충할 수 있으므로 총공급이 증가한다.

④ 생산요소의 가격

국제유가 하락이나 원자재 가격 하락 등 생산요소의 가격이 하락하면 적은 생산비용으로도 생산이 이루어지므로 총공급이 증가한다. 반대로 원자재 가격 상승 시에는 생산 비용이 비싸지므로 총공급이 감소한다.

(3) 총공급곡선

① **다른 요인들이 일정할 때** 각 물가수준에서 기업 전체가 생산하는 상품의 총공급량을 나타내는 곡선을 총공급곡선이라 한다.

② 물가가 변동하게 되면 기업은 이윤 극대화 원리에 따라 생산량을 늘리거나 줄이면서 재화의 공급을 조절하게 되는데, 총공급곡선은 이러한 물가변동과 기업의 재화 공급량 간의 관계를 나타내는 곡선이다.

(4) 총공급곡선이 우상향하는 이유

① 물가가 상승하면 기업이 공급하는 상품의 가격이 오르게 된다. **다른 조건이 일정한 경우에** 상품의 가격이 오르면 기업은 이윤을 더 얻을 수 있어 상품을 추가 생산하여 시장에 공급하므로 총공급은 증가한다.

② 물가가 하락하면 기업이 공급하는 재화의 가격이 하락하게 된다. **다른 조건이 일정한 경우에** 상품의 가격이 내리면 기업의 이윤은 감소하므로 기업은 상품 생산을 줄여 총공급은 감소한다.

③ 물가가 오를 때 총공급은 증가하고 물가가 내릴 때 총공급은 감소하므로 물가와 총공급은 정의 관계를 가지며, 총공급곡선은 (그림 13-4)와 같이 우상향한다.

> 물가↑ → 총공급 ↑, 물가↓ → 총공급↓

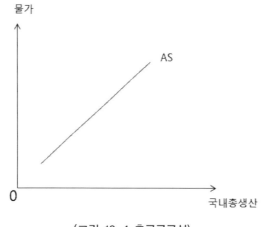

(그림 13-4 총공급곡선)

⑸ **총공급곡선 상의 이동과 총공급곡선의 이동**

① 총공급곡선 상의 이동

ㄱ 총공급곡선에 영향을 주는 요인들은 물가, 기술진보, 인구 증가, 생산요소 가격 등이 있는데 이를 함수로 표현하면 아래와 같다.

· AS = f(물가, 노동량, 기술진보, 자본량, 생산요소 가격...)　　　(식 13-4)

ㄴ 여기서 물가 외에 다른 변수가 고정되어 있고 고정된 변수를 B로 가정하면 (식 13-4)를 (식 13-5)와 (식 13-6)으로 나타낼 수 있다.

· $AS = f(물가, \overbrace{노동량, 기술진보, 자본량, 생산요소가격...}^{B})$　　　(식 13-5)

· $AS = B \times f(물가)$　　　(식 13-6)

ㄷ 총공급곡선 상의 이동

(식 13-6)에서 물가를 제외한 다른 변수들은 고정되어 있다고 가정했으므로 총공급곡선은 물가가 변수인 함수가 된다. (식 13-6)에서 총공급곡선은 물가와 국내총생산의 함수이므로 물가에 대응하는 국내총생산은 총공급곡선 상의 한 점으로 표시된다. 물가가 변하면 대응하는 국내총생산 역시 총공급곡선 상의 한 점으로 표시된다. (그림 13-5)에서 물가가 P_0에서 P_1으로 변하게 되면 균형점은 A에서 B로 변하여 총공급곡선 상의 이동으로 나타난다.

물가의 변화 : 총공급곡선 상의 이동

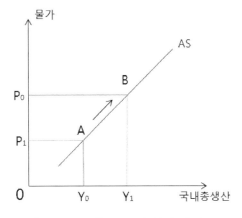

(그림 13-5 총공급곡선 상의 이동)

② 총공급곡선의 이동

　　㉠ 총공급곡선의 이동

　　　물가 이외에 고정되었다고 가정했던 기술진보, 노동량, 자본량, 생산요소가격 등이
　　　변하면 총공급곡선은 이동한다.

　　㉡ 그림에서는 x축은 국내총생산, y축은 물가이므로 기술진보로 인한 공급 증가를 총
　　　공급곡선 상에서는 나타낼 수가 없다. 대신, 기술진보로 총공급이 증가한 경우 주
　　　어진 물가 수준에서 총공급이 늘게 되므로 총공급곡선 자체가 오른쪽 아래로 이동
　　　한다.

　　㉢ 노동량과 자본량의 증가　또는 생산요소 가격이 하락하는 경우에는 총공급이 증가
　　　하여 총공급곡선은 오른쪽으로 이동한다.

　　㉣ 노동량과 자본량의 감소 또는 생산요소가격이 상승하는 경우에는 총공급이 감소하
　　　여 총공급곡선은 왼쪽으로 이동한다.

> • 기술진보, 노동량과 자본량의 증가, 생산요소가격의 하락 ⇒ 총공급곡선 오른쪽 이동
> • 노동량과 자본량의 감소, 생산요소가격의 상승 ⇒ 총공급곡선 왼쪽 이동

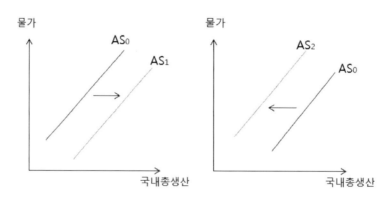

그림 13-6-1 총공급의 증가　　　그림 13-6-2 총공급의 감소

(그림 13-6 총공급의 증가와 감소)

3. 총수요와 총공급

(1) 총수요와 총공급의 균형

① 균형국민소득과 균형물가 수준의 결정

　　㉠ (그림 13-7-1)의 E점에서 총수요곡선과 총공급곡선이 서로 만나 총수요와 총공급이
　　　일치한다.

ⓛ 총수요와 총공급이 만나는 점에서 균형국민소득과 균형물가 수준이 결정된다.

② 초과 수요 ⇒ 총공급 < 총수요
  ㄱ 물가 수준이 균형인 P₀보다 낮은 P₁일 때는 총수요가 총공급보다 크므로 경제 전체는 초과 수요 상태이다.
  ㄴ 균형보다 물가 수준이 낮으므로 상품에 대한 수요가 증가하면 (그림 13-7-2)처럼 물가는 높아져 균형을 이루게 된다.

③ 초과 공급 ⇒ 총공급 > 총수요
  ㄱ 물가 수준이 균형인 P₀보다 높은 P₂일 때는 총공급이 총수요보다 크므로 경제 전체는 초과 공급 상태가 된다.
  ㄴ 기업들이 재화를 판매하기 위해 가격을 낮추든지 또는 생산을 조절하여 공급을 줄이게 되면 (그림 13-7-3)처럼 물가 수준이 낮아져 균형을 이루게 된다.

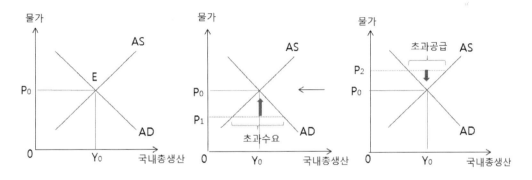

그림 13-7-1 총수요와 총공급의 균형   그림 13-7-2 초과수요   그림 13-7-3 초과공급

(그림 13-7 총수요와 총공급의 균형)

⑵ 총수요와 총공급의 관계

① 총수요의 증가, 감소 요인
  ㄱ 총수요의 증가
    민간소비 증가, 투자 증가, 정부지출 증가, 수출 증가
  ㄴ 총수요의 감소
    민간소비 감소, 투자 감소, 정부지출 감소, 수출 감소

② 총공급의 증가, 감소 요인
  ㄱ 총공급의 증가
    기술진보, 노동량 증가, 자본량 증가, 생산요소의 가격 하락 등

ⓒ 공급의 감소

노동량 감소, 자본량 감소, 생산요소의 가격 상승 등

(3) 시장 균형의 변동 ⇒ 플매[+, -]해법

① 총수요의 증가

총수요곡선이 오른쪽 위로 이동하므로 물가는 오르고, GDP 증가

물가 상승 : P+, GDP 증가 : GDP+

② 총수요의 감소

총수요곡선이 왼쪽 아래로 이동하므로 물가는 내리고, GDP 감소

물가 하락 : P-, GDP 감소 : GDP-

③ 총공급의 증가

총공급곡선이 오른쪽 아래로 이동하므로 물가는 내리고, GDP는 증가

물가 하락 : P-, GDP 증가 : GDP+

④ 총공급의 감소

총공급곡선이 왼쪽 위로 이동하므로 물가는 오르고, GDP는 감소

물가 상승 : P+, GDP 감소 : GDP-

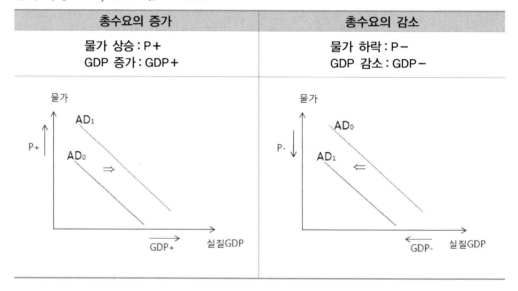

총수요의 증가	총수요의 감소
물가 상승 : P+ GDP 증가 : GDP+	물가 하락 : P- GDP 감소 : GDP-

총공급의 증가	총공급의 감소
물가 하락 . P− GDP 증가 : GDP+	물가 상승 : P+ GDP 감소 : GDP−

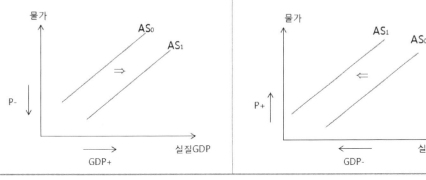

(4) 균형국민소득의 이동 방향−총수요만 변동 또는 총공급만 변동

① 총수요만 변동

  ㉠ 총수요 증가

총수요 증가	⇒	물가 상승: P+,	GDP 증가: GDP+
균형의 이동 방향		물가 상승: P+,	GDP 증가: GDP+

  ㉡ 총수요 감소

총수요 감소	⇒	물가 하락: P−,	GDP 감소: GDP−
균형의 이동 방향		물가 하락: P−,	GDP 감소: GDP−

② 총공급만 변동

  ㉠ 총공급 증가

총공급 증가	⇒	물가 하락: P−,	GDP 증가: GDP+
균형의 이동 방향		물가 하락: P−,	GDP 증가: GDP+

  ㉡ 총공급 감소

총공급 감소	⇒	물가 상승: P+,	GDP 감소: GDP−
균형의 이동 방향		물가 상승: P+,	GDP 감소: GDP−

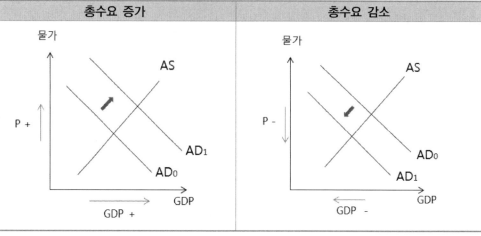

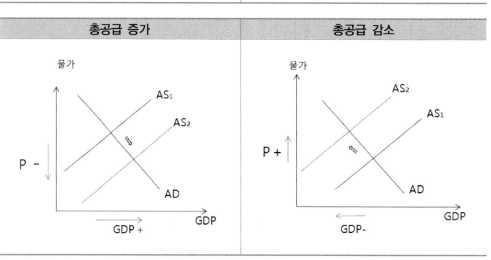

(5) 총수요와 총공급의 변동(플매[+, −]해법)

① 총수요 증가, 총공급의 증가

총수요 증가	⇒	물가 상승 : P＋	GDP 증가 : GDP＋
총공급 증가	⇒	물가 하락 : P－	GDP 증가 : GDP＋
균형의 이동 방향		물가 변화 : P?	GDP 증가 : GDP＋

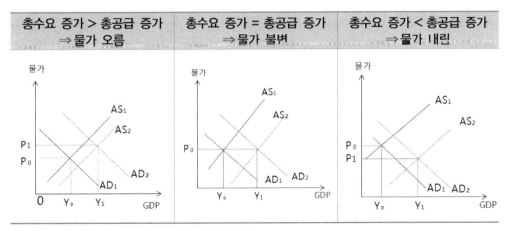

총수요 증가 > 총공급 증가 ⇒ 물가 오름	총수요 증가 = 총공급 증가 ⇒ 물가 불변	총수요 증가 < 총공급 증가 ⇒ 물가 내림

GDP는 증가하나 균형 물가는 불분명하다. 그림과 같이 총수요의 증가 크기와 총공급의 증가 크기에 따라 물가가 결정된다.

② 총수요 증가, 총공급 감소

총수요 증가	⇒	물가 상승 : P+	GDP 증가 : GDP+
총공급 감소	⇒	물가 상승 : P+	GDP 감소 : GDP−
균형의 이동 방향		물가 상승 : P+	GDP 변화 : ?

균형물가는 상승하나, 균형 GDP는 불분명하다. 그림과 같이 총수요 크기의 변화와 총공급 크기의 변화의 관계에 따라 균형 GDP가 결정된다.

총수요 증가 > 총공급 감소 ⇒GDP 증가	총수요 증가=총공급 감소 ⇒GDP 불변	총수요 증가<총공급 감소 ⇒GDP 감소

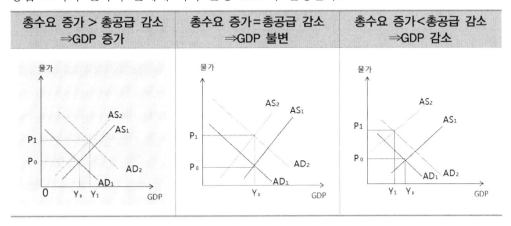

③ 총수요 감소, 총공급 증가

총수요 감소	⇒	물가 하락 : P−	GDP 감소 : GDP−
총공급 증가	⇒	물가 하락 : P−	GDP 증가 : GDP +
균형의 이동 방향		물가 하락 : P−	GDP 변화 : ?

균형물가는 하락하나 균형 GDP는 불분명하다. 그림과 같이 총수요 크기의 변화와 총공급 크기의 변화의 관계에 따라 균형 GDP가 결정된다.

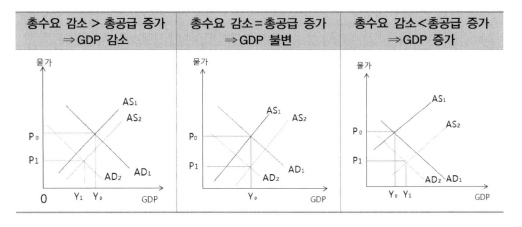

④ 총수요 감소, 총공급 감소

총수요 감소	⇒	물가 하락 : P−	GDP 감소 : GDP−
총공급 감소	⇒	물가 상승 : P+	GDP 감소 : GDP −
균형의 이동 방향		물가 변화 : ?	GDP 감소 : GDP−

GDP는 감소하나 물가 변화는 불분명하다. 그림과 같이 총수요의 감소 크기와 총공급의 감소 크기에 따라 물가가 결정된다.

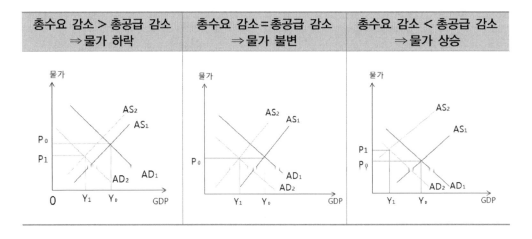

01. 그림과 같은 총수요의 변화 요인을 <보기>에서 고른 것은?　|2015년 3월 학평|

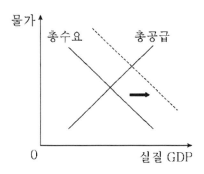

<보기>
ㄱ. 수출의 증가
ㄴ. 정부지출 확대
ㄷ. 가계의 소비 감소
ㄹ. 기업의 설비 투자 축소

① ㄱ, ㄴ　　　　　　　② ㄱ, ㄷ
③ ㄴ, ㄷ　　　　　　　④ ㄴ, ㄹ
⑤ ㄷ, ㄹ

02. (가)와 (나)는 시기별 총수요와 총공급의 불균형 상태를 나타낸 것이다. 이에 대한 추론으로 가장 적절한 것은?　　　　　　　　　　　　　　　　|2012년 11월 학평|

(가)　　　　　　　　　　　　　(나)

① (가)의 경우 경기 침체에 따른 재고가 증가할 것이다.
② (나)의 경우 생산이 증가하여 경기가 활성화될 것이다.
③ (가)의 경우 (나)에 비해 경기가 더 안정적일 것이다.
④ (가)의 경우 (나)와 달리 물가 상승의 우려가 클 것이다.
⑤ (나)의 경우 (가)와 달리 고용이 증가할 것이다.

03. 다음은 갑국의 경제 뉴스이다. 갑국의 경제 상황 변화를 나타낸 그림으로 가장 적절한 것은? (단, 갑국은 원유를 전량 수입에 의존하며, 다른 조건은 변함이 없다.)
　　　　　　　　　　　　　　　　　　　　　　　　　　|2014년 11월 학평|

주요 산유국인 을국의 내전이 점차 심화되고 있습니다. 이로 인해 국제 유가가 폭등하고 있으며, 우리나라의 을국에 대한 수출도 큰 폭으로 감소하고 있습니다.

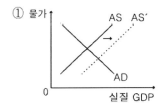

① 물가

AS AS′

AD

0   실질 GDP

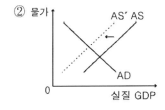

② 물가

AS′ AS

AD

0   실질 GDP

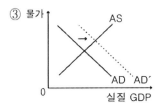

③ 물가

AS

AD AD′

0   실질 GDP

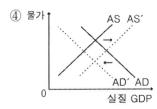

④ 물가

AS AS′

AD′ AD

0   실질 GDP

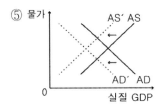

⑤ 물가

AS′ AS

AD′ AD

0   실질 GDP

04. 그림의 국민경제 균형점 A를 B로 이동시킬 수 있는 원인과 그 결과로 적절한 것은?

|2015년 10월 서울|

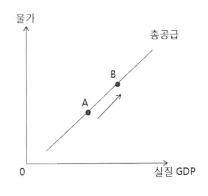

원인	결과	원인	결과
① 수출 증가	고용 증가	② 기술 혁신	인플레이션 발생
③ 민간소비 증가	실업률 증가	④ 공장의 해외 이전	경상 수지 개선
⑤ 국제 원유가 하락	디플레이션 발생		

05. 그림은 갑국의 국민경제 균형점 E의 변화를 나타낸다. 균형점 E를 (가), (나) 방향으로 변화시키는 요인으로 옳은 것은? [3점]

|2015년 9월 평가원|

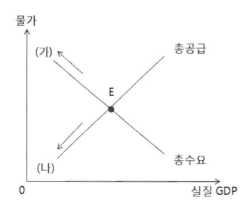

	(가)	(나)
①	정부지출 확대	순수출 감소
②	생산요소가격 상승	순수출 감소
③	생산요소가격 상승	기준금리 인하
④	기술 혁신으로 인한 생산성 향상	기준금리 인하
⑤	기술 혁신으로 인한 생산성 향상	정부지출축소

06. 다음의 경제 상황이 갑국의 경제에 미치는 영향으로 옳은 것은? (단, 총공급곡선은 우상향하며, 다른 조건은 변함이 없다.)

|2014년 4월 경기|

- 전 세계적 금융 위기가 해소됨에 따라 최근 갑국 제품의 해외 수출이 증가하였다.
- 갑국 정부는 새롭게 개발된 첨단 컴퓨터 제어 기술을 산업 현장 전반에 보급하여 생산성을 향상시켰다.

	총수요	총공급	물가 수준	국내총생산
①	증가	증가	알 수 없음	증가
②	증가	증가	상승	증가
③	증가	감소	상승	알 수 없음
④	감소	증가	하락	감소
⑤	감소	감소	알 수 없음	감소

07. 그림은 갑국의 총수요 구성을 나타낸다. 이에 대한 옳은 설명을 <보기>에서 고른 것은?

|2014년 3월 서울|

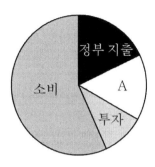

─────────< 보기 >─────────

ㄱ. 소득이 증가하면 A는 증가한다.

ㄴ. 국내 물가 상승은 A를 감소시키는 요인이다.

ㄷ. 수입품에 대한 소비가 증가하면 총수요는 증가한다.

ㄹ. A가 수출액과 일치하면 소비는 전부 국내생산물에 대해 지출한 것이다.

① ㄱ, ㄴ   ② ㄱ, ㄷ

③ ㄴ, ㄷ   ④ ㄴ, ㄹ

⑤ ㄷ, ㄹ

08. 표는 갑국의 국내총생산을 구성하는 지출 항목별 비중의 변화를 나타낸다. 이에 대해 옳게 진술한 학생을 <보기>에서 고른 것은?

|2015년 3월 서울|

(단위:%)

구분	t년	t+1년
⊙	65	62
투자	15	16
정부지출	10	15
순수출	10	7
계	100	100

< 보기 >

갑 : t년과 t+1년의 국내총생산은 같아.

을 : t년과 t+1년 모두 수출액이 수입액보다 많았어.

병 : t년에 비해 t+1년에 민간 부문의 투자지출액은 증가했어.

정 : ⊙은 재화와 서비스에 대한 가계의 소비지출을 나타내는 항목이야.

① 갑, 을   ② 갑, 병
③ 을, 병   ④ 을, 정
⑤ 병, 정

09. 그림은 갑국의 경제 상황 변화를 나타낸다. 이와 같은 변화의 원인으로 가장 적절한 것은? (단, 갑국의 현재 상황은 점 E이다.) [3점]

|2014년 9월 평가원|

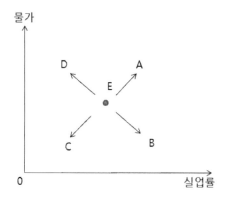

① E`→A : 정부지출 증가      ② E`→B : 총수요 증가
③ E`→C : 원자재 가격 하락      ④ E`→D : 통화량 축소
⑤ E`→D : 총공급 감소

10. 그림은 갑국과 을국의 경제 상황을 나타낸다. 이러한 상황을 발생시킬 수 있는 요인으로 적절한 것은?

|2014년 6월 평가원|

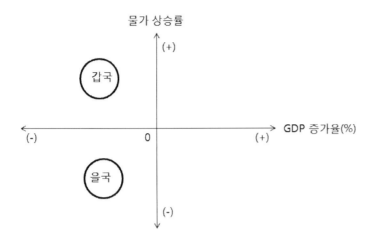

	갑국	을국
①	생산 기술 발전	민간소비 감소
②	수입 유가 상승	기준금리 인상
③	수입 유가 하락	민간소비 증가
④	수입 유가 상승	순수출 증가
⑤	생산 기술 발전	순수출 감소

CHAPTER

14

물가와 인플레이션

1. 물가와 물가지수

(1) 가격과 물가

① 가격

　　㉠ 시장에서 거래되는 상품 1단위와 교환되는 화폐액을 가격이라 한다.

　　㉡ 개별 가격은 미시경제이론의 주요 관심사이다.

② 물가

　　㉠ 시장에서 거래되는 개별 상품들의 가격을 경제 생활에서 차지하는 중요도를 고려
　　　하여 평균한 종합적인 가격 수준을 물가라 한다.

　　㉡ 중요도를 고려하여 평균한 종합적인 가격 수준

　　　쌀, 버스, 지하철 등의 필수품은 전체 소비지출에서 차지하는 비중이 큰 품목이므
　　　로 높은 가중치를 부여하고, 소비지출에서 차지하는 비중이 낮은 재화나 서비스는
　　　낮은 가중치를 부여하여 계산한 것이 가중 평균한 종합적인 가격 수준의 의미이다.

　　㉢ 물가는 거시경제이론의 주요 관심사이다.

(2) 물가지수

① 지수의 의미

　　수량을 비교하는 경우 기준치를 100으로 했을 때, 기준치의 100분비로 나타내는 것을
　　지수라 한다.

② 지수의 예

　　㉠ 아래의 표에서 보듯이 2010년도를 기준 연도로 하면 2011년의 사과생산량은 2010
　　　년 대비 110이 되고 2012년의 사과생산량은 2010년 대비 120이 된다.

	사과생산량	사과생산지수
2010	10,000	100
2011	11,000	110
2012	12,000	120

$$지수 = \frac{비교량}{기준량} \times 100$$

　　㉡ 각 연도의 사과생산량 10,000, 11,000, 12,000은 절댓값이다.

　　㉢ 지수란 상댓값으로서 기준 연도를 100으로 했을 때 비교 연도를 기준 연도의 100
　　　분비로 나타내는 것이다.

　　㉣ 2011년의 사과생산지수 110은 2010년보다 사과생산이 110% 많다는 것이고, 2012
　　　년의 사과생산지수 120은 2010년보다 사과생산이 120% 많다는 것이다.

③ 물가지수

㉠ 물가는 개별 상품의 가격을 중요도를 고려하여 가중 평균하여 구한 가격 수준이다.

㉡ 물가지수는 기준 시점의 물가를 100으로 하여 비교 시점의 물가를 기준 시점 물가의 백분비(지수)로 표시한 것이다.

㉢ 예를 들어 2010년의 물가지수가 100이고 2011년의 물가지수가 110이란 것은 2011의 평균적인 가격 수준이 2010년보다 10% 올랐다는 것을 의미한다.

④ 물가지수의 산출 방법

㉠ 우리나라는 경제 현실에 맞는 물가 수준 작성을 위해 5년(0년과 5년)마다 기준 연도를 변경하여 작성하고 있다. (2010년, 2015년이 기준 연도이다.)

㉡ 기준 연도에 조사대상 상품의 종류와 수량을 정하고, 상품별로 중요도에 따라 가중치를 부과하여 물가 수준을 구한다. 비교 연도에도 기준 연도에 정해진 상품의 종류와 수량을 계속 사용하여 물가지수를 구한다.

㉢ 비교 연도에는 기준 연도에 정해 놓은 상품의 종류와 수량에다 비교 연도의 상품가격을 적용하여 기준 연도 대비 비교 연도의 물가지수를 구한다.

⑤ 물가지수 작성 예 (가중치는 생략)

(단위:원, 개 벌)

	2010년		2011년		2012년	
	생산량	가격	생산량	가격	생산량	가격
사과	10	100	12	110	14	115
옷	5	200	6	205	7	210
연필	20	50	18	55	21	55

$$\cdot \text{물가지수} = \frac{\text{비교시점의 물가수준}}{\text{기준시점의 물가수준}} \times 100 = \frac{\Sigma(Pt \times Qo)}{\Sigma(Po \times Qo)} \times 100$$

㉠ 2010년 물가지수 (기준 연도)

$$\frac{(100 \times 10 + 200 \times 5 + 50 \times 20)}{(100 \times 10 + 200 \times 5 + 50 \times 20)} \times 100 = \frac{3,000}{3,000} \times 100 = 100$$

㉡ 2011년 물가지수

$$\frac{(110 \times 10 + 205 \times 5 + 55 \times 20)}{(100 \times 10 + 200 \times 5 + 50 \times 20)} \times 100 = \frac{3,225}{3,000} \times 100 = 107.5$$

㉢ 2012년 물가지수

$$\frac{(115 \times 10 + 210 \times 5 + 55 \times 20)}{(100 \times 10 + 200 \times 5 + 50 \times 20)} \times 100 = \frac{3,300}{3,000} \times 100 = 110$$

⑥ 물가 상승률

㉠ 물가 상승률

일정한 기간 물가지수가 증가한 비율을 말하는데, 일반적으로 직전 시기에 비해 당기의 물가지수가 증가한 비율을 의미한다.

$$\cdot \text{물가 상승률} = \frac{(\text{당기의 물가지수} - \text{전기의 물가지수})}{\text{전기의 물가지수}} \times 100$$

	2010	2011	2012	2013	2014
물가지수	100	107.5	110	115	125

㉡ 2011년 물가 상승률

$$\frac{(107.5 - 100)}{100} \times 100 = 7.5\%$$

㉢ 2012년 물가 상승률

$$\frac{(110 - 107.5)}{107.5} \times 100 = 2.3\%$$

㉣ 물가 상승률이 높으면 물가지수도 높은가?

		2010년	2011년	2012년
갑국	물가지수	100	110	120
	물가 상승률		10%	9.1%
을국	물가지수	100	120	130
	물가 상승률		20%	8.3%

반드시 그런 것은 아니다. 물가지수는 낮은데 물가 상승률은 높게 나타날 수 있고 물가지수는 높아도 물가 수준이 작게 변화하면 물가 상승률은 낮게 나타난다. 2011년엔 을국이 갑국보다 물가지수도 높고 물가 상승률도 높으나 2012년에는 을국이 물가지수는 높아도 물가 상승률은 갑국에 비해 낮게 나타난다.

(3) 물가지수의 용도

① 화폐의 구매력 측정

㉠ 화폐 1단위로 구매할 수 있는 상품의 수량을 화폐의 구매력이라 한다.

㉡ 물가와 화폐의 구매력은 반비례 관계여서 물가가 오르면 화폐의 구매력은 떨어지고 물가가 내려가면 화폐의 구매력은 올라간다.

$$\text{화폐의 구매력} = \frac{1}{\text{물가지수}} \times 100$$

ⓒ 예

구분	물가지수	물가 상승률	화폐의 구매력
2010년	100		$\frac{1}{100} \times 100 = 1$
2011년	107.5	7.5%	$\frac{1}{107.5} \times 100 = 0.93$
2012년	110	2.3%	$\frac{1}{110} \times 100 = 0.91$

② 실질가치 계산에 사용

ⓐ 실질가치 계산 예

구분	2015년	2016년	증가분
명목임금	1,000,000원	1,210,000원	210,000원
물가지수	100	110	
실질임금	1,000,000원	1,100,000원	100,000원

- 실질임금 $= \dfrac{명목임금}{물가지수} \times 100$

- 2015년 실질임금 : 1,000,000원÷100×100 = 1,000,000원

- 2016년 실질임금 : 1,210,000원÷110×100 = 1,100,000원

ⓑ 2016년도의 명목임금은 2015년도에 비해 210,000원이 증가했는데 물가변동분을 제거한 실질임금은 100,000원이 증가했다.

ⓒ 위와 같이 명목가치에서 물가변동 분을 제거해서 실질가치를 구해줄 때 물가지수를 사용한다.

③ 경기판단지표의 역할

일반적으로 다른 여건이 동일할 때 경기가 좋아지면 수요가 증가하여 물가가 상승하고, 경기가 나빠지면 수요가 감소하여 물가가 하락한다.

④ 전반적인 상품의 수급 동향을 판단할 수 있음

물가가 오르는 것은 수요의 증가나 공급 부족을 나타내고 물가가 내리는 것은 수요의 감소나 공급 과잉을 나타낸다.

(4) 물가지수의 종류

① 소비자물가지수(CPI : Consumer Price Index)

ⓐ 소비자물가지수는 소비자가 일상 소비생활에서 구입하는 상품의 가격 변동을 측정하기 위해 작성하는 물가지수이다.

ⓑ 모든 품목으로 구성된 것이 아니라 가계소비지출 중에서 차지하는 비중이 큰 481개 품목으로 구성되어 있으며, 통계청에서 작성·발표하고 있다.

ⓒ 가계의 생계비나 실질소득 또는 화폐의 구매력을 측정할 때 사용하며, 가장 대표적인 물가지수이다.

② 생산자물가지수(PPI : Producer Price Index)

ⓐ 기업들이 생산하기 위해 기업 상호 간에 거래되는 재화와 서비스의 가격을 바탕으로 작성한 물가지수이다.

ⓑ 생산자물가지수를 통해 생산비의 변화나 상품의 수급 동향을 파악할 수 있다.

ⓒ 한국은행에서 작성 발표하고 있다.

③ GDP 디플레이터

ⓐ 명목 GDP와 실질 GDP

명목 GDP	실질 GDP
① 당해 연도의 생산물에 당해 연도 가격을 곱하여 계산한 GDP 명목 GDP = $\Sigma(Pt \times Qt)$	① 당해 연도의 생산물에 기준 연도 가격을 곱하여 계산한 GDP 실질 GDP = $\Sigma(P_0 \times Qt)$
② 실질 GDP의 변화가 없어도 물가가 상승하면 명목 GDP는 증가함	② 실질 GDP는 물가의 영향을 받지 않음

ⓑ GDP 디플레이터 공식

$$\text{GDP 디플레이터} = \frac{\text{명목GDP}}{\text{실질GDP}} \times 100 = \frac{\Sigma(Pt \times Qt)}{\Sigma(Po \times Qt)} \times 100$$

ⓒ GDP 디플레이터의 특징

• 소비자물가지수나 생산자물가지수는 그 대상품목이 한정되어 있으나 GDP 디플레이터는 GDP에 포함되는 모든 재화와 서비스가 포함되어 있으므로 가장 포괄적인 물가지수이다.

• GDP 디플레이터는 **GDP 통계로부터 사후적으로 산출**된다.

④ 명목 GDP, 실질 GDP와 GDP 디플레이터의 계산

	단위/가격	TV 생산량	명목 GDP(A)	실질 GDP(B)	GDP 디플레이터
2010년	100만원	10대	100만원×10대 =1,000만 원	100만원×10대 =1,000만원	$\frac{1,000만원}{1,000만원} \times 100$ =100
2011년	120만원	9대	120만원×9대 =1,080만 원	100만원×9대 =900만원	$\frac{1,080만원}{900만원} \times 100$ =120
2012년	150만원	8대	150만원×8대 =1,200만 원	100만원×8대 =800만원	$\frac{1,200만원}{800만원} \times 100$ =150

(단, 기준 연도는 2010년이다.)

(5) 체감물가(생활물가지수)

① 소비자 물가지수는 481개 품목의 가격 변동을 평균하여 작성한다. 다양한 품목들의 가격 변화가 가중평균되어 작성되다 보니 일반소비자들이 일상 생활에서 느끼는 체감 물가 수준과 괴리를 보이는 문제점이 있다.

② 예를 들어 쌀, 라면, 채소류의 가격은 올랐는데 다른 품목의 가격이 내린 경우 소비자 물가지수는 거의 변화가 없을 수도 있다. 이런 경우 일반 소비자들은 장바구니 물가는 분명 올랐는데, 소비자물가지수가 오르지 않은 점을 의아하게 생각할 수 있다.

③ 이런 문제점을 개선하기 위해 통계청에서는 생활물가지수를 작성 발표하고 있는데, 생활물가지수 대상품목은 쌀, 라면, 과일류, 고기류, 두부, 운동화, 중·고 납입금 등으로서 소비자들이 일상 생활에서 가격 변동에 민감하게 반응하는 품목들로 구성되어 있다.

2. 인플레이션

(1) 인플레이션

① 물가 수준이 지속적으로 상승하는 현상을 인플레이션이라고 한다.
② 물가가 지속적으로 상승하므로 화폐의 실질가치는 떨어진다.
② 수요 측 요인에 의한 인플레이션 또는 공급 측 요인에 의한 인플레이션에 따라 정부의 정책 대응도 달라진다.

(2) 인플레이션의 구분

① 수요견인 인플레이션
　㉠ 발생 원인
　　총수요 증가로 인한 물가 상승을 의미하는데, 아래의 그림처럼 총수요곡선이 우측으로 이동하면 국민소득이 증가하고 물가는 상승한다.
　㉡ 총수요 증가 요인
　　GDP=소비＋투자＋정부지출＋순수출에서 소비, 투자, 정부지출, 순수출이 증가하면 총수요가 증가하여 물가가 오르게 된다.
　㉢ 수요견인 인플레이션의 경우 물가는 오르지만, 국민소득도 증가하므로 경기는 좋아진다.

ⓔ 대책
 • 총수요 관리가 주요 대책인데, 정부가 시행하는 긴축재정정책과 중앙은행이 시행하는 긴축 통화정책이 주요 대책이다.
 • 긴축재정정책
  정부가 정부지출을 축소하고 세금을 많이 걷는 흑자 재정정책이 긴축재정정책이다.
 • 긴축통화정책
  중앙은행이 시중의 통화량을 회수하거나 이자율을 올려서 민간소비와 민간투자를 억제하는 것이 긴축통화정책이다.

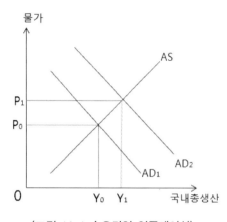

(그림 14-1 수요견인 인플레이션)

② 비용인상 인플레이션
 ㉠ 발생 요인
  원자재 가격이나 노동자의 임금 인상 등 생산비의 증가에 따라 총공급곡선이 왼쪽으로 이동하여 물가가 상승하는 것이 비용인상 인플레이션이다.
 ㉡ 비용인상 인플레이션이 발생하면 아래의 그림처럼 물가는 상승하고 국민소득은 감소한다.
 ㉢ 대책
  • 임금가이드라인 설정, 생산성을 초과하는 과도한 임금 인상 억제
  • 기술 혁신, 경영 혁신 등을 통한 기업의 비용 절감으로 원가 상승 억제
③ 스태그플레이션(Stagflation : Stagnation + Inflation의 합성어)
 물가 상승과 더불어 경기 침체가 일어나는 경우를 스태그플레이션이라 하며 공급 측 요인에 의한 비용인상 인플레이션의 경우에 스태그플레이션이 발생할 수 있다.

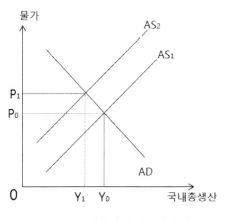

(그림 14-2 비용인상 인플레이션)

⑶ **인플레이션이 발생할 때 유리한 경우와 불리한 경우**

① 인플레이션이 발생할 때 화폐와 실물자산의 명목가치와 실질가치

　　㉠ 화폐의 명목가치와 실질가치

　　　　• 화폐에 표시된 금액이 명목가치인데 인플레이션이 발생해도 화폐에 표시된 금액은 변화가 없으므로 화폐의 명목가치는 불변이다.

　　　　(화폐의 명목가치 : 화폐에 정해 놓은 일정한 가치)

　　　　• 인플레이션이 발생하여 상품을 구매하는 경우 인플레이션 발생 이전보다 더 많은 화폐가 필요하므로 화폐의 실질가치는 하락한다.

　　　　(화폐의 실질가치 : 화폐를 가지고 실질적으로 사고 팔 수 있는 가치)

　　㉡ 실물자산의 명목가치

　　　　실물자산의 가격이 오르므로 실물자산의 명목가치는 상승한다.

② 인플레이션이 발생할 때 유리 또는 불리한 경우

불리한 경우	유리한 경우
인플레이션이 발생하면 화폐의 실질가치가 하락하므로 화폐를 보유하거나 보유할 자는 불리해진다.	인플레이션이 발생하면 실물자산의 명목가치는 상승하고, 화폐의 실질가치는 하락하므로 실물자산 보유자나 화폐를 줄 자는 유리해진다.
• 화폐자산 보유자 • 채권자 • 봉급 생활자와 연금 생활자	• 실물자산 보유자 • 채무자 • 기업

　　㉠ 예금이나 주식 등 금융자산 보유자는 화폐를 보유하거나 받을 예정이므로 불리하게 된다.

ⓛ 금이나 부동산 등 실물자산의 실질가치는 변화가 없이 명목가치는 오르게 되므로 유리하게 된다.

ⓒ 인플레이션이 발생하면 향후 지급할 원리금의 화폐가치가 하락하므로 채무자는 유리해지고 채권자는 불리해진다. 채권을 발행한 기업이나 정부는 나중에 원리금을 갚아야 하므로 유리해진다.

ⓔ 봉급 생활자나 연금 생활자는 화폐 가치가 하락하므로 불리하다.

ⓜ 봉급을 지급하는 기업들은 물가지수 상승으로 실질임금이 하락하므로 유리하다.

$$\text{실질임금}\Downarrow = \frac{\text{명목임금}}{\text{물가지수}\Uparrow} \times 100$$

(4) 인플레이션이 발생할 경우 긍정적 영향과 부정적 영향

① 긍정적 영향

총수요가 증가하면 국민소득이 증가하지만, 물가도 같이 오른다. 즉, 총수요 곡선이 우측으로 이동하면 국민소득도 증가하면서 물가도 같이 오르는데 이때 인플레이션이 과도하지 않다면 경제에 좋은 흐름으로 작용할 수 있다.

② 부정적 영향

ⓐ 경제의 불확실성 증대

과도한 인플레이션으로 인해 미래에 대한 불확실성이 커지면

- 투자 의욕을 감소시키고 실물자산에 대한 선호가 커져 경제 성장에 나쁜 영향을 미치고
- 장기 계약과 거래를 회피하며 단기성 위주의 자금 대출이 늘어난다.

ⓑ 부의 불공평한 재분배

채무자와 실물자산 보유자 등은 유리해지고 금융자산 보유자나 채권자는 불리해져 부의 불공평한 재분배가 일어난다.

ⓒ 경상 수지의 악화

국내 물가 상승으로 수출품의 가격이 비싸지면 수출이 감소하고 수입이 증가하여 경상 수지가 악화된다.

ⓓ 근로의욕 저하

인플레이션으로 인한 화폐의 가치 하락으로 실질임금이 하락하면 노동자의 근로의욕이 저하될 수 있다.

3. 디플레이션

(1) 디플레이션(Deflation)

① 물가 수준이 지속적으로 하락하는 현상을 디플레이션이라 한다.

② 물가가 지속적으로 하락하므로 화폐의 실질가치는 상승한다.

③ 디플레이션은 2가지 유형이 있는데, 하나는 총수요 측 요인에 의한 디플레이션이며, 다른 하나는 총공급 측 요인에 의한 디플레이션이다.

(2) 발생 요인

① 총수요 측 요인

 ㉠ (그림 14-3-1)처럼 총수요의 감소로 총수요곡선이 좌측으로 이동하면 국민소득도 감소하면서 물가도 하락한다.

 ㉡ 디플레이션 상태는 물가가 하락하면서 경기가 침체국면에 들어가는 것이므로 경제 전반에 걸쳐 악영향을 미친다.

 ㉢ 디플레이션에서는 인플레이션과 반대로 화폐가치가 올라가므로 화폐를 보유하거나 보유할 자가 유리해진다.

② 총공급 측 요인

 ㉠ 기술 혁신 등으로 생산성 향상이 이루어지면 생산비가 낮아지므로 (그림 14-3-2)처럼 총공급곡선이 우측으로 이동한다.

 ㉡ 총공급곡선이 우측으로 이동하면 물가는 낮아지지만, 국민소득은 증가한다.

 ㉢ 기술 혁신 등으로 총공급곡선이 우측으로 이동하여 디플레이션 현상이 나타나지만, 국민소득은 증가하므로 바람직한 경제 발전 형태라고 볼 수 있다.

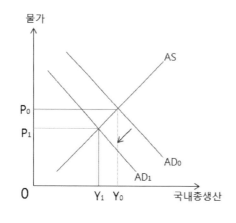

그림 14-3-1 수요측 디플레이션

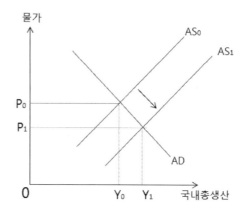

그림 14-3-2 공급측 디플레이션

(그림 14-3 디플레이션)

⑶ **디플레이션이 발생할 때 유리한 경우와 불리한 경우**

① 디플레이션이 발생할 때 화폐와 실물자산의 명목가치와 실질가치

  ㉠ 화폐의 명목가치와 실질가치

  • 화폐에 표시된 금액이 명목가치인데 디플레이션이 발생해도 화폐에 표시된 금액
   은 변화가 없으므로 화폐의 명목가치는 불변이다.

  • 디플레이션이 발생하여 상품을 구매하는 경우 디플레이션 발생 이전보다 더 적
   은 화폐가 필요하므로 화폐의 실질가치는 상승한다.

  ㉡ 실물자산의 명목가치와 실질가치

   실물자산의 가격이 떨어지므로 실물자산의 명목가치는 하락한다.

② 디플레이션이 발생할 때 유리한 경우와 불리한 경우

불리한 경우	유리한 경우
디플레이션이 발생하면 화폐의 실질가치가 상승하므로 화폐를 주는 자나 실물자산 보유자는 불리해진다.	디플레이션이 발생하면 화폐자산의 명목가치는 불변이나, 화폐의 실질가치가 상승하므로 화폐를 보유하거나 받을 자는 유리해진다.
• 실물자산 보유자 • 채무자 • 기업	• 화폐자산 보유자 • 채권자 • 봉급 생활자와 연금 생활자

  ㉠ 화폐의 실질가치가 상승하므로 화폐를 보유하거나 예금이나 주식 등 금융자산 보유
   자는 유리하다.

  ㉡ 금이나 부동산 등 실물자산의 실질가치는 변화가 없이 명목가치는 하락하므로 불리
   하다.

294

ⓒ 디플레이션이 발생하면 향후 지급할 원리금의 화폐가치가 상승하므로 채무자는 불리해지고 채권자는 유리해진다. 채권을 발행한 기업이나 정부는 나중에 원리금을 갚아야 하므로 불리해진다.

ⓔ 봉급 생활자나 연금 생활자는 화폐 가치가 상승하므로 유리하다.

ⓜ 봉급을 지급하는 기업들은 물가지수 하락으로 실질임금이 상승하므로 불리하다.

$$\text{실질임금} \Uparrow = \frac{\text{명목임금}}{\text{물가지수} \Downarrow} \times 100$$

(4) 디플레이션의 긍정적, 부정적 효과

① 긍정적 효과

생산성 향상으로 총공급곡선이 오른쪽 아래로 이동하여 디플레이션이 일어나면 물가가 하락하면서 국민소득이 증가하므로 총공급곡선의 오른쪽 이동으로 인한 디플레이션은 긍정적 효과가 나타난다.

② 부정적 효과

ⓐ 물가가 하락하면 차입금의 실질가치가 커져서 차입금의 실질이자가 오르게 된다. 차입금에 대한 부담이 증가하면 기업의 투자가 위축되어 경기가 침체된다.

ⓑ 물가가 하락하여 노동자의 실질임금($\frac{w}{P}$)이 상승하면 기업은 고용량을 줄이므로 산출량이 감소한다.

ⓒ 총수요 감소로 디플레이션이 나타나면 기업의 투자 위축, 고용량 감소 등에 의한 경기 침체가 일어나 경제에 안 좋은 영향을 미친다.

01. 비용인상 인플레이션에 대한 설명 중 옳지 <u>않은</u> 것은?

① 물가와 실업이 동시에 상승한다.

② 임금 인상이 원인일 수 있다.

③ 정부가 확대재정정책을 시행할 경우 발생한다.

④ 70년대의 오일쇼크에 의한 인플레이션이 대표적 예라 할 수 있다.

⑤ 스태그플레이션을 야기할 수 있다.

02. 수요 견인 인플레이션이 발생되는 경우에 해당하는 것은?

① 수입 자본재 가격의 상승   ② 임금의 삭감

③ 정부지출의 증가   ④ 노동자의 임금 인상

⑤ 국제 원자재 가격의 상승

03. 다음 중 디플레이션이 발생할 때 나타날 수 있는 현상으로 가장 적절한 것은?

① 월급을 받는 근로자의 실질소득이 감소할 것이다.

② 정기 예금보다 부동산에 투자하는 것이 유리하다.

③ 화폐의 구매력이 감소하므로 이전보다 더 많은 화폐가 필요할 것이다.

④ 채권자보다는 채무자가 유리해진다.

⑤ 연금을 지급받는 자가 유리해진다.

04. 표는 인플레이션의 두 유형 (가), (나)에 대하여 정리한 것이다. 이에 대한 옳은 설명을 <보기>에서 고른 것은? |2015년 10월 서울|

구분	(가)	(나)
원인	(㉠)로/으로 인한 총수요 변동	(㉡)로/으로 인한 총공급 변동
대책	㉢	㉣

<보기>

ㄱ. (가)와 달리 (나)는 실질 GDP 감소가 수반된다.
ㄴ. ㉠에 '투자지출 증가'가 들어갈 수 있다.
ㄷ. ㉡에 '국제 곡물가 하락'이 들어갈 수 있다.
ㄹ. 기준금리 인상은 ㉢이 아닌 ㉣에 해당한다.

① ㄱ, ㄴ   ② ㄱ, ㄷ
③ ㄴ, ㄷ   ④ ㄴ, ㄹ
⑤ ㄷ, ㄹ

05. 그림 (가), (나)는 인플레이션의 발생 유형을 나타낸 것이다. 이에 대한 설명으로 옳지 않은 것은? |2014년 10월 서울|

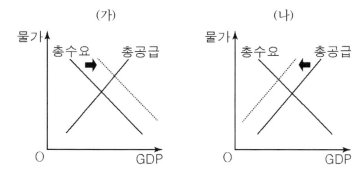

① 확장 통화정책은 (가)에 대한 대책이다.
② 순수출의 증가는 (가)의 요인이 될 수 있다.
③ 국제 곡물 가격의 상승은 (나)의 요인이 될 수 있다.
④ (나)에서는 경기 침체와 물가 상승이 동시에 나타난다.
⑤ 산업 전반의 생산성 증진은 (나)에 대한 대책이 될 수 있다.

그림의 대화에 대한 분석 및 추론으로 가장 적절한 것은? |2015년 9월 평가원|

최근 우리 경제의 디플레이션 우려에 대해 어떻게 생각하십니까?

민간 소비의 감소가 지속되어 디플레이션 우려가 있으므로 이에 대한 정부의 대책이 필요합니다.

저는 우려할 필요가 없다고 생각합니다. 최근 물가 하락은 국제 원자재 가격 하락이 원인이기 때문입니다.

사회자   갑   을

① 갑은 총수요의 감소가 디플레이션을 초래한다고 보고 있다.
② 갑은 확대 통화정책보다 긴축 통화정책을 지지할 것이다.
③ 을은 실질 GDP가 감소할 것으로 예상하고 있다.
④ 을은 총공급의 감소를 물가 하락의 원인으로 보고 있다.
⑤ 갑과 을이 진단하는 경제 상황이 동시에 나타나면 스태그플레이션이 발생할 것이다.

07. 그림은 갑국의 향후 1년간 물가 상승률과 명목 이자율의 예상 조합 A~D를 나타낸다. 이에 대한 분석으로 옳은 것은?

|2015년 9월 평가원|

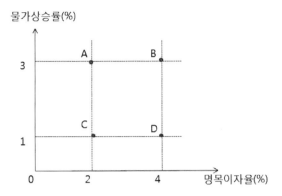

① A의 경우 현금 보유가 예금보다 유리하다.

② 실질 이자율은 B의 경우에 가장 높다.

③ B와 C의 경우 물가 수준은 같다.

④ C보다 A의 경우 예금의 실질 구매력이 작다.

⑤ D보다 B의 경우 물가 상승률을 고려하지 않은 이자율이 높다.

08. 다음은 학생들이 '발생 원인에 따른 인플레이션의 종류와 대책'에 대해 조사하여 발표한 내용이다. 옳게 발표한 학생을 <보기>에서 고른 것은?

|2013년 대수능|

〈인플레이션의 종류별 원인과 대책〉

종류	원인	대책
수요견인인플레이션	㉠	㉡
㉢	㉣	경영 합리화, 기술 혁신 등

―――――――――― < 보기 > ――――――――――

갑 : ㉠에는 이자율 인하가 들어갈 수 있어요.

을 : ㉡의 예로 정부지출의 확대를 들 수 있어.

병 : ㉢에는 비용인상 인플레이션이 들어갈 수 있어.

정 : ㉣에는 원화 가치의 상승이 들어갈 수 있어.

① 갑, 을   ② 갑, 병

③ 을, 병   ④ 을, 정

⑤ 병, 정

09. 다음 자료를 옳게 이해한 학생을 <보기>에서 고른 것은?

|2014년 9월 평가원|

> 물가 상승률이 지속적으로 상승해서 예금 이자율보다 훨씬 높아졌다. 전문가들은 이러한 현상이 당분간 지속될 것으로 전망하고 있다.

─── < 보기 > ───

갑 : 예금의 자산가치가 하락하겠어.
을 : 실질 이자율이 음(-)이라는 뜻이야.
병 : 명목 이자율과 실질 이자율의 차이가 줄어들겠군.
정 : 예금을 찾아서 집에 있는 금고에 두는 것이 유리하겠네.

① 갑, 을   ② 갑, 병
③ 을, 병   ④ 을, 정
⑤ 병, 정

10. 다음 경제 현상의 발생 원인과 결과를 옳게 짝지은 것을 <보기>에서 모두 고른 것은? [3점]

> ○ 물가가 지속적으로 하락하는 현상을 말한다.
> ○ 수요 측면에서 발생하기도 하고 공급 측면에서 발생하기도 한다.
> ○ '경제의 저혈압'이라고도 한다.

─── < 보기 > ───

	(원인)	(결과)
ㄱ.	생산성 향상	실질임금 상승
ㄴ.	소비 감소	기업과 금융기관의 부실화
ㄷ.	석유 파동	투기 성행
ㄹ.	통화량 감소	기업의 이윤 및 투자 의욕 증대
ㅁ.	수출 감소	부채의 실질가치 감소

① ㄱ, ㄴ   ② ㄴ, ㄷ
③ ㄴ, ㄹ   ④ ㄷ, ㅁ
⑤ ㄹ, ㅁ

11. 그림의 대화 내용에 대한 옳은 설명을 <보기>에서 고른 것은? [3점] |2014년 3월 서울|

> 국제 원자재 가격이 많이 올랐기 때문입니다.

> 최근 경기가 침체된 원인은 무엇입니까?

> 수출이 크게 감소하였기 때문입니다.

─────── <보기> ───────

ㄱ. 갑의 주장이 옳다면 화폐가치는 하락했을 것이다.

ㄴ. 을의 주장이 옳다면 확대 재정정책은 적절한 대책이다.

ㄷ. 갑과 을의 주장이 모두 옳다면 물가는 상승했을 것이다.

ㄹ. 갑은 수요 측면에서, 을은 공급 측면에서 원인을 찾고 있다.

① ㄱ, ㄴ 　　　② ㄱ, ㄷ

③ ㄴ, ㄷ 　　　④ ㄴ, ㄹ

⑤ ㄷ, ㄹ

12. 다음 중 인플레이션의 자산분배 효과를 잘 나타낸 것은?

① 화폐자산의 명목가치 하락, 실물자산의 명목가치 상승

② 화폐자산의 명목가치 상승, 실물자산의 실질가치 상승

③ 화폐자산의 명목가치 불변, 실물자산의 명목가치 상승

④ 화폐자산의 실질가치 하락, 실물자산의 실질가치 하락

⑤ 화폐자산의 실질가치 불변, 실물자산의 실질가치 상승

CHAPTER

15

경제 안정화정책과 중앙은행

1. 경기 변동

(1) 경기 변동

① 경제 활동 수준이 활발하여 경제가 활황 상태에 있거나, 반대로 경제 활동 수준이 저조하여 경제가 침체 상태에 있을 수 있는데, 이처럼 경제 활동 수준이 활황 상태와 침체 상태를 반복하는 것을 경기 변동이라 한다.

② 경기 변동은 국민경제에 큰 영향을 미치므로 국민경제의 주요한 관심사이다.

(2) 경기 변동의 원인

> 실질 GDP = 민간소비 + 민간투자 + 정부지출 + 순수출(수출 − 수입)

① 경기 변동은 총수요·총공급의 불균형으로 일어나는데, 가계의 소비 변화, 기업의 투자 변화와 기술 혁신 그리고 석유 같은 원자재 가격의 변화가 경기 변동의 주요 요인이다.

② 민간소비 부문
가계 소득의 감소나 소비 심리의 위축 등으로 가계 소비가 줄어들거나 반대로 가계 소비가 느는 경우 경기가 변동할 수 있다.

③ 민간투자 부문
투자는 기업의 투자 예측, 소득수준의 변화, 기술 혁신 등 많은 요인에 따라 변동하므로 투자의 불안정성이 경기 변동의 원인이 되고 있다.

④ 순수출 부문
순수출의 증가나 감소도 경기 변동의 원인이 된다.

⑤ 기타 요인
과거 오일쇼크 등 급격한 원자재 가격의 변화나 산업 혁명과 같은 커다란 기술 혁신도 경기 변동의 원인이 된다.

⑥ 정부 부문
정부는 경기가 활황일 때에는 긴축재정으로, 경기가 침체일 때에는 확대 재정정책으로 경기 변동을 조절하게 된다.

(3) 총수요와 총공급의 변동

① 총수요의 변동

　㉠ 소비, 투자, 정부지출, 수출의 변화로 총수요가 증가하면 (그림 15-1-1)처럼 총수요
　　곡선은 오른쪽 위로 이동하여 국민소득이 늘면서 물가도 상승한다.

　㉡ 반대로, 총수요가 감소하면 총수요곡선이 왼쪽 아래로 이동하여 국민소득이 감소하
　　고 물가는 하락한다.

② 총공급의 변동

　㉠ 기술진보나 원자재 가격 하락 등으로 총공급이 증가하면 (그림 15-1-2)처럼 총공급
　　곡선이 오른쪽 아래로 이동하여 국민소득이 늘어나고 물가는 하락한다.

　㉡ 총공급의 증가로 국민소득도 늘어나지만, 물가도 하락하게 되어 국민경제가 안정적
　　인 성장을 하게 된다.

　㉢ 유가 등 원자재 가격이 오르거나 임금 인상 등으로 총공급이 감소하여 총공급곡선
　　이 왼쪽 위로 올라가면 국민소득이 감소하면서 물가도 오르게 된다.

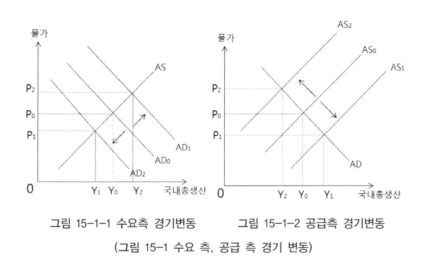

그림 15-1-1 수요측 경기변동　　그림 15-1-2 공급측 경기변동

(그림 15-1 수요 측, 공급 측 경기 변동)

(4) 경기 순환

① 경기 순환

국민경제의 경기 수준이 회복기-확장기(호황기)-후퇴기-수축기(침체기)의 네 국면으로
반복하여 변화하는 것을 경기 순환이라 한다.

② 정점(peak), 저점(trough), 주기(cycle), 진폭(amplitude)

　㉠ 정점

　　경기가 상승국면에서 하강국면으로 바뀌는 상위전환점을 정점이라 한다.

ⓛ 저점

하강국면에서 상승국면으로 바뀌는 하위전환점을 저점이라 한다.

ⓒ 주기

정점에서 정점 또는 저점에서 저점까지의 기간을 주기라 한다.

ⓔ 진폭

저점에서 정점까지의 높이를 진폭이라 한다.

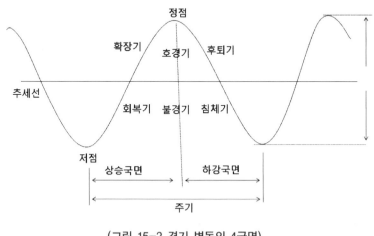

(그림 15-2 경기 변동의 4국면)

③ 상승국면과 하강국면

ⓖ 상승국면

회복기와 확장기(호황기)를 상승국면이라 한다.

ⓛ 하강국면

후퇴기와 수축기(침체기)를 하강국면이라 한다.

④ 회복기와 확장기

ⓖ 상승국면은 회복기와 확장기로 구분된다.

ⓛ 회복기에는 침체된 경제 활동이 다시 활기를 찾게 되어 위축되었던 소비, 소득, 고용, 투자가 조금씩 늘어나며 물가는 상승한다.

ⓒ 확장기에는 기업의 생산과 투자 그리고 소비자의 소비가 활발해져 경기가 호황 상태에 이르게 된다.

ⓔ 경기가 정점에 이르면 경기 과열에 대한 우려와 물가 상승으로 인한 인플레이션 우려로 정부는 긴축재정을 시행한다.

⑤ 후퇴기와 수축기

   ⊙ 하강국면은 후퇴기와 수축기로 구분된다.

   ⊙ 경기가 정점을 지나 서서히 활기를 잃어가는 단계가 후퇴기이며, 소비와 투자가 조금씩 감소하고 재고는 증가하기 시작한다.

   © 수축기에는 경기가 더욱 하락하여 심각한 침체 상태에 빠지게 되며, 정부는 경기를 활성화시키기 위해 확대재정정책을 시행한다.

(5) 경기 변동의 특징

① 국민경제 전반에 걸쳐 영향을 미침

   경기 변동은 국민소득과 물가에 영향을 미치는 것만이 아니라, 이자율, 실업, 고용, 소비, 수출, 수입 등 경제 전반에 영향을 미친다.

② 상승국면과 하강국면의 반복성

   경기 변동은 상승국면과 하강국면으로 이루어지며, 이러한 상승국면과 하강국면이 반복적으로 일어난다. 상승국면이 하강국면보다 긴 비대칭적 경기 변동이 일반적이다.

③ 동시적 진행

   경기 변동은 몇 개의 국민소득, 물가 등 몇 개의 변수들에만 국한된 것이 아니라 경제의 모든 부문 및 변수에서 동시적으로 발생한다.

④ 지속성

   상승국면이든지 하강국면이든지 일단 시작하면 일정 기간 지속되는 특징이 있다.

(6) 경기 변동과 경제 변수의 움직임

① 상승국면일 때

   ⊙ 경기가 좋아지면 실질 GDP, 소득, 소비, 투자, 이자율, 물가, 통화량 등은 상승한다.

   ⊙ 경기가 좋아지면 실업률은 하락하고 재고는 감소한다.

② 하강국면일 때

   ⊙ 경기가 나빠지면 실질 GDP, 소득, 소비, 투자, 이자율, 물가, 통화량 등은 감소한다.

   ⊙ 실업률은 높아지고 재고는 늘어난다.

■ 경제 안정화정책과 중앙은행

1. 경제 안정화정책

(1) 경제의 안정적 성장

① 경기 변동에서 살펴본 것처럼 경기는 호황기와 불황기를 순환하면서 성장하고 있다.

② 정부나 중앙은행의 주요 목표는 과도한 인플레이션 없이 경제가 일정하게 성장하여 안정적인 경제 환경을 유지하는 것이다.

③ 따라서 정부나 중앙은행은 경기가 호황기에는 경기를 진정시키는 정책을 시행하고 경기가 침체기에는 경기를 부양하는 정책을 펴서 안정적인 경제 성장을 추구하는데, 이를 경제 안정화정책이라고 한다.

(2) 경제 안정화정책의 종류

① 정부가 시행하는 안정화정책은 재정정책이라 하고, 중앙은행이 시행하는 안정화정책은 통화(금융)정책이라 하며 대표적인 총수요관리 정책 수단이다.

② 재정정책

　㉠ 정부가 시행한다.

　㉡ 확대재정정책

　　정부가 세입(조세수입)보다 세출(정부지출)을 늘리는 것이나 세율을 인하하여 조세수입을 줄이는 것을 확대재정정책이라 한다.

　㉢ 긴축재정정책

　　정부가 세출(정부지출)보다 세입(조세수입)을 늘리는 것이나 세율을 인상하여 조세수입을 늘리는 것을 긴축재정정책이라 한다.

③ 통화정책

　㉠ 중앙은행이 시행한다.

　㉡ 확대통화정책

　　통화량을 늘리거나 이자율을 낮추어 민간소비나 투자를 활성화시키는 것을 확대통화정책이라 한다.

④ 긴축통화정책

　　통화량을 줄이거나 이자율을 높여서 민간소비나 투자를 억제하여 인플레이션을 진정시키는 것을 긴축통화정책이라 한다.

2. 재정정책

(1) 재정정책

① 정부가 정부지출과 조세를 변화시켜 경제 성장, 물가안정 등의 정책 목표를 달성하려는 정책을 재정정책이라 한다.

② (AD = 소비 + 투자 + 정부지출 + 순수출)에서 정부지출을 늘리거나 줄이면 총수요곡선이 오른쪽 또는 왼쪽으로 이동하게 되어 경기를 진작시키거나 안정화시킬 수 있다.

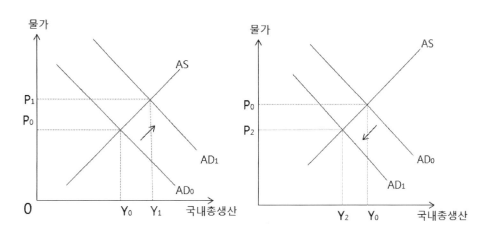

그림 15-3-1 확대재정정책을 통한 총수요 증가　　그림 15-3-2 긴축재정정책을 통한 총수요 감소

(그림 15-3 재정정책을 통한 경기 조절)

(2) 확대재정정책

① 정부지출을 증가시키거나 세율을 인하하는 것을 확대재정정책이라 하며 조세수입보다 정부지출이 더 많게 되어 적자 재정 상태가 된다.

(적자 재정 : 정부지출 > 조세수입)

② 경기가 침체일 때 경기 회복과 고용 증대 목적으로 시행한다.

③ 정부지출 증가

정부가 정부지출을 늘려 다리, 도로, 공공사업 등 공공재를 늘리면 기업과 가계의 소득이 증가하여 경기가 활성화된다.

> 정부지출증가 ⇒ 가계 및 기업 소득 증가 ⇒ 민간소비 증가, 기업 투자 증가 ⇒ 총수요 증가 ⇒
> 국민소득 증가

④ 세율 인하

정부가 세율을 인하하면 가계는 세금을 덜 내므로 처분 가능 소득이 늘어나고 기업은 법인세 인하에 따라 세금을 덜 내므로 투자 재원이 증가하게 된다.

(법인세 : 기업 소득에 부과하는 세금, 소득세 : 개인이나 개인 사업자의 소득에 부과하는 세금)

> 세율 인하 ⇒ 가계의 처분가능 소득 증가, 기업의 투자 재원 증가 ⇒ 민간소비 증가, 기업 투자 증가 ⇒ 총수요 증가 ⇒ 국민소득 증가

(3) 긴축재정정책

① 정부지출을 감소시키거나 세율을 인상하는 것을 긴축재정정책이라 하며 조세수입이 정부지출보다 더 많게 되어 흑자 재정 상태가 된다.

(흑자 재정 : 조세수입 > 정부지출)

② 경기가 활황일 때 경기 안정과 인플레이션 억제 목적으로 시행한다.

③ 정부지출 감소

정부가 정부지출을 감소하여 공공재 공급을 줄이면 기업과 가계의 소득이 감소하여 경기를 안정시킬 수 있다.

> 정부지출 감소 ⇒ 가계 및 기업 소득 감소 ⇒ 민간소비 감소, 기업 투자 감소 ⇒ 총수요 감소 ⇒ 국민소득 감소로 경기 안정 및 물가안정

④ 세율 인상

정부가 세율을 인상하면 가계는 세금을 더 내므로 처분 가능 소득이 줄어들고 기업은 법인세 인상에 따라 세금을 더 내므로 투자 재원이 감소하게 된다.

> 세율 인상 ⇒ 가계의 처분가능소득 감소, 기업의 투자 재원 감소 ⇒ 민간소비 감소, 기업 투자 감소 ⇒ 총수요 감소 ⇒ 국민소득 감소로 경기 안정 및 물가안정

3. 통화정책(금융정책)

(1) 통화정책

① 중앙은행이 통화량 증감이나 이자율 등 각종 금융정책수단을 통하여 경기를 조절하려는 정책을 통화정책이라 한다.

② 이자율을 인하할 때 가계의 소비 및 기업의 투자가 증가 이유

    ㉠ 자동차, 냉장고, 에어컨 등을 내구 소비재라 하는데 이런 내구 소비재의 특징은 쌀, 라면 등 다른 소비재보다 가격이 상당히 높다는 것이다. 따라서 내구 소비재를 구입할 때 전액 현금을 주고 살 수도 있지만 많은 경우는 할부로 구입한다. 할부로 구입하는 경우 이자를 부담해야 하는데, 이자율이 낮다면 소비자로서는 이자 부담이 적어지므로 소비가 늘어난다.

    ㉡ 기업이 투자하게 되는 경우 투자 자금을 자체 조달할 수도 있지만, 많은 경우 금융권으로부터 투자 자금을 빌려오게 된다. 이 경우 이자율이 내려가면 이자 부담이 그만큼 줄어들므로 원활한 투자 환경이 조성된다.

③ 중앙은행이 통화정책을 시행하게 되면 가계의 소비와 기업의 투자에 영향을 미치고 이에 따라 총수요가 변하게 되어 경기를 조절할 수 있다.

(2) 확대통화정책

① 중앙은행이 통화량을 증가시키거나 이자율을 인하하여 경기를 부양시키는 것을 확대통화정책이라고 한다.

② 경기 침체일 때 경기 회복과 고용 증대 목적으로 시행한다.

③ 통화량 증가

    ㉠ 중앙은행이 통화량을 증가시키면 시중에 통화가 더 많아져 이자율이 하락한다.

    ㉡ 이자율이 하락하면 가계의 소비와 기업의 투자가 증가하여 국민소득이 증가한다.

    ㉢ 가계 소비와 기업 투자가 증가하여 국민소득이 증가한다는 것은 총수요곡선이 우측으로 이동하는 것이므로 물가는 상승한다.

④ 이자율 인하

    중앙은행이 이자율을 내리면 가계 소비와 기업 투자의 증가로 총수요곡선이 우측으로 이동하여 국민소득이 증가하고 물가는 상승한다.

> **통화량 증가 ⇒ 이자율 하락 ⇒ 가계의 소비와 기업의 투자 증가 ⇒ 국민소득 증가, 물가 상승**

(3) 긴축통화정책

① 중앙은행이 통화량을 감소시키거나 이자율을 인상하여 경기를 안정시키는 것을 긴축통화정책이라고 한다.

② 경기 활황일 때 경기 안정과 인플레이션 진정 목적으로 시행한다.

③ 통화량 감소

　㉠ 중앙은행이 통화량을 감소시키면 시중에 통화가 감소하여 이자율이 상승한다.

　㉡ 이자율이 상승하면 가계의 소비와 기업의 투자가 감소하여 국민소득이 감소한다.

　㉢ 가계 소비와 기업 투자가 감소하여 국민소득이 감소한다는 것은 총수요곡선이 왼쪽으로 이동하는 것이므로 물가는 하락한다.

④ 이자율 인상

　중앙은행이 이자율을 올리면 가계 소비와 기업 투자의 감소로 총수요곡선이 왼쪽으로 이동하여 국민소득이 감소하고 물가는 하락한다.

> **통화량 감소 ⇒ 이자율 상승 ⇒ 가계의 소비와 기업의 투자 감소 ⇒ 국민소득 감소, 물가 하락**

4. 통화정책의 수단

(1) 공개시장 조작정책

① 공개시장 조작정책

　중앙은행이 공개시장에서 국공채를 매입·매각함으로써 통화량과 이자율을 조정하는 정책을 말한다.

② 국·공채 매입 : 시중 통화량 증가

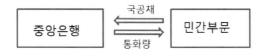

(그림 15-4 중앙은행의 국·공채 매입)

　㉠ 중앙은행이 민간부문으로부터 국공채를 매입하면 통화가 민간부문으로 방출되어 시중에 통화량이 증가한다.

　㉡ 시중에 통화량이 증가하면 이자율이 하락하여 경기가 부양된다.

> **중앙은행 국공채 매입 ⇒ 통화량 증가 ⇒ 이자율 하락 ⇒ 총수요 증가**

③ 국·공채 매각 : 시중 통화량 감소

(그림 15-5 중앙은행의 국·공채 매각)

- ⊙ 중앙은행이 민간부문에 국공채를 매각하면 통화가 중앙은행으로 흡수되어 시중에 통화량이 감소한다.
- ⓛ 시중에 통화량이 줄어들면 이자율이 상승하여 경기가 진정된다.

> **중앙은행 국공채 매각 ⇒ 통화량 감소 ⇒ 이자율 상승 ⇒ 총수요 감소**

※ 통화량 증가, 감소
중앙은행으로 통화가 들어가면 통화량 감소이고 중앙은행으로부터 통화가 나오면 통화량 증가이다.

(2) 재할인율정책

① 재할인율

일반은행이 중앙은행으로부터 현금을 차입할 때 적용되는 이자율을 재할인율이라고 한다.

② 재할인율 인하

- ⊙ 중앙은행이 재할인율을 인하하면 예금은행의 입장에서는 이자 부담이 그만큼 줄어들므로, 중앙은행으로부터 차입을 늘린다.
- ⓛ 중앙은행으로부터 차입이 늘어나면 통화량이 증가하여 예금은행은 시중에 자금을 더 빌려줄 수 있다.
- ⓒ 통화량이 증가하면 이자율이 내려가게 되고 총수요가 증가한다.

③ 재할인율 인상

- ⊙ 중앙은행이 재할인율을 인상하면 예금은행의 입장에서는 이자 부담이 그만큼 늘어나므로, 중앙은행으로부터 차입을 줄이게 된다.
- ⓛ 중앙은행으로부터 차입이 줄어들면 통화량이 줄어들어 예금은행은 시중에 자금을 빌려줄 여력이 감소한다.
- ⓒ 통화량이 감소하면 이자율이 올라가 총수요가 감소한다.

> **재할인율 인하 ⇒ 중앙은행으로부터 차입 증가 ⇒ 통화량 증가 ⇒ 은행의 대출액 증가 ⇒ 이자율 하락 ⇒ 총수요 증가**

> **재할인율 인상 ⇒ 중앙은행으로부터 차입 감소 ⇒ 통화량 감소 ⇒ 은행의 대출액 감소 ⇒ 이자율 상승 ⇒ 총수요 감소**

(3) 지급준비율정책

① 법정지급준비율

　㉠ 은행이 예금자의 인출 요구에 대비하여 예금액의 일정 부분을 의무적으로 보유하여야 하는데, 이 비율을 법정지급준비율이라 한다.

　㉡ 법정지급준비율을 높이거나 낮추면 예금은행의 지급준비금이 늘어나거나 줄어드는데, 중앙은행은 이를 통해 예금은행의 대출을 조절할 수 있다.

　　(법정지급준비율=지급준비금/예금, 지급준비금=의무적으로 보유하여야 하는 예금액의 일정 부분)

② 지급준비율 인하

　㉠ 지급준비율을 낮추면 아래의 그림처럼 지급준비금을 더 적게 보유해도 되므로 그만큼 예금은행의 대출 능력이 향상하게 된다.

　㉡ 예금은행의 대출이 증가하면 시중의 통화량이 증가하고 이자율이 하락하여 총수요가 증가한다.

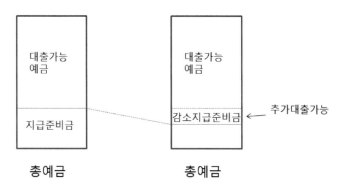

(그림 15-6 지급준비율 인하)

③ 지급준비율 인상

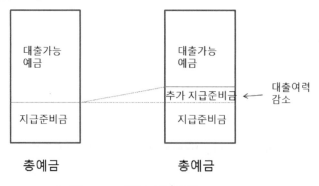

(그림 15-7 지급준비율 인상)

ⓐ 지급준비율을 높이면 지급준비금을 더 많이 보유해야 하므로 그만큼 예금은행의 대출 능력이 감소한다.

ⓑ 예금은행의 대출이 감소하면 시중의 통화량이 감소하고 이자율이 상승하여 총수요가 감소한다.

> 지급준비율 인하 ⇒ 은행의 대출액 증가 ⇒ 통화량 증가 ⇒ 이자율 하락 ⇒ 총수요 증가

> 지급준비율 인상 ⇒ 은행의 대출액 감소 ⇒ 통화량 감소 ⇒ 이자율 상승 ⇒ 총수요 감소

5. 중앙은행

(1) 중앙은행

① 중앙은행은 화폐의 발행, 통화금융정책의 관리, 정부의 국고금 관리 등의 기능을 담당한다.

② 중앙은행의 가장 중요한 목표는 물가의 안정(통화 가치의 안정)이며, 우리나라는 한국은행이 중앙은행의 역할을 수행하고 있다.

(2) 중앙은행의 기능

① 화폐 발행의 기능
중앙은행은 화폐를 발행할 수 있는 유일한 기관으로 지폐와 주화를 발행하고 관리한다.

② 은행의 은행으로서의 역할
예금은행으로부터 예금을 받기도 하고 예금은행이 자금이 부족한 경우 예금은행에 자금을 빌려주어 금융시장을 안정시킨다.

③ 통화금융정책 담당
공개시장조작정책, 재할인율정책, 지급준비율정책 등을 통해 통화량과 이자율을 조절하여 경기를 안정화시킨다.

④ 정부의 은행으로서의 기능
국고금(국가가 보유하고 있는 현금)을 수납하고 지급하며, 정부가 자금이 부족할 때 돈을 빌려주기도 한다.

⑤ 외환의 관리
외화 보유액의 적절한 유지 및 외화 자산의 효율적 운용, 국제 수지 불균형의 조정, 환율의 안정 등을 담당한다.

01. 그림은 경기 순환 모형을 나타낸다. A~D 국면에 대한 옳은 설명을 <보기>에서 고른 것은?
|2014년 3월 학평|

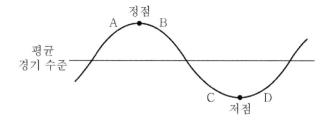

< 보기 >

ㄱ. A 국면에서는 기업의 재고가 감소하고 임금이 상승한다.

ㄴ. B 국면에서 C 국면으로 전환되는 과정에서 소비와 투자가 활성화된다.

ㄷ. A 국면에서는 물가안정, C 국면에서는 고용 안정이 정책 목표가 된다.

ㄹ. B 국면에서는 금리 인상, D 국면에서는 금리 인하를 추진할 필요가 있다.

① ㄱ, ㄴ   ② ㄱ, ㄷ

③ ㄴ, ㄷ   ④ ㄴ, ㄹ

⑤ ㄷ, ㄹ

02. 교사의 질문에 대해 옳게 답변한 학생은?

|2015년 3월 학평|

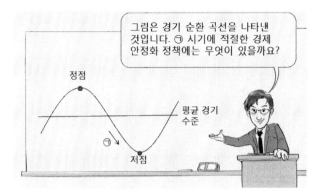

① 갑 : 정부가 지출을 늘려야 해요.

② 을 : 정부가 조세수입을 늘려야 해요.

③ 병 : 중앙은행이 재할인율을 올려야 해요.

④ 정 : 중앙은행이 국·공채를 매각해야 해요.

⑤ 무 : 중앙은행이 지급준비율을 올려야 해요.

03. 그림은 경기 순환 곡선을 나타낸 것이다. A~D 시기의 일반적인 특징 및 정책 방향에 대한 옳은 설명을 <보기>에서 고른 것은?

|2015년 4월 경기|

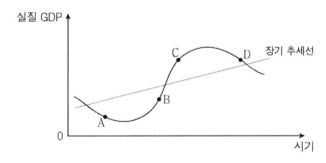

<보기>

ㄱ. A와 달리 B는 경기 상승국면에 있다.

ㄴ. A에 비해 C에서는 고용과 소비지출이 위축된다.

ㄷ. D에 비해 B에서는 경제 성장률이 높게 나타난다.

ㄹ. 물가를 억제하기 위한 긴축 정책의 필요성은 C보다 D에서 더 클 것이다.

① ㄱ, ㄴ   ② ㄱ, ㄷ

③ ㄴ, ㄷ   ④ ㄴ, ㄹ

⑤ ㄷ, ㄹ

04. 아래 친 ⊙, ⓒ에 대한 옳은 설명을 <보기>에서 고른 것은? |2015년 3월 학평|

최근 ⊙ 국제 원자재 가격이 지속적으로 크게 상승하면서, 이로 인한 ⓒ 피해가 예상되고 있습니다.

―――――――― <보기> ――――――――
ㄱ. ⊙으로 인해 국내총생산이 증가한다.
ㄴ. ⊙은 총공급을 감소시키는 요인에 해당한다.
ㄷ. ⊙으로 인해 스태그플레이션이 발생할 수 있다.
ㄹ. ⓒ에 대한 대처 방안으로 확대 재정정책이 효과적이다.

① ㄱ, ㄴ   ② ㄱ, ㄷ
③ ㄴ, ㄷ   ④ ㄴ, ㄹ
⑤ ㄷ, ㄹ

05. 다음 자료에 대한 분석 및 추론으로 옳은 것은? |2015년 11월 학평|

• 갑국 정부는 최근 경기 상황을 개선하기 위해 정부지출을 늘리는 정책을 시행하였다.
• 을국 중앙은행은 지속되고 있는 ⊙ 물가 상승을 억제하기 위해 지급준비율을 조정하였다.

① 갑국 정부의 정책은 물가를 하락시키는 요인이다.
② 갑국 정부는 자국의 경기가 과열되었다고 판단하였을 것이다.
③ 을국 중앙은행은 지급준비율을 인상하였을 것이다.
④ 을국 중앙은행은 ⊙을 위해 국채를 매입하는 정책을 선택할 수 있다.
⑤ 갑국 정부와 을국 중앙은행의 정책은 모두 통화량을 증가시킬 것이다.

06. 다음과 같은 경제정책을 통해 해결하고자 하는 경제 문제로 옳은 것은?

- 중앙은행은 기준금리를 낮추기로 하였다.
- 정부는 사회 간접 자본 투자를 늘리기로 하였다.
- 정부는 기업의 투자에 대한 세액 공제를 확대하기로 하였다.

① 물가의 상승　　　　　　　② 환율의 급등
③ 실업의 급증　　　　　　　④ 재정 적자 누적
⑤ 국내 저축 감소

07. 다음에 나타난 갑국의 경제 현상을 극복하기 위한 경제 안정화정책으로 적절한 것은?
[3점]　　　　　　　　　　　　　　　　　　　　|2012년 11월 학평|

현재 갑국은 세계 경제의 침체와 더불어 기업들의 매출이 전년에 비해 크게 떨어졌으며, 주력 산업인 금융 산업조차도 점차 위축되어 금융기관에서 감원 열풍이 불고 있다. 또한 최근 5년간 국민소득도 무려 10% 가까이 감소하였다.

① 세율을 인상하여 흑자 재정을 유지한다.
② 이자율을 높여 저축의 증대를 유도한다.
③ 국공채를 매각하여 시중의 통화량을 조절한다.
④ 지급준비율을 인상하여 은행의 대출액을 조절한다.
⑤ 재할인율을 인하하여 민간소비와 민간투자를 활성화한다.

08. 그림의 대화에 대한 설명으로 가장 적절한 것은? |2015년 10월 서울|

① 갑과 을 모두 현재의 경제 상황을 불황이라고 보고 있다.

② ㉠은 확장 재정정책의 수단이다.

③ ㉡의 수단으로 국공채 매입을 들 수 있다.

④ ㉠, ㉡ 모두 고용 감소를 초래할 수 있다.

⑤ ㉠은 총수요 감소, ㉡은 총수요 증가 요인이다.

09. 다음 뉴스에서 말하는 정책 결정의 배경으로 가장 적절한 것은? |2015년 3월 서울|

정부와 중앙은행은 현재 경제 상황에 대한 공동 인식을 바탕으로 정책을 결정하였습니다. 정부는 소득세율을 낮추고, 중앙은행은 시중에서 국채를 매입하기로 했습니다.

① 경상 수지 흑자 확대로 인한 환율 하락

② 정부지출 증가로 인한 재정 불균형 심화

③ 무역 불균형 심화로 인한 무역 분쟁 증가

④ 물가 급등에 따른 가계의 실질소득 감소

⑤ 소비와 투자 위축으로 인한 경기 침체 가속화

10. 다음 자료에 대한 분석 및 추론으로 옳은 것은? [3점] |2014년 10월 서울|

[갑국의 2015년 경제 전망 보고서]

1. 국외 여건
∘ 주요 수출 상대국 민간 부문의 소득 수준 감소 및 그에 따른 소비 심리의 위축 예상
∘ 중동 지역의 정치적 불안에 따른 수급 여건의 악화로 주요 수입 품목인 ㉠ 석유 가격의 상승 예상

2. 국내 여건
∘ 가계 부채 증가에 따른 ㉡ 민간 부문의 소비 감소 추세 지속 예상
∘ 대외 불확실성의 증대에 따른 제조업 전반의 설비 투자 감소 예상

① ㉠은 갑국의 총공급을 증가시키는 요인이다.
② ㉡은 갑국의 총수요를 감소시키는 요인이다.
③ 갑국 내에서 법인세율 인상의 필요성이 제기될 것이다.
④ 국외 여건의 전망이 현실화되면 갑국의 경상 수지는 개선될 것이다.
⑤ 보고서의 전망이 모두 현실화되면 갑국의 국민소득이 증가할 것이다.

11. 그림 (가)와 (나)는 경제 안정화정책을 나타낸 것이다. 이에 대한 옳은 설명만을 <보기>에서 있는 대로 고른 것은? |2012년 10월 서울|

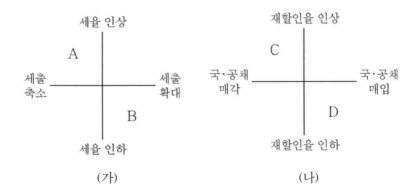

<보기>

ㄱ. (가)는 재정정책, (나)는 금융정책에 해당한다.

ㄴ. (가)는 총공급의 조절을, (나)는 총수요의 조절을 목적으로 한다.

ㄷ. A와 C의 정책 목표는 소비와 투자의 활성화이다.

ㄹ. 경기가 침체된 경우에는 일반적으로 B나 D를 활용한다.

① ㄱ, ㄴ   ② ㄱ, ㄹ

③ ㄷ, ㄹ   ④ ㄱ, ㄴ, ㄷ

⑤ ㄴ, ㄷ, ㄹ

12. 그림에 나타난 갑국 경제 상황 변화의 원인으로 가장 적절한 것은? [3점]

|2014년 6월 평가원|

① 수입 원자재 가격이 급등하고 있다.

② 기업의 상품수출이 감소하고 있다.

③ 정부가 지속적으로 긴축 정책을 펴고 있다.

④ 중앙은행이 지속적으로 확대 통화정책을 펴고 있다.

⑤ 소비자들이 향후 경기에 대해 비관적으로 전망하고 있다.

CHAPTER

16

무역의 원리와 무역 정책

1. 무역

(1) 무역의 의미와 무역의 이익

① 무역의 의미

　㉠ 국가와 국가 사이에 이루어지는 상품 거래를 무역이라고 한다.

　㉡ 초창기의 무역은 서로의 산물을 교환하는 것에 국한되었으나 현재의 무역은 단순한 상품의 교환뿐만 아니라 기술 및 용역과 자본의 이동까지도 포함하고 있다.

② 무역의 이익

　㉠ 교역의 이득 발생

　　어떤 재화의 생산에 특화한 후 무역을 하게 되면 각 나라의 국민이 소비할 수 있는 상품의 양이 커져 교역의 이득이 발생한다.

　　※ 특화

　　자신이 잘하는 분야에 집중하여 전문성과 생산성을 높이는 것을 특화라고 한다.

　㉡ 국내에 없는 천연자원의 획득 및 생산되지 않는 상품의 획득으로 다양한 상품의 소비 기회를 제공한다.

　㉢ 학습 효과 발생

　　어떤 재화 생산에 특화하게 되면 생산 경험이 축적되어, 평균 생산 비용이 낮아지는 생산성의 향상이 나타날 수 있다.

　㉣ 규모의 경제 실현

　　국내에서만 생산·소비할 경우 생산량이 적어 규모의 경제 달성이 어려울 수 있으나 무역을 통해 수출하게 되면 생산량이 늘어나 규모의 경제를 달성할 수 있다. (규모의 경제 : 대량으로 상품을 생산하는 경우 단위당 평균생산비가 하락하는 것으로 규모의 경제가 작용하면 가격 경쟁력이 높아진다.)

2. 절대우위론(절대생산비설)

(1) 절대우위

① 한 경제 주체가 다른 경제 주체에 비해 적은 비용으로 어떤 재화를 생산할 수 있을 때 그 재화의 생산에 있어서 절대우위에 있다고 한다.

② 갑국과 을국이 옷 한 벌과 컴퓨터 한 대 생산하는 데 아래의 표와 같이 노동력이 필요하다고 가정한다. (노동만이 유일한 생산 요소이며 각국의 임금은 같다고 가정한다.)

	갑국	을국
옷(1벌)	20명	10명
컴퓨터(1대)	10명	20명

ㄱ 옷 1단위 생산에 있어 갑국은 노동 20단위, 을국은 10단위가 필요하므로 옷 생산에 있어서는 을국이 절대우위에 있다.

ㄴ 컴퓨터 1단위 생산에 있어 갑국은 노동 10단위, 을국은 20단위가 필요하므로 컴퓨터 1단위 생산에 있어서는 갑국이 절대우위에 있다.

(2) 아담 스미스의 절대우위론

① 각국이 절대적으로 생산비가 낮은 재화 생산에 특화하여 서로 교환함으로써 상호 이익을 얻을 수 있다는 이론이 아담 스미스의 절대우위론이다.

② 무역 이전

ㄱ 갑국과 을국은 A재와 B재 1단위 생산에 필요한 노동투입량이 아래 표와 같이 주어져 있으며, 무역 이전에 양국은 A재와 B재를 각각 10단위씩 생산·소비하고 있다.

ㄴ 양국이 A재와 B재를 10단위씩 생산·소비하고 있으므로 양국의 노동부존량은 60단위가 된다.

(단위 : 명)

	갑국	을국
A재	2	4
B재	4	2

(갑국의 노동부존량 : 2×10 + 4×10 = 60, 을국의 노동부존량 : 4×10 + 2×10 = 60)

ㄷ A재를 생산할 때 갑국은 노동 2단위, 을국은 노동 4단위가 필요하므로 A재 생산에서는 갑국이 을국보다 절대우위에 있다.

ㄹ B재를 생산할 때 갑국은 노동 4단위, 을국은 노동 2단위가 필요하므로 B재 생산에서는 을국이 갑국보다 절대우위에 있다.

③ 무역 이후

    ⊙ 갑국은 A재 생산에 절대우위가 있으므로 갑국은 A재 생산에 특화하여 A재 30단위를 생산한다. (갑국의 노동부존량 60단위 ÷ A재 1단위 생산 시 노동량 2단위 = A재 30단위)

    ⓒ 을국은 B재 생산에 절대우위가 있으므로 을국은 B재 생산에 특화하여 B재 30단위를 생산한다. (을국의 노동부존량 60단위 ÷ B재 1단위 생산 시 노동량 2단위 = B재 30단위)

    ⓒ 양국이 A재와 B재 10단위씩을 서로 교환하면 갑국은 A재 20단위와 B재 10단위를, 을국은 A재 10단위와 B재 20단위를 소비할 수 있게 된다.

    ② 갑국은 무역 이전에는 A재 10단위와 B재 10단위를 생산·소비했는데 무역 이후에는 A재 20단위와 B재 10단위를 소비하게 되어 A재 10단위의 무역 이익을 얻게 된다.

    ◎ 을국은 무역 이전에는 A재 10단위와 B재 10단위를 생산·소비했는데 무역 이후에는 A재 10단위와 B재 20단위를 소비하게 되어 B재 10단위의 무역 이익을 얻게 된다.

(3) 절대우위론의 장·단점

① 장점

절대우위론은 자유무역의 근거를 최초로 제시했다.

② 단점

현실에서는 한 국가가 모든 상품에 대해 절대우위 또는 절대열위에 있는 경우에도 무역이 발생하는데, 절대우위론은 이를 이론적으로 뒷받침하지 못하는 문제점이 있다.

	갑국	을국
A재	2명	20명
B재	5명	10명

갑국은 을국에 비해 A재와 B재 모두 절대우위가 있는데, 이런 경우에도 갑국과 을국 사이에서는 무역이 발생하고 있다는 점을 설명하지 못하고 있다.

③ 이런 문제점을 해결하기 위해 리카도는 비교우위론을 이용하여 무역이론을 설명하고 있다.

3. 비교우위론

(1) 비교우위

① 한 국가가 다른 국가보다 낮은 기회비용으로 상품을 생산할 때 비교우위가 있다고 한다.

② 낮은 기회비용이라는 것은 어떤 재화를 생산하기 위해 포기하는 다른 재화의 양이 적다는 것을 의미한다.

아래 표에서 보면 갑국은 A재를 생산하는 경우 기회비용이 0.4이므로 A재 1단위를 생산할 때 B재 0.4단위를 포기해야 하고, 을국은 A재를 생산하는 경우 기회비용이 2이므로 A재 1단위를 생산할 때 B재 2단위를 포기해야 한다. 갑국의 A재 생산 기회비용이 낮으므로 갑국은 A재 생산에 비교우위가 있다. 마찬가지로 을국은 B재 생산에 비교우위가 있다.

	갑국	을국
A재	2	20
B재	5	10
A재의 기회비용	0.4	2
B재의 기회비용	2.5	0.5

(2) 비교우위론의 주요 가정

① 노동만이 유일한 생산요소이고 모든 노동의 질은 동일하다.

② 재화 1단위를 생산하는 데 필요한 노동량은 재화의 생산량과 상관없이 일정하다.

상품 한 단위를 생산하는 데 필요한 노동량은 상품 생산량과 관계없이 일정하게 투입되므로 **상품 생산의 기회비용이 일정**하다. 이런 이유로 리카도의 비교우위론에서는 **생산가능곡선이 우하향의 직선**으로 나타난다.

③ 두 나라 간에는 두 가지의 상품만 교역되며, 두 국가 간에 생산요소의 이동은 불가능하다.

(3) 비교우위론의 문제점

① 상품 생산에 필요한 노동량이 일정하다는 가정은 불합리하다.
② 노동이 유일한 생산요소라는 가정도 불합리하다.

(4) 비교우위의 결정 요소

① 생산요소의 부존량, 기술 수준, 지리적 조건 등
② 노동이 상대적으로 풍부한 국가 - 노동 집약적 상품

③ 자본이 상대적으로 풍부한 국가 - 자본 집약적 상품

④ 최근에는 창의적 지식과 기술, 정보 등이 중요한 요소로 부각되고 있다.

4. 비교우위론의 전개 과정

(1) 리카도의 비교우위론

① 갑국과 을국은 A재와 B재 1단위 생산에 필요한 노동투입량이 아래 표와 같이 주어졌
다고 가정한다.

	갑국	을국
A재	2 명	20 명
B재	5 명	10 명

② A재 1단위를 생산하는 경우 갑국은 노동 2단위, 을국은 노동 20단위가 필요하므로 갑
국은 A재 생산에 절대우위에 있으며, B재 1단위를 생산하는 경우 갑국은 노동 5단위,
을국은 노동 10단위가 필요하므로 갑국은 B재 생산에도 절대우위에 있다.

③ 비교우위론

    ㉠ 아담 스미스의 절대우위론은 한 국가가 두 재화 모두 절대우위에 있는 경우에 무역
이 이뤄지는 것을 설명할 수 없다.

    ㉡ 리카도의 비교우위론은 한 국가가 두 재화 모두 절대우위 또는 절대열위에 있더라
도 양국이 기회비용이 낮은 재화 생산에 특화하여 무역하면 두 나라 모두가 이익
을 얻을 수 있다는 것이다.

    ㉢ 리카도의 비교우위론은 아담 스미스의 절대우위론의 한계를 보완한 보다 일반적인
무역 이론이다.

    ㉣ **일반적으로 한 국가가 모든 재화 생산에서 절대우위를 가질 수 있으나 비교우위는
가질 수는 없다.**

(2) 비교우위의 결정

	갑국	을국
A재	2	20
B재	5	10
A재의 기회비용	0.4	2
B재의 기회비용	2.5	0.5

① A재의 기회비용

ㄱ 갑국은 A재를 생산하면 B재의 생산을 포기해야 하므로 A재 생산의 기회비용은 포기해야 하는 B재의 생산이다.

ㄴ A재 1단위를 생산하면 노동이 2단위 필요한데, 이 2단위의 노동력으로 B재 0.4단위를 생산할 수 있으므로 A재 생산의 기회비용은 B재 0.4단위이다.

ㄷ 을국에서 A재 생산의 기회비용은 B재 2단위가 된다.

② B재의 기회비용

ㄱ 갑국은 B재를 생산하면 A재의 생산을 포기해야 하므로 B재 생산의 기회비용은 포기해야 하는 A재의 생산이다.

ㄴ B재 1단위를 생산하면 노동이 5단위 필요한데, 이 5단위의 노동력으로 A재 2.5단위를 생산할 수 있으므로 B재 생산의 기회비용은 A재 2.5단위가 된다.

ㄷ 을국에서 B재 생산의 기회비용은 A재 0.5단위이다.

③ 비교우위의 결정

갑국은 A재 생산의 기회비용이 낮으므로 A재 생산에 비교우위를 가지며, 을국은 B재 생산의 기회비용이 낮으므로 B재 생산에 비교우위를 갖는다.

(3) 비교우위론에 의한 비교우위의 선택

	갑국	을국
A재	2	20
B재	5	10
A재의 기회비용	0.4	2
B재의 기회비용	2.5	0.5

① 무역 이전

ㄱ 갑국과 을국은 A재와 B재 1단위 생산에 필요한 노동투입량이 위의 표와 같이 주어졌고 무역 이전 A재와 B재를 각각 10단위씩 생산하고 있다.

(갑국의 총노동력 : 70단위 = 2×10+5×10,

을국의 총노동력 : 300단위 = 20×10+10×10)

ㄴ 무역 이전 갑국의 생산가능곡선

갑국은 총노동력 70단위를 보유하고 있으므로 A재만 생산하는 경우 A재는 35단위, B재만 생산하는 경우에는 B재를 14단위 생산할 수 있다. 갑국의 생산가능곡선은 아래 그림과 같다.

ⓒ 무역 이전 을국의 생산가능곡선

을국은 총노동력 300단위를 보유하고 있으므로 A재만 생산하는 경우 A재는 15단위, B재만 생산하는 경우에는 B재를 30단위 생산할 수 있다. 을국의 생산가능곡선은 다음 그림과 같다.

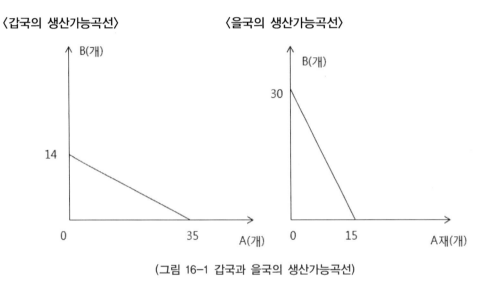

〈갑국의 생산가능곡선〉   〈을국의 생산가능곡선〉

(그림 16-1 갑국과 을국의 생산가능곡선)

② 비교우위의 선택

㉠ A재 1단위를 생산하면 갑국은 B재 0.4단위를 포기해야 하고, 을국은 B재 2단위를 포기해야 한다.

㉡ A재 생산의 기회비용은 갑국이 B재 0.4 단위, 을국이 B재 2단위이므로 갑국의 기회비용이 낮다. 갑국의 A재 생산의 기회비용이 낮으므로 갑국은 A재 생산에 비교우위가 있다.(기회비용이 낮은 것에 특화한다.)

㉢ B재를 1단위를 생산하면 갑국은 A재를 2.5단위 포기해야 하지만 을국은 A재 0.5단위를 포기해야 한다.

㉣ B재 생산의 기회비용은 갑국이 A재 2.5단위, 을국이 A재 0.5단위이므로 을국의 기회비용이 낮다. 을국의 B재 생산의 기회비용이 낮으므로 을국은 B재 생산에 비교우위가 있다.(기회비용이 낮은 것에 특화한다.)

㉤ 갑국은 A재 생산에 특화하여 A재를 35단위 생산하고, 을국은 B재 생산에 특화하여 B재를 30단위 생산한다.

(4) 비교우위에 의한 무역의 결정

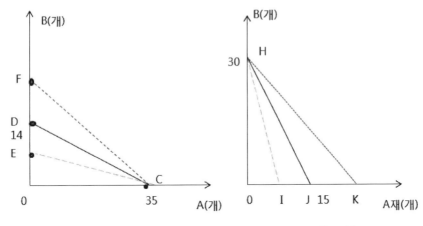

(그림 16-2 갑국과 을국의 생산가능곡선과 소비 가능곡선)

① 갑국의 무역
- ㉠ 무역 이전에 갑국의 생산가능곡선은 CD 라인으로 A재는 35단위, B재는 14단위까지 생산가능하다.
- ㉡ 만약에 무역 이후 생산가능곡선 안쪽인 CE로 소비 가능 영역이 변경되면 갑국은 무역에 참가하지 않는다. 무역하기 전에도 A재 35단위를 포기하면 B재 14단위를 생산·소비할 수 있었는데 무역 후 오히려 B재를 14단위 미만으로 수입·소비하므로 무역에 참가하지 않는다(삼각형 CDO 내에서는 무역이 이루어지지 않는다.).
- ㉢ 무역 이후 생산가능곡선 바깥인 CF로 소비 가능 영역이 변경되면 갑국은 무역 후 A재 35단위를 전부 수출하면 B재 (14단위+α)를 수입하므로 갑국은 무역에 참가한다.
- ㉣ 삼각형 CDF내 영역은 무역 이전에 소비가 불가능한 지역이었으나 무역 후에 소비 가능한 점으로 바뀌게 되어 삼각형 CDF내 영역은 무역의 이득이 된다.

② 을국의 무역
- ㉠ 무역 이전에 을국의 생산가능곡선은 HJ 라인으로 A재는 15단위, B재는 30단위까지 생산이 가능하다.
- ㉡ 만약에 무역 이후 생산가능곡선 안쪽인 HI로 소비 가능 영역이 변경되면 을국은 무역에 참가하지 않는다. 무역하기 전에도 B재 30단위를 포기하면 A재 15단위를 생산·소비할 수 있었는데 무역 후에는 오히려 A재를 15단위 미만으로 수입·소비하므로 무역에 참가하지 않는다(삼각형 HJO 내에서는 무역이 이루어지지 않는다.).

ⓒ 무역 이후 생산가능곡선 바깥쪽인 HK로 소비 가능 영역이 변경되면 을국은 무역 후 B재 30단위를 전부 수출하고 A재 (15단위 + α)를 수입할 수 있으므로 을국은 무역에 참가한다.

ⓔ 삼각형 내 영역은 무역 이전에 소비가 불가능한 지역이었으나 무역 후에는 소비 가능한 점으로 바뀌게 되어 삼각형 HJK내 영역은 무역의 이득이 된다.

(5) 무역의 이득

① 갑국과 을국의 교역조건이 A재 1단위와 B재 1단위로 결정되어 갑국은 A재를 10단위, 을국은 B재를 10단위씩 양국에 서로 수출하기로 한다.

② 갑국은 무역 이전에 50단위의 노동력으로 B를 10단위 생산하면 나머지 20단위의 노동력으로는 A재는 10단위를 생산할 수 있다.

③ 그런데 비교우위에 따라 A재 생산에 특화하여 A재를 35단위 생산한 후 B재 10단위와 교환하면 A재 25단위와 B재 10단위를 소비할 수 있게 되어 갑국은 A재 15단위의 무역 이익이 발생한다.

무역 이전	무역	무역 이후	무역 이익
A재 10단위 B재 10단위 생산 · 소비	A재 35단위 특화 · 생산 후 A재 10단위와 B재 10단위와 교환	A재 25단위 B재 10단위 소비	A재 15단위

④ 을국도 비교우위에 따라 B재 생산에 특화하여 B재 30단위를 생산한 후 B재 10단위와 A재 10단위를 교환하면 A재 10단위와 B재 20단위를 소비할 수 있게 되어 을국은 B재 10단위의 무역 이익이 발생한다.

무역 이전	무역	무역 이후	무역 이익
A재 10단위 B재 10단위 생산 · 소비	B재 30단위 특화 · 생산 후 A재 10단위와 B재 10단위와 교환	A재 10단위 B재 20단위 소비	B재 10단위

⑹ 무역 이후의 기회비용의 변화

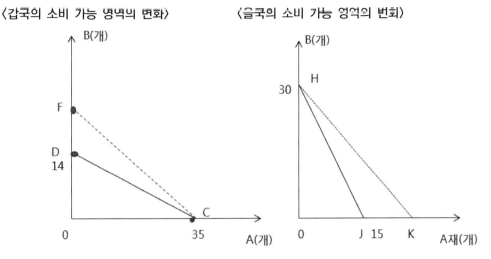

(그림 16-3 갑국과 을국의 생산가능곡선과 소비 가능곡선)

① 갑국의 기회비용

    ㉠ 갑국의 무역 이전 소비 가능 영역은 생산가능곡선인 CD 선 안쪽이었으나 무역 후
에는 소비 가능 영역이 CF 선으로 변화한다.

    ㉡ A재를 선택하면 포기하는 B재의 양이 더 많아지므로 **A재 선택에 따른 기회비용은
커진다.**

    ㉢ **B재의 기회비용은 작아진다.** OD에서 OC를 포기하는 것보다 OF에서 OC를 포기
할 때의 기회비용이 더 작기 때문이다.

② 을국의 기회비용

    ㉠ 을국의 무역 이전 소비 가능 영역은 생산가능곡선인 HJ 선 안쪽이었으나 무역 후
에는 소비 가능 영역이 HK로 변화한다.

    ㉡ B재를 선택하면 포기하는 A재의 양이 더 많아지므로 **B재 선택에 따른 기회비용은
커진다.**

    ㉢ **A재의 기회비용은 작아진다.** OJ에서 OH를 포기하는 것보다 OK에서 OH를 포기
할 때의 기회비용이 더 작기 때문이다.

(7) 무역조건의 결정

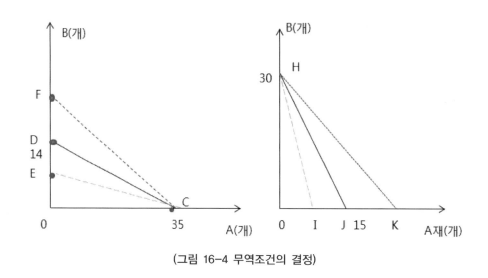

(그림 16-4 무역조건의 결정)

① 갑국의 A재 교역조건

　㉠ 교역조건이 A재 한 단위당 B재 0.4단위 미만인 경우

　　그림에서처럼 교역조건이 A재 한 단위당 B재 0.4단위 미만이면 즉, A재의 기회비용인 0.4보다 작아지면 소비 가능 영역이 CE로 변하게 되는데, 이 경우 갑국은 무역에서 손해를 보게 되므로 무역에 참가하지 않는다.

　㉡ 교역조건이 A재의 기회비용인 0.4인 경우

　　교역조건이 A재의 기회비용인 0.4B로 결정되면 즉, 무역 이전의 갑국 생산가능곡선의 기울기로 결정되면 갑국은 무역 이전이나 무역 이후에도 A재의 기회비용이 똑같으므로 갑국은 무역에서 얻는 이득이 없다. 이 경우 무역의 이익은 전부 을국이 갖는다.

　㉢ 교역조건이 A재 한 단위당 B재 0.4단위보다 큰 경우

　　교역조건이 A재 한 단위당 B재 0.4단위보다 크면 즉, A재의 기회비용이 B재 0.4단위보다 크면 소비 가능 영역이 CF로 변화하는데, 이런 경우 국내에서 생산할 수 없는 점에서 소비가 이루어지므로 무역의 이익이 발생한다.

　㉣ 따라서 갑국은 A재의 기회비용이 0.4보다 같거나 커야 무역에 참가한다.

② 을국의 A재 교역조건

　㉠ 을국은 B재를 수출하고 A재를 수입하므로 B재 수출에 따른 A재의 기회비용의 변화를 살펴보면서 을국이 교역조건을 따져 보아야 한다.

ⓛ A재의 기회비용이 2보다 큰 경우

B재를 수출한 후 A재의 기회비용이 2보다 큰 경우는 소비 가능 영역이 HJ에서 HI로 변화한다. 이 경우에는 B재와 A재의 교환비가 무역 이전보다 작아지므로 을국은 무역에 참가하지 않는다.

ⓒ A재의 기회비용이 2인 경우

B재를 수출한 후 A재의 기회비용이 2인 경우에는 무역 전이나 무역 후에도 기회비용이 같으므로 을국이 무역에서 얻는 이득은 없으며, 무역의 이익은 전부 갑국이 갖는다.

ⓔ A재의 기회비용이 2보다 작은 경우

B재를 수출한 후 A재의 기회비용이 2보다 작은 경우는 소비 가능 영역이 HJ에서 HK로 변화한다. 이런 경우 국내에서 생산할 수 없는 점에서 소비가 이루어지므로 무역의 이익이 발생한다.

ⓜ 따라서 을국은 A재의 기회비용이 2보다 같거나 작아야 무역에 참가한다.

③ 무역조건의 정리

	갑국	을국
A재	2	20
B재	5	10
A재의 기회비용	0.4	2
B재의 기회비용	2.5	0.5

㉠ 무역의 이익 발생

교역조건이 양국의 기회비용 사이면 양국 모두 무역에서 이익이 발생한다.

A재 기회비용 기준	0.4B < A재 기회비용 < 2B
B재 기회비용 기준	0.5A < B재 기회비용 < 2.5A

㉡ 무역이 일어나지 않는 경우

• A재의 교역조건이 0.4B보다 작으면 갑국은 무역에 참여하지 않게 된다. 또한 2B보다 크게 되면 을국은 무역에 참여하지 않는다.

• B재의 교역조건이 0.5A보다 작게 되면 을국은 무역에 참여하지 않게 된다. 또한 2.5A보다 크게 되면 갑국은 무역에 참여하지 않는다.

A재 기회비용 기준	갑국 : 0.4B > A재 기회비용 또는 을국 : A재 기회비용 > 2B
B재 기회비용 기준	갑국 : B재 기회비용 > 2.5A 또는 을국 : 0.5A > B재 기회비용

1. 무역 정책

(1) 무역 정책

국가가 자국의 경제적 발전을 위하여 수출과 수입 등의 무역 활동을 조절·통제하는 것을 무역 정책이라고 한다.

(2) 무역 정책의 종류

무역 정책은 자유무역 정책과 보호무역 정책으로 나뉜다.

2. 자유무역 정책

(1) 국가 간 수출이나 수입에 제한을 가하지 않고 자유로운 무역을 추구하는 것을 자유무역이라고 한다.

(2) 자유무역의 주장 근거

① 리카도의 비교생산비설에 따라 자유무역이 국가 경제에도 유리할 뿐만 아니라 세계 경제에도 유리하다는 것이다.

② 사회적 잉여의 관점에서 본 자유무역의 근거

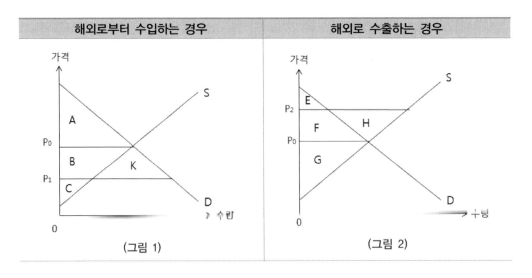

• **무역 전** 　– 소비자 잉여 : A 　– 생산자 잉여 : B+C 　– 사회적 잉여 : A+B+C	• **무역 전** 　– 소비자 잉여 : E+F 　– 생산자 잉여 : G 　– 사회적 잉여 : E+F+G
• **무역 후** 　– 소비자 잉여 : A+B+K 　– 생산자 잉여 : C 　– 사회적 잉여 : A+B+C+K	• **무역 후** 　– 소비자 잉여 : E 　– 생산자 잉여 : F+G+H 　– 사회적 잉여 : E+F+G+H
소비자 잉여 증가 : B+K 생산자 잉여 감소 : B 사회적 잉여 증가 : K	소비자 잉여 감소 : F 생산자 잉여 증가 : F+H 사회적 잉여 증가 : H

㉠ 두 경우 모두 자유무역을 하면 사회적 잉여가 증가하므로 자유무역의 이론적 근거가 될 수 있다.

㉡ 그러나 (그림 1) 처럼 수입국에서는 소비자 잉여가 증가하는 대신 생산자 잉여는 감소하므로 소비자는 유리해지고 생산자는 불리해진다. (수입가격은 P_1이다.)

㉢ (그림 2) 처럼 수출국에서는 소비자 잉여가 감소하고 생산자 잉여는 증가하므로 소비자는 불리해지고 생산자는 유리해진다. (수출가격은 P_2이다.)

(3) 자유무역의 유리한 점

① 비교우위에 따라 무역을 할 경우 소비할 수 있는 재화와 서비스의 양이 증가할 수 있다.

② 외국에서 다양한 상품들이 저렴하게 수입되므로 소비자의 소비 만족도가 높아진다. (예 외국에서 다양한 과일의 수입)

③ 국내 산업의 경쟁력 제고
외국 상품수입에 따른 경쟁 심화로 국내 기업의 경쟁력이 높아진다.

④ 규모의 경제 실현
외국으로 상품을 수출할 경우 생산량 증대에 따른 평균 생산 비용의 하락으로 규모의 경제를 실현할 수 있다.

⑤ 재화나 서비스를 수입할 경우 새로운 기술이 전파될 수 있다.

⑥ 물가안정
외국의 값싼 농산물 등의 수입으로 물가가 안정될 수 있다.

(4) 자유무역의 불리한 점

① 선진국과 개발도상국

선진국은 개발도상국으로부터 싼값으로 원재료를 수입한 후 완제품으로 가공하여 비
싼 값에 판매하므로 경제적 격차가 더 커질 수도 있다.

② 자유무역의 이득 편재성

수입국에서는 상품의 국내 가격 하락으로 소비자는 유리하나 생산자는 불리해지고, 반
면에 수출국에서는 상품의 국내 가격 상승으로 생산자는 유리해지고 소비자는 불리해
진다.

③ 개발도상국의 산업 발전에 부정적 영향을 미침

선진국의 앞선 기술력으로 개발도상국에 침투할 경우 개발도상국의 산업 발전에 부정
적 영향을 미칠 수 있다.

2. 보호무역 정책

(1) 보호무역 정책

① 정부가 여러 가지 정부 규제를 통해 무역에 직·간접적으로 개입하는 것을 보호무역
이라고 한다.

② 보호무역 정책 수단은 관세 정책과 비관세 정책이 있다.

(2) 보호무역의 근거

① 유치산업의 보호

개발도상국의 기업들은 선진국의 기업보다 경쟁력이 많이 떨어지므로 시장을 개방하
게 되면 개발도상국의 기업들은 설 자리를 잃게 될 수도 있다. 경쟁력이 약한 자국의
기업(유치산업)들을 보호하기 위해 보호무역을 시행하게 되며, 우리나라의 경우 과거
자동차 산업이나 전자 산업이 여기에 해당된다.

※ 유치산업
한나라의 어떤 산업이 성장 잠재력은 높지만, 발달 초기에는 다른 나라 기업보다 경쟁력이 떨어지는
경우에 이를 유치산업이라 한다.

② 실업 방지

외국으로부터 수입이 늘어나면 자국 기업의 생산량이 줄어들어 실업이 발생할 수도
있으므로, 보호무역을 시행하여 실업 발생을 막을 수 있다.

③ 국가 안전 보장

　농산물 등을 외국 수입에만 의존하게 되면 유사시에는 자국의 생존이 크게 위협받을
수 있으므로 국가 안전 보장 목적상 보호무역을 시행한다.

(3) 관세 정책

① 국내에 수입되는 다른 나라 상품에 대하여 세금을 부과하는 것이 관세 정책이다.

② 관세를 부과하면 수입상품의 가격이 상승하여 국내 소비의 감소, 관련 국내 기업의
생산량 증대, 관세 수입 등의 긍정적 효과를 기대할 수 있다.

③ 반면 관세를 부과하여 수입 가격이 오르면 더 높은 가격을 지불하고 소비하여야 하므
로 국내 소비자의 후생은 감소한다.

④ 관세 부과 전 상황

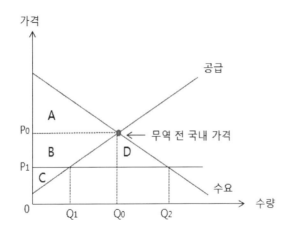

(그림 16-5 관세 부과 전 균형)

㉠ 무역 전에는 균형가격 P_0에서 균형거래량 Q_0가 거래되고 있다.

㉡ 해외에서 P_1의 가격으로 수입이 이루어지면 수입물량은 Q_1Q_2가 되고 국내 소비는
Q_0Q_2만큼 증가한다.

㉢ P_1의 가격에서 국내 생산자는 Q_1만큼 생산하므로 국내 생산은 Q_0Q_1만큼 감소한다.

㉣ 사회적 잉여의 변화

	무역 전	무역 후	증가
소비자 잉여	A	A+B+D	+(B+D)
생산자 잉여	B+C	C	−B
사회적 잉여	A+B+C	A+B+C+D	+D

수입이 이루어지면 소비자 잉여는 증가하고 생산자 잉여는 감소하여 사회적 잉여는 D만큼 증가한다.

⑤ 관세 부과

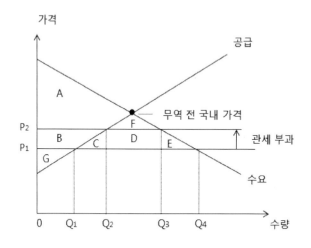

(그림 16-6 관세 부과후 균형)

㉠ 수입물량

P₁P₂만큼 관세를 부과하면 수입물량은 Q_1Q_4에서 Q_2Q_3로 줄어든다.

㉡ 국내 소비

국내 소비는 $0Q_4$에서 $0Q_3$로 줄어 Q_3Q_4만큼 감소한다.

㉢ 국내 생산

P_2의 가격에서 국내 생산자는 $0Q_2$만큼 생산하므로 생산은 Q_1Q_2만큼 증가한다.

㉣ 재정 수입 증가

Q_2Q_3의 수입물량에 P₁P₂만큼 관세를 부과하므로 재정 수입은 D($Q_2Q_3 \times P_1P_2$)만큼 증가한다.

㉤ 경상 수지 개선

수입물량이 Q_1Q_4에서 Q_2Q_3로 줄어들게 되어 Q_1Q_2와 Q_3Q_4만큼 감소한다. 따라서 경상 수지는 ($Q_1Q_2 + Q_3Q_4$)×P_1만큼 개선된다.

ⓑ 사회적 잉여의 변화

	관세부과 전	관세부과 후	증가
소비자 잉여	A+B+C+D+E+F	A+F	−(B+C+D+E)
생산자 잉여	G	B+G	+B
사회적 잉여	A+B+C+D+E+F+G	A+B+F+G	−(C+D+E)

(4) 비관세정책

① 관세를 부과하지 않고 수입을 제한하는 정책들을 비관세정책이라고 한다.

② 비관세정책에는 수입할당제, 수출보조금, 수출자율 규제, 수입허가제, 행정적 규제와 기술적 규제 등이 있다.

③ 수입할당제

　ㄱ 특정 상품에 대해 수입할 수 있는 양을 정해주고 그 이하로만 수입을 허용해주는 제도이다.

　ㄴ 정부가 허가한 수입량 이상의 상품이 국내에 유입될 수 없기 때문에 수입량을 확실하게 규제하는 것이 가능하다.

　ㄷ 수입량이 제한되면 국내에 공급되는 상품이 양이 감소하기 때문에 국내 상품의 가격이 상승하고 국내의 생산이 증가한다.

④ 수출보조금

　정부가 수출 기업에 대해 보조금을 지급하면 외국보다 생산비가 비싸더라도 수출이 가능해져 수출이 늘어난다.

⑤ 수출자율 규제

　수입국의 요청으로 수출국이 수출량을 일정 수준 이하로 유지하도록 하는 것으로 수입 억제 효과가 있다.

⑥ 수입허가제

　수입품에 대하여 정부의 허가를 받도록 하는 제도로서 수입 억제 효과가 있다.

⑦ 행정적 규제

　정부에서 물품을 구매할 때 국산품만을 구매하도록 하거나 수입품에 대한 통관절차 및 통관 기준을 강화하여 수입을 어렵게 만드는 것이 행정적 규제이다.

⑧ 기술적 규제

　식료품에 대한 위생 조건 강화, 공산품의 안전 기준 충족 여부, 환경 기준 위반 여부 등으로 수입을 어렵게 하는 것이 기술적 규제이다.

01. 그림은 A국 국민인 갑과 을의 토론이다. 이에 대한 설명으로 옳은 것은? [3점]

|2014년 9월 평가원|

① 갑은 비교우위 원리에 따라 B국과의 교역에 반대한다.
② 을은 교역하게 되면 B국도 절대우위 상품을 가지게 된다고 본다.
③ 갑의 주장에 따르면 A국은 B국보다 모든 상품 생산에서 기회비용이 더 크다.
④ 을의 주장에 따르면 B국은 A국에 비해 생산의 기회비용이 작은 상품을 수출할 수 있다.
⑤ 효율성의 측면에서 교역을 찬성하는 을보다 이를 반대하는 갑의 주장이 더 타당하다.

02. 다음 자료의 (가)~(마)에 해당하는 것으로 옳은 것은? [3점] |2013년 6월 평가원|

표는 갑국과 을국이 의류 1벌과 기계 1대를 생산하기 위해 필요한 노동자 수를 나타낸다.

구분	의류(1벌)	기계(1대)
갑국	2 명	4 명
을국	3 명	7 명

위의 표를 통해 양국의 의류와 기계 생산의 기회비용을 계산하면 아래 표와 같다.

구분	기회비용	
	의류(1벌)	기계(1대)
갑국	기계 (가) 대	의류 (나) 벌
을국	기계 (다) 대	의류 (라) 벌

그러므로 갑국은 (마) 생산에 비교우위가 있다.

	(가)	(나)	(다)	(라)	(마)
①	1/2	2	3/7	7/3	의류
②	1/2	2	3/7	7/3	기계
③	1/2	2	7/3	3/7	의류
④	2/3	3/2	4/7	7/4	기계
⑤	2/3	3/2	4/7	7/4	의류

03. 표는 갑국과 을국이 한 재화만 생산할 때 최대한 생산할 수 있는 X재와 Y재의 수량을 나타낸 것이다. 이에 대한 분석으로 옳은 것은? [3점] |2015년 3월 학평|

(단위 : 개)

구분	X재	Y재
갑국	20	60
을국	40	80

① 갑국은 X재 생산에 비교우위를 가진다.
② 갑국은 Y재 생산에 절대우위를 가진다.
③ 을국은 Y재를 특화하여 생산하는 것이 이익이다.
④ 갑국과 을국은 교역을 통해 모두 이익을 볼 수 있다.
⑤ 을국은 X재와 Y재 생산에 모두 비교우위를 가진다.

04. 표는 갑국과 을국이 X재와 Y재 각각 1단위를 생산하는 데 필요한 노동자의 수를 나타낸다. 이에 대한 옳은 분석 및 추론을 <보기>에서 고른 것은? (단, 갑국과 을국은 X재와 Y재만 생산하고, 노동만을 생산요소로 사용한다.) |2015년 6월 평가원|

구분	갑국	을국
X재	2명	4명
Y재	3명	3명

<보기>

ㄱ. 갑국은 Y재 생산에 비교우위를 가진다.

ㄴ. 을국은 X재 생산에 절대우위를 가진다.

ㄷ. X재 1단위 생산의 기회비용은 을국이 갑국보다 크다.

ㄹ. X재와 Y재를 1 : 1의 비율로 교환하면 양국 모두 이익을 얻는다.

① ㄱ, ㄴ ② ㄱ, ㄷ

③ ㄴ, ㄷ ④ ㄴ, ㄹ

⑤ ㄷ, ㄹ

05. 표는 갑국과 을국만이 존재하는 상황에서 무역 전후 생산량을 나타낸 것이다. 이에 대한 옳은 설명을 <보기>에서 고른 것은? [3점] |2013년 3월 서울|

(단위 : 개)

구분	무역 이전 생산량		무역 이후 생산량	
	A재	B재	A재	B재
갑국	10	20	0	40
을국	10	10	20	0
전체	20	30	20	40

* 두 재화만 생산되며, 각 재화의 단위당 생산비용은 일정하다.

* 유일한 생산요소는 노동이며, 노동의 질적·양적 변화는 없다.

<보기>

ㄱ. 갑국은 B재, 을국은 A재 생산에 비교우위가 있다.

ㄴ. 무역 이후 갑국에서 A재 소비의 기회비용은 증가한다.

ㄷ. 갑국과 을국이 무역을 통해 얻은 이익의 총합은 B재 10개의 가치와 같다.

ㄹ. A재 10개와 B재 10개를 서로 교환할 경우 갑국은 무역 이익이 발생하지 않는다.

① ㄱ, ㄴ ② ㄱ, ㄷ

③ ㄴ, ㄷ ④ ㄴ, ㄹ

⑤ ㄷ, ㄹ

06. 다음 자료에 대한 분석으로 옳지 <u>않은</u> 것은? [3점]

|2015년 4월 경기|

갑, 을은 각자 생산하여 소비하던 X재와 Y재를 완전 특화하여 생산하고, 서로 교환하기로 합의하였다.(단, 생산가능곡선은 직선이고, 생산요소는 노동뿐이며, 다른 조건은 동일하다.)

(가) 갑, 을이 최대 생산 가능한 재화의 양

구분	X재	Y재
갑	12단위	36단위
을	20단위	40단위

(나) 갑과 을의 교환 전 생산·소비량

구분	X재	Y재
갑	4단위	24단위
을	15단위	10단위

① 을은 X재, Y재 모두에 절대우위가 있다.

② 갑은 Y재에, 을은 X재에 비교우위가 있다.

③ 교환 전, 갑의 X재 1단위 생산의 기회비용은 Y재 3단위이다.

④ X재, Y재의 교환 조건이 1:1이면 거래는 성립하지 않을 것이다.

⑤ 교환 후, 을은 교환 전의 X재 소비량을 줄이지 않으면서 Y재 20단위를 소비할 수 있다.

07. 다음 자료에 대한 분석으로 옳은 것은?

|2013년 9월 평가원|

그림은 TV와 휴대전화만을 생산하는 갑국과 을국의 생산가능곡선을 나타낸다. (단, 양국의 노동투입량은 같으며 무역에 따른 거래 비용은 없다.)

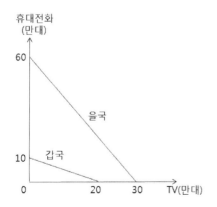

① 갑국은 휴대전화 생산에 비교우위를 가진다.

② TV 생산의 기회비용은 을국이 갑국의 4배이다.

③ 을국은 두 재화 생산 모두에 절대우위가 없지만, 무역을 통해 이득을 볼 수 있다.

④ 무역이 발생할 경우 두 나라 모두 생산가능곡선 외부의 점에서 생산이 가능하다.

⑤ 특화 후 두 재화를 1:1로 교환한다면 을국은 TV 25만 대와 휴대전화 35만 대를 소비할 수 있다.

Chapter **16** 무역의 원리와 무역 정책 | 345

08. 다음 자료에 대한 옳은 분석을 <보기>에서 고른 것은? [3점] |2014년 11월 학평|

그림은 갑국의 생산가능곡선이다. 교역 전 a점에서 생산 및소비를 하던 갑국은 이웃나라인 을국과 비교우위의 재화만을 생산하여 교역하기로 하였다. 교역 후 갑국의 소비점은 b로 이동하였다.

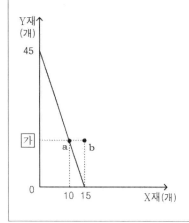

<보기>

ㄱ. 가 에 들어갈 수는 15이다.
ㄴ. 갑국은 X재에 비교우위가 있다.
ㄷ. 두 나라의 교역조건은 X재 : Y재=1:2이다.
ㄹ. 교역 후 갑국에서 Y재 소비의 기회비용은 감소한다.

① ㄱ, ㄴ   ② ㄱ, ㄷ
③ ㄴ, ㄷ   ④ ㄴ, ㄹ
⑤ ㄷ, ㄹ

09. 자료에 대한 분석으로 옳은 것은? [3점] |2014년 4월 경기|

그래프는 갑국의 생산가능곡선이고 A, B는 각각 갑국과 을국의 교역 후 소비점을 나타낸 것이다. 교역에는 갑국과 을국만 참여하며, 두 나라는 상대적 생산비가 저렴한 재화에 완전 특화한다. 두 나라 모두 노동 1단위당 생산량은 일정하고, 교역에 따른 비용은 발생하지 않는다.

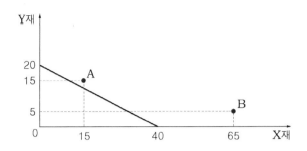

① 갑국은 X재 생산에 비교우위가 있다.
② 갑국은 X재 5단위를 Y재 2단위와 교환하는 조건이라면 교역에 응하지 않았을 것이다.
③ 교역 후 을국은 X재 50단위와 Y재 10단위를 소비할 수 있다.
④ 교역 후 을국에서는 X재 1단위 추가 소비에 따른 기회비용은 감소한다.
⑤ 교역 후 을국은 X재는 최대 80단위, Y재는 최대 80/3단위까지 소비할 수 있다.

10. 그림은 관세 부과의 효과를 설명하기 위한 것이다. 관세 부과 이후의 변화에 대한 설명으로 옳은 것은? [3점]

|2013년 3월 서울|

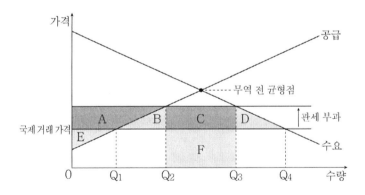

① 국내 소비량은 Q_3Q_4만큼 감소하게 된다.
② 생산자 잉여는 (A+E)만큼 증가하게 된다.
③ 국내 생산량과 소비량은 모두 감소하게 된다.
④ 소비자 잉여는 (B+C+D)만큼 감소하게 된다.
⑤ 정부의 조세수입은 (C+F)만큼 증가하게 된다.

11. 다음은 무역 정책을 둘러싼 논쟁을 요약한 것이다. 이에 대한 설명으로 옳은 것은? [3점]

|2013년 10월 서울|

> 갑 : ⑦어떤 재화나 서비스를 수입에만 의존하는 경우, 국제 분쟁이 발생하거나 수출국이 수출을 중단하면 큰 혼란이 발생하고 국가 안보가 위협받을 수 있다.
>
> 을 : 개방을 통해 경쟁이 활발해지면 가격이 내려가고 서비스도 좋아지기 때문에 소비자들에게 다양한 혜택을 줄 수 있다.
>
> 병 : 경쟁력을 갖지 못한 유치산업을 일정 기간 보호하여 충분히 성장시킨 후에 외국 기업들과 경쟁할 수 있도록 해야 한다.
>
> 정 : ⑥외국의 수출 기업이 낮은 임금을 주거나 국제적인 환경 규약을 지키지 않았을 경우, 공정한 경쟁이 되지 않으므로 수입을 규제할 필요가 있다.

① ⑦의 대체재가 적을수록 갑의 주장은 설득력이 커진다.

② ⑥의 상황에서 교역하면 수입국 소비자의 후생은 감소한다.

③ 을은 관세 부과, 수입할당제 등의 정책을 지지할 것이다.

④ 갑과 정은 보호무역을, 을과 병은 자유무역을 지지한다.

⑤ 병과 달리 갑은 비교우위론에 따른 교역을 강조할 것이다.

12. 다음 자료에 대한 옳은 분석만을 <보기>에서 있는 대로 고른 것은? (단, 갑국과 을국은 이익을 보는 경우에만 교역에 참여한다.) [3점]

갑국과 을국은 비교우위 상품을 특화한 후 교역을 하였는데, 갑국의 교역 전과 교역 후의 소비 가능 영역은 다음과 같다.

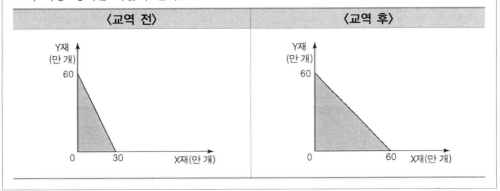

〈교역 전〉	〈교역 후〉

─────────────── < 보기 > ───────────────

ㄱ. 갑국은 X재 생산에 비교우위가 있다.

ㄴ. 을국의 X재 1개 생산의 기회비용은 Y재 1개보다 작다.

ㄷ. 갑국의 Y재 1개 소비의 기회비용은 교역 전보다 교역 후가 크다.

ㄹ. X재와 Y재의 교환비율이 2:3이었어도 갑국과 을국 모두 교역에 참여하였을 것이다.

① ㄱ, ㄷ   ② ㄱ, ㄹ

③ ㄴ, ㄷ   ④ ㄱ, ㄴ, ㄹ

⑤ ㄴ, ㄷ, ㄹ

CHAPTER

17

외환시장과 환율

1. 환율과 외환시장

(1) 환율

① 환율이란 두 나라 화폐 사이의 교환비율을 의미한다.
예를 들어 1$ = ₩1,100이 환율의 표시 예이다.

② 일반 상품의 가격이 수요와 공급에 의해 결정되는 것처럼 환율도 외환시장에서 외환에 대한 수요와 공급에 의해 결정된다.

(2) 환율의 표시 방법

① 자국 통화 표시환율

ㄱ 우리나라는 1$ = ₩1,100처럼 1달러와 교환되는 원화로 환율을 표시하는데 이와 같이 **외국 화폐 1단위와 교환되는 자국 화폐의 크기로 환율을 표시하는 방법을 자국 통화 표시환율**이라 한다.

ㄴ 미국 달러화가 세계의 중심 통화(Key currency-기축통화)여서 대부분의 나라에서 미국 달러화와 교환되는 자국 화폐의 크기로 환율을 표시한다.

(예 1$ = ₩1,100, 1$ = ¥100, 1$ = 6.5위안)

② 외국 통화 표시환율

ㄱ 유럽 연합에서는 1Euro = $1.1처럼 1유로와 교환되는 달러화로 환율을 표시하는데, 이처럼 **자국 통화 1단위와 교환되는 외국 화폐의 크기로 환율을 표시하는 방법을 외국 통화 표시환율**이라 한다.

ㄴ 유럽연합의 유로화, 영국의 파운드화, 호주 달러 등이 위와 같이 환율을 표시한다.

(3) 환율 상승과 환율 하락

① 환율 상승

ㄱ **환율 상승이라 함은 외국 화폐를 매입할 때 자국 화폐를 더 많이 지급하는 것으로 자국 화폐의 대외가치는 하락**한다.

ㄴ 환율 상승 전에 1$를 매입할 때 ₩1,100을 지급했는데, 환율 상승 후에는 1$를 매입할 때 ₩1,200을 지급하는 것처럼, 환율이 오르면 1$를 매입할 때 지불해야 하는 ₩가 더 많아진다.

> **환율 상승 : 자국 통화의 가치 하락, 평가절하**
> 1$ = ₩1,100 ⟹1$ = ₩1,200

ⓒ 환율이 오르면 외환을 구입할 때 더 많은 자국 화폐가 필요하므로 자국 화폐의 대외가치는 떨어진다.

ⓓ 환율 상승으로 자국 화폐의 대외가치가 하락하는 것을 평가절하라고도 한다.

② 환율 하락

ⓐ **환율 하락이라 함은 외국 화폐를 매입할 때 자국 화폐를 더 적게 지급하는 것으로 자국 화폐의 대외가치는 상승한다.**

ⓑ 환율 하락 전에 1$를 매입할 때 ₩1,200을 지급했는데, 환율 하락 후에는 1$를 매입할 때 ₩1,100을 지급하는 것처럼, 환율이 내려간다는 것은 1$ 매입할 때 지불해야 하는 ₩가 이전보다 더 적어진다.

> **환율 하락 : 자국 통화의 가치 상승, 평가절상**
> 1$ = ₩1,200 ⇒ 1$ = ₩1,100

ⓒ 환율이 내려가면 외환을 구입할 때 더 적은 자국 화폐를 주면 되므로 자국 화폐의 대외가치는 올라간다.

ⓓ 환율 하락으로 자국 화폐의 대외가치가 상승하는 것을 평가절상이라고도 한다.

(4) 외환시장

① 외환이 거래되는 추상적인 시장으로 주로 은행 등 금융기관을 통해 거래가 이루어진다.

② 외환시장에서의 외환 거래를 통해 각국 간의 실물 경제의 흐름을 원활하게 한다.

2. 외환의 수요와 공급

(1) 외환의 수요

① **외환을 지급하거나 보유할 목적으로 외환을 매입하는 것**을 외환의 수요라 한다.

② 일반적으로 국외 지급을 목적으로 외환을 매입하나 보유 목적으로 외환을 매입하기도 한다.

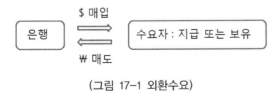

(그림 17-1 외환수요)

③ 외환수요의 예

　　㉠ 재화의 수입

　　　외국에서 재화를 수입하는 경우 수입 대금을 외화로 지급해야 하기 때문에 외환시장에서 외화를 매입한다.

　　㉡ 자국민의 해외여행

　　　해외여행을 할 때 필요한 외화를 매입한다.

　　㉢ 본원 소득 수지

　　　외국 근로자가 국내 취업 후 임금을 본국으로 송금할 때나 외국인 투자자가 국내 투자 후 배당이나 이자를 본국으로 송금할 때 외환시장에서 외화를 매입한다.

　　㉣ 해외 투자나 금융 거래 시

　　　외국에 공장을 건설하거나 외국 기업을 인수하는 경우, 외국 주식이나 채권을 구입하는 경우, 외국에 외화자금을 빌려줄 때 외환시장에서 외화를 매입한다.

(2) 외환의 공급

① **우리나라 외환시장에 외환이 유입·판매되는 것**을 외환의 공급이라 한다.

② 일반적으로 국내로 들어온 외환을 원화로 환전하기 위해 외환시장에서 은행을 통해 외환을 파는 것이 외환의 공급이 된다.

(그림 17-2 외환의 공급)

③ 외환공급의 예

　　㉠ 재화나 서비스를 해외로 수출하고 외화를 받는 경우

　　㉡ 외국 여행객의 국내 관광

　　㉢ 국내 근로자가 해외 취업 후 임금을 국내로 송금하는 경우

　　㉣ 해외 투자 후 수령한 배당이나 이자를 국내로 송금하는 경우

　　㉤ 외국 투자자가 국내에 직접 투자하는 경우

　　　(즉, 국내에 공장을 건설하거나 국내 기업을 인수하는 경우)

　　㉥ 외국 투자자가 국내의 증권시장에서 주식이나 채권을 매입하는 경우

　　㉦ 해외에서 외화를 빌려 국내로 가져온 경우

④ 국제 수지표상 외환의 수요와 공급

국제 수지표		외환의 수요	외환의 공급
경상 수지	상품 수지	상품을 수입할 때	상품을 수출할 때
	서비스 수지	자국민의 외국여행, 지적 재산권 사용료 지급	외국인의 국내여행, 지적 재산권 사용료 수취
	본원소득	국내 외국 노동자의 임금 본국 송금, 이자 · 배당 등 국내 투자 소득의 본국 송금	해외 거주 자국 노동자의 임금 국내 송금, 이자 · 배당 등 해외 투자 소득의 국내 송금
	이전소득	해외 무상원조, 국제기구 출연금	
자본 금융 계정	자본수지	브랜드 이름, 상표 등을 취득하는 경우	브랜드 이름, 상표 등을 매각하는 경우
	금융 계정	• 외국에 공장 건설, 외국 기업 인수 • 자국민의 외국 주식 · 채권 인수 • 외국에 외화자금 대출	• 외국 투자자의 국내 공장 건 설 · 기업 인수 • 외국인의 국내 주식 · 채권 인수 • 외화자금을 국내로 빌려오는 경우

예제 1. 다음 자료에서 외환의 수요 증가와 감소 외환의 공급 증가와 감소로 분류하시오.

① 해외 금융기관들이 우리나라에 투자한 자금 회수
  회수된 자금이 해외로 나가므로 외환의 수요 증가이다.
② 달러 가치 상승을 예상한 국내 수출 기업들의 환전 유보
  수출 기업들이 외환시장에 외환을 공급하지 않고 보유하고 있으므로 외환의 공급 감소이다.
③ 우리나라 금융기관들의 해외 차입 감소
  해외에서 빌려오는 외환이 감소하므로 외환의 공급 감소이다.

3. 외환의 수요곡선

(1) 환율의 상승과 하락에 따른 외환의 수요

① 환율 상승에 따른 외환의 수요

  ㉠ 환율이 상승하면 1$ 매입하는 데 필요한 ₩가 더 많아진다. 예를 들어 환율이 1
  $ = ₩1,100에서 1$ = ₩1,200으로 상승하면 1$를 매입하는데 추가로 ₩100이
  더 필요하다.

  ㉡ 상품을 수입할 때 1$당 ₩를 더 많이 지급해야 하므로 수입상품의 가격이 상승하
  고, 수입상품의 가격이 상승하면 수입상품의 수요가 감소하므로 외환의 수요가 감
  소한다.

  ㉠ $10어치 상품을 수입하는 경우
  환율이 1$ = ₩1,100 에서 1$ = ₩1,200으로 상승하면 $10 상품을 수입할 때 ₩1,000이 더 필요

하게 된다. 상품을 수입할 때 ₩가 더 필요하다는 것은 수입상품의 가격이 상승하는 것이므로, 수입상품의 수요는 감소하고 외환의 수요도 감소한다.

ⓒ 해외여행을 할 때도 ₩가 더 많이 필요하므로 해외여행 비용의 증가로 해외여행이 감소하여 외환의 수요가 감소한다.

   예 $1,000 해외여행 경비

   환율이 1$ = ₩1,100에서 1$ = ₩1,200으로 상승하면 해외여행 경비가 ₩1,100,000에서 ₩1,200,000으로 ₩100,000이 증가한다. 해외여행을 할 때 ₩가 더 많이 필요하므로 해외여행이 감소하여 외환의 수요도 감소한다.

ⓔ 환율이 상승하면 1$를 구입할 때 지급해야 할 ₩가 더 많아지므로 외환의 수요가 감소한다.

② 환율 하락에 따른 외환의 수요

ⓐ 환율이 하락하면 1$ 매입하는 데 필요한 ₩가 더 적어진다. 예를 들어 환율이 1$ = ₩1,200에서 1$ = ₩1,100으로 하락하면 1$를 매입하는데 ₩100이 덜 필요하게 된다.

ⓑ 상품을 수입할 때 1$당 ₩를 더 적게 지급하므로 수입상품의 가격이 하락하고, 수입상품의 가격이 하락하면 수입상품의 수요가 증가하여 외환의 수요가 증가한다.

   예 $10어치 상품을 수입하는 경우

   환율이 1$ = ₩1,200에서 1$ = ₩1,100으로 하락하면 $10어치 상품을 수입할 때 ₩1,000을 적게 지불해도 된다. 상품을 수입할 때 ₩를 적게 지불하는 것은 수입상품의 가격이 하락하는 것이므로, 수입상품의 수요는 증가하고 외환의 수요도 증가한다.

ⓒ 해외여행을 할 때도 ₩가 더 적게 필요하므로 해외여행 비용의 감소로 해외여행이 증가하여 외환의 수요가 증가한다.

   예 $1,000 해외여행 경비

   환율이 1$ = ₩1,200에서 1$ = ₩1,100으로 하락하면 해외여행 경비가 ₩1,200,000에서 ₩1,100,000으로 ₩100,000이 감소하게 된다. 해외여행을 할 때 ₩가 더 적게 들므로 해외여행이 증가하고 외환의 수요도 증가한다.

ⓔ 환율이 하락하면 1$를 구입할 때 지급해야 할 ₩가 감소하므로 외환의 수요가 증가한다.

③ 환율이 상승하는 경우에는 외환의 수요가 감소하고 환율이 하락하는 경우에는 외환의 수요가 증가하므로 외환의 수요곡선은 우하향한다.

   → **환율과 외환수요의 관계는 역(-)의 관계임**

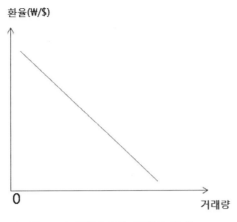

(그림 17-3 외환수요와 환율의 관계)

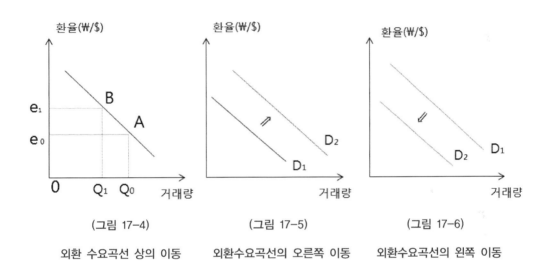

(그림 17-4)	(그림 17-5)	(그림 17-6)
외환 수요곡선 상의 이동	외환수요곡선의 오른쪽 이동	외환수요곡선의 왼쪽 이동

(2) 외환수요 함수

① 외환의 수요에는 환율, 국민소득, 이자율, 해외여행, 해외 투자 등 여러 요인이 있는데, 식으로 나타내면 아래와 같다.

$$D = f(환율 : 국민 소득, 국내물가, 이자율, 해외 여행, 해외 투자 등,...) \qquad (식 17\text{-}1)$$

② 환율을 제외한 나머지 변수들은 고정되어 있다고 가정하면 (식 17-1)은 아래와 같이 (식 17-2)로 변환된다.

$$D = f(환율 : \underbrace{국민소득, 국내물가, 이자율, 해외 여행, 해외 투자 등,,,}_{A}) \qquad (식 17\text{-}2)$$

$$D = A \times f(환율) \qquad (식 17\text{-}3)$$

③ 환율의 변화

(식 17-2)에서 환율을 제외한 다른 변수들은 고정되어 있다고 가정했으므로 외환의 수요곡선은 환율이 변수인 함수가 된다. (식 17-3)에서 외환수요곡선은 환율과 거래량의 함수이므로 (그림 17-4)에서 환율이 e_0에서 e_1으로 변하면 균형점은 A에서 B로 변한다. 환율이 변화하면 외환수요곡선 상에서의 이동으로 나타난다.

> **환율의 변화 : 외환 수요곡선 상에서 이동**

④ 외환수요의 변화

　㉠ 고정되었다고 가정한 다른 요인들이 변화하면 외환수요곡선 자체가 이동한다. (수요곡선 참조)

　㉡ 국민소득의 증가로 인한 수입 증가, 해외여행 증가로 외환수요가 증가하면 (그림 17-5)과 같이 외환 수요곡선은 오른쪽으로 이동하여 환율이 상승하고 외환거래량도 증가한다.

　㉢ 국민소득의 감소로 인한 수입 감소와 해외여행 감소로 외환수요가 감소하면 (그림 17-6)같이 외환수요곡선은 왼쪽으로 이동하여 환율이 하락하고 외환 거래량도 감소한다.

> **・외환수요의 증가**
> 　외환수요곡선의 오른쪽 이동 ⇒ 환율 상승, 거래량 증가
> **・외환수요의 감소**
> 　외환수요곡선의 왼쪽 이동 ⇒ 환율 하락, 거래량 감소

외환수요의 증가 요인	외환수요의 감소 요인
• 국민소득의 증가로 인한 수입 증가 • 해외여행 증가 • 국내 이자율 하락 또는 해외 이자율 상승으로 인한 자본 유출 • 국내 기업의 해외 투자 증가로 인한 자본 유출 • 해외 주식 및 채권 구입 증가	• 국민소득의 감소로 인한 수입 감소 • 해외여행 감소 • 국내 이자율 상승 또는 해외 이자율 하락으로 인한 자본 유출 감소 • 국내 기업의 해외 투자 감소로 인한 자본 유출 감소 • 해외 주식 및 채권 구입 감소

4. 외환의 공급곡선

(1) 환율의 상승과 하락에 따른 외환의 공급

① 환율 상승에 따른 외환의 공급
- ㉠ 환율이 상승하면 1$를 매도하고 받는 ₩가 더 많아진다. 예를 들어 환율이 1$ = ₩1,100에서 1$ = ₩1,200으로 상승하는 경우에 1$를 매도하면 추가로 ₩100을 더 받을 수 있다.
- ㉡ 상품을 수출할 때 1$당 ₩를 더 많이 받을 수 있으므로 수출상품의 가격이 하락하고, 수출상품의 가격이 하락하면 수출상품의 수요가 증가하므로 외환의 공급이 증가한다.
  - 예 $10어치 상품을 수출하는 경우
  - 환율이 1$ = ₩1,100에 수출하는 경우 ₩11,000을 받았다. 1$ = ₩1,200으로 상승하면 수출상품 가격을 $9.5로 인하해도 원화는 ₩11,400($9.5×₩1,200 = ₩11,400)을 받을 수 있다. 수출상품의 가격을 $0.5 인하할 수 있으므로 수출상품의 가격 경쟁력이 생겨 수출이 증가하고 외환공급도 증가한다.
- ㉢ 외국 관광객이 국내여행을 할 때 1$를 주고 더 많은 ₩를 받을 수 있으므로 국내 여행 비용의 감소로 외국 관광객이 증가하여 외환의 공급이 늘어난다.
  - 예 $1,000를 보유한 외국인의 국내여행 경비
  - 환율이 1$ = ₩1,100에서 1$ = ₩1,200으로 상승하면 외국 여행객이 국내 은행에서 환전할 때 ₩1,200,000을 받는다. 환율이 1$ = ₩1,100일 때보다 ₩100,000을 더 받으면 국내여행이 보다 저렴해져 외국 여행객의 국내여행이 증가한다.
- ㉣ 환율이 상승하면 1$당 받아야 할 ₩가 더 많아지므로 외환의 공급이 증가한다.

② 환율 하락에 따른 외환의 공급
- ㉠ 환율이 하락하면 1$를 매도하고 받는 ₩가 더 적어진다. 예를 들어 환율이 1$ = ₩1,200에서 1$ = ₩1,100으로 하락하면 1$를 매도하고 받는 ₩가 ₩100만큼 적어진다.
- ㉡ 상품을 수출할 때 1$당 ₩를 더 적게 받으므로 수출상품의 가격이 상승하고, 수출상품의 가격이 상승하면 수출상품의 수요가 감소하여 외환의 공급이 감소한다.
  - 예 $10어치 상품을 수출하는 경우
  - 환율이 1$ = ₩1,200에서 1$ = ₩1,100으로 하락하면 수출상품 대금을 ₩12,000에서 ₩11,000으로 ₩1,000을 덜 받는다. 환율 하락 전보다 ₩를 덜 받으면, 수출업자는 $ 표시 수출 가격을 인상하여야 하는 부담이 발생한다. $ 표시 수출 가격을 인상하면 수출이 감소하여 외환공급도 감소한다.
- ㉢ 외국 관광객이 국내여행을 할 때 1$를 주고 더 적은 ₩를 받게 되면 여행 비용이 증가하므로 외국 관광객이 감소하여 외환의 공급이 감소한다.
  - 예 $1,000 보유한 외국인의 국내여행 경비

환율이 1$ = ₩1,200에서 1$ = ₩1,100으로 하락하면 외국 여행객이 국내 은행에서 환전할 때 ₩1,200,000에서 ₩1,100,000으로 ₩100,000을 적게 받는다. 환율이 1$ = ₩1,200일 때보다 ₩100,000을 적게 받으면 외국 여행객의 국내여행이 비싸지므로 외국 여행객의 국내여행이 감소하고 외환 공급도 감소한다.

ⓔ 환율이 하락하면 1$당 받아야 할 ₩가 더 적어지므로 외환의 공급이 감소한다.

③ 환율이 상승하는 경우에는 외환의 공급이 증가하고 환율이 하락하는 경우에는 외환의 공급이 감소하므로 증가하므로 외환의 공급곡선은 우상향한다.

→ **환율과 외환공급의 관계는 정(+)의 관계임**

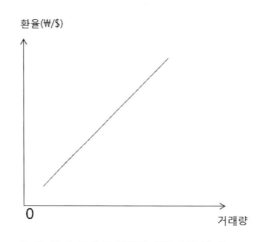

(그림 17-7 외환의 공급과 환율과의 관계)

(2) 외환공급 함수

① 외환의 공급에는 환율, 해외경기, 해외 물가, 이자율, 외국인의 국내여행, 외국인의 국내 투자 등 여러 요인이 있는데, 식으로 나타내면 아래와 같다.

$$s = f(환율 : 해외경기, 해외물가, 이자율, 외국인의 국내 투자,...) \qquad (식\ 17\text{-}4)$$

② 환율을 제외한 나머지 변수들은 고정되어 있다고 가정하면 (식 17-4)은 아래와 같이 (식 17-5)로 변형된다.

$$S = f(환율 : \overset{\displaystyle B}{\overline{해외경기,\ 해외물가,\ 이자율,\ 외국인의\ 국내\ 투자,...}}) \qquad (식\ 17\text{-}5)$$

$$S = B \times f(환율) \qquad (식\ 17\text{-}6)$$

③ 환율의 변화

(식 17-5)에서 환율을 제외한 다른 변수들은 고정되어 있다고 가정했으므로 외환의 공

급곡선은 환율이 변수인 함수가 된다. (식 17-6)에서 외환공급곡선은 환율과 거래량의 함수이므로 (그림 17-8)에서 환율이 c_0에서 e_1으로 변하면 균형점은 A에서 B로 변한다. 환율이 변화하면 외환공급곡선 상에서의 이동으로 나타난다.

> ### 환율의 변화 : 외환 공급곡선 상에서 이동

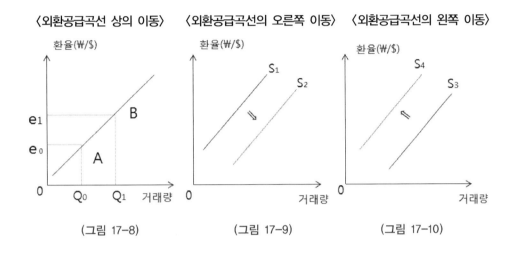

〈외환공급곡선 상의 이동〉	〈외환공급곡선의 오른쪽 이동〉	〈외환공급곡선의 왼쪽 이동〉
(그림 17-8)	(그림 17-9)	(그림 17-10)

④ 외환공급의 변화
  ㉠ 고정되었다고 가정한 다른 요인들이 변화하면 외환공급곡선 자체가 이동한다.(공급곡선 참조)
  ㉡ 해외경기 호전으로 인해 수출이 증가하거나, 해외물가의 상승으로 인한 수출상품의 상대적 가격 하락에 따라 수출이 증가하여 외환공급이 증가하면 (그림 17-9)같이 외환 공급곡선이 오른쪽으로 이동하여 환율이 하락하고 외환거래량도 증가한다.
  ㉢ 해외경기 침체로 인한 수출 감소, 외국 여행객의 감소로 외환공급이 감소하면 (그림 17-10)같이 외환공급곡선이 왼쪽으로 이동하여 환율이 상승하고 외환거래량은 감소한다.

> • 외환공급의 증가
>   외환공급곡선의 오른쪽 이동 ⇒ 환율 하락, 거래량 증가
> • 외환공급의 감소
>   외환수요곡선의 왼쪽 이동 ⇒ 환율 상승, 거래량 감소

외환공급의 증가 요인	외환공급의 감소 요인
• 해외경기 호황으로 수출 증가 • 해외 물가 상승이나 국내 물가 하락으로 인한 수출품의 상대 가격 하락으로 인한 수출 증가 • 환율 하락 기대에 따른 외환 조기 환전 • 외국 관광객의 국내여행 증가 • 국내 이자율 상승이나 해외 이자율 하락으로 해외 자본 유입 • 외국인의 국내 투자 증가로 해외 자본 유입 증가	• 해외경기 불황으로 수출 감소 • 해외 물가 하락이나 국내 물가 상승으로 인한 수출품의 상대가격 상승으로 (수출품의 가격이 비싸지면) 수출 감소 • 환율 상승 기대에 따른 수출 기업의 외환 환전 유보 • 외국 관광객의 국내여행 감소 • 국내 이자율 하락이나 해외 이자율 상승으로 인한 자본 유입 감소 • 외국인의 국내 투자 감소로 인한 자본 유입 감소

5. 균형 환율의 결정

(1) 시장 균형이 변동할 경우 환율과 거래량의 이동 방향

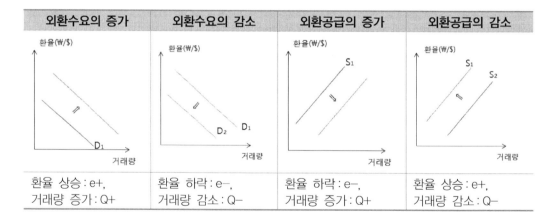

외환수요의 증가	외환수요의 감소	외환공급의 증가	외환공급의 감소
환율 상승: e+, 거래량 증가: Q+	환율 하락: e−, 거래량 감소: Q−	환율 하락: e−, 거래량 증가: Q+	환율 상승: e+, 거래량 감소: Q−

(2) 시장 균형의 이동 방향 – 수요만 변동 또는 공급만 변동(플매[+, −]해법)

① 외환수요만 변동

    ㉠ 수요 증가

수요 증가	⇒	환율 상승: e+	거래량 증가: Q+
균형의 이동 방향		환율 상승: e+	거래량 증가: Q+

    ㉡ 수요 감소

수요 감소	⇒	환율 하락: e -	거래량 감소: Q -
균형의 이동 방향		환율 하락: e -	거래량 감소: Q -

외환수요 증가	외환수요 감소
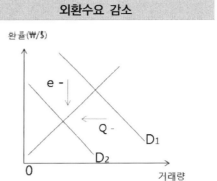	

② 공급만 변동

㉠ 공급 증가

공급 증가	⇒	환율 하락: e -	거래량 증가: Q+
균형의 이동 방향		환율 하락: e -	거래량 증가: Q+

㉡ 공급 감소

공급 감소	⇒	환율 상승: e+	거래량 감소: Q-
균형의 이동 방향		환율 상승: e+	거래량 감소: Q-

공급 증가	공급 감소
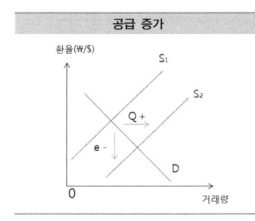	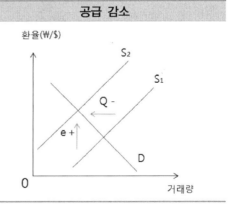

(3) 수요와 공급의 변동(플매[+, -]해법)

① 수요 증가, 공급 증가

수요 증가	⇒	환율 상승: e+	거래량 증가: Q+
공급 증가	⇒	환율 하락: e -	거래량 증가: Q+
균형의 이동 방향		환율 변화: ?	거래량 증가: Q+

증가하고 환율 변화는 불분명하나 그림과 같이 수요 증가와 공급 증가에 따라 균형 환율이 결정된다.

수요 증가 > 공급 증가 ⇒ 환율 오름	수요 증가＝공급 증가 ⇒ 환율 불변	수요 증가 < 공급 증가 ⇒ 환율 내림
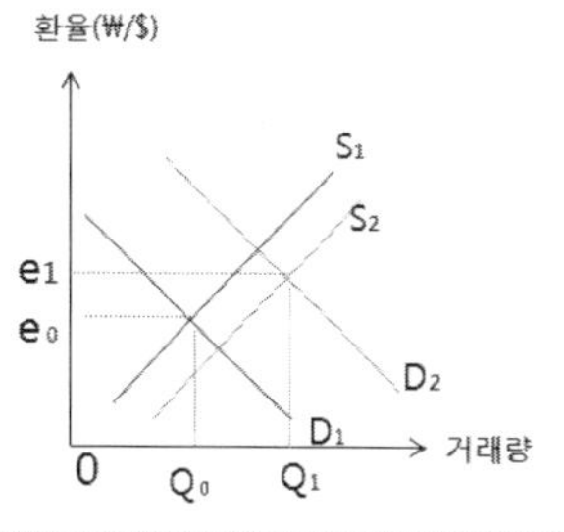	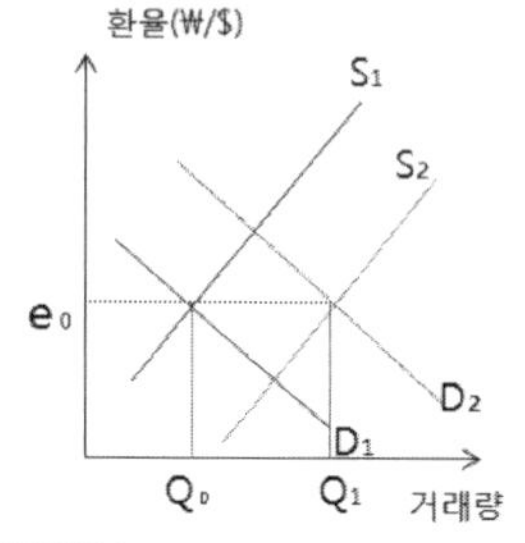	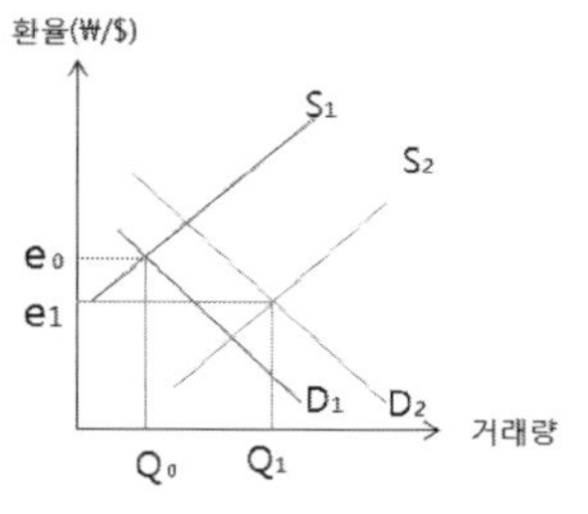

② 수요 증가, 공급 감소

수요 증가 ⇒ 환율 상승: e+ 거래량 증가: Q+
공급 감소 ⇒ 환율 상승: e+ 거래량 감소: Q −
균형의 이동 방향 환율 상승: e+ 균형 거래량 : ?

환율은 상승하고, 균형거래량 변화는 불분명하나 그림과 같이 수요 증가와 공급 감소에 따라 균형거래량이 결정된다.

수요 증가 > 공급 감소 ⇒거래량 증가	수요 증가＝공급 감소 ⇒거래량 불변	수요 증가 < 공급 감소 ⇒거래량 감소
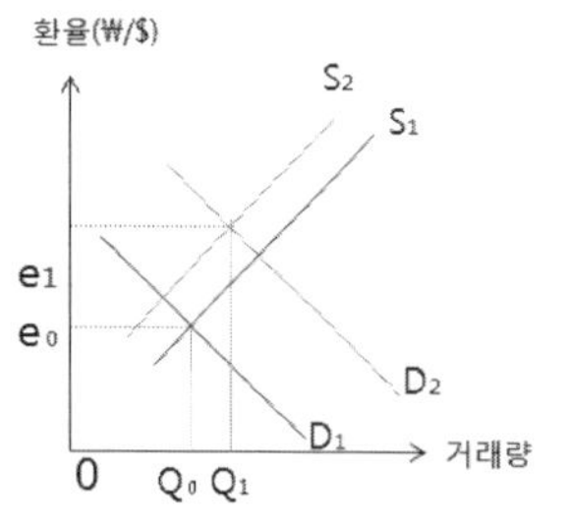	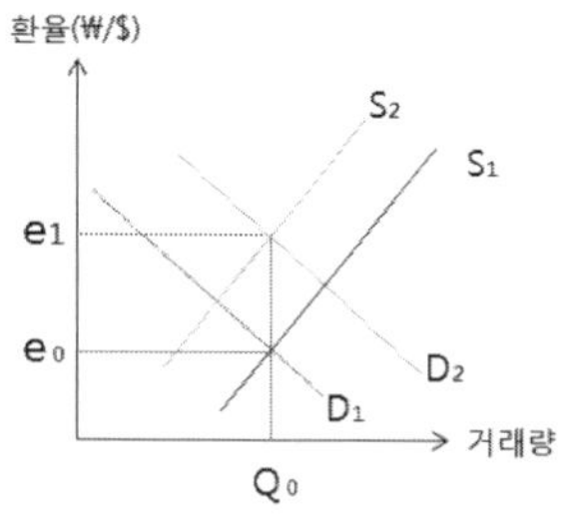	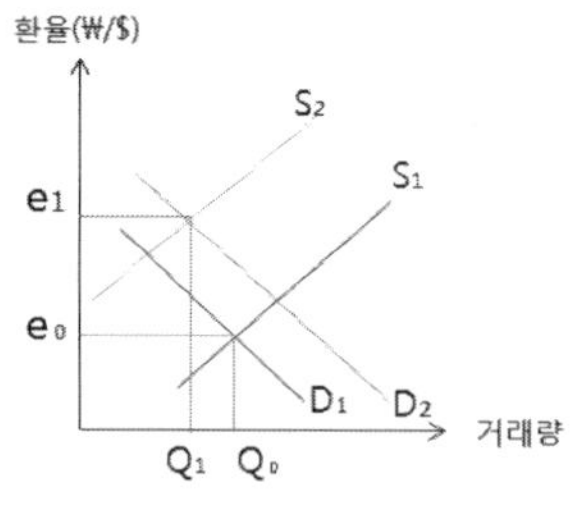

③ 수요 감소, 공급 증가

수요 감소 ⇒ 환율 하락: e − 거래량 감소: Q −
공급 증가 ⇒ 환율 하락: e − 거래량 증가: Q+
균형의 이동 방향 환율 하락: o 균형 거래량 : ?

환율은 하락하고 균형거래량의 변화는 불분명하나 그림과 같이 수요 감소와 공급 증가에 따라 균형거래량이 결정된다.

수요 감소 > 공급 증가 ⇒ 거래량 감소	수요 감소 = 공급 증가 ⇒ 거래량 불변	수요 감소 < 공급 증가 ⇒ 거래량 증가

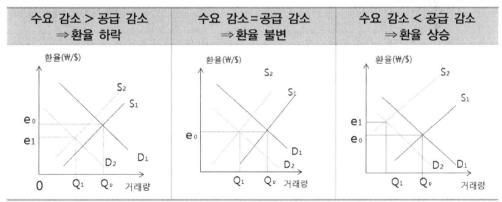

④ 수요 감소, 공급 감소

수요 감소   ⇒   환율 하락: e -   거래량 감소: Q -
공급 감소   ⇒   환율 상승: e +   거래량 감소: Q -
균형의 이동 방향   환율 변화: ?   거래량 감소: Q -

균형거래량은 감소하고 환율 변화는 불분명하나 그림과 같이 수요 감소와 공급 감소에 따라 균형 환율이 결정된다.

수요 감소 > 공급 감소 ⇒ 환율 하락	수요 감소 = 공급 감소 ⇒ 환율 불변	수요 감소 < 공급 감소 ⇒ 환율 상승

6. 환율 상승의 효과(평가절하 1$ = 1,100 → 1$ = 1,200)

유리한 경우	불리한 경우
• 외화를 보유하거나 받을 예정인 경우	• 외화를 매입하거나 외화로 지급 예정인 경우
• 외화를 보유한 경우 　외화 거주자 예금 • 외화를 받을 예정 　재화와 서비스를 수출하고 대금을 받을 예정 　→ 수출 증가 • 외국 여행객이 국내여행할 때 • 외국 투자가가 공장, 주식, 채권 등 국내에 투자할 때	• 외화를 매입하는 경우 • 재화를 수입하는 경우 • 자국민이 해외여행을 할 때 • 해외 유학 비용을 송금할 때 • 국내 투자가가 해외에 공장, 주식, 채권 등에 투자할 때 • 지급 예정 　외화 차입금의 원리금을 상환할 때

- 수출 증가와 수입 감소로 경상 수지 개선
- 해외여행 경비의 증가로 해외여행 감소 및 외국 여행객의 국내여행 경비 감소로 서비스 수지 개선
- 국제 수지 개선으로 인한 외화의 순유입액 증가로 국내 통화량 증가
- 수입품의 가격 상승으로 수입 물가가 상승하여 인플레이션 발생 가능성
- 외채 부담 증가

7. 환율 하락의 효과(평가절상 1$ = 1,100 → 1$ = 1,000)

유리한 경우	불리한 경우
• 외화를 매입하거나 지급 예정인 경우	• 외화를 보유하고 있거나 받을 예정인 경우
• 외화를 매입하는 경우 • 재화를 수입하는 경우 • 자국민이 해외여행을 할 때 • 해외 유학 비용을 송금할 때 • 국내 투자가가 해외에 공장, 주식, 채권 등에 투자할 때 • 지급 예정 　외화 차입금의 원리금을 상환할 때	• 외화를 보유한 경우 　외화 거주자 예금 • 외화를 받을 예정 　재화와 서비스를 수출하고 대금을 받을 예정 　→ 수출 감소 • 외국 여행객이 국내여행을 할 때 • 외국 투자가가 국내에 공장, 주식, 채권 등에 투자할 때

- 수출 감소와 수입 증가로 국내 경기 침체 가능성 및 경상 수지 악화
- 해외여행 경비의 감소로 해외여행 증가 및 외국 여행객의 국내여행 경비 증가로 서비스 수지 악화
- 경상 수지 악화로 인한 외화의 순유입액 감소로 통화량은 감소
- 외채의 원리금 상환 부담 감소
- 수입품의 가격 하락으로 수입 물가가 하락하여 국내 물가 하락 가능성

8. 환율 제도

구분	고정 환율 제도	변동 환율 제도
장점	• 환율 변동으로 인한 불확실성이 없으므로 장기 계획 수립 용이 • 단기적인 환투기가 없음 • 환율 안정으로 물가안정	• 국제 수지가 불균형일 때 환율 변동을 통한 국제수지 불균형 자동 조정 • 자율적인 통화정책 수행 가능
단점	• 국제 수지 불균형의 자동 조정 곤란 • 통화정책의 자율성 상실 • 인위적인 환율 설정 시 타국과 갈등 발생	• 환율의 불확실성으로 인한 무역 및 금융 거래의 불안정 • 단기적인 환투기의 발생

(1) 고정 환율제도

① 의미

고정 환율제도는 정부가 특정 통화에 대한 환율을 일정한 수준에 정해 놓고 외환시장에 개입하여 환율을 일정하게 유지하는 제도이다.

② 장점

㉠ 환율이 고정되어 환위험이 없으므로 장기적인 수출, 수입 계획이 가능해지고 국제 무역과 국제간 자본거래가 확대된다.

㉡ 환율이 고정되어 있으므로 환투기를 노린 국제간 단기 자본 이동이 제거되어 국내 경제가 안정된다.

㉢ 환율이 고정되어 통화 가치가 안정되므로 물가안정을 이룰 수 있다.

③ 단점

㉠ 국제 수지 불균형의 자동 조정이 곤란해진다.

환율이 고정되어 있어 중앙은행이 외환시장에 개입하여 국제 수지 불균형을 조정한다. (중앙은행은 충분한 외화준비금을 보유해야 한다.)

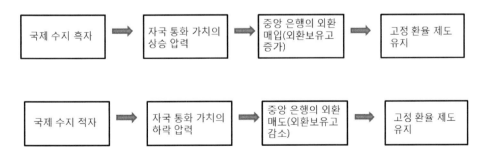

(그림 17-11 고정환율제도의 국제 수지 조정)

ⓛ 통화정책의 자율성 상실
- 국제 수지가 흑자일 경우 중앙은행의 외화 매입으로 시중 통화량이 증가하고, 국제 수지가 적자일 경우 중앙은행의 외화 매도로 시중 통화량이 감소한다.
- 이와 같이 시중 통화량이 국제 수지에 따라 변동하므로 중앙은행의 통화정책 자율성이 상실된다. (중앙은행으로 통화가 들어가면 통화량 감소이고 중앙은행에서 시중으로 통화가 유출되면 통화량 증가이다.)

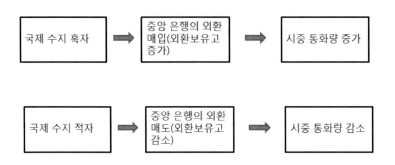

(그림 17-12 고정환율제에서 통화정책의 자율성 상실)

ⓒ 인위적으로 환율을 설정할 경우 타국과 갈등이 발생할 수 있다.
수출을 늘리기 위해 자국의 통화 가치를 인위적으로 낮게 설정하면, 무역 상대국과 갈등이 발생할 수 있다.

④ 고정환율제도에서 환율의 조정
㉠ 고정환율제도에서는 지속적인 국제수지 적자나 흑자 등으로 인해 환율 조정 사유가 발생하면 환율을 재조정하는 것이 허용된다.
㉡ 국제수지 적자가 지속될 경우
국제수지 적자가 지속되어 중앙은행의 환율이 고갈되면 중앙은행은 자국의 환율을 상승(자국 통화 가치 하락)시켜 외환시장을 안정시킨다.
㉢ 국제수지 흑자가 지속될 경우
국제수지 흑자가 지속되어 중앙은행의 외환보유고가 지속적으로 증가하면 자국의 환율을 하락(자국 통화 가치 상승)시켜 외환시장을 안정시킨다.
㉣ 고정환율제도에서 외환 투기
외환시장 참가자들이 중앙은행의 환율 재조정을 예상하게 되면 외환시장에서 환투기가 나타날 수 있다.
　예 1\$ =1,000₩으로 고정되어 있는데 중앙은행이 1\$ =1,100₩으로 환율을 상승시킬 것으로 외환시장 참가자들이 예상하면 외환 투기 세력은 \$는 매입하고 ₩는 매각한다. 중앙은행이 1\$ = 1,100₩으로 환율을 상승시키면 1\$당 100₩의 환차익을 얻을 수 있다.

(2) 변동 환율제도

① 의미

외환시장에서 외환의 수요와 공급에 의해 환율이 결정되도록 하는 제도이다.

② 장점

ㄱ 국제 수지 불균형이 환율변동에 의하여 자동적으로 조정된다.

국제 수지가 적자이면 환율이 상승하여 수출이 증가하므로 적자가 해소되고 국제 수지가 흑자이면 환율이 하락하여 수출이 감소하여 흑자가 줄어든다.

(그림 17-13 변동환율제에서 국제 수지 자동 조정)

ㄴ 고정 환율제도와 달리 자율적인 통화정책 수행이 가능하다.

외환시장에서 외환의 수요 초과는 환율의 상승, 외환의 공급 초과는 환율의 하락 등을 통해 균형에 도달하므로, 중앙은행이 외환시장에 개입할 필요성이 줄어들어 자율적인 통화 정책 수행이 가능하다.

(그림 17-14 변동환율제에서 자율적인 통화정책 수행)

③ 단점

ㄱ 환율과 관련한 불확실성으로 무역 및 금융 거래의 불안정이 초래된다.

ㄴ 단기적인 환율변동으로 인한 환투기의 발생 가능성이 커 국내 경제가 불안정해질 수 있다.

■ 재정환율

(1) 기준 환율

① 환율을 산출할 때 기준이 되는 특정국 통화와의 환율을 기준 환율이라고 한다.

② 우리나라에서는 원화와 미 달러화와의 환율이 기준 환율로 사용되고 있다.

(2) 재정환율

① 기준 환율을 기준으로 계산한 자국 통화와 다른 나라의 통화 사이의 환율을 재정환율이라고 한다.

② 원화와 엔화, 원화와 위안화, 원화와 유로화 사이의 환율이 재정환율이다.

③ 재정환율을 구하는 법

　　㉠ 자국 통화표시환율을 사용하는 국가 간 재정환율

　　　　1$ = 1,100₩, 1$ = 100¥

　　　　1,100₩ = 1$ = 100¥

　　　　100¥ = 1,100₩(엔화는 100¥당 원화로 고시함)

　　　　1$ = 1,100₩, 1$ = 6.20위안

　　　　1,100₩ = 1$ = 6.20위안

　　　　1위안 = 177₩

　　㉡ 자국 통화표시환율과 외국 통화 표시 환율을 사용하는 국가 간 재정환율

　　　　1Eur = 1.1$　　　　　1$ = 1,100₩　　　　　1£ = 1.24$

　　　　1Eur = 1.1$ = 1.1×(1$ = 1,100₩) = 1,210₩

　　　　1£ = 1.24$ = 1.24×(1$ = 1,100₩) = 1,364₩

연습문제

01. (가), (나)와 같은 우리나라 외환시장의 환율변동 요인으로 옳은 것은? [3점]

|2015년 11월 학평|

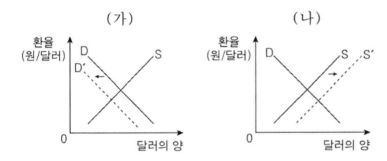

	(가)	(나)
①	수출 감소	수입 증가
②	수입 감소	외국인의 국내 투자 증가
③	해외 투자 감소	수출 감소
④	국내 이자율 하락	해외 투자 감소
⑤	외국인의 국내 투자 감소	국내 이자율 상승

02. 그림에 나타난 국내 외환시장의 균형점 이동과 그 원인으로 옳은 것은?

|2015년 3월 서울|

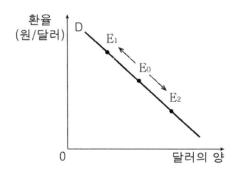

	균형점 이동	원인
①	$E_0 \to E_1$	대미 수출 증가
②	$E_0 \to E_1$	미국인의 국내여행 증가
③	$E_0 \to E_1$	국내 기업의 해외 투자 감소
④	$E_0 \to E_2$	미국으로부터 신규 차관 도입
⑤	$E_0 \to E_2$	특허권 사용료의 해외 지급 증가

03. 그림은 외환시장의 균형점을 나타낸 것이다. 균형점 a를 b로 이동시키는 요인으로 가장 적절한 것은? (단, 외환시장은 수요와 공급의 법칙을 따른다.)

|2013년 6월 평가원|

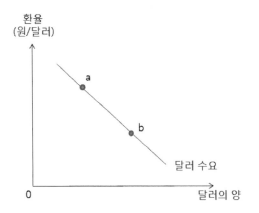

① 국산 자동차의 수출이 감소했다.
② 외국산 화장품의 수입이 감소했다.
③ 외국인의 국내 주식 투자가 증가했다.
④ 해외여행을 떠나는 사람들이 증가했다.
⑤ 개발도상국에 대한 대외 원조 제공이 증가했다.

04. 그림의 A~D는 외환시장의 균형점 이동을 나타낸 것이다. A~D의 이동을 초래할 수 있는 적절한 사례를 <보기>에서 고른 것은? [3점]

|2013년 3월 서울|

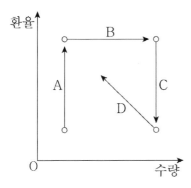

〈보기〉

ㄱ. A : 외국인 관광객이 증가하였고, 국내 기업의 해외 투자가 증가하였다.
ㄴ. B : 외국인의 국내 주식 투자가 증가하였고, 원자재 수입이 증가하였다.
ㄷ. C : 문화 콘텐츠의 수출이 증가하였고, 국내 기업의 해외 투자가 감소하였다.
ㄹ. D : 상품수입이 감소하였고, 외국인의 국내 투자가 증가하였다.

① ㄱ, ㄴ 　　　　　② ㄱ, ㄷ
③ ㄴ, ㄷ 　　　　　④ ㄴ, ㄹ
⑤ ㄷ, ㄹ

> (가) 국내의 외국인 투자 자금 유출 증가로 인하여 달러화에 대한 원화의 가치 하락
>
> (나) 일본 정부의 확대 통화정책으로 인하여 원화에 대한 엔화의 가치 하락

05. 우리나라 외환시장에서 (가)를 나타낸 그림으로 가장 적절한 것은? |2015년 4월 경기|

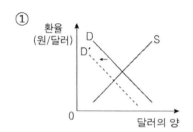

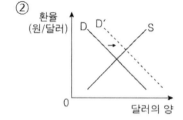

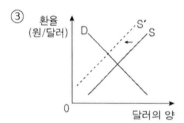

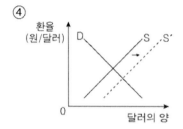

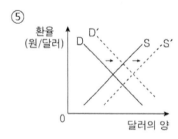

06. (가), (나)의 환율변동이 경제 상황에 미칠 영향에 대한 추론으로 가장 적절한 것은? [3점]

① 우리나라의 대일 상품 수지는 개선될 것이다.

② 우리나라 수출상품의 달러 표시 가격은 상승할 것이다.

③ 미국인이 일본으로 여행할 경우 비용 부담은 증가할 것이다.

④ 일본에서 원자재를 수입하는 우리나라 기업의 생산 비용 부담은 증가할 것이다.

⑤ 미국 시장에서 일본 상품과 경쟁하는 우리나라 상품의 가격 경쟁력은 약화될 것이다.

07. 다음에서 갑, 을이 예상하는 1년 후의 환율 변화로 옳은 것은? (단, 다른 조건은 변함이 없다.) [3점]

|2014년 4월 경기|

> • 한국인 갑은 국내 채권의 연간 수익률이 10%, 미국 채권의 연간 수익률이 5%임에도 미국 채권을 구입하였다.
> • 일본인 을은 다음 달에 가족과 함께 가기로 한 미국여행을 1년 뒤로 미루었다.

	(갑) 원/달러 환율	(을) 엔/달러 환율
①	상승	불변
②	상승	상승
③	상승	하락
④	하락	상승
⑤	하락	하락

08. 신문 기사에 나타난 환율변동 추세로 보아 유리해질 것으로 예상되는 경제 주체를 <보기>에서 고른 것은? [3점]

|2015년 3월 학평|

○○신문

원/엔 환율 앞으로 더 떨어질 듯
1분기 현재 원/엔 환율이 전년 4분기보다 하락했다. 해외 투자은행(IB)들은 올해 원/엔 환율이 100엔당 800원대까지 떨어질 것으로 전망했다.

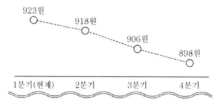

< 보 기 >

ㄱ. 일본에 핸드폰을 수출하는 한국 기업
ㄴ. 일본으로 여행을 가는 한국인 관광객
ㄷ. 일본에 유학 간 자녀에게 송금하는 한국 부모
ㄹ. 한국으로부터 컴퓨터 핵심 부품을 수입하는 일본 기업

① ㄱ, ㄴ   ② ㄱ, ㄷ
③ ㄴ, ㄷ   ④ ㄴ, ㄹ
⑤ ㄷ, ㄹ

09. 다음은 경제 관련 사이트에 게시된 질문이다. 이에 대한 적절한 답변을 <보기>에서 고른 것은? [3점]

|2013년 11월 학평|

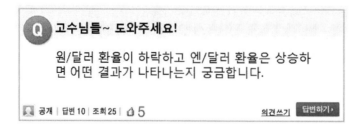

Q 고수님들~ 도와주세요!

원/달러 환율이 하락하고 엔/달러 환율은 상승하면 어떤 결과가 나타나는지 궁금합니다.

공개 | 답변 10 | 조회 25 | 👍 5   의견쓰기   답변하기 ›

<보기>

ㄱ. 원화의 가치는 달러화에 비해 상승할 것입니다.
ㄴ. 미국 제품의 대(對)일본 수출이 증가할 것입니다.
ㄷ. 미국 시장에서 한국 제품의 가격 경쟁력이 일본 제품보다 낮아질 것입니다.
ㄹ. 일본으로부터 부품을 수입하는 한국 기업은 생산비 인상 요인이 발생할 것입니다.

① ㄱ, ㄴ
② ㄱ, ㄷ
③ ㄴ, ㄷ
④ ㄴ, ㄹ
⑤ ㄷ, ㄹ

10. 표에 나타난 환율변동의 영향에 대한 옳은 추론을 <보기>에서 고른 것은? [3점]

|2014년 3월 학평|

구분	변동 전	변동 후
원/100엔	1,000	900
원/위안	170	200

<보기>

ㄱ. 중국인과 달리 일본인의 한국 여행이 유리해졌다.
ㄴ. 국내 위안화 예금 보유자가 엔화 예금 보유자보다 불리해졌다.
ㄷ. 한국 시장에서 일본 상품에 대한 중국 상품의 가격 경쟁력이 약화되었다.
ㄹ. 한국 기업은 중국보다 일본으로부터의 수입 비중을 늘리는 것이 유리해졌다.

① ㄱ, ㄴ
② ㄱ, ㄷ
③ ㄴ, ㄷ
④ ㄴ, ㄹ
⑤ ㄷ, ㄹ

11. 표는 전 세계적으로 판매되며 동질인 X재의 현지 가격과 적정 환율 및 각국의 대 달러 실제 환율을 나타낸 것이다. 이에 대한 추론으로 옳은 것은? [3점] |2013년 7월 인천|

국가	X재 현지 가격	적정 환율(X재 가격으로 산출한 환율)	각국 통화의 대 달러 실제 환율
미국	4달러	–	–
한국	4,400원	1,100원/달러	1,000원/달러
일본	340엔	(가)	90엔/달러
중국	26위안	(나)	6위안/달러

$$*(\text{X 재 가격으로 산출한 환율}) = \frac{\text{각 국의 자국 통화 표시 X 재 가격}}{\text{미국 내 X 재 가격(달러)}}$$

① (가)는 80엔/달러이다.

② (나)는 5.5위안/달러이다.

③ 달러로 환산한 X재의 가격은 한국에서 가장 싸다.

④ 중국을 방문한 미국인은 X재 가격이 자국보다 싸다고 느낄 것이다.

⑤ 적정 환율을 기준으로 하였을 때, 자국 화폐가 저평가된 국가는 일본이다.

12. 밑줄 친 ⊙ ~ⓒ에 대한 옳은 설명을 <보기>에서 고른 것은? [3점] |2014년 3월 학평|

> ⊙ 유로존* 출범 이후 회원국 간의 ⓒ 무역 불균형 문제가 대두되었다. 독일은 수출이 큰 폭으로 증가한 반면 다른 회원국들은 무역 적자가 누적된 것이다. 유로존 출범 이전에는 이와 같은 무역 불균형이 발생하면 ⓒ 환율이 변동되어 무역 적자 상황이 자동적으로 개선되었다. 그러나 기존의 각국 통화를 폐기하고 유로화를 회원국들의 통화로 사용한 이후에는 이러한 장치가 사라져 유로존에 경제적 불안정이 나타나게 된 것이다.
>
> * 유로존 : 유로화를 국가 통화로 사용하는 국가나 지역이며 유럽 중앙은행이 통화정책의 책임을 지고 있다.

<보기>

ㄱ. ⊙의 출범으로 회원국 간의 경제적 상호 의존성이 심화되었다.

ㄴ. ⓒ은 독일의 보호무역 정책 강화로 인한 부작용이다.

ㄷ. ⓒ은 독일 상품의 수출 경쟁력을 약화시키는 요인이었다.

ㄹ. ⓒ은 독일 통화에 대한 다른 국가의 통화 가치 상승을 의미한다.

① ㄱ, ㄴ   ② ㄱ, ㄷ

③ ㄴ, ㄷ   ④ ㄴ, ㄹ

⑤ ㄷ, ㄹ

13. 자료에 대한 분석으로 옳지 <u>않은</u> 것은? [3점]

|2014년 10월 서울|

> 갑국 정부는 달러 대비 자국 통화의 ⊙ 환율을 고정시키는 제도를 채택하여 환율을 a 수준에서 장기간 유지하였다. 그런데 무역 불균형으로 인한 국제적 압박이 계속되자 기존의 제도를 폐지하고 ⓒ 환율이 외환시장에서 자유롭게 결정되는 제도를 도입하였다. 갑국의 외환시장은 그림과 같다.

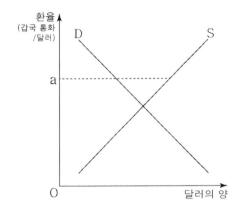

① ⊙은 환율변동으로 인한 위험을 줄일 수 있다.

② ⓒ에서는 환율변동을 통해 무역 불균형이 완화될 수 있다.

③ ⓒ의 도입으로 갑국 수출품의 가격 경쟁력이 약화된다.

④ ⓒ의 도입으로 갑국 기업의 원료 수입 비용이 증가한다.

⑤ 외화의 초과 공급 상태가 지속될 가능성은 ⓒ보다 ⊙에서 높다.

CHAPTER

18

국제 수지와 국제 경제 환경

1. 국제 수지

(1) 국제 수지

① 일정 기간 거주자와 비거주자 간에 이루어진 모든 경제적 거래를 체계적으로 분류·정리하여 기록한 표를 국제 수지라 한다.

② 월간, 분기, 연간 등 일정 기간에 걸쳐 측정되므로 유량 개념이다.

③ 거주자와 비거주자

    ㉠ 어떤 경제 주체가 1년 이상 어떤 나라에서 경제 활동 및 거래를 수행하거나 의도가 있는 경우에 '주된 경제적 이익의 중심'이 그 나라에 있다고 보아 거주자가 되며, 그 외에는 비거주자가 된다.

    ㉡ '경제 주체가 어디에 살며 국적이 무엇인가?'가 판단 기준이 아니라 '경제적 이익의 중심'이 어느 나라에 있는지에 따라 거주자와 비거주자로 구분한다.

    ㉢ 거주자의 예

        • 자국 내에 있는 국민은 거주자다.

        • 우리나라에 있는 외국 법인(회사)은 1년 이상 우리나라에서 경제 활동을 수행하므로 거주자가 된다.

        • 1년 이상 우리나라 회사에서 일하고 있는 외국인은 거주자가 된다.

        • 1년 미만 외국 프로팀에 파견되어 뛰고 있는 우리나라 프로 선수는 1년을 넘지 않으므로 거주자이다.

    ㉣ 비거주자의 예

        • 1년 미만 우리나라 회사에서 일하고 있는 외국인은 1년을 넘지 않으므로 비거주자다.

        • 해외에 있는 우리나라의 현지 법인은 비거주자다. 예를 들어 삼성전자 베트남 법인은 비거주자가 되어, 한국 본사와의 거래는 국제 수지에 기록된다.

        • 다년 계약을 맺고 외국 프로팀에서 뛰고 있는 우리나라 선수는 1년 이상 외국에서 경제적 거래를 수행하므로 비거주자가 된다. 해외 구단과 다년 계약을 맺은 운동선수들은 비거주자가 된다.

        • 해외 교포는 우리나라 국적을 가졌지만 주된 경제적 이익의 중심이 외국에 있으므로 비거주자다.

④ 모든 경제적 거래

    거주자와 비거주자 간에 일어나는 상품, 서비스, 소득, 이전, 금융 등 모든 거래를 포함한다.

⑤ 체계적으로 분류 · 정리

국제적으로 동일된 기준에 따라 체계적으로 작성된다.

(2) 국제 수지표란

① 우리나라는 한국은행이 월별로 미국의 달러화로 표시된 국제 수지표를 작성하고 있다.

② IMF가 만든 국제 수지 작성 기준인 국제 수지 매뉴얼에 따라 작성된다.

2. 국제 수지표의 내역

구분			주요 내용
경상 수지	상품 수지		상품의 수출액과 수입액의 차이
	서비스 수지		외국과의 서비스 거래로 수취한 돈과 지급한 돈의 차이
	본원소득 수지		급료 및 임금 수지, 투자소득 수지
	이전소득 수지		거주자와 비거주자 간 무상으로 주고받은 거래의 차이
자본 · 금융 계정	자본수지		자본 이전 및 비생산 · 비금융자산 거래
	금융 계정	직접투자	직접투자 관계에 있는 투자기업과 투자 대상 기업 간에 일어나는 대외 거래를 계상
		증권투자	거주자와 비거주자 간에 이루어진 주식, 채권 등에 대한 투자
		파생금융상품	옵션, 선물 등의 파생금융상품 거래
		기타투자	직접투자, 증권투자, 파생금융상품, 준비자산에 포함되지 않는 거주자와 비거주자 간의 모든 금융 거래를 기록
		준비자산	통화 당국의 외환보유액 변동분
오차 및 누락			통계 불일치의 조정

(1) 국제 수지표

국제 수지표는 경상 수지와 자본 · 금융 계정 그리고 오차 및 누락의 세 부분으로 구성되어 있다.

(2) 경상 수지

① 경상 수지

경상 수지는 상품과 서비스의 수출입에 따른 상품 수지와 서비스 수지, 그리고 임금과 투자 소득을 보여주는 본원 소득 수지, 무상 증여나 구호 등을 보여주는 이전소득 수지를 기록하는 항목이다.

② 상품 수지

상품의 수출액과 수입액의 차이를 기록한 것을 상품 수지라 하며, 국제 수지에 있어서 가장 기본적이며 중요한 항목이다.

③ 서비스 수지

    ㉠ 외국과의 서비스 거래로 수취한 돈과 지급한 돈이 차이를 기록한 것이 서비스 수지이다.

    ㉡ 운수, 여행, 건설, 통신서비스, 특허권 등의 지적 재산권 사용료, 금융서비스, 정보서비스 등의 항목이 포함된다.

④ 본원소득 수지

    ㉠ 거주자와 비거주자 간에 급료와 임금, 그리고 투자 소득인 이자, 배당을 기록한 것이 본원소득 수지가 된다.

    ㉡ 급료 및 임금 수지

      거주자가 외국에 단기간(1년 미만) 머물면서 일한 대가로 받은 돈과 국내에 단기간(1년 미만) 고용된 비거주자에게 지급한 돈의 차이가 급료 및 임금 수지이다.

    ㉢ 이자, 배당금(투자소득 수지)

      거주자가 외국에 투자하여 벌어들인 이자·배당금과 국내에 투자한 비거주자에게 지급한 이자·배당금의 차이가 투자소득 수지이다.(주식이나 채권을 거래하는 것은 자본·금융 계정에 속함.)

⑤ 이전소득 수지

    ㉠ 거주자와 비거주자 사이에 아무런 대가 없이 주고받은 무상원조, 증여성 송금 등의 차이를 기록하는 것이 이전소득 수지이다.

    ㉡ 무상원조, 국제기구 출연금, 기부금과 구호물자, 교포 송금 등이 이전소득 수지에 포함된다.

(3) 자본·금융 계정

① 자본·금융 계정

    ㉠ 국가 간의 자금거래 등과 관련된 수입과 지출은 자본·금융 계정에 해당한다.

    ㉡ 자본·금융 계정에는 자본수지와 금융 계정이 있다.

② 자본수지

    ㉠ 자본수지는 비생산·비금융자산의 거래와 자본 이전으로 구성되어 있다.

    ㉡ 비생산·비금융자산의 취득과 처분

      브랜드 이름, 상표 등 마케팅 자산과 기타 양도 가능한 무형자산의 취득과 처분이 기록된다.

ⓒ 자본 이전

자산 소유권의 무상 이전, 채권자에 의한 채무 면제를 기록한 것이 자본 이전이다.

③ 금융 계정

㉠ 금융자산과 부채의 유출·입 차이를 기록한다.

㉡ 금융 계정은 직접투자, 증권투자, 파생금융상품, 기타 투자로 구성되어 있다.

㉢ 직접투자

해외 투자기업의 경영에 대해 통제 혹은 상당한 영향력을 행사할 수 있는 경우를 직접투자라 하는데 직접 관계에 있는 투자자와 투자 대상 기업 간의 주식 투자, 대출·차입 등의 거래를 기록한다.

㉣ 증권투자

거주자와 비거주자 간에 이루어지는 주식과 채권 등의 증권 거래를 기록한 것이 증권투자이다. (이중 직접투자 또는 준비자산에 해당되는 주식 및 채권 등의 증권 거래는 증권투자에서 제외된다.)

㉤ 파생금융상품

옵션이나 선물 등의 거래를 기록한 것이 파생금융상품이다.

㉥ 기타투자

기타투자는 직접투자, 증권투자, 파생금융상품 및 준비자산에 포함되지 않는 거주자와 비거주자 간의 현금 및 예금, 대출 및 차입 등 모든 금융 거래를 기록한다.

㉦ 준비자산

준비자산계정에는 각종 대외 거래의 결과로 발생한 통화 당국의 외환보유액의 변동 분을 기록한다.

※ 외환보유액
통화 당국이 국제 수지 불균형 보전, 외환시장 안정 및 자국 통화와 경제에 대한 대외 신인도 유지 등을 위해 보유하고 있는 것을 외환보유액이라 한다. 언제든지 사용 가능하며 통제가 가능한 외화 표시 대외자산으로 유가증권, 외화예치금, 금 및 SDR 보유, IMF 포지션 등으로 구성되어 있다.

(4) 오차 및 누락

① 오차 및 누락은 국제 수지통계 작성과정에서 불가피하게 발생하는 통계적 불일치를 조정하기 위한 항목으로 모든 대외 거래를 기록한 후 사후적으로 계산되는 항목이다.

② 국제 수지통계 작성 후 경상 수지와 금융 계정 및 자본수지의 합계가 '0'이 되지 않는 경우가 생기면 차이 금액에 반대부호를 붙여 오차 및 누락으로 계상하여 대차를 일치시키면 된다.

3. 국제 수지표의 작성원리

(1) 복식부기의 원칙에 따른 작성

모든 개별 거래를 동일한 금액으로 대변과 차변 양변에 동시에 기록하는 것이 복식부기의 원칙으로 **국제 수지표는 복식부기의 원칙에 따라 작성**된다.

예 수출 $10,000를 한 경우

차변	대변
현금 $10,000	수출 $10,000

(2) 국제 수지는 '0'

① 아래의 표는 2014년 우리나라 국제 수지표를 요약 작성한 것이다. 차변과 대변의 상세 금액은 생략했다. 여기서 보면 경상 수지, 자본수지, 금융 계정은 흑자와 적자를 기록하고 있지만, 오른쪽 최하단의 **국제 수지는 '0'으로 표시**되고 있다.

〈2014년 국제 수지표〉

구분	차변	대변	수지
경상 수지			+84,373
자본 수지			-8
금융 계정			-89,334
오차와 누락			+4,969
계	××××	××××	0

(단위 : 백만 달러)   (한국은행)

② 국제 수지는 '0'이 된다.

국제 수지표는 복식부기의 원칙에 따라 작성되므로 모든 차변 항목의 합계와 모든 대변 항목의 합계는 같게 된다. 위의 표에서 보는 것처럼 개별 수지는 흑자나 적자를 기록할 수 있지만, 모든 차변 항목의 합계와 모든 대변 항목의 합계가 같으므로 국제 수지는 '0'이 된다.

(3) 자율적 거래와 보정적 거래

① 자율적 거래

국가 간의 가격, 이자율, 소득 등의 차이에 따라 발생하는 거래를 자율적 거래라 한다. 상품 및 서비스 거래나 주식 · 채권 등의 거래는 자율적 거래에 해당한다.

② 보정적 거래

　자율적 거래에서 발생한 불균형을 조정하기 위한 거래를 의미하며 국제 수지표 하단으로 내려갈수록 보정적인 성격이 강해진다. 준비자산 계정은 보정적 거래에 해당한다.

(4) (경상 수지 + 자본수지)와 준비자산

> (경상 수지 + 자본수지) 적자 ⇒ 준비자산 '+' ⇒ 외환보유액 감소
> (경상 수지 + 자본수지) 흑자 ⇒ 준비자산 '−' ⇒ 외환보유액 증가

※ 여기에서 자본수지는 자본금융계정 수지를 의미한다.

① 국제 수지를 식으로 표시하면 아래와 같다.
국제 수지 = 경상 수지 + 자본·금융 계정 + 오차와 누락(식 18-1)

② (식 18-1)에서 자본·금융 계정 수지를 자본 수지라고 하였다. 준비자산은 자본·금융 계정의 한 항목인데, 이 준비자산을 자본 수지에서 분리해서 쓴 식이 (식 18-2)이다. (여기서 오차와 누락은 '0'이라고 가정한다.)
국제 수지 = 경상 수지 + 자본수지 + 준비자산(식 18-2)

③ (경상 수지 + 자본수지)와 준비자산 및 외환보유액의 관계
　㉠ (경상 수지 + 자본수지)가 적자인 경우

　　국제 수지 = 경상 수지 + 자본수지 + 준비자산
　　　　　　　　　　적자 (−)　　　　　(+)

- 정의에 따라 국제 수지표 상 국제 수지는 '0'이므로 (경상 수지 + 자본수지)가 적자이면 준비자산은 '+'가 되어 국제 수지는 '0'이 된다.
- (경상 수지 + 자본수지)가 적자이면 외환의 유입이 유출보다 적어져 민간 부문이 해외에 지급할 외화가 부족하다는 것을 의미한다. 중앙은행에서는 민간 부문에서 조달할 수 없는 부족한 외화를 충당하기 위해 중앙은행이 보유한 외환보유액의 일부를 공급하므로 중앙은행이 보유한 외환준비액은 감소한다.

　㉡ (경상 수지 + 자본수지)가 흑자인 경우

　　국제 수지 = 경상 수지 + 자본수지 + 준비자산
　　　　　　　　　　흑자 (+)　　　　　(−)

- 정의에 따라 국제 수지표상 국제 수지는 '0'이므로 (경상 수지 + 자본수지)가 흑자이면 준비자산은 '−'가 되어 국제 수지는 '0'이 된다.

- (경상 수지 + 자본수지)가 흑자이면 외환의 유입이 유출보다 많아져 외환이 남게 된다. 남는 외환은 중앙은행에 예치되어 중앙은행이 보유한 외환보유액은 증가한다

4. 국제 수지의 변동

* 여기서 국제 수지는 (경상 수지 + 자본 · 금융계정 수지)를 의미한다.

(1) 국제 수지 흑자와 국제 수지 적자

① 국제 수지 흑자

거주자와 비거주자 간에 대외 거래에서 수취한 외화가 지급한 외화보다 많은 경우를 국제 수지 흑자라 한다.

② 국제 수지 적자

거주자와 비거주자 간에 대외 거래에서 수취한 외화가 지급한 외화보다 적은 경우를 국제 수지 적자라 한다.

(2) 경상 수지와 자본 · 금융 계정 간의 관계

① 경상 수지, 자본 · 금융 계정과 오차 및 누락의 합계가 국제 수지이고 국제 수지는 '0'이므로 다음과 같은 식으로 표시할 수 있다.

- 경상 수지 + 자본 · 금융 계정 + 오차 및 누락의 합계 = 0　　　　　　　　(식 18-3)

② (식 18-3)에서 오차 및 누락의 합계를 0이라고 하면 (식 18-3)은 다음과 같이 쓸 수 있다.

- 경상 수지 + 자본 · 금융 계정 = 0
- 경상 수지 = -자본 · 금융 계정　　　　　　　　　　　　　　　　　　　(식 18-4)

③ (식 18-4)에서 보듯이 경상 수지와 자본 · 금융 계정은 보완관계여서 일반적으로 경상 수지가 흑자이면 자본 · 금융 계정은 적자가 되고, 경상 수지가 적자이면 자본 · 금융 계정은 흑자가 된다.

④ 경상 수지 흑자

외화 유입액이 지급액보다 많으므로 흑자를 이용하여 대외 채무를 상환하거나 해외자산을 구입하게 되면 자본 · 금융 계정은 적자가 된다.

⑤ 경상 수지 적자

경상 수지 적자가 되면 유입액보다 지급액이 많으므로 부족한 외화를 해외로부터 빌려와야 한다. 외화가 해외로부터 유입되면 자본·금융 계정은 흑자가 된다.

5. 경상 수지 변동의 영향

(1) 경상 수지 흑자

① 재화, 서비스, 임금 및 배당 등 실물 부문의 거래 결과 외화의 수취액이 지급액보다 많은 것이 경상 수지의 흑자이다.

② 경상 수지가 흑자일 경우 주요 경제 변수의 움직임

   ㉠ 생산, 고용, 국민 경제

      상품 수지 흑자로 인한 경상 수지 흑자는 재화의 수출이 수입보다 많은 것이므로 국내 기업의 생산 증가, 고용 확대로 국민경제가 활발해진다.

   ㉡ 국가 대외 신용도, 외국인 투자

      경상 수지가 흑자가 되면 국민경제의 기초 체력이 튼튼해지는 것을 의미하므로 국가 대외 신용도가 상승하여 외국인 투자가 증가한다.

   ㉢ 국내 통화량과 물가

      경상 수지가 흑자가 되면 외환시장에 외환의 공급이 증가한다. 증가된 외화를 ₩로 바꾸어 기업들이나 개인들이 보유하면 국내 통화량이 증가하여 물가는 상승한다. (외환시장에서 외환의 공급이 증가한다는 것은 기업들이 달러는 매도하고 ₩는 매입·보유하는 것이므로 국내의 통화량이 증가한다.)

   ㉣ 환율

      • 경상 수지가 흑자일 경우에는 외화의 수취액이 지급액보다 많아 외환의 공급이 증가하므로 환율은 하락한다.

      • 환율이 하락하여 원화 가치가 상승하면 수출 기업의 가격 경쟁력이 떨어져 수출은 감소한다. 환율이 하락하면 수입상품의 가격은 하락하여 수입은 늘어난다. 수출은 줄고 수입은 늘어나므로 경상 수지 흑자는 줄어든다.

   ㉤ 무역 상대국과의 관계

      한 국가가 경상 수지 흑자라 함은 상대 국가는 경상 수지 적자를 의미하므로 일방적인 경상 수지 흑자는 교역상대국과 무역 마찰을 야기할 수 있다.

(2) **경상 수지 적자**

① 재화, 서비스, 임금 및 배당 등 실물 부문의 거래 결과 외화의 수취액이 지급액보다 적은 것이 경상 수지의 적자이다.

② 경상 수지가 적자일 경우 주요 경제 변수의 움직임

 ㉠ 생산, 고용, 국민 경제

  상품 수지 적자로 인한 경상 수지 적자는 재화의 수출이 수입보다 적은 것이므로 국내 기업의 생산 감소, 고용 감소로 국민 경제는 위축된다.

 ㉡ 국가 대외 신용도, 외국인 투자

  경상 수지가 적자가 되면 국민경제의 기초 여건이 약화될 수 있으므로 국가 대외 신용도가 하락하여 외국인 투자가 감소한다.

 ㉢ 국내 통화량과 물가

  경상 수지가 적자가 되면 부족한 외화를 해외로부터 차입하는 과정에서 국내 통화량은 감소하며, 물가는 하락한다. (경상 수지 적자가 되면 외환시장에서 외환의 수요가 증가하여 기업들은 달러는 매입하고 W는 은행에 매도하므로 국내의 통화량이 감소한다.)

 ㉣ 환율

  • 경상 수지가 적자일 경우에는 외화의 수취액이 지급액보다 적어 외환의 수요가 증가하므로 환율은 상승한다.

  • 환율이 상승하여 W화 가치가 하락하면 수출 기업의 가격 경쟁력이 올라가 수출은 증가한다. 환율이 상승하면 수입상품의 가격은 상승하여 수입은 감소한다. 수출은 증가하고 수입은 감소하므로 경상 수지 적자가 개선된다.

 ㉤ 자본재 수입으로 인한 경상 수지 적자

  경제 개발 초기에 경제 개발을 위한 자본재 수입 때문에 만성적인 경상 수지 적자가 발생할 수 있는데 이는 경제 개발 목적상 불가피한 측면이 있다.

 ㉥ 해외에 미치는 영향

  지속적인 경상 수지 적자는 경기 침체와 대외 신용도 하락을 가져올 수 있으며, 해외 차입금이 누적되면 국가 부도로도 연결될 수 있다.

(3) **장기적 관점**

경상 수지가 적자 또는 흑자를 기록하면 국내외 간에 다양한 문제를 일으키므로 경상 수지는 가능한 균형을 이루는 것이 바람직하다.

■ 국제 경제 환경의 변화

1. 세계화

(1) 세계화란?

국제 교류가 활발해져 국제 사회의 상호 의존성이 증가하고 경제가 통합되어가는 현상을 세계화라 한다.

(2) 세계화의 등장 배경

① 교통수단 및 정보 통신의 발달로 국가 간 거래가 크게 증가한 점
② 세계무역기구WTO
  1995년 출범한 세계무역기구는 농산물, 서비스, 지식 재산권 등 거의 모든 분야에서 자유무역을 추구하여 세계화를 가속시키고 있다.

(3) 세계화의 영향

① 국가 간 교역 장벽이 약화되면서 상품뿐만 아니라 서비스의 교역량이 증대하고, 자본과 노동도 국경을 넘어 자유롭게 이동하는 현상이 나타나고 있다.
② 세계가 하나의 거대한 시장으로 통합되어 가면서 각국의 기업이나 소비자는 세계의 기업과 소비자가 되고 있다.

(4) 세계화의 긍정적인 영향과 부정적인 영향

① 긍정적인 영향
  ㉠ 세계화로 인한 자유무역의 확대로 비용 절감에 따른 규모의 경제 실현과 사회적 잉여가 증가하게 된다.
  ㉡ 세계화는 무역을 통해 각국의 독과점을 약화시키고 싸게 제품을 구입할 수 있어 인플레이션을 억제할 수도 있다.
  ㉢ 노동이나 환경 분야에서도 국제 기준을 도입하여 노동자의 삶이 나아질 수 있고 환경 문제를 효과적으로 처리할 수 있다.
② 부정적인 영향
  ㉠ 각국의 경쟁력이 낮은 산업이 경쟁력을 잃어 사양화되면 일자리와 소득 감소로 이어서 사회적 문제가 될 수 있다.

ⓒ 선진국과 개발도상국, 상위 계층과 하위 계층 간 양극화가 심화되어 갈등을 초래할
수 있다.

ⓒ 대외 의존도가 심화되면서 지역적 금융 위기나 경제 문제가 전 세계적 문제로 확산
될 수 있다.

(5) 지역주의

① 지리적으로 인접해 있거나 경제적 상호 의존도가 높은 국가들이 관세 인하나 무역장벽
철폐 등 공통의 이해를 증진하기 위해 경제 블록을 형성하는 것을 지역주의라 한다.

② 회원국 간에는 자유무역을 통해 경제 성장을 촉진할 수 있는 데 반해, 비회원국들에
게는 혜택을 주지 않아 비회원국들은 불리하게 된다.

2. 정보화

(1) 정보화

한 사회에서 지식과 정보가 차지하는 비중이 증대되는 현상을 정보화라 한다.

(2) 정보화의 배경

① 정보 통신 기술의 발달로 정보화 촉진

② 정보화를 통한 새로운 지식의 영역이 확장되면서 지식 기반 사회의 등장

(3) 정보화의 영향

① 정보와 지식이 중요한 생산요소로 부각되어 경제 발전의 중요한 생산요소가 된다.

② 정보와 지식이 중요하므로 이를 보호하기 위해 지적 재산권에 대한 보호가 강화되어
야 한다.

③ 지식 경영으로 정보와 기술을 적극적으로 활용해야 한다.

3. 국가 경쟁력 강화와 우리 경제의 대응

(1) 국가 경쟁력 강화

① 국가 경쟁력
한 나라의 경제 주체가 국제 시장에서 다른 나라 경제 주체들과 경쟁해서 이길수 있게
하는 국가의 총체적 능력을 국가 경쟁력이라 한다.

② 기업은 생산 전문화, 경영 혁신, 신제품 개발과 연구·개발 등으로 경쟁력을 확보해야한다.

③ 개인은 창의적 능력 제고, 교육 등을 통한 자질 향상을 도모해야 한다.

④ 정부는 각종 규제의 완화, 사회 간접 자본 확충, 인적 자원 투자 확대 등을 통해 국가 경쟁력을 강화해야 한다.

(2) 우리 경제의 대응

① 지식 기반 경제에 맞추어 연구와 기술 개발로 정보와 기술을 향상시켜 국가 경쟁력을 강화해야 한다.

② 지역주의의 흐름에 맞추어 적극적으로 자유무역 협정을 추진해야 한다.

③ 양극화 문제, 청년 실업 문제, 고령화와 저출산 문제들을 잘 해결할 수 있는 방안을 마련해야 한다.

01. 다음은 우리나라의 국제 수지표 중 일부를 나타낸다. 이에 대한 설명으로 옳은 것은?

|2015년 11월 학평|

구분	수취	지급
상품 수지	㉠	
서비스 수지		㉡
본원소득 수지	㉢	㉣
⋮	⋮	⋮
자본 수지	㉤	

① 외국인 관광객이 우리나라에서 지출한 여행 경비는 ㉠에 포함된다.

② 국내 기업이 해외에서 상표권을 사들이는 경우 ㉡이 증가한다.

③ 외국 주식을 보유한 우리나라 국민이 받은 배당금은 ㉢에 포함된다.

④ 우리나라의 봉사 단체가 외국에 기부금을 전달하는 경우 ㉣이 증가한다.

⑤ ㉢과 달리 ㉤의 증가는 우리나라 경상 수지의 증가 요인이다.

02. 표는 우리나라의 국제 수지 중 경상 수지를 나타낸 것이다. (가)~(라)에 해당하는 사례를 <보기>에서 고른 것은? [3점]

|2015년 3월 학평|

구분		외화 수취	외화 지급
경상 수지	상품 수지	(가)	
	서비스 수지	(나)	
	본원소득 수지		(다)
	이전소득 수지		(라)

<보기>

ㄱ. (가)-국내 김 생산 업체가 일본에 김을 수출하고 대금을 받았다.
ㄴ. (나)-한국을 방문하는 중국인 관광객이 증가하여 한국 여행사의 매출이 증가했다.
ㄷ. (다)-국내의 한 고등학교 학생들이 아프리카 어린이들에게 후원금을 보냈다.
ㄹ. (라)-독일 프로 축구 리그에서 뛰고 있는 한국 선수가 독일 구단으로부터 연봉을 받았다.

① ㄱ, ㄴ   ② ㄱ, ㄷ
③ ㄴ, ㄷ   ④ ㄴ, ㄹ
⑤ ㄷ, ㄹ

03. 다음은 학생이 제출한 수행평가지이다. 밑줄 친 ⊙~⊜ 중 옳은 내용을 고른 것은?

|2015년 10월 서울|

[과제] 빈칸에 들어갈 적절한 기사를 찾아 그 제목만 쓰시오.

구분	외화 수취	외화 지급
서비스 수지	⊙올해 상반기 외국인에게 벌어들인 관광 수입 10억 달러 달성	ⓛ정부, ○○국에 1억 달러 무상 원조 제공
본원소득 수지	ⓒ국내 투자자의 외국 주식 배당금 수입 1억 달러 기록	ⓔ국내 기업, 6월 중 외국 주식 및 채권에 대하여 5억 달러 투자

① ⊙, ⓛ   ② ⊙, ⓒ
③ ⓛ, ⓒ   ④ ⓛ, ⓔ
⑤ ⓒ, ⓔ

04. 다음은 어느 학생이 경제 수업 시간에 작성한 학습지의 일부이다. (가)~(마)에 해당하는
사례로 옳지 <u>않은</u> 것은?

|2015년 4월 경기|

경제 학습지

◎ 제시된 예와 같이 국제 수지표의 각 항복에 해당하는 경제 활동의
사례를 쓰시오.

구분		사례
경상 수지	상품 수지	예) 우리나라 기업이 자동차를 수출하고 대금을 받았다.
	서비스 수지	(가)
	본원 소득 수지	(나)
	이전 소득 수지	(다)
자본·금융 계정	자본 수지	(라)
	금융 계정	(마)

(가): 우리 가족이 해외여행을 가서 현지 호텔에 숙박비를 지불하였다.

(나): 우리나라 구단에 고용된 외국인 선수가 자국 은행 계좌로 연봉을 받았다.

(다): 어머니가 이민 간 이모에게 생일 축하금을 송금하였다.

(라): 우리나라 국민이 보유 중인 해외 주식에 대한 배당금을 받았다.

(마): 우리나라가 외국에 차관을 제공하였다.

① (가)　　　　　　　② (나)
③ (다)　　　　　　　④ (라)
⑤ (마)

05. 다음 자료에 대한 분석으로 옳은 것은? (단, 오차 및 누락은 없다.) [3점]

|2014년 11월 학평 수정|

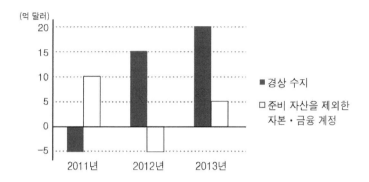

① 2011년에 외화의 유입보다 유출이 많았다.
② 2012년에 경상 수지는 통화량 감소 요인이다.
③ 2011년보다 2012년에 수출이 증가하였다.
④ 2012년보다 2013년에 외환보유액이 감소하였다.
⑤ 2012년과 2013년 계속 경상 수지 흑자를 기록하여 무역 상대국과 무역 분쟁이 일어날 가능성이 높다.

06. 다음은 관세가 경상 수지의 변화에 미치는 영향을 설명하기 위한 글이다. 빈칸 ㉠~㉢에 들어갈 내용으로 옳은 것은?

|2014년 3월 학평|

> 경상 수지가 적자 상태인 갑국의 소비자가 국내에서는 생산되지 않는 X재를 가격과 상관없이 일정량 소비하고 있다. 만일 이런 상황에서 갑국이 X재에 관세를 부과하면 X재에 대한 가계의 지출액이 (㉠)하고 가계소득의 실질적인 가치가 (㉡)하는 효과가 나타난다. 이는 가계의 X재 이외의 수입상품 소비량에 영향을 주어 갑국의 경상 수지 적자를 (㉢)시키는 요인이 된다.

	㉠	㉡	㉢			㉠	㉡	㉢
①	감소	증가	확대		②	감소	감소	축소
③	증가	증가	확대		④	증가	감소	확대
⑤	증가	감소	축소					

[7-8] 다음은 갑국의 경제 상황에 관한 보고서의 일부이다. 물음에 답하시오.

○ 수・출입 현황 및 전망
최근 경상 수지는 내수 침체로 ㉠ 수입이 감소하는 가운데 해외 건설 및 해외 운송 등의 호조와 외국 관광객의 증가에 따라 ㉡ 경상 수지 흑자 규모가 크게 확대된 것으로 평가됨. 향후에도 세계 경기는 완만한 회복세를 보이면서 ㉢ 수출이 증가하겠지만, 투자 및 소비의 부진 추세가 지속되고 있어 이러한 '내수 침체형 경상 수지 흑자'는 당분간 지속될 전망임.

○ 대응 방안
1. 내수 침체를 극복하기 위해 정부 및 중앙은행은 우선적으로 유효 수요 확대 방안을 마련해야 함. 유효 수요 확대를 위해서는 _____(가)
2. ……

07. ㉠~㉢에 대한 옳은 분석을 <보기>에서 고른 것은? [3점] |2014년 11월 학평|

─────── < 보기 > ───────

ㄱ. ㉠은 외화의 공급 감소 요인이다.
ㄴ. ㉡은 갑국의 물가 상승 요인이다.
ㄷ. ㉢은 외화 대비 갑국 화폐가치의 하락 요인이다.
ㄹ. ㉠과 ㉢은 환율을 동일한 방향으로 변동시키는 요인이다.

① ㄱ, ㄴ
② ㄱ, ㄷ
③ ㄴ, ㄷ
④ ㄴ, ㄹ
⑤ ㄷ, ㄹ

08. (가)에 들어갈 내용으로 적절한 것은? |2014년 11월 학평|

① 국채를 매각해야 함.
② 법인세율을 인상해야 함.
③ 정부지출을 축소해야 함.
④ 지급준비율을 인하해야 함.
⑤ 은행의 대출 규제를 강화해야 함.

09. 밑줄 친 ⊙~㉣에 대한 옳은 추론을 <보기>에서 고른 것은? |2014년 4월 경기|

○ ○ 신문

제○○○호   2014년 0월 0일

경상 수지 불균형 원인 , 양국 정부간 입장차 커

갑국과 을국은 상호 최대 무역국이다.   갑국은 그간 지속적으로 ⊙경상수지 적자를 , 을국은 ⓒ경상수지 흑자를 기록하여 왔다. 이러한 현상을 놓고서 갑국은 ⓒ을국 국민들이 생산 능력에 비해 지출을 적게 하기 때문에 흑자가 발생한다고 주장한다. 반면 을국은 ㉣갑국 국민들이 생산 능력 이상으로 지출하기 때문에 적자가 발생한다고 주장한다.

< 보기 >

ㄱ. ⊙은 외환시장에서 갑국 화폐의 가치를 하락시키는 요인일 것이다.

ㄴ. ⓒ은 을국의 통화량을 증가시켜 물가 상승 요인으로 작용할 것이다.

ㄷ. ⓒ에 따르면 갑국은 을국 정부에게 총수요 억제 정책의 시행을 요구할 것이다.

ㄹ. ㉣에 따르면 을국은 갑국 정부에게 확대 재정정책의 시행을 요구할 것이다.

① ㄱ, ㄴ   ② ㄱ, ㄷ

③ ㄴ, ㄷ   ④ ㄴ, ㄹ

⑤ ㄷ, ㄹ

10. 그림의 상황 A~D가 국내 경제에 끼친 영향으로 옳은 것은? |2014년 3월 서울|

(단위 : 억 달러)

경상 수지

A● ──┼─100──●B

자본·금융 계정
(준비 자산 제외)

── -100 ── 0 ── 100 ──

C● ──┼─-100──●D

① A-자국 화폐의 가치 하락   ② B-통화량 증가

③ B-대외 신용도 하락   ④ C-외화의 공급 증가

⑤ D-외환보유고 증가

11. 다음 글에 대한 옳은 설명을 <보기>에서 고른 것은? [3점] |2014년 3월 학평|

빈곤 국가를 돕기 위해 국제 사회는 ㉠ <u>공적 개발 원조</u>를 제공하고 있다. 2012년 OECD 개발 원조 위원회 회원국의 공적 개발 원조는 평균적으로 국민소득 대비 0.29%인데 반해 우리나라는 0.14%에 불과하다. 정부는 이 수치를 높이려 하고 있으나, ㉡ <u>재정의 악화</u>를 감안하면 쉽지 않은 상황이다. 한편 빈곤 극복을 위해서는 공적 개발 원조뿐만 아니라 성공적인 경제 성장 경험과 관련 지식의 전달도 중요하다. 국제사회는 ㉢ <u>우리나라가 이러한 측면에서의 역할</u>을 해줄 것으로 기대하고 있다.

< 보 기 >

ㄱ. 개별 국가가 ㉠을 제공하는 것은 그 국가의 경상 수지 적자 요인이 된다.
ㄴ. 경기 침체로 인한 조세수입 감소는 ㉡의 원인이 될 수 있다.
ㄷ. ㉢은 빈곤 국가에 대한 우리나라의 금전적 지원 확대를 의미한다.
ㄹ. 국제 사회에서 지역적 경제 협력이 확산되는 모습을 보여주는 사례이다.

① ㄱ, ㄴ
② ㄱ, ㄷ
③ ㄴ, ㄷ
④ ㄴ, ㄹ
⑤ ㄷ, ㄹ

CHAPTER

19

금융 생활과 신용

1. 화폐

(1) 화폐의 개념

① 재화나 서비스의 거래, 금융 거래 등에서 일반적으로 통용되는 지불수단을 화폐라고 한다.

② 화폐는 물품화폐 등을 비롯해 여러 가지 형태를 띠고 있으며, 일반적인 거래 수단으로 사용될 수 있으면 화폐로 볼 수 있다.

③ 화폐의 유형

    ㉠ 물품화폐

        교환의 매개 수단으로 사용된 쌀, 밀, 베, 소금 등이 물품화폐이다.

    ㉡ 금속화폐

        • 교환의 매개 수단으로 사용된 금, 은, 동 등이 금속화폐이다.

        • 실물생산 확대에 따라 화폐 수요는 증가하는데 금이나 은 같은 금속화폐의 공급은 한정되어 있는 것이 문제점으로 나타났다.

    ㉢ 지폐

        • 태환지폐

        지폐를 금융기관에 제시하면 금이나 은으로 바꾸어 주는 지폐를 태환지폐라 한다. 1차 세계 대전 이전의 영국 파운드화가 대표적인 태환지폐이다.

        • 불환지폐

        지폐를 금융기관에 제시하여도 금이나 은으로 바꾸어 주지 않는 지폐를 불환지폐라 하며 현재 대부분 국가의 지폐는 불환지폐이다.

        • 법화(legal tender)

        불환지폐는 단순한 종잇장으로서 공신력 문제가 발생하는데, 이러한 공신력 문제를 해결하기 위해 정부가 법적으로 그 가치를 보증한 지폐를 법화라고 한다. 현재 거의 대부분 국가에서 채택하고 있다.

    ㉣ 전자화폐

        플라스틱 카드나 스마트폰 등에 화폐가치를 저장한 경우인데, 정보 기술의 발달로 급격히 증가하고 있다.

(2) 화폐의 기능

① 교환의 매개 수단

가장 본원적인 기능으로서 교환이나 거래의 지불 수단으로 사용되는 것이다. 즉, 재화를 팔고 사는 수단으로 사용된다.

② 가치의 척도

각 상품의 가치를 화폐 단위로 측정할 수 있다는 것으로 물건의 가치를 화폐로 나타내는 것이다.

③ 가치의 저장

한 시점부터 다른 시점까지의 구매력을 보존해 주는 역할을 한다. 화폐를 보관해 두었다가 나중에 상품을 구입하는 경우에 화폐를 사용하는 것이다.

2. 이자와 이자율

(1) 이자

① 이자

일정 기간 자금을 사용하는 것에 대해 지불되는 대가를 이자라 한다.

이자를 구하는 공식은 아래와 같다.

> 원금 × 이자율 × 경과일수 ÷ 365 = 이자   (식 19-1)

예제 1. ₩1,000,000을 1년 동안 10%의 이자율로 빌린 경우 이자는?

₩1,000,000×10%×365÷365 = ₩100,000

예제 2. ₩1,000,000을 이자율 10%로 6개월간 빌린 경우 이자는?

₩1,000,000×10%×182÷365 = ₩50,000
(₩1,000,000×10%×6개월÷12개월 = ₩50,000)

② 이자율

㉠ 기간당 지급되는 이자를 원금의 비율로 표시한 것을 이자율이라 한다.

㉡ (식 19-1)을 이자율을 구하는 공식으로 정리하면 아래와 같다.

> 이자율 = 이자 ÷ 원금 × 365 ÷ 경과일수   (식 19-2)

예제 3. ₩1,000,000을 1년 동안 빌리고 이자를 ₩100,000 지급한 경우 이자율은?

₩100,000÷₩1,000,000×365÷365 = 10%(연율)

예제 4. ₩1,000,000을 6개월 동안 빌리고 이자를 ₩100,000 지급한 경우 이자율은?

₩100,000÷₩1,000,000×365÷182 = 20%(연율)
(₩100,000÷₩1,000,000×12개월÷6개월 = 20%(연율))

(2) 단리와 복리

① 단리
원금에 대해서만 이자를 계산하는 것을 단리라고 한다. 원금에 대해서만 이자를 계산하므로 **매년 이자 금액이 동일**하다.

② 복리
원금뿐만 아니라 이자에 대해서도 이자를 계산하는 것을 복리라고 한다.
(원금+이자)에 대해 이자를 계산하므로 **매년 이자 금액이 늘어난다.**

③ 계산 예
원금 ₩10,000, 이자율 연 10%를 단리와 복리로 이자를 계산하는 경우

ㄱ 단리로 계산한 경우

1년	₩10,000×0.1× 365÷365	₩1,000
2년	₩10,000×0.1× 365÷365	₩1,000
3년	₩10,000×0.1× 365÷365	₩1,000

ㄴ 복리로 계산한 경우

1년	₩10,000×0.1×365÷365	₩1,000
2년	(₩10,000+₩1,000)×0.1×365÷365	₩1,100
3년	(₩10,000+₩1,000+₩1,100)×0.1× 365÷365	₩1,210

(3) 명목 이자율과 실질 이자율

① 명목 이자율
화폐 단위로 측정한 원금과 이자의 비율을 명목 이자율이라고 하며, 물가 상승이나 물가 하락 등 물가변동을 조정하지 않는 이자율이다.

② 실질 이자율
실물 단위로 측정한 원금과 이자율의 비율을 실질 이자율이라고 하며. 물가변동을 감안해 조정한 이자율이다.(인플레이션이 없는 이자율이다.)

③ 명목 이자율과 실질 이자율의 비교
1년간 물가 상승률이 10%, 명목 이자율 20%로 100,000원을 1년간 빌려주는 경우

ㄱ 명목 이자율
명목이자는 물가변동을 조절하지 않고 화폐 단위로만 측정하므로 명목이자는 아래와 같다.

₩100,000×20%×365÷365 = ₩20,000

ⓛ 실질 이자율
- 피자 한 판의 가격이 ₩20,000인데 1년 뒤 피자 가격이 상승하여 피자 한 판이 가격은 ₩22,000이 되는 경우에
- 물가 상승 전 ₩100,000과 물가 상승 후 빌려주고 회수한 돈 ₩120,000(원금 ₩100,000 +이자 ₩20,000)으로 피자를 사면 아래와 같다.

	물가 상승 전	물가 상승 후
피자 구입 대금	₩100,000	₩120,000
피자 가격	₩20,000	₩22,000
피자 구매량	5판	5.45판

- 1년 동안 물가가 10% 상승한 경우 피자는 약 0.45판을 더 살 수 있으므로 실물 단위로 측정한 실질 이자율은 약 9%(0.45판/5판×100)가 된다.

ⓒ 명목 이자율 20%로 받은 이자 ₩20,000과 원금 ₩100,000을 합한 ₩120,000으로 구매할 수 있는 피자는 5.45판이므로 물가변동을 고려한 실질 이자율은 9%가 된다.

④ 명목 이자율, 실질 이자율 그리고 인플레이션율의 관계

> **명목 이자율＝실질 이자율＋인플레이션율(피셔 효과)**

여기서, 인플레이션이 0%이면 명목 이자율과 실질 이자율은 같다.

예제 5. 명목 이자율이 8%, 인플레이션율이 5%이면 실질 이자율은?

실질 이자율＝명목 이자율-인플레이션율＝8% -5%＝3%

3. 금융과 금융시장

(1) 금융

① 금융이란 자금의 **융통**, 즉 돈의 융통을 의미한다.
② 금융은 자금 공급자로부터 자금을 필요로 하는 자금 수요자에게 자금을 이전시켜, 자금을 효율적으로 배분하는 역할을 한다.

(2) 금융시장

① 자금의 수요자와 자금의 공급자가 만나 금융 거래가 이루어지는 곳이다.
② 금융시장은 물리적으로 존재하는 시장뿐만 아니라 금융 거래가 발생하는 곳은 모두 다 금융시장에 포함된다.

	직접금융시장	간접금융시장
자금 수요자와 공급자	자금 공급자와 수요자가 직접 거래함	자금 공급자와 수요자가 직접 거래 하지 않음
금융기관	자금 중개 업무만 담당하며, 채무불 이행 위험이 없음	금융기관 책임 하에 예금을 받고, 대출을 해주므로 채무불이행 위험 이 있음
채무 불이행 위험	자금 수요자의 채무불이행 위험은 자금 공급자가 부담	자금 수요자의 채무 불이행 위험은 대출해 준 금융기관이 부담함
수익성과 안전성	수익성은 높으나 안전성은 떨어짐	수익성은 낮으나 안전성은 높음
종류	주식, 채권	예금

(3) 직접금융시장과 간접금융시장

① 직접금융시장

　㉠ 자금 수요자와 자금 공급자가 직접 거래하는 시장을 말하는데, 자금 수요자(기업이 나 국가)는 발행한 주식이나 채권을 자금 공급자(주주나 채권자)에게 직접 판매하 여 자금을 조달하는 방식이다.

　㉡ 자금 수요자는 주식명부나 채권자명부를 통해 자금의 제공자를 알고 있으며, 이 명 부를 통해 배당이나 원리금을 직접 자금 공급자에게 지불한다.

　㉢ 금융 거래에는 채무 불이행 위험 등 여러 위험이 있는데, 자금 공급자가 이런 위험 을 직접적으로 부담한다.

　㉣ 자금 수요자가 자금 공급자를 직접 찾는 것이 어렵기 때문에 주식이나 채권을 발행 하는 경우 증권회사와 같은 금융기관의 중개 서비스를 받는데, 금융기관은 중개 서 비스만 제공할 뿐 채무 불이행 위험은 지지 않는다.

② 간접금융시장

　㉠ 자금 공급자와 자금 수요자가 금융기관(은행 등)의 중개 기능을 통해 자금의 이전 이 이루어지는 시장이다.

　㉡ 자금 공급자인 예금자가 금융기관에 자금을 예금하면 금융기관은 그 자금을 수요 자인 차입자들에게 금융기관이 대출자가 되어 대출해 주는 시장으로서 예금자와 차입자는 상호 간에 직접적인 관련이 없다.

　㉢ 금융기관은 자금 공급자의 예금에 채무 의무를 부담하며, 대출에 대해서는 금융기 관의 책임 하에 자금 수요자의 신용을 분석하여 대출을 실행한다.

　㉣ 예금에 대해서는 예금자와 은행만이, 대출에 대해서는 차입자와 은행만이 책임을 부담하므로 예금자와 차입자 상호 간에는 책임이 없다.

4. 자산과 부채

(1) 자산

① 경제적 가치가 있는 유형 또는 무형의 물건 및 권리를 자산이라 한다.

② 자산의 구분

  ㉠ 실물자산과 금융자산

    • 실물자산

      토지, 건물, 자동차, 에어컨, 냉장고, 금, 보석 등 실물의 형태로 존재하는 자산

    • 금융자산

      현금과 예금, 주식, 채권, 보험 등 금융기관을 통해 통장이나 증서로 거래

  ㉡ 유형자산과 무형자산

    • 유형자산

      부동산, 상품 등 물리적 형체가 있는 자산

    • 무형자산

      특허권, 저작권처럼 물리적 형체가 없는 자산

(2) 부채

① 과거에 이루어진 거래의 결과로 현재 갚아야 할 금전적 또는 비금전적 의무를 부채라 한다.

  ㉠ 과거에 이루어진 거래의 결과

    • 주택이나 자동차를 구입할 때 부족한 자금을 금융기관으로부터 빌린 경우

    • 사업을 운영하거나 학자금 지급 등으로 부족한 자금을 금융기관으로부터 빌린 경우

    • 돈을 미리 받고 특정 서비스를 이행하기로 한 경우

  ㉡ 금전적 의무

    금융기관 등에 돈으로 갚아야 하는 것은 금전적 의무이다.

  ㉢ 비금전적 의무

    돈을 미리 받고 아직 해당 서비스를 제공하지 아니한 경우는 비금전적 의무이다.

② 부채의 종류

  ㉠ 금융기관의 차입금

    금융기관에 원금과 이자를 갚아야 한다.

  ㉡ 할부로 물품을 구입한 경우

    자동차를 할부로 구입하는 경우 일정 기간 할부 원금과 이자를 분할 납부하여야 한다.

ⓒ 신용카드로 재화나 서비스를 구입한 경우

신용카드로 구입한 경우에는 카드 대금 지급일까지 지급이 늦춰진 것이므로 카드 대금 지급일이 돌아오면 카드 대금을 지급해야 한다.

ⓓ 물건값이나 서비스 대금을 미리 받은 경우

물건을 인도해 주거나 서비스를 제공해야 한다.

(3) 자산 부채 순자산

자산 = 부채 + 순자산   (식 19-3)
순자산 = 자산 - 부채   (식 19-4)

① 자산 구입 자금의 원천

자기 자금으로만 사는 경우	자기 자금과 금융기관 차입금으로 사는 경우	금융기관 차입금으로만 사는 경우
• 자산 = 순자산 • 자동차=자기 자금 천만원=천만원	• 자산 = 부채 + 순자산 • 자동차=차입금 + 자기 자금 천만원=5백만원 + 5백만원	• 자산 = 부채 • 자동차=차입금 천만원=천만원

주택이나 자동차 등 자산을 구입할 때 필요한 자금 조달 방안은 다음의 3가지로 분류될 수 있다.

ⓐ 자기 자금으로만 사는 경우

자기 자금으로 자동차를 구입하므로 부채가 없게 되어 자산과 순자산이 같다.

ⓑ 자기 자금과 금융기관 차입금으로 사는 경우

자기 자금 5백만 원과 부채 5백만 원으로 자동차를 사는 경우이다.

ⓒ 금융기관 차입금으로만 사는 경우

자기 자금 없이 부채로만 자동차를 사게 되어 자산과 부채가 같다.

② (식 19-3)의 왼쪽에 있는 자동차는 현재 보유하고 있는 자산이다.

③ 자동차를 보유하기 위한 자금 조달 방안은 자기 자금, 자기 자금과 차입금, 차입금의 3가지가 있는데 (식 19-3)의 오른쪽에서는 자동차를 보유하기 위해 어떻게 자금을 조달했는지를 보여주고 있다.

④ 정리하면, (식 19-3)의 왼쪽에 있는 자산은 자산의 보유 내역을 나타내고 (식 19-3) 오른쪽에 있는 부채와 순자산은 자산의 구입 자금이 어떻게 조달되었는지를 보여준다.

⑤ 자동차를 자기 자금 일부와 할부로 구입한 경우

자산 = 부채 + 순자산

자동차 천만 원 = 부채 5백만 원 + 순자산 5백만 원

식 왼쪽에 있는 자동차 천만 원이 자산이 되고 식 오른쪽에 있는 할부 5백만 원과 자기 자금 5백만 원은 자동차를 구입하기 위해 어떻게 자금이 조달되었는지를 보여준다. 순자산은 자산 천만 원에서 부채 5백만 원을 뺀 5백만 원이다.

⑥ 자산상태표

자산상태표는 자산과 부채가 얼마가 있는지를 나타내주는 표로서 자산상태표 왼쪽에는 자산을, 오른쪽에는 부채와 순자산을 기록하여 자산 상태를 파악할 수 있게 해준다.

자산	부채와 순자산
주택 자동차 예금 주식 채권	부채 주택 차입금 자동차 할부금 순자산

5. 신용

(1) 신용과 신용거래

① 신용(credit)

금융 거래에서 신용이란 빌린 돈을 제대로 갚을 수 있는 능력 여부를 말한다.

② 금융기관의 신용평가

㉠ 금융기관은 다음의 요소들을 고려하여 신용을 평가한다.
- 직업, 연령, 직장의 안정성
- 재산, 부채, 소득 등의 부채 상환 능력
- 담보 가치 평가,
- 연체 상황, 과거 대출금 상환 내역 등 거래 금융 습관 평가

㉡ 신용평가 결과 신용이 양호한 경우

채무 불이행 위험이 낮으므로 무담보 대출, 낮은 이자율의 대출이 가능하다.

㉢ 신용평가 결과 신용이 불량한 경우

채무 불이행 위험이 크므로 대출 시 주택 등의 담보를 요구하며 이자율도 높게 설정된다. 심한 경우에는 대출이 거절된다.

㉣ 신용불량자로 등록된 경우
- 금융회사 대출금이나 신용카드 이용대금 등을 제때 내지 못해 대출, 카드 발급 등 각종 금융 거래 때 제재를 받게 되는 사람을 신용불량자라 한다.

- 신용불량자가 되면 은행에서 돈을 빌릴 수 없고, 신용카드 사용도 금지되는 등 금융기관과의 거래가 거의 불가능하게 된다.

(2) 신용관리의 필요성

① 신용정보화시대

컴퓨터 기술의 발전으로 금융기관의 전산망이 구축되고 개인의 신용정보를 공유할 수 있게 되어 단순한 대출이자나 신용카드 결제대금의 연체내역 뿐만 아니라 세금 및 공과금의 연체실적, 이동통신 등 전화요금의 연체실적도 공유할 수 있게 되었다.

② 이러한 신용정보화시대에 신용을 제대로 관리하지 못하면 해당 거래뿐만 아니라 개인의 경제 생활 전반에 걸쳐 나쁜 영향을 주어서 원활한 경제 활동이 이뤄지지 못하게 되므로 적절한 신용관리가 필요하다.

(3) 신용관리의 요령

① 신용관리의 기본

㉠ 소득보다 지출이 늘어나면, 즉, 과소비가 일어나면 연체와 대출이 일어날 가능성이 커지므로 지출이 소득을 초과하지 않도록 소득과 지출을 관리한다.

㉡ 신용 등급은 대출을 받을 때 유용하므로 높은 신용을 유지하는 것이 가장 중요하다.

② 신용관리 방법

㉠ 카드 결제일이나 대출금 이자 지급일을 준수하여 연체가 발생하지 않도록 한다. 연체가 발생하면 개인 신용이 떨어진다.

㉡ 휴대전화 요금, 각종 공과금 등은 자동이체를 통해 지급함으로써 연체가 발생하지 않도록 한다.

㉢ 신용카드는 최소화하고 현금 서비스는 사용하지 않도록 한다.

㉣ 연락처를 변경하는 경우 금융기관에 통보하여 신용 관련 정보를 즉시 수령할 수 있도록 한다.

㉤ 주거래 은행을 만들어 금융기관과 거래함으로써 양호한 거래 실적을 확보한다. 예금, 각종 공과금 이체, 신용카드 등을 주거래 은행을 통해 거래함으로써 양호한 은행 거래 실적을 쌓고, 대출 시 거래 실적에 따른 혜택을 받을 수 있다.

㉥ 정기적인 신용 조회로 자기 신용관리를 한다.

6. 가계의 수입과 지출

(1) 가계의 수입

① 가계의 수입

가계의 수입은 경상소득과 비경상소득 그리고 기타 수입으로 구성된다.

경상소득	근로소득	근로를 제공하고 받는 소득
	사업소득	사업을 경영하여 얻는 소득
	재산소득	금융자산이나 부동산에 투자하여 얻은 소득
	이전소득	국가 등으로부터 무상으로 얻는 소득
비경상소득		비정기적이고 일시적으로 발생하는 소득

② 경상소득

㉠ **정기적으로 일정하게 얻는 소득을 경상소득**이라 한다.

㉡ 경상소득에는 근로소득, 사업소득, 재산소득, 이전소득이 있다.

㉢ 근로소득

사업체에 고용되어 근로를 제공하고 받는 소득으로 임금, 월급, 연봉 등은 근로소
득이다.

㉣ 사업소득

개인이 음식점, 편의점, 커피점, 의원, 약국 등의 사업체를 경영하여 얻은 소득을 사업
소득이라 한다.(회사 등 법인이 사업을 경영하여 얻은 소득은 법인 소득이라 한다.)

㉤ 재산소득

• 개인이 보유한 부를 예금, 주식, 채권, 펀드 등 금융자산에 투자하여 얻은 소득과
부동산에 투자하여 얻은 소득이 재산소득이다.

• 예금 이자, 주식 배당, 펀드 수익, 부동산 임대료 등이 재산소득이다.

㉥ 이전소득

• 생산 활동에 직접 참여함이 없이 무상으로 얻는 소득이 이전소득이다.

• 국민연금, 사회보장제도에 의한 기초생활보조금 등이 있다.

③ 비경상소득

㉠ **비정기적이고 일시적으로 발생하는 소득이 비경상소득이다.**

㉡ 퇴직금, 복권 당첨금, 상속재산, 경조금 등이 비경상소득이다.

④ 기타 수입

㉠ 예금 인출, 보험금 수령, 부채의 증가 등이 기타 수입이다.

㉡ 금융기관 등으로부터 돈을 빌리면, 즉, 부채가 증가하면 자산이 증가한다. 그러나
부채는 향후 갚아야 할 돈이므로 부채 증가 시에는 신중을 기하여야 한다.

(2) 가계의 지출

① 가계의 지출은 소비지출, 비소비지출과 기타지출로 구분된다.

② 소비지출

　㉠ **일상 생활에 필요한 재화와 서비스를 구입하는 데 지출한 비용**이다.

　㉡ 식료품, 음료, 의류, 신발, 교통, 통신, 오락 등이다.

③ 비소비지출

　㉠ **대부분 법이나 제도에 의해 부과되는 경직성 비용**이다.

　㉡ 소득세, 재산세 등 조세와 국민연금, 건강보험료 및 이자 비용 등으로 보통 월급에서 사전 공제되는 경우가 많다.

④ 기타지출

　㉠ 자산 변동에 따른 지출, 부채 감소에 따른 지출이 기타지출이다.

　㉡ 예금 가입, 부동산 구입에 따른 지출 그리고 차입금 상환으로 인한 지출이다.

⑤ 처분가능소득

　㉠ **개인소득에서 세금, 사회보장분담금, 이자 비용 등의 비소비성 지출을 뺀 것이 처분가능소득**이다.

　㉡ 처분가능소득은 가계가 마음대로 처분할 수 있는 소득으로 가계는 이 소득으로 소비나 저축을 한다.

　㉢ 비소비성 지출이 증가하게 되면 가계의 소비지출 여력이 줄어들게 되어 민간소비가 줄어들 수 있다.

　㉣ **처분가능소득에서 소비지출을 제외하면 저축**이 된다.

　　개인의 소득-비소비성 지출 = 처분가능소득 = 소비지출 + 저축

⑥ 가계 지출에 영향을 주는 요인들

　㉠ 현재 소득수준

　　가계 지출에 가장 주요한 요인으로서, 일반적으로 현재 소득수준이 많을수록 소비도 많아진다.

　㉡ 미래소득

　　미래소득이 증가한다고 예상되는 경우 소비는 늘어난다.

　㉢ 이자율

　　이자율이 높으면 소비하는 것보다 저축하는 것이 유리해질 수 있다. 또 자동차 등을 할부로 구입하는 경우 이자율이 높으면 이자 부담이 커지게 된다. 이자율이 높으면 소비의 기회비용이 높아지므로 소비가 줄어드는 경향이 있다. (여기서, 소비의 기회비용은 저축에서 얻는 이자 금액이라고 가정한다.)

② 자산의 가치

부동산이나 주식 등의 자산 가치가 높아지면, 즉, 실질부가 증가하면 소비가 증가하는 경향이 있다. (주식 투자 후 주식의 가격이 오르면 소비가 증가할 수 있다.)

⑦ 소비성향과 저축성향

처분가능소득 = 소비지출 + 저축

$$1 = \frac{\text{소비지출}}{\text{처분가능소득}} + \frac{\text{저축}}{\text{처분가능소득}}$$

㉠ 소비성향은 소비지출을 처분가능소득으로 나눈 값으로서 그 값이 클수록 가계의 소비지출은 커진다.

㉡ 저축성향은 저축을 처분가능소득으로 나눈 값으로서 그 값이 클수록 가계의 소비지출은 적어진다.

01. 화폐의 기능과 관련한 그림 (가)~(라)에 대한 옳은 진술을 <보기>에서 고른 것은? [3점]

|2013년 3월 서울|

< 보기 >

ㄱ. (가)에서 거래가 성사되지 않은 이유는 강아지의 가치가 고양이의 가치보다 더 높기 때문이다.

ㄴ. (나)에서 화폐는 고양이의 시장가치를 재는 척도이다.

ㄷ. (다)에서 쌀은 가치 저장의 수단으로 기능한다.

ㄹ. (라)에서는 (나)와 달리 화폐가 지불 수단으로 기능한다.

① ㄱ, ㄴ   ② ㄱ, ㄷ

③ ㄴ, ㄴ   ④ ㄴ, ㄹ

⑤ ㄷ, ㄹ

02. 다음 자료에 대한 옳은 설명을 <보기>에서 고른 것은? |2015년 10월 서울|

> ㉠금융이란 경제 주체 간에 돈을 빌리거나 빌려주는 행위를 의미한다. 이러한 금융 거래가 이루어지는 장소를 ㉡금융시장이라고 한다. 금융시장의 유형은 자금 공급자가 자금 수요자를 직접 선택하여 자금을 공급하는지의 여부에 따라 A와 B로 나뉜다. A와 달리 B에서는 투자에 따른 책임을 전적으로 금융기관이 아닌 자금 공급자 본인이 진다.

< 보기 >

ㄱ. ㉠은 기업의 자금 부족 문제 해결에 기여한다.
ㄴ. 채권 시장과 달리 주식 시장은 ㉡에 해당한다.
ㄷ. 정기 예금은 A에서 거래되는 금융상품이다.
ㄹ. 일반적으로 B보다 A에서 높은 수익률을 기대할 수 있다.

① ㄱ, ㄴ   ② ㄱ, ㄷ
③ ㄴ, ㄷ   ④ ㄴ, ㄹ
⑤ ㄷ, ㄹ

03. 다음 자료에 대한 분석으로 옳은 것은? |2013년 6월 평가원|

> 표는 100만 원을 예금했을 때 예치 기간에 따른 이자를 나타낸다. 최초 약정한 이자율은 변하지 않으며 매년 물가 상승률은 5%이다.

예치 기간 이자계산 방식	1년	2년	3년
(가)	50,000원	100,000원	150,000원
(나)	40,000원	81,600원	124,864원

① (가)는 복리계산법 (나)는 단리계산법이다.
② (가)에서 예치 기간이 10년일 때 받는 이자는 100만 원이다.
③ (나)에서 실질 이자율은 1%이다.
④ (나)는 최초 원금에 대해서만 이자를 계산한다.
⑤ (나)에서 예치 기간이 1년 늘어날 때 추가되는 이자는 매년 증가한다.

Chapter ⑲ 금융 생활과 신용 | 415

04. 금융시장 (가), (나)에 대한 옳은 설명을 <보기>에서 고른 것은? (단, (가)와 (나)는 직접 금융시장과 간접 금융시장 중 하나이다.) |2014년 9월 평가원|

> (가) 자금 공급자와 수요자가 직접 거래하여 자금이 어느 수요자에게 갔는지 알 수 있는 시장
> (나) 자금 공급자와 수요자가 직접 거래하지 않아 자금이 누구에게 갔는지 명확히 드러나지 않는 시장

───── <보기> ─────

ㄱ. 증권회사는 (가)에서 활동하지 않는다.
ㄴ. (나)에서 활동하는 금융기관의 예로 은행이 있다.
ㄷ. (나)에서 자금 공급자는 금융 거래에서 발생할 수 있는 모든 위험을 직접 부담한다.
ㄹ. 일반적으로 자금 공급자는 (나)보다 (가)에서 더 높은 수익률을 기대한다.

① ㄱ, ㄴ   ② ㄱ, ㄷ
③ ㄴ, ㄷ   ④ ㄴ, ㄹ
⑤ ㄷ, ㄹ

05. 다음은 갑의 재무 현황을 나타낸 자료이다. 이에 대한 설명으로 옳은 것은? (단, 순자산 =자산-부채) |2015년 4월 경기|

자산	부채
㉠ 아파트 4억 원 자동차 2,000만 원 현금 500만 원 ㉡ 요구불 예금 200만 원 ㉢ 채권 300만 원 ㉣ 주식 500만 원	은행 대출금 1억 원 ㉤ 자동차 할부금 500만 원

① 실물자산은 4억 원이다.
② ㉠은 ㉡보다 유동성이 높다.
③ ㉣은 ㉡보다 안전성이 높다.
④ 배당금은 ㉢에 대한 투자 수익이다.
⑤ 갑이 보유 현금으로 ㉤을 상환하여도 순자산은 변동이 없다.

06. 표는 갑의 자산 상태 변화를 나타낸다. 2012년과 비교한 2013년의 자산 상태에 대한 분석으로 옳은 것은? |2014년 3월 서울|

(단위 : 천 원)

구분		2012년	2013년
자산	현금	400	400
	보통 예금	3,000	2,000
	정기 예금	10,000	-
	주식	5,000	30,000
	부동산	200,000	200,000
	자동차	5,000	4,000
	총액	223,400	236,400
부채	은행 대출금	-	10,000
	자동차 할부금 잔액	2,000	1,000
	신용 카드 미결제 잔액	500	500
	총액	2,500	11,500

* 순자산 = 자산 - 부채

① 순자산은 감소하였다.

② 실물자산은 증가하였다.

③ 금융자산은 감소하였다.

④ 대출이자 부담은 감소하였다.

⑤ '고위험 고수익'의 금융자산이 증가하였다.

07. 다음 자료의 밑줄 친 (가)에 들어갈 내용으로 가장 적절한 것은? [3점] |2015년 수능 수정|

질문 : (가)

답 : 자신의 소득을 고려하여 합리적으로 소비하고, 신용카드는 자신의 소비 행태에 적합한 몇 개만 사용하며 현금 서비스는 가급적 이용하지 않는 것이 좋습니다. 또한 자신의 신용정보는 정기적으로 확인해야 합니다.

① 신용관리를 어떻게 해야 할까요?

② 불경기를 이기려면 어떻게 해야 할까요?

③ 개인 신용 회복제도를 어떻게 이용하나요?

④ 금융 사기 피해를 예방하는 방법을 알려주세요?

⑤ 부동산 관리를 잘할 수 있는 방법을 알려주세요?

08. 표는 가계의 경상소득 대비 각 소득 유형의 비율과 경상소득 증가율을 나타낸 것이다. 이에 대한 분석으로 옳은 것은?

|2012년 10월 서울|

(단위 : %)

구분		2008년	2009년	2010년	2011년
경상소득	근로소득	69.2	69.2	69.5	69.3
	사업 및 부업소득	16.6	18.3	18.1	18.2
	재산소득	5.4	4.5	5.5	6.1
	이전소득	8.8	8.0	6.9	6.4
전년 대비 경상소득 증가율		1.2	1.5	2.0	−2.0

① 근로소득은 2008년과 2009년이 같다.

② 경상소득은 2010년과 2011년이 같다.

③ 전년 대비 2010년의 재산소득 증가율은 2%보다 높다.

④ 복권 당첨금이 포함되는 소득 유형의 비율은 지속적으로 낮아졌다.

⑤ 재산소득과 이전소득의 차이는 2008년 이후 지속적으로 감소하였다.

09. 표에 대한 분석으로 옳은 것은? [3점]

|2015년 대수능|

〈 갑국의 연도별 예금 이자율 〉

구분	2010년	2011년	2012년	2013년
명목 이자율	3.1	2.1	1.1	0.1
실질 이자율	1.1	0.1	−0.9	0.9

① 2012년의 경우 현금 보유보다 예금이 유리하다.

② 2012년의 경우 전년에 비해 예금의 실질 구매력이 증가했다.

③ 2013년의 경우 전년에 비해 화폐가치가 하락했다.

④ 2010년과 2011년의 물가 수준은 같았다.

⑤ 2012년과 2013년의 물가 상승률은 같았다.

10. 그림은 갑국의 금융시장을 나타낸 것이다. 이에 대한 설명으로 옳은 것은?

|2014년 7월 인천|

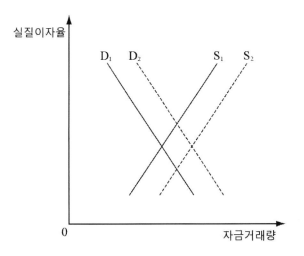

① 실질 이자율이 하락하면 D_1에서 D_2로 이동한다.
② 갑국 내 해외 자본 유입이 증가하면 D_2에서 D_1으로 이동한다.
③ 갑국 정부의 가계 대출 규제 정책이 완화되면 D_2에서 D_1으로 이동한다.
④ 가계 저축이 증가하면 S_1에서 S_2로 이동한다.
⑤ 갑국 기업들의 투자가 증가하면 S_1에서 S_2로 이동한다.

CHAPTER

20

자산·부채 관리와 금융상품

1. 자산 관리

(1) 자산 관리

① 저축

경제학에서 저축은 소득 중에서 현재 소비에 사용되지 않은 부분을 말하므로 가계소득에서 세금을 납부하고 소비를 한 후 남은 금액이 가계 저축이다.

가계 저축=(가계소득−세금)−소비 ☞ 가처분소득=소비+저축

② 자산 관리

소비하고 남은 돈(저축)의 가치를 증진시키기 위하여 금융자산, 실물자산 등을 보유·처분하는 활동을 자산 관리라고 한다.

③ 경제학적 투자와 가계의 투자

㉠ 가계의 투자

가계에서 보유한 자산의 가치를 증대시키기 위해 금융자산이나 실물자산을 구입하는 행위를 투자라 한다.

㉡ 경제학적 투자

- 장비나 건물 등 신규 자본재를 구입하여 새로운 가치를 창출하는 것이 경제학적 투자이다.
- 따라서, 주식, 채권 등의 금융자산을 구입하는 가계의 투자는 경제학적 의미의 투자가 아니다.

(2) 주식 투자 시 부채의 활용

① 부채를 조달하여 이익이 나는 경우

어떤 주식에 5천만 원을 1년 동안 투자 후 1천5백만 원의 수익이 발생하는 투자안이 있다. 이 투자 안에 대해 자기 자금 5천만 원과 자기 자금 1천만 원, 부채 4천만 원으로 투자하는 경우를 각각 분석해 보면 다음과 같다. (배당은 없으며, 부채 4천만 원은 투자가 종료한 후 즉시 상환하고 이자 비용은 무시하기로 한다.)

자금 원천	자기 자금 5천만 원	자기 자금 1천만 원, 부채 4천만 원
투자 원금 (자기 자금)	5천만 원	1천만 원
주식 투자 수익	1천5백만 원	1천5백만 원
투자원금 대비 수익률	$\dfrac{1천5백만원}{5천만원} \times 100 \times \dfrac{365}{365}$ $=30\%$	$\dfrac{1천5백만원}{1천만원} \times 100 \times \dfrac{365}{365}$ $=150\%$
투자 후 현금	5천만 원+1천5백만 원=6천5백만 원	1천만 원+1천5백만 원=2천5백만 원

② 부채를 조달하여 손실이 나는 경우

어떤 주식에 5천만 원을 1년 동안 투자 후 1천5백만 원의 손실이 발생하는 투자안이 있다. 이 투자안에 대해 자기 자금 5천만 원과 자기 자금 1천만 원, 부채 4천만 원으로 투자하는 경우를 각각 분석해 보면 다음과 같다. (배당은 없으며, 부채 4천만 원은 투자가 종료한 후 즉시 상환하고 이자 비용은 무시하기로 한다.)

자금 원천	자기 자금 5천만 원	자기 자금 1천만 원, 부채 4천만 원
투자 원금 (자기 자금)	5천만 원	1천만 원
주식 투자 손실	1천5백만 원	1천5백만 원
투자원금대비 수익률	$-\dfrac{1천5백만원}{5천만원} \times 100 \times \dfrac{365}{365}$ $=-30\%$	$-\dfrac{1천5백만원}{1천만원} \times 100 \times \dfrac{365}{365}$ $=-150\%$
투자 후 현금	5천만 원 − 1천5백만 원 =3천5백만 원	1천만 원 − 1천5백만 원 =−5백만 원

③ 부채를 이용하여 주식 투자하는 경우 수익이 발생하면 원금 대비 높은 투자 수익률을 올릴 수 있지만, 반대로 손실이 발생하는 경우 원금도 까먹고 오히려 부채만 남을 수 있으므로 부채를 이용한 자산 투자는 신중하게 결정하여야 한다.

(2) 자산을 관리하는 경우 발생하는 투자 위험

① 채무 불이행 위험

㉠ 예금이나 채권 등의 원리금이 계약대로 지급되지 않을 가능성을 채무 불이행 위험이라고 한다.
 • 뱅크런(대규모 은행 예금 인출 사태)으로 인한 예금은행 파산
 • 채권 발행 기업이 제때에 원리금을 지급하지 못하는 경우

㉡ 위험이 낮은 채무

중앙정부가 발행하는 국채는 위험이 가장 낮으며, 법에 의해 5천만 원까지 원리금이 보장되는 예금은 채무 불이행 위험이 거의 없다.

㉢ 보통 채무불이행 위험이 낮으면 원금 회수 가능성이 크기 때문에 이자율이 낮으며, 반대로 채무불이행 위험이 크면 원금 회수 가능성이 작기 때문에 이자율이 높다.

※ 정크본드(junk bond)

신용등급이 낮은 기업이 발행하는 고위험 · 고수익 채권을 정크본드라 한다.

일반적으로 기업의 신용등급이 아주 낮아 회사채 발행이 불가능한 기업이 발행하는 회사채로 '고수익채권' 또는 '열등채'라고도 부른다. 신용도가 낮은 회사가 발행한 채권으로 원리금 상환에 대한 불이행 위험이 큰 만큼 이자가 높다.

② 시장가격 변동 위험

주식 가격의 하락, 이자율 상승으로 인한 채권 가치의 하락으로 보유한 금융자산의 가격이 하락할 위험이다.

③ 유동성 위험

　㉠ 유동성

　　• 자산을 현금으로 전환할 수 있는 정도를 유동성이라고 한다.

　　• 현금이나 예금은 유동성이 높으며, 토지나 주택 등 부동산은 유동성이 낮다.

　㉡ 유동성 위험

　　• 자산을 현금화하기 어려운 경우 발생한다.

　　• 금융자산에 비해 부동산 등 실물자산은 유동성 위험이 큰 편이다.

④ 인플레이션 위험

　㉠ 인플레이션이 발생할 때 보유자산의 가치가 하락할 위험이다.

　㉡ 현금 등 금융자산

　　• 인플레이션이 발생하면 명목가치는 일정하나 실질가치는 하락한다.

　　• 보유하고 있는 현금으로 살 수 있는 실물자산의 수는 감소한다.

　㉢ 부동산 등 실물자산

　　인플레이션이 발생하면 실물가치는 일정하고 명목가치는 상승하여 물가변동 위험이 거의 없다.

(3) 자산 관리의 원칙

① 안전성

　㉠ 자산에 투자할 때 투자 원금의 회수와 가치 보전의 확실성을 말한다.

　㉡ 예금이나 국채(국가에서 발행한 채권)는 안전성이 높으며, 신용도가 높은 기업이 발행한 주식이나 채권은 신용도가 낮은 기업이 발행한 것보다 안전성이 높다.

② 수익성

　㉠ 보유자산으로부터 발생하는 수익의 정도이다.

　㉡ 고수익 고위험

　　• 위험이 낮으면(안전성이 높으면) 수익이 낮으며, 위험이 높으면(안전성이 낮으면) 수익이 높은 것이 일반적이다.

　　• 수익성과 안전성 간의 관계는 상충관계(trade-off)가 나타난다.

　㉢ 일반적으로 예금보다는 채권이, 채권보다는 주식이 수익성이 큰 편이다. (일반적으로, 시장가격 변동 위험이 크면 수익성이 크게 변동한다.)

③ 유동성(환금성)의 원칙

    ㉠ 보유자산을 현금화할 수 있는 정도가 유동성이다.

    ㉡ 현금, 보통예금, 정기 예금 순으로 유동성이 높다.

- 현금이 유동성이 가장 높은 자산이다.
- 보통예금은 불이익이 거의 없이 현금화할 수 있으나 현금보다는 시간이 걸린다.
- 정기 예금을 현금으로 찾기 위해 중도 해지하는 경우 이자 손해를 감수해야 한다.

    ㉢ 주식이나 채권은 일반적으로 거래일 이후 2영업일이 경과해야 현금으로 사용할 수 있다.

    ㉣ 토지나 건물 등 부동산은 일반적으로 1~2개월이 경과해야 현금화할 수 있어 유동성이 낮다.

(4) 포트폴리오(분산투자)

① 원래는 서류가방 또는 자료 수집철이란 뜻이다.

② 자산투자에서는 하나의 자산에 투자하지 않고 주식, 채권, 부동산 등 둘 이상의 자산에 분산투자하여 투자 위험을 감소시키고 안정적 수익을 확보하는 투자 전략을 포트폴리오라 한다.

③ 한 종목에만 투자하는 경우 그 종목의 가격이 크게 떨어지면 큰 손해를 볼 수 있으나 투자 종목을 예금이나 채권, 주식 등에 나누어서 투자하면 투자 위험을 줄이면서 수익을 확보할 수 있다.

④ "계란은 한 바구니에 보관하지 않는다"라는 격언과 일맥상통한다.

⑨ 주식에 투자하는 경우에도 한 종목에 전부 투자하는 것이 아니라 여러 종목에 나누어서 투자하여 투자 위험을 최소화하고 안정적 수익을 확보하는 것이 분산투자의 목적이다.

2. 다양한 금융상품

(1) 예금 및 적금

① 주로 은행에서 취급하며, 원금을 손해 보지 않고 안정적인 이자 수입을 얻을 수 있다.

② 예금자 보호법에 의거하여 예금 보호 대상이 되는 예금의 경우 이자를 포함하여 1인당 5천만 원 한도까지 보호된다.

③ 요구불 예금과 저축성 예금

    ㉠ 요구불 예금

        생활에 필요한 자금을 금융기관에 예치하고 수시로 인출하여 사용하는 예금으로서 이자 수익은 아주 낮다.

     ⓛ 저축성 예금

이자 수익이나 목돈 마련을 위해 가입하는 예금으로 정기 적금과 정기 예금이 있다.

       • 정기 적금

정해진 기간 일정액을 매월 저립하고 만기일에 약정금액을 지급받는 것을 내용으로 하는 적립식 예금이 정기 적금이다.

       • 정기 예금

예금주가 일정한 저축 기간을 임의로 정하여 일정한 금액을 예치하고 그 기간이 만료될 때까지는 원칙적으로 인출하지 않는 기한부 예금을 정기 예금이라 한다.

④ 정부의 정책적인 목적으로 이자 수익에 대하여 비과세하는 장기주택 마련 저축 등 비과세 금융상품도 있다.

(2) 주식

① 주식

     ㉠ 주주

자본금의 일부 또는 전부를 제공하고 제공비율만큼 주식을 보유한 자를 주주라 한다.

     ㉡ 주식

기업이 장기적인 사업 자금을 조달하기 위해 발행하는 것으로 회사 소유권의 일부를 자금을 투자한 주주에게 준다는 증표이다.

       예 자본금 5천만 원인 회사에 2천만 원을 투자한 주주는 2천만 원에 해당하는 주식을 보유하게 되며, 40%의 소유지분을 보유하게 된다.

② 주식 투자

     ㉠ 주식에 투자하는 목적은 배당 수익과 주식 가격 상승에 따른 시세 차익을 얻는 것이다.

       • 배당 수익

총수입에서 총비용을 빼면 회사의 이윤이 되는데, 이윤의 일부를 주주에게 나누어 주는 것을 배당 수익이라고 한다.

       • 시세 차익

회사의 영업 실적이 양호하여 회사의 가치가 커지면 회사의 소유주인 주주의 몫이 커지는 것이므로 주주가 소유한 주식의 가격이 상승하게 된다. 투자한 주식의 가격이 상승하여 얻는 수익을 시세 차익이라고 한다.

     ㉡ 회사의 실적이 양호하면 배당 수익과 시세 차익을 기대할 수 있는 반면, 회사의 실적이 나쁘면 배당 수익도 못 받고 주식 가격도 하락하여 큰 손실을 입을 수 있다.

ⓒ 주식 투자는 이처럼 회사 실적에 따라 주가가 오르기도 하고 내릴 수 있기 때문에 금융자산 중 시장가격 변동 위험이 큰 상품이다.

ⓔ 바람직한 주식 투자
  • 회사의 가치에 근거한 가치 투자
  • 위험을 분산시키기 위한 포트폴리오 투자
  • 단기적 투자보단 장기적 투자

(3) 채권

① 정부, 공공단체와 주식회사 등이 일반인으로부터 비교적 거액의 자금을 빌리면서 원금과 이자를 만기에 지급하겠다고 약속하는 증서를 채권이라 한다.

② 채권의 종류
  ㉠ 국채
    중앙정부가 자금을 빌리고 발행하는 채권을 국채라 한다.
  ㉡ 공채
    서울시 등 지방자치단체나 특별법에 의해 설립된 법인이 발행한 채권을 공채라 한다.
    • 지하철 채권 : 지방자치단체가 발행한 공채
    • 통화안정증권 : 특수법인인 한국은행이 발행한 공채
  ㉢ 회사채
    금융기관이나 주식회사인 기업들이 발행한 채권을 회사채라 한다.

③ 채권에 투자하는 이유
  채권은 돈을 빌린 후 이자를 지급하다가 만기에 돈을 상환하겠다는 증표로서 채권투자자는 주로 이자 수입을 목적으로 채권에 투자하며, 이자율 변동이 크면 이자율 변동에 따른 시세 차익을 얻을 수 있다. 보통 국공채는 10년 이상의 장기채권이며, 회사채는 3년 정도의 중기채권이다.

④ 채권의 내용
  ㉠ 채권 발행회사
  ㉡ 채권의 액면가액
    채권에 표면에 기재되어 있는 금액을 액면가액이라 한다.
  ㉢ 채권의 액면 이자율 및 이자 지급일
    채권을 발행하는 경우 채권자에게 이자를 지급하기 위해 채권에 명시되어 있는 이자율이 액면 이자율이다.
  ㉣ 채권의 만기(채권의 상환일)

⑤ 채권과 주식의 비교

구분	채권	주식
발행자	정부, 지방자치단체, 주식회사 등	주식회사
존속기간	만기 있음	만기 없음
원금 상환 의무	있음	없음
대가	이자	배당

(4) 펀드

① 증권회사 등 금융기관들이 투자자들로부터 모은 자금으로 대신 투자하고 수익을 투자자에게 돌려주는 간접 투자 상품이다.

② 국내외에 있는 주식, 채권, 부동산 등 상품에 투자하여 운용 수익을 투자자에게 돌려준다.

※ 간접투자상품
간접투자란 전문가에 돈을 맡겨 운용하게 하고, 그 투자 결과에 대해서는 투자자 본인이 책임지는 상품이다.

③ 예금과 펀드의 차이

구분	예금	펀드
수익성	예금 이자가 수익이므로 수익성은 낮다.	주식이나 부동산 가치가 급등 시 높은 수익을 올릴 수 있다.
위험	뱅크런을 제외하면 위험이 아주 낮다.	주식, 채권, 부동산의 가치 급락 시 **원금의 손해를 볼 수 있으므로** 예금보다 위험이 크다.
수수료	없다.	있다.

④ 금융기관의 펀드매니저라는 전문가가 투자자로부터 모은 자금을 주식이나, 채권 등에 투자하여 투자자에게 운용 수익을 돌려주는 것인데, 투자 결과의 책임은 펀드매니저에게 있는 것이 아니라 투자자 본인에게 있다. 따라서 투자원금을 손해 볼 수도 있으므로(-수익률) 투자자는 신중하게 펀드 구성 내역을 살펴보고 투자하여야 한다.

(5) 보험

① 보험 가입자가 보험회사에게 보험료를 지급하고, 장래에 사고가 발생하여 보험 가입자가 손해를 입으면 약정한 보험금을 보험사가 지급하는 상품이다.

② 미래에 발생할 위험에 대비하는 것이므로 위험 발생으로 인한 경제의 불확실성을 줄일 수 있다.

③ 예금이나 채권처럼 이자 수익이 발생하지 않으며, 보험을 중도 해지하는 경우에는 납입 보험금의 상당 부분을 환급받지 못할 수 있다.

④ 보험의 종류

　㉠ 생명보험

　　사망, 상해 등 인적 위험에 대비하기 위하여 마련된 보험

　㉡ 손해 보험

　　자동차 사고 시의 배상 책임과 화재 등의 재산 위험에 대비하기 위하여 마련된 보험

(6) 연금

① 근로자나 지역 주민 등이 일정 기간 보험료를 납부하고 노령, 퇴직 등의 사유가 발생할 때 지급받는 급여를 연금이라고 한다.

② 소득이 있는 청·장년기에 소득의 일부를 적립하여, 소득 활동이 힘든 노년기를 대비하는 것이 주요 목적이다.

③ 공적 연금과 사적 연금

구분	공적 연금	사적 연금
특징	국가가 보장하는 연금	기업이나 개인 등이 운영하는 연금
종류	• 국민연금 : 일반 국민 • 공무원 연금, 사립학교교직원 연금, 군인 연금은 해당 직역 종사자를 대상으로 한다.	• 퇴직급여제도 　기업이 보장 • 개인연금 　본인의 희망에 따라 금융기관의 연금에 가입

3. 이자율과 채권의 가격

(1) 현재가치와 미래가치

① 현재가치(PV, present value)

자산 투자에서 발생하는 미래의 소득을 적정한 할인율(이자율)로 할인하여 현재 시점에서의 가치로 환산한 것을 현재가치라 한다.

② 미래가치(FV, future value)

자산 투자로 미래 일정 시점에서 받게 될 소득을 미래가치라 한다.

예 예금 100,000원, 이자율 10%일 때 1년 후 예금 수익은 다음과 같다.

100,000원×(1 + 0.1) = 110,000원 (식 20-1)

현재가치(PV), 미래가치(FV)

$$PV \times (1 + r) = FV, \quad PV = \frac{FV}{(1 + r)}$$ (식 20-2)

$$100{,}000원 \times (1 + 0.1) = 110{,}000원, \quad 100{,}000원 = \frac{110{,}000원}{(1 + 0.1)}$$

- 미래가치

  여기서 1년 후에 받게 될 110,000원은 미래가치가 된다.

- 현재가치

  미래가치 110,000원을 (식 20-2)의 공식에서 할인율 10%로 할인하여 현재 시점의 가치로 환산한 100,000원이 현재가치가 된다.

(2) 액면 이자율과 시장 이자율

① 액면 이자율

채권을 발행할 때 채권자에게 이자를 지급하기 위해 채권에 명시되어 있는 이자율이 액면 이자율이다.

② 시장 이자율

자금의 수요와 공급에 따라 시장에서 결정되는 이자율을 시장 이자율이라 한다. 액면 이자율은 채권을 발행할 때 명시되어 있지만 시장 이자율은 시장 상황에 따라 변동한다.

(3) 채권의 가격과 이자율이 역관계에 있는 이유

> 갑 기업은 2년 전에 만기 3년, 액면 이자율 10%, 채권의 액면가액이 100,000원인 채권을 발행하였다. 발행 후 2년이 지난 현재의 채권 가치는? (여기서 이자는 1년에 한 번 지급하는 것으로 가정한다.)

① 만기 3년인 채권인데 2년이 경과했으므로 1년 뒤 만기에는 이자 10,000원과 채권 원금 100,000원을 돌려받는다. 이를 그림으로 나타내면 아래와 같다.

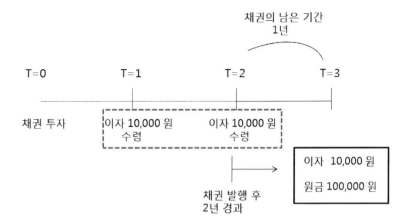

(그림 20-1 채권 원리금 지급 지급 흐름)

② 채권의 남은 기간이 1년 그리고 액면이자 10,000원과 원금 100,000원을 받는데 채권의 시장가격은 시장 이자율에 의해 결정된다.

③ 시장 이자율이 5%, 10%, 15%인 경우

　㉠ $PV×(1+r) = FV$에서 미래가치(FV)는 이자와 원금을 합한 110,000원이 되고 현재가치(PV)는 시장 이자율에 따라 결정된다.

　㉡ 시장 이자율이 5%인 경우

　　• $PV×(1+r) = FV$에서 $PV×(1+0.05) = 110,000$원이 된다.

　　• 현재가치(PV)를 구하면 104,761원이 되는데, 이것의 의미는 현재 104,761원을 이자율 5%로 예금하면 1년 뒤에 110,000원을 받을 수 있다는 것이다.

　　• 시장 이자율이 5%이므로 예금과 마찬가지로 채권 시장에서 104,761원어치 채권을 구입하면 1년 뒤에 110,000원을 받을 수 있다.

　㉢ 시장 이자율이 10%인 경우

　　• $PV×(1+r) = FV$에서 $PV×(1+0.1) = 110,000$원이 된다.

　　• 현재가치(PV)를 구하면 100,000원이 되는데, 이것의 의미는 현재 100,000원을 이자율 10%로 예금하면 1년 뒤에 110,000원을 받을 수 있다.

　　• 시장 이자율이 10%이므로 예금과 마찬가지로 채권 시장에서 100,000원어치 채권을 구입하면 1년 뒤에 110,000원을 받을 수 있다.

　㉣ 시장 이자율이 15%인 경우

　　• $PV×(1+r) = FV$에서 $PV×(1+0.15) = 110,000$원이 된다.

　　• 현재가치(PV)를 구하면 95,652원이 되는데, 이것의 의미는 현재 95,652원을 이자율 15%로 예금하면 1년 뒤에 110,000원을 받을 수 있다는 것이다.

• 시장 이자율이 15%이므로 예금과 마찬가지로 채권 시장에서 95,652원어치 채권을 구입하면 1년 뒤에 110,000원을 받을 수 있다는 것이다.

④ 시장 이자율과 채권 가격은 역의 관계이다.

  ㉠ 미래가치 110,000원을 받기 위해 시장 이자율별로 구한 현재가치를 그림으로 나타내면 아래와 같다.

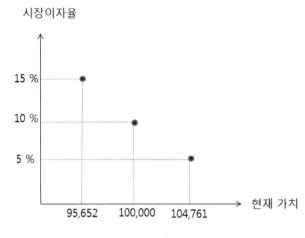

(그림 20-2 시장이자율과 현재가치)

  ㉡ 시장 이자율이 높은 경우

    시장 이자율이 높을수록 현재가치는 작아지는데, 이것은 미래가치 110,000원을 얻기 위해 더 적은 현재가치가 필요하다는 것을 의미한다. 이 현재가치가 바로 시장에서 채권을 구입하는 금액이므로 현재가치가 작아지는 것은 채권 가격이 낮아지는 것을 의미한다.

  ㉢ 시장 이자율이 낮은 경우

    반대로 시장 이자율이 낮으면 현재가치가 커지는데 이것은 미래가치 110,000원을 얻기 위해 더 많은 현재가치가 필요하다는 것을 의미한다. 현재가치는 시장에서 채권을 구입하는 금액이므로 현재가치가 커지는 것은 채권 가격이 올라가는 것을 의미한다.

  ㉣ 현재가치와 미래가치에서

$$PV = \frac{FV}{(1+r)}$$ 에서

> r↑ → PV↓, 시장 이자율↑ → 채권 가격↓
> r↓ ⇒ PV↑, 시장 이자율↓ ⇒ 채권 가격↑

4. 합리적 재무 계획

(1) 생애 재무 계획

① 생애 주기
한 개인이 태어나서 죽을 때까지 유아기, 아동기, 청소년기, 청·장년기, 노년기 등 여러 연령층에 연속적으로 속하게 되는 것을 생애 주기라 한다.

② 생애 재무 계획
생애 주기의 단계별로 소득과 지출이 상이하며, 청·장년기에는 소득이 지출보다 많지만, 나머지 단계에서는 지출이 소득보다 많으므로 합리적인 지출 계획이 필요하다.

(2) 생애 주기별 재무 활동

① 취학기
학교에 다니고 있는 때이므로 대부분 소득은 없고 소비만 있는 때 주로 부모님에게 의존한다.

② 결혼 초년기
직장 생활을 시작하므로 본격적으로 소득이 발생. 결혼하고 아이를 갖게 되어 자녀 양육비와 주택 마련 지출이 늘어난다.

③ 자녀 성장기
자녀들의 고등 교육을 받는 시기라 교육 부문 지출이 높으며, 자녀들의 성장에 따라 주택의 확장에 따른 지출이 높아진다.

④ 은퇴 준비기
자녀들이 경제적으로 독립하는 시기. 자녀들의 결혼으로 인한 자금 지출이 높은 비중을 차지하며, 본격적으로 은퇴 이후의 삶을 준비한다.

⑤ 은퇴기
직장에서 은퇴한 후 퇴직금, 연금, 개인 저축 등으로 노후 생활을 영위한다.

5. 합리적인 재무 계획

(1) 재무 목표 설정

① 재무 목표

앞으로의 지출에 대비하여 사전에 지출 계획을 수립하는 것을 재무 목표라 한다. 재무 목표는 단기 재무 목표, 중기 재무 목표, 장기 재무 목표로 구분하여 설정할 수 있다.

② 단기 재무 목표

통상 1년 이내의 재무 계획으로 학자금 조달, 생활 경비, 여행 경비 등에 대한 재무 계획을 말한다.

③ 중기 재무 목표

통상 1년에서 5년 사이의 재무 계획으로 자동차 구입, 자녀 양육 등에 대한 재무 계획을 말한다.

④ 장기 재무 목표

통상 5년 이상의 재무 계획으로 연금, 퇴직금 등 노후 자금에 대한 재무 계획을 말한다.

(2) 재무 상태 파악

① 자산상태표

자산과 부채의 상태를 나타낸 표로서 자산과 부채를 정확히 파악할 수 있다.

② 수지상태표

수입과 지출을 나타낸 표로서 가계 수지가 흑자인지 적자인지를 파악할 수 있다.

(3) 예산 수립 및 실행

수입과 지출에 대한 예산을 수립하고 실행하여 계획성 있는 재무 활동을 한다.

(4) 결산 및 평가

수입과 지출에 대한 결산을 통해 재무 계획을 수정·보완한다.

01. 다음 자료의 (가)~(다)에 대한 옳은 설명을 <보기>에서 고른 것은? |2015년 10월 서울|

(가)~(다)는 자산 관리 시 고려해야 하는 사항으로 각각 안전성, 수익성, 유동성 중 하나이고, 표는 (가)~(다)를 파악하기 위하여 확인해야 하는 사항 중 일부이다.

구분	확인해야 하는 사항
(가)	매도하고자 할 때 단기간에 매도가 가능한가?
(나)	예금자 보호 제도의 보호 대상에 포함되는가?
(다)	가격 상승으로 가치 증대를 기대할 수 있는가?

<보기>

ㄱ. (나)는 원금과 이자가 보전될 수 있는 정도를 의미한다.
ㄴ. (다)가 높은 자산일수록 (나)도 높다.
ㄷ. 주식은 부동산보다 (가)가 높다.
ㄹ. 국채는 주식보다 (다)가 높다.

① ㄱ, ㄴ
② ㄱ, ㄷ
③ ㄴ, ㄷ
④ ㄴ, ㄹ
⑤ ㄷ, ㄹ

02. 표는 금융상품 A~D를 비교한 것이다. 이에 대하여 옳은 진술을 한 학생을 <보기>에서 고른 것은?

|2013년 3월 서울|

기준	가중치	금융상품			
		A	B	C	D
안전성	( )	4	2	3	1
수익성	( )	1	3	2	4
유동성	( )	4	2	1	3
합계					

* 수치는 각 금융상품의 점수를 나타낸다. 4점 만점으로 수치가 높을수록 높은 평가를 받은 금융상품이다.
* 괄호의 가중치 값에는 '1'과 '2' 중 하나만 적용한다.
* 각 점수에 가중치를 곱한 후 모두 합한 값이 가장 큰 상품을 선택한다.

───────────< 보기 >───────────

갑 : D는 '고위험 고수익' 상품이군요.

을 : 요구불 예금은 A보다 C에 가까운 상품이겠네요.

병 : 안전성에만 낮은 가중치를 부여한다면 D를 선택하겠군요.

정 : 세 가지 기준에 동일한 가중치를 부여한다면 B를 선택하겠군요.

① 갑, 을   ② 갑, 병
③ 을, 병   ④ 을, 정
⑤ 병, 정

---

03. 표는 갑, 을, 병이 보유한 금융상품을 나타낸 것이다. 이에 대한 설명으로 옳은 것은?

|2014년 7월 인천|

구분	보유 금융상품
갑	정기 예금 : 원금 1,000만 원(연 5% 이자율, 복리, 만기 2년)
을	정기 적금 : 매달 100만 원 불입(연 5% 이자율, 단리, 만기 2년)
병	• 요구불 예금 : 500만 원 • 회사채 : 500만 원(오늘 발행, 연 10% 이자율, 만기 2년)

① 갑이 가입한 예금의 만기 시 이자는 125만 원이다.

② 갑이 가입한 예금은 원금에 대해서만 이자를 계산하는 방식이다.

③ 을이 가입한 예금은 월러금에 대해서 이자를 계산하는 방식이다.

④ 병이 보유한 회사채는 예금자 보호법에 의해 보호받지 못한다.

⑤ 갑은 병보다 입금과 출금이 자유로운 예금을 선호하고 있다.

04. 다음 사례에 대한 옳은 설명을 <보기>에서 고른 것은? |2013년 10월 서울|

- 갑은 자기 자본 2천만 원을 여러 종목의 주식에 분산하여 투자하였다.
- 을은 자기 자본 2천만 원에 대출금 2천만 원을 더하여 총 4천만 원을 모두 한 종목의 주식에 투자하였다.

───────── < 보 기 > ─────────

ㄱ. 갑의 투자는 "계란을 한 바구니에 담지 마라"라는 격언에 충실한 방법이다.

ㄴ. 을에 비해 갑의 투자 방법은 개인의 신용 등급에 부정적 영향을 미칠 우려가 크다.

ㄷ. 모든 주식 가격이 동일한 비율로 하락할 때 갑에 비해 을이 더 큰 손실을 보게 된다.

ㄹ. 모든 주식 가격이 동일한 비율로 상승할 때 자기 자본 대비 투자 수익률은 을보다 갑이 더 높다.

① ㄱ, ㄴ   ② ㄱ, ㄷ

③ ㄴ, ㄷ   ④ ㄴ, ㄹ

⑤ ㄷ, ㄹ

05. 그림은 금융상품의 특징을 비교한 것이다. 이에 대한 옳은 설명을 <보기>에서 고른 것은? (단, A와 B는 주식과 채권 중 하나이다.) |2014년 7월 인천|

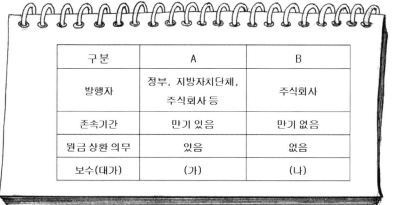

구분	A	B
발행자	정부, 지방자치단체, 주식회사 등	주식회사
존속기간	만기 있음	만기 없음
원금 상환 의무	있음	없음
보수(대가)	(가)	(나)

<보기>

ㄱ. (가)는 이자이고, (나)는 배당금이다.

ㄴ. A의 가격과 시장 금리는 반비례한다.

ㄷ. 일반적으로 B는 A보다 안정성이 높다.

ㄹ. 발행자의 입장에서 A는 자기 자본, B는 타인 자본이다.

① ㄱ, ㄴ   ② ㄱ, ㄷ

③ ㄴ, ㄷ   ④ ㄴ, ㄹ

⑤ ㄷ, ㄹ

06. 금융상품 (가), (나)에 대한 적절한 설명을 <보기>에서 고른 것은? |2014년 6월 평가원|

(가) 기업이 장기적인 사업 자금을 조달하기 위해 발행하는 것으로 회사 소유권의 일부를 투자자에게 부여하는 증표

(나) 정부나 기업 등이 일반 다수의 사람으로부터 돈을 빌리면서 원금과 이자를 만기에 지급하겠다고 약속하는 증서

<보기>

ㄱ. 주식은 (가)에 해당한다.

ㄴ. 예금은 (나)에 해당한다.

ㄷ. (나)는 (가)보다 안정성이 높다.

ㄹ. (가)와 (나)는 모두 투자자에게 배당금을 지급한다.

① ㄱ, ㄴ   ② ㄱ, ㄷ

③ ㄴ, ㄷ   ④ ㄴ, ㄹ

⑤ ㄷ, ㄹ

07. 다음의 A와 B는 대표적인 금융상품이다. 이자율이 상승할 때, 두 상품의 가격 변화로 옳은 것은? (단, 다른 조건은 변함이 없다.) |2014년 4월 경기|

> • A은(는) 기업이 자금 조달을 위해 회사 소유권의 일부를 투자자에게 주는 증표이다.
> • B은(는) 정부나 기업 등이 돈을 빌리면서 언제까지 빌리고, 이자를 언제, 얼마를 줄 것인지 약속한 증서이다.

	A 가격	B 가격		A 가격	B 가격
①	상승	상승	②	상승	하락
③	하락	불변	④	하락	상승
⑤	하락	하락			

08. 금융상품 (가)~(다)에 대한 옳은 설명을 <보기>에서 고른 것은? |2015년 6월 평가원|

> (가) 수시로 자금을 맡기거나 찾을 수 있는 입출금이 자유로운 예금
> (나) 가입액을 미리 정하여 목돈을 금융기관에 일정 기간 맡기는 예금
> (다) 미리 정한 일정한 금액을 매월 혹은 정해진 기간마다 추가하여 맡기는 예금

> <보기>
> ㄱ. 정기 예금은 (가)에 해당한다.
> ㄴ. (나)는 만기 이전에 예금을 찾으면 가입 시 정한 이자보다 적은 이자를 받는다.
> ㄷ. 정기 적금은 (다)에 해당한다.
> ㄹ. (나)와 달리 (가)의 주된 목적은 이자수입이다.

① ㄱ, ㄴ   ② ㄱ, ㄷ
③ ㄴ, ㄷ   ④ ㄴ, ㄹ
⑤ ㄷ, ㄹ

09. 다음 자료에 대한 옳은 설명을 <보기>에서 고른 것은?　|2015년 6월 평가원|

> 갑은 (가), (나) 중 하나를 선택하여 5천만 원을 투자하려고 한다.
> (가) ○○ 증권회사에서 제공하는 정보를 참고하여 온라인 주식 매매시스템으로 ㉠주식에
> 　　투자하는 방안
> (나) □□금융회사에서 주식 및 채권만을 대상으로 운용하는 ㉡펀드 상품에 투자하는 방안

< 보기 >

ㄱ. (가)는 국채 투자보다 안전성이 낮은 방안이다.
ㄴ. ㉠을 보유하게 되면 갑은 주주로서 배당을 받을 수 있는 권리를 가진다.
ㄷ. (나)는 직접투자 금융상품에 투자하는 방안이다.
ㄹ. ㉡은 주식회사가 자금을 조달하기 위하여 발행하는 증서이다.

---

① ㄱ, ㄴ　　　　　　　　　　　② ㄱ, ㄷ
③ ㄴ, ㄷ　　　　　　　　　　　④ ㄴ, ㄹ
⑤ ㄷ, ㄹ

10. 그림은 증권 상품의 일반적인 특징에 따라 A와 B를 구분한 것이다. 이에 대한 설명으로 적절한 것은? (단, A, B는 각각 주식 또는 채권에 해당한다.) [3점]　|2015년 9월 평가원|

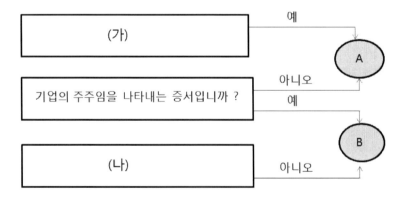

① A를 보유한 사람은 확정 이자를 기대할 수 없다.
② B는 기업의 입장에서는 부채에 해당한다.
③ A는 B에 비해 원금에 대한 안전성이 높은 편이다.
④ (가)에는 "공공 기관만 발행할 수 있습니까?"가 들어갈 수 있다.
⑤ (나)에는 "시세 차익을 기대할 수 있습니까?"가 들어갈 수 있다

11. 아래 그림은 갑의 여유 자금 지출 현황을 정리한 것이다. 이에 대한 분석 및 추론으로 옳은 것은?

|2014년 10월 서울|

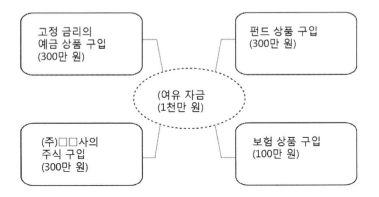

① 갑은 예금 이자율이 상승할 것으로 예상했다.

② 갑은 ㈜□□사에 대해 채권자의 지위를 갖는다.

③ 갑은 여유 자금의 절반 이상을 주식 구입에 지출했다.

④ 갑은 여유 자금 중 900만 원을 금융상품 구입에 지출했다.

⑤ 갑은 직접 금융시장보다 간접 금융시장에 더 많이 투자했다.

12. 그림은 각 시기별로 적용되는 금리의 변동 추세를 나타낸다. 이에 대한 분석 및 추론으로 가장 적절한 것은? [3점]

|2013년 9월 평가원|

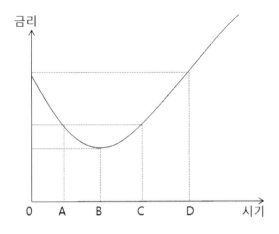

① A 시점에서 저축 상품에 예금한 사람은 이전소득이 증가한다.

② 동일한 고정 금리 저축 상품에 예금한다면 A 시점보다 C 시점이 더 유리하다.

③ B~D 기간에 소비의 기회비용은 지속적으로 감소한다.

④ 금융시장에서 자금 공급이 증가하고 자금 수요가 감소하면 C~D 기간과 같은 금리 변동이 발생한다.

⑤ D 시점이 만기인 대출을 B 시점에서 받는 경우, 변동 금리 대출보다는 고정 금리 대출이 더 유리하다.

13. 다음 사례에 대한 분석으로 옳지 <u>않은</u> 것은? [3점] |2014년 대수능|

- A국의 갑은 증권회사에서 ㉠ 주식을 10,000달러어치 매입하여 1년 동안 보유하다가, 500달러의 배당금을 받고 11,000달러에 모두 매각하였다. 갑이 주식을 보유한 1년 동안 A국의 물가는 10% 상승하였다.
- B국의 을은 증권회사에서 1년 만기 ㉡ 채권을 10,000달러어치 매입하여 1년 동안 보유하다가, 만기가 되어 원금과 ㉢ 이자를 합해 11,000달러를 받았다. 을이 채권을 보유한 1년 동안 B국의 물가는 5% 상승하였다.
  (단, 양국은 같은 화폐를 사용하고, 세금은 고려하지 않는다.)

① ㉠은 발행한 회사에 대한 소유지분을 나타내는 증서이다.

② ㉡은 발행한 회사가 빌린 돈을 갚기로 약속하는 증서이다.

③ ㉢은 채권을 매입하지 않았을 때의 기회비용에 포함된다.

④ 1년 후 갑과 을의 구매력은 모두 감소하였다.

⑤ 갑과 을은 모두 직접 금융시장을 통해 거래하였다.

정답 및 해설

정답 및 해설

01. 정답 ②

A는 가계, B는 기업이다.

해설

ㄱ. 가계는 만족을 위해 소비 활동을 한다.

ㄷ. 가계는 기업에게 노동, 자본, 토지 등을 제공한다.

오답검토

ㄴ. 생산요소시장에서 공급자 역할을 하는 것은 가계이고 기업은 수요자 역할을 한다.

ㄹ. 가계와 기업 모두 납세자로서의 역할을 한다.

02. 정답 ④

㉠은 생산, ㉡은 소비, ㉢은 분배이다.

해설

④ 생산을 통해 만들어낸 부가가치의 합은 투입된 생산 요소의 대가로 분배되므로 분배의 합과 같다.

부가가치의 합 = 임금 + 이자 + 지대 + 이윤

오답검토

① 서비스도 생산의 대상이다.

② 소비의 목적은 효용의 극대화이다.

③ 분배의 규모가 커도 소득 격차가 심하면 불평등한 사회가 될 수 있다.

⑤ 소비의 주체인 가계는 생산물시장에서 생산의 주체인 기업이 공급한 상품을 구매한다.

03. 정답 ②

갑은 소비의 주체인 가계로서 자장면을 주문하고 있다.

해설

② 중국 음식점인 을은 생산의 주체로서 음식물의 조리뿐만 아니라, 배달도 생산 활동에 해당한다.

지문검토

① 자장면을 배달하여 판매하는 것은 재화와 서비스가 결합된 형태이다.

③ 갑은 소비자이므로 갑의 행위는 소비 활동에 해당한다.

④ 을은 기업이므로 이윤 극대화를 목적으로 한다.
⑤ 갑은 가계로서 소비의 주체이고 을은 기업으로 생산의 주체이다.

04. 정답 ③

갑과 을은 관광을 하고 있으므로 서비스를 소비하는 가계에 해당하고 을은 관광 서비스를 제공하는 생산의 주체인 기업에 해당한다.

해설

ㄴ. 갑과 을은 여행 가이드를 고용하여 여행하고 있으므로 서비스를 소비하고 있다.
ㄷ. 갑과 을은 소비의 주체이고 병은 생산의 주체이다.

오답검토

ㄱ. 병은 서비스를 생산하는 활동을 하였다.
ㄹ. 해돋이는 자연 현상으로 경제 활동의 대상이 아니며, 해돋이 관광 상품이 경제 활동의 대상이다.

05. 정답 ③

갑은 여행안내 서비스를 제공받았으므로 소비 활동을 한 것이고 을은 여행안내 서비스를 제공하였으므로 생산 활동을 한 것이다.

해설

③ '만족감을 얻기 위한 경제 활동인가?'에 대하여 갑은 소비자이므로 '예'라고 할 것이나 을은 생산자이므로 '아니요'라고 답할 것이다.

오답검토

① 여행안내 서비스는 객체에 해당하므로 둘 다 '아니요'라고 답해야 한다.
② 을도 서비스를 객체로 한 경제 활동을 하였으므로 '예'라고 답해야 한다.
④ 을은 부가가치를 창출하는 경제 활동이므로 '예'라고 답해야 한다.
⑤ 갑은 소비에 해당하므로 '아니요'라고 답해야 하며 을은 생산에 참여했으므로 '예'라고 답해야 한다.

06. 정답 ①

A는 정부, B는 기업, C는 가계이다.

해설

ㄱ. 정부는 국방, 치안과 같은 공공재를 공급한다.
ㄴ. 과일을 판매하기 위해 트럭을 구입한 것은 기업의 생산 활동이다.

오답검토

ㄷ. 의료 서비스를 제공하는 것은 생산 활동이다.
ㄹ. 생산요소시장에서 가계는 공급자, 기업은 수요자이다.

07. 정답 ⑤

A는 기업이 실물을 제공하므로 생산물시장이고, B는 가계가 실물을 제공하므로 생산요소 시장이다.

해설

⑤ 가계의 소비가 증가하면 기업의 입장에서는 판매가 늘어나는 것이다. 판매가 늘어나면 기업은 추가 생산을 할 수 있으므로 기업은 더 많은 생산요소를 구입할 수 있다.

오답검토

① 임금, 지대, 이자 등은 생산요소시장인 B에서 결정된다.
② 재화와 서비스는 생산물시장인 A에서 거래된다.
③ ㉠은 소비 행위로서 효용의 극대화를 목적으로 한다.
④ 회사원의 개인적인 상품 구매는 소비에 해당하므로 ㉠에 해당한다.

08. 정답 ④

A 시장은 생산물시장이다. 생산물시장에 실물을 공급하는 것은 기업이므로 (가)는 기업이 되고 생산요소시장에 실물을 공급하는 것은 가계이므로 (나)는 가계가 된다.

해설

④ (나)는 가계이므로 효용의 극대화를 추구하는 경제 주체이다.

오답검토

① 서비스를 제공하는 것은 생산 활동이므로 생산물시장인 A에서 거래된다.
② ㉠은 기업의 판매 수입이다. 은행의 예금 이자는 가계가 은행에게 자본을 제공하고 받는 대가이므로 생산요소소득이다.
③ (가)는 기업이므로 생산물시장인 A에서 공급자이다.
⑤ (가)는 기업이므로 이윤의 극대화가 목적이고, (나)는 가계이므로 효용의 극대화가 목적이므로 형평성은 해당이 없다.

정답 및 해설

01. 정답 ③

A는 희소성이 없으므로 자유재이고 B재는 희소성이 있으므로 경제재이다.

해설

③ A재는 자유재이므로 시장에서 거래되지 않지만, B재는 경제재이므로 시장에서 거래된다.

오답검토

① 인간의 욕구에 비해 자원이 상대적으로 적게 존재하는 것이 희소성이며, 절대적으로 적게 존재하는 것은 희귀한 것이다.
② 희소성이 없는 햇빛과 같은 자유재는 경제적 대가를 지불하지 않고서도 얻을 수 있다.
④ A가 자유재, B가 경제재이다.
⑤ 자유재는 수요보다 공급이 많아 희소성이 없다. 자유재인 A재의 공급이 감소해야 경제재가 될 수 있다.

02. 정답 ②

해설

ㄱ. 대가를 지불해야 얻을 수 있는 것은 경제재이므로 ㉠은 경제재이고 ㉡은 자유재이다.
ㄷ. 햇빛과 같이 자유재는 선택의 문제가 없기 때문에 경제의 기본 문제 대상이 되지 않는다.

오답검토

ㄴ. 희소성이 있으면 경제재고 희소성이 없으면 자유재이다. 희귀성은 절대적으로 적은 것을 말하는데 희귀하더라도 사람들의 욕구에 비해 상대적으로 적으면 희소해지고 사람들 욕구의 대상이 아니면 희소성은 없다.
ㄹ. 수요가 증가하거나 공급이 감소하면 자유재가 경제재가 될 수 있다.

03. 정답 ⑤

해설

병 : 어느 경제 체제이든 자원의 존재량보다 욕구가 크므로 희소성은 어느 경제 체제에서나 존재한다.
정 : 희귀성은 자원의 절대량이 부족한 것을 말하고 자원의 희소성은 존재량보다 욕구가 큰 것을 말한다.

04. 정답 ②

해설

(가)는 친환경 자동차의 생산량을 늘리는 것이므로 생산물의 종류 결정 문제이다.

(다)는 생산성 향상을 위한 공장 자동화율에 관한 문제는 어떻게 생산할 것인가에 관한 문제이다.

05. 정답 ①

해설

ㄱ. 희소성의 문제는 모든 경제 체제에서 존재한다.

ㄴ. 자동차 회사가 소형차와 중형차를 몇 대씩 생산할 것인지는 생산물 종류에 관한 문제이다.

06. 정답 ④

해설

④ 치킨 선택에 따른 기회비용은 포기한 것 중 편익이 가장 큰 것이므로 피자의 편익인 18이다.

07. 정답 ⑤

갑의 기회비용		을의 기회비용	
선택	포기	선택	포기
(+) 수영장 이용 편익 (−) 수영장 입장권 20,000원	동물원 관람 편익	(+) 동물원 이용 편익 (−) 동물원 입장권 20,000원	수영장 이용 편익
수영장 이용 편익>(수영장 입장권+동물원 관람 편익)		동물원 이용 편익>(동물원 입장권+수영장 이용 편익)	

여기서 갑의 수영장 이용에 대한 기회비용은 수영장 입장권(명시적 비용)과 동물원 관람의 효용(암묵적 비용)을 합한 것이다. 을의 동물원 관람에 대한 기회비용은 동물원 입장권(명시적 비용)과 수영장 이용의 효용(암묵적 비용)을 합한 것이다.

해설

⑤ 갑이 수영장을 이용하는 기회비용은 [명시적 비용(2만 원)+암묵적 비용(동물원 관람의 효용)]이고, 을이 수영장을 이용하는 기회비용은 [명시적 비용(2만 원)+암묵적 비용(동물원 관람의 효용)]으로 계산된다. 그런데 동물원 관람의 효용은 갑보다 을이 더 크기 때문에 수영장 이용의 기회비용은 을이 갑보다 크다.

지문검토

① 갑과 을은 이용 편익과 기회비용을 비교하여 유리한 것을 선택하므로 경제적 유인에 따라 선택하는 것이다.
② 갑은 20,000원을 지불하고도 수영장에 가는 반면, 을은 20,000원이 비싸다고 수영장 가는 것을 포기하므로 갑의 수영장 이용에 대한 효용은 을보다 크다.
③ 갑이 수영복을 구매한 것은 환불이 되지 않아 의사 결정시 고려할 필요가 없으므로 매몰비용이다.
④ 을은 수영장 가격 20,000원이 비싸서 수영장 이용을 포기했으므로 을의 수영장 이용에 대한 효용은 20,000원보다 작다.

08. 정답 ⑤

선택	포기
(+) 연극 관람 효용	(+) 콘서트 관람 효용 80,000원 (−) 콘서트 비용 50,000원
연극 관람 효용>[콘서트 관람 효용(80,000원)−콘서트 비용(50,000원)]	

연극 관람의 기회비용은 30,000원(콘서트 관람 시 최대 지불용의 : 80,000원-콘서트 입장료 : 50,000원)이므로 갑의 연극 관람 효용은 30,000원 이상이다.

해설

ㄷ. 콘서트를 관람하기 위해 최대 80,000원을 지급할 수 있으므로 콘서트 관람을 통해 얻을 수 있는 편익은 80,000원이다.
ㄹ. 연극 관람의 기회비용은 30,000원인데, 콘서트 관람의 기회비용인 연극 관람 효용은 30,000원보다 크므로 연극을 볼 때의 기회비용이 더 크다.

09. 정답 ④

음악회 선택	아르바이트 선택
(+) 음악회 관람 편익	(+) 아르바이트 수익 30,000원

음악회 관람권은 구입 후 재판매나 환불이 불가능하므로 매몰비용이다. 매몰비용은 의사 결정 시 고려할 필요가 없다.

해설

ㄴ. 음악회 관람권은 재판매 또는 환불이 불가능하여 의사 결정 시 고려할 필요가 없으므로 매몰비용이다.
ㄹ. 음악회 관람 편익이 30,000원보다 크면 음악회를 선택하는 것이 합리적이다.

오답검토

ㄱ. 음악회 관람권이 40,000원일 때는 비싸서 구입하지 않다가 50% 할인된 20,000원에 구입하였으므로 음악회 관람 편익은 20,000원보다 크고 40,000보다 작다.
ㄷ. 음악회 관람을 선택할 경우 직접 소요되는 비용이 아니라 포기해야 하는 아르바이트 수익이므로 30,000원은 암묵적 비용이다.

10. 정답 ⑤

갑국은 기회비용이 체증하고 을국은 기회비용이 체감하며, 병국은 기회비용이 불변이다.

해설

ㄷ. 생산가능곡선이 직선이므로 X재 1단위 추가 생산의 기회비용은 곡선 상의 모든 점에서 동일하다.
ㄹ. 하나의 재화만 생산할 때 세 국가 모두 포기해야 하는 다른 재화의 생산량이 10단위로 똑같으므로 기회비용은 세 국가에서 동일하다.

오답검토

ㄱ. 기회비용이 체증이므로 갑국이 X재의 생산을 증가시킬수록 포기해야 하는 Y재의 양은 증가한다.
ㄴ. 생산가능곡선이 우하향하는 것은 자원이 한정되어 있음을 나타내므로 자원의 희소성이 존재한다.

11. 정답 ④

해설

④ E점은 기술 혁신이 이루어지면 생산가능곡선이 위로 이동하여 생산 가능한 조합이 될 수 있다.

오답검토

① A점에서는 Y재만 10단위 생산하므로 생산이 불가능한 조합이 아니다.
② B점은 생산가능곡선 내에서의 점이므로 비효율적인 생산이 이루어진다.
③ 생산가능곡선이 직선이므로 C점이나 D점에서의 기회비용은 같다.
⑤ E점에서 C점으로 이동하면 생산가능 조합이 축소되므로 갑국 경제가 후퇴하는 것으로 볼 수 있다.

12. 정답 ⑤

해설

⑤ Y재 1개 추가 생산의 기회비용은 (나) 구간에 비해 (가) 구간에서 더 크다.

(가) 구간	Y재 20개 생산, X재 40개 생산 포기 Y재 1개 생산, X재 2개 생산 포기	Y재 기회비용 X재 2개
(나) 구간	Y재 60개 생산, X재 30개 생산 포기 Y재 1개 생산, X재 $\frac{1}{2}$개 생산 포기	Y재 기회비용 X재 $\frac{1}{2}$개

지문검토

① A점, B점, C점 모두 생산가능곡선 상의 점이므로 효율적인 생산 조합이다.

② B와 C는 동일한 기울기 내의 생산 조합이므로 생산의 기회비용은 동일하다.

③ X재 40개를 생산하면 Y재를 20개 포기해야 하므로 (가) 구간의 X재 기회비용은 Y재 $\frac{1}{2}$개이다.

④ Y재 60개를 생산하면 X재 30개를 포기해야 하므로 (나) 구간의 Y재 기회비용은 X재 $\frac{1}{2}$개이다.

13. 정답 ⑤

해설

⑤ 갑국은 생산가능곡선이 직선이므로 X재 1단위 추가 생산의 기회비용이 항상 일정하고 을국은 생산가능곡선이 원점에 대해 오목하므로 기회비용이 점차 증가한다.

오답검토

① 갑국의 생산가능곡선은 직선이고 X재를 30개 생산할 때, Y재를 60개 포기해야 하므로 X재 1개 추가 생산의 기회비용은 Y재 2개이다.

② 동일한 생산가능곡선 상의 점이므로 둘 다 효율적인 생산 조합이다.

③ B점은 갑국에게는 생산가능곡선 상의 점이므로 효율적인 생산 조합이고 을국에게는 생산가능곡선 내의 점이므로 비효율적인 생산 조합이다.

④ 동일한 양의 노동을 투입하고 갑국은 X재 30개, 을국은 X재를 60개 만들므로 X재 1단위당 생산비는 을국이 갑국보다 저렴하다.

14. 정답 ②

해설

② 생산 조합이 E(0, 80)에서 B(120, 20)으로 바뀌므로 경차를 120대 생산하려면 중형차 60대의 생산을 포기해야 한다.

지문검토

① 기회비용은 '0'이 아니므로 어떤 조합을 선택하든 대가를 치러야 한다.

③ 기술 혁신이 일어난다면 생산가능곡선이 위로 이동하므로 위 조합의 자동차 대수보다 더 많은 자동차를 생산할 수 있다.

④ 만약 모든 생산 자원이 경차 생산에 투입된다면 160단위를 생산할 수 있다.
⑤ A~E점은 모두 생산가능곡선 상의 점이므로 어떤 방법을 선택하더라도 효율적이다.

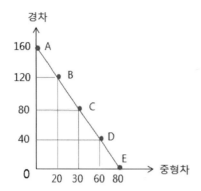

15. ①

해설

① 빵 1개 구매 시 옷 $\frac{1}{2}$ 벌을 포기하면 되므로 빵의 기회비용은 옷 $\frac{1}{2}$ 벌이다.

오답검토

② 빵 4개와 옷 1벌을 동시에 구매할 수 있다.
③ 소비 가능곡선이 직선이므로 빵 1개 구매에 대한 기회비용은 일정하다.
④ A점과 B점 모두 소비 가능곡선 상의 점이므로 둘 다 모두 합리적이다.
⑤ B에서 A로 선택을 바꾼다면 빵 2개보다는 옷 1벌을 더 좋아하는 것이다.

정답 및 해설

01. 정답 ⑤

노동시간을 늘려도 노동 시간당 생산량이 변하지 않으므로 기회비용은 일정하다.

	옷의 기회비용		포도주의 기회비용	
갑의 기회비용	옷	포도주	옷	포도주
	9	8	9	8
	1	$\dfrac{8}{9}$	$\dfrac{9}{8}$	1
을의 기회비용	옷	포도주	옷	포도주
	10	11	10	11
	1	$\dfrac{11}{10}$	$\dfrac{10}{11}$	1

구분	옷(벌)	포도주(병)	옷의 기회비용	포도주의 기회비용
갑	9	8	$\dfrac{8}{9}$	$\dfrac{9}{8}$
을	10	11	$\dfrac{11}{10}$	$\dfrac{10}{11}$

해설

⑤ 갑은 옷의 기회비용이, 을은 포도주의 기회비용이 작으므로 갑은 옷에, 을은 포도주에 비교우위가 있다.

오답검토

① 갑은 옷의 기회비용이 작아 옷 생산에 비교우위가 있으므로 갑은 옷 생산에 특화해야 한다.

② 을이 포도주 11병을 생산하면 옷 10벌의 생산을 포기해야 하므로 포도주 1병의 기회비용은 옷 $\dfrac{10}{11}$벌이다.

③ 갑의 옷 생산의 기회비용은 $\dfrac{8}{9}$이고, 을의 옷 생산의 기회비용은 $\dfrac{11}{10}$이므로 을의 기회비용이 크다.

④ 옷과 포도주 모두 을의 생산량이 모두 많으므로 을이 두 재화 모두에 절대우위가 있다.

02. 정답 ④

(단위 : 개)

	갑	을
책상	4	8
의자	2	8
책상의 기회비용	(0.5)	1
의자의 기회비용	2	(1)

→

(단위 : 개)

	갑	을
책상	4	20
의자	2	8
책상의 기회비용	0.5	(0.4)
의자의 기회비용	(2)	2.5

해설

④ 변화 전에는 갑은 책상, 을은 의자에 비교우위가 있었는데 변화 후에는 갑은 의자, 을은 책상에 비교우위가 있으므로 비교우위가 바뀌었다.

오답검토

① 변화 전이나 변화 후에도 갑은 의자 생산에 절대열위에 있다.
② 을의 책상 생산량이 8개에서 20개로 늘었으므로 을이 기술 혁신을 하였다.
③ 갑의 책상 생산의 기회비용은 의자 0.5개로 일정하다.
⑤ 변화 후에는 갑은 의자에 특화하여 생산하는 것이 유리하다.

03. 정답 ⑤

	감자의 기회비용		생선의 기회비용	
	감자	생선	감자	생선
갑의 기회비용	10	6	10	6
	1	$\frac{6}{10}$	$\frac{10}{6}$	1
	감자	생선	감자	생선
을의 기회비용	8	20	8	20
	1	$\frac{20}{8}$	$\frac{8}{20}$	1

구분	갑	을
감자(kg)	10	8
생선(마리)	6	20
감자의 기회비용	($\frac{6}{10}$)	$\frac{20}{8}$
생선의 기회비용	$\frac{10}{6}$	($\frac{8}{20}$)

갑은 감자 생산에, 을은 생선 생산에 비교우위가 있다.

해설

⑤ 갑은 감자 생산에 특화하고 을은 생선 생산에 특화한다. 2시간 노동 후 갑은 감자 20kg을, 을은 생선 40마리를 생산하여 1시간 생산량인 감자 10kg과 생선 20마리를 맞교환한다. 갑은 을에게 감자 10kg을 주고, 을은 갑에게 생선 20마리를 주면 갑과 을 모두 감자 10kg, 생선 20마리를 소비할 수 있다. 이 경우 갑은 생선 14마리와 을은 감자 2kg을 추가로 소비하게 되어 갑, 을 모두 교환 전보다 이득이다.

① 갑은 감자 10kg을 을은 감자 8kg을 생산하므로 감자 생산에만 절대우위를 갖는다.

② 감자 추가 생산의 기회비용은 갑이 $\frac{6}{10}$, 을이 $\frac{20}{8}$이므로 을이 더 크다.

③ 갑은 감자, 을은 생선에 특화한다.

④ 을이 교환 전 감자와 생선을 생산할 때 감자 8kg과 생선 20마리를 생산할 수 있었다. 특화 후 2시간 동안 생선 40마리를 생산하여 1시간 생산량인 생선 20마리와 감자 10kg을 교환하면 감자 10kg과 생선 20마리를 소비할 수 있다. 교환 전에는 감자 8 kg을 생산하여 소비하였으므로 교환의 이득은 감자 2kg이다.

04. 정답 ③

A는 자본주의 시장 경제 체제, B는 사회주의 계획 경제 체제, C는 자본주의 시장 경제 체제를 기반으로 한 혼합 경제 체제이다.

해설

③ 사회주의 경제 체제인 B보다 자본주의 경제 체제인 A에서 더 많은 경제적 유인이 제공된다.

🖐 오답검토

① 자본주의 시장 경제 체제는 형평성보다 효율성을 중시한다.

② 어느 경제 체제건 인간의 욕구보다 자원이 부족하므로 경제 체제와 관계없이 경제 문제가 발생한다.

④ 계획 경제 체제에서는 기업의 자유로운 이윤 추구가 보장되지 않는다.

⑤ 정부의 개입이 강조되는 혼합 경제 체제보다 정부의 개입이 강조되지 않는 자본주의 시장 경제 체제에서 '보이지 않는 손'에 의한 자원 배분이 강조된다.

05. 정답 ③

정부의 개입이 약하고 생산 수단의 공유화 정도도 낮은 A국은 시장 경제 체제이고, B국은 계획 경제 체제이다.

해설

③ A국은 시장 경제 체제여서 경제 문제를 정부 개입보다는 시장의 자기 조정 기능으로 해결하며 B국은 계획 경제 체제이므로 정부의 개입으로 경제 문제를 해결한다.

🖐 오답검토

① 시장 경제 체제는 정부의 개입이 약하므로 정부실패보단 시장실패의 가능성이 크다.

② B국에서는 생산 수단을 공유한 계획 경제 체제이므로 효율성보단 형평성을 중시한다.

④ 경기 변동에 의한 불안정성은 시장 경제 체제에서 더 크다.

⑤ 두 체제 모두 희소성에 따른 경제 문제가 발생한다.

06. 정답 ①

A국은 개별 기업이 자율적으로 생산량을 결정하므로 시장 경제 체제이다. B국은 정부의 지시에 의해 생산량이 결정되므로 계획 경제 체제이다.

해설

① A국은 시장 원리에 의해 자원이 배분된다.

오답검토

② 생산 수단의 개인 소유를 원칙으로 하는 것은 시장 경제 체제인 A이다.
③ 민간 경제의 이윤 추구 동기가 높은 것은 시장 경제 체제인 A이다.
④ B국과 달리 A국 기업이 영리를 추구한다.
⑤ B국은 계획 경제 체제이므로 B국 정부의 경제적 역할이 크다.

07. 정답 ④

A는 시장 경제 체제이고, B는 계획 경제 체제이다.

해설

④ B는 계획 경제 체제이므로 ㉠이 정부 계획에 따라 결정된다.

지문검토

① 시장 경제 체제에서 중국집을 창업할 때 특화할 음식은 소비자의 기본 욕구나 선호를 참고하여 결정한다.
② 시장 경제 체제에 비용 문제는 효율성 원칙에 따라 해결한다.
③ 시장 경제 체제에서는 생산에 기여한 정도에 따라 임금, 이자, 지대 등을 분배한다.
⑤ 계획 경제에서는 정부에 의해 고용이 결정된다.

08. 정답 ④

해설

④ 시장 경제 체제에서는 경제 문제를 시장 기능으로 해결하려 하나 혼합 경제 체제에서는 복지 강화, 공기업 운영 등 정부의 역할이 강조되어 시장 경제 체제보다 정부 개입 정도가 크게 나타난다.

오답검토

① 시장 경제 체제에서는 생산 수단의 사적 소유가 보장된다.
② 계획 경제 체제에서는 정부의 지시에 따라 경제 문제를 해결한다.
③ 시장의 자유로운 활동이 보장되는 시장 경제 체제에서 경기 변동이 크게 나타난다.
⑤ 어느 경제 체제나 희소성에 따른 경제 문제가 발생한다.

09. 정답 ⑤

(가)는 시장 경제 체제이다.

해설

⑤ 경제 문제가 시장가격 기구에 의해 해결되는 것이 시장 경제 체제이다.

오답검토

① 대공황 이후에 등장한 경제 체제는 혼합 경제 체제로 본문과 관련이 없다.
② 농경 사회에서 나타난 경제 체제는 전통 경제 체제이다.
③ 개인의 이익보다 공익을 중시하는 것은 계획 경제 체제이다.
④ 국가나 공공단체가 생산 수단을 소유하는 것은 계획 경제 체제이다.

정답 및 해설

01. 정답 ①

구분	평가 과정	우선순위
어머니	• A＝10＋9＋7＋8＝34 • B＝8＋9＋9＋9＝35 • C＝7＋7＋8＋9＝31	B＞A＞C
아버지	• A＝10×2＋9＋7＋8＝44 • B＝8×2＋9＋9＋9＝43 • C＝7×2＋7＋8＋9＝38	A＞B＞C
딸	• A＝9＋8＝17 • B＝9＋9＝18 • C＝7＋9＝16	B＞A＞C
아들	• A＝10＋9＋8＝27 • B＝8＋9＋9＝26 • C＝7＋7＋9＝23	A＞B＞C

해설

① 어머니는 B＞A＞C 순위로 선택했으나 용량 만족도 순위는 A＞B＞C이므로 다르다.

02. 정답 ②

해설

② 인사 제도 혁신은 본문 내용에 없다.

지문검토

① 기업 이미지 개선-환경친화적 경영 실천
③ 새로운 판매 방식 확대-온라인 쇼핑몰 구축
④ 기술 개발을 통한 신제품 출시-연구 개발을 통해 새로운 고기능성 제품을 출시
⑤ 규모의 경제 실현으로 생산성 향상-월 100만 개 이상 대량 생산할 수 있는 자동화 설비도 확충

03. 정답 ①

해설

디자인을 고려하지 않는다면 A를 선택하지 말아야 한다.
① A = 25 + 24 + 15 + 6 = 70
  B = 27 + 20 + 17 + 7 = 71
  C = 28 + 20 + 14 + 9 = 71

지문검토

② A = 25 + 24 + 15×2 + 12 + 6 = 97
  B = 27 + 20 + 17×2 + 13 + 7 = 101
  C = 28 + 20 + 14×2 + 15 + 9 = 100
③ A = 25 + 24 + 15 + 12 + 6 = 82
  B = 27 + 20 + 17 + 13 + 7 = 84
  C = 28 + 20 + 14 + 15 + 9 = 86
④ 제조회사의 배점이 30점으로 가장 높으므로 제조회사에 가장 큰 비중을 두고 있다.
⑤ 제조회사의 만족도 순위는 C-B-A이고 A/S의 만족도 순위도 C-B-A이므로 만족도 순위는 같다.

평가 기준 제품	제조회사(30점)	A/S(10점)
A	25	6
B	27	7
C	28	9

04. 정답 ②

		0개	1개	2개	3개	4개
X재 만족도	총만족도	0	8	15	21	20
	1개 추가 소비시 증분 만족도		8	7	6	- 1
Y재 만족도	총만족도	0	6	11	15	18
	1개 추가 소비시 증분 만족도		6	5	4	3

해설

② 증분 만족도가 큰 순서로 하면 X재 3개와 Y재 1개를 소비하는 것이 합리적이다.
  X재 1개 : 8 ⇒ X재 1개 : 7 ⇒ X재 1개 : 6

오답검토

① X재를 3개에서 4개로 1개 더 추가 소비 시 만족도는 감소한다.
③ X재 1개의 만족도는 8이고, Y재 3개의 만족도는 15이므로 만족도의 합은 23이다.
④ Y재 1개를 추가로 소비할 때 추가로 얻게 되는 만족도는 점차 감소한다.

⑤ X재 4개의 만족도는 20이고 X재 2개와 Y재 2개의 만족도의 합은 26(15+11)이므로 X재 4개의 만족도가 작다.

05. 정답 ⑤

판매 가격(만 원)	1	1	1	1	1	1
생산량(kg)	10	21	32	41	49	56
판매 수입(만 원)	10	21	32	41	49	56
노동투입량(명)	2	4	6	8	10	12
1명당 임금(만 원)	5	5	5	5	5	5
총비용	10	20	30	40	50	60
총이윤	0	1	2	1	−1	−4

* 판매 수입 = 판매 가격×생산량, 총비용 = 노동투입량×1명당 임금

해설

⑤ 현재 32kg을 생산하고 있다면 총이윤이 최대인 2만 원이므로 더 이상 이윤을 증가시킬 수 없다.

오답검토

생산량(kg)	10	21	32	41	49	56
추가 생산량(kg)—A	10	11	11	9	8	7
총비용	10	20	30	40	50	60
추가 비용—B	10	10	10	10	10	10
1kg 생산 시 추가 비용 (B÷A)	1	10/11	10/11	10/9	10/8	10/7

① 소금 1kg을 더 생산하기 위한 추가 비용은 감소하다가 증가한다.
② A 기업이 최대로 얻을 수 있는 이윤은 2만 원이다.
③ 노동자를 2명만 고용하면 이윤은 0이다.
④ 노동투입량을 8명에서 10명으로 늘리면 이윤은 감소한다.

06. 정답 ①

해설

ㄱ. (−) 중고자전거 구입비용   : 16만 원
   (+) 브레이크 패드 수리비용 절약   : 2만 원
   (+) 브레이크 라인 교체비용 절약   : 15만 원
          합계   (+) 1만 원
   ㉠ 시점에서 브레이크 라인 전체에 결함이 발생할 것을 예상했다면 자전거를 계속 수리하지 않고 중고자전거를 구입하는 것이 1만 원 이득이므로 합리적이다.
ㄴ. 갑은 이미 지출한 수리비용 2만 원과 새로 지불해야 할 수리비용 15만 원을 합하여 자전거 총 수리비용이 17만 원이라고 생각했기 때문에 16만 원을 주고 중고자전거를 구입하는 것이 유리하다고 판단했을 것이다.

ㄷ. 브레이크 패드 수리비용 2만 원은 이미 지출된 매몰비용이므로 비용에 포함시키면 안 된다.

ㄹ. 자전거 수리비용 15만 원과 자전거 구매비용 16만 원을 비교하면 자전거 수리비용이 더 저렴하므로 자전거를 수리해야 한다.

07. 정답 ②

가격(만 원)	5	5	5	5	5	5
판매량(개)	1	2	3	4	5	6
총판매 수입(만 원)-A	5	10	15	20	25	30
총비용(만 원)-B	1	3	6	10	16	23
비용의 증가	1	2	3	4	6	7
이윤 (A −B)	4	7	9	10	9	7

해설

② 판매량이 4개일 때 총이윤 10만 원으로 최대이다.

오답검토

① 판매량이 증가할수록 이윤은 증가하다가 판매량이 5개부터는 감소한다.

③ 판매 수입이 최대가 되는 판매량은 6개이고, 이윤이 최대가 되는 판매량은 4개이다.

④ 판매량이 증가할수록 생산자가 추가적으로 지출하는 비용은 증가한다.

⑤ 가격이 5만 원으로 고정되어 있으므로 판매량이 증가할수록 생산자가 추가적으로 얻을 수 있는 판매 수입은 일정하다.

08. 정답 ④

X재 가격(원)	1,000	1,000	1,000	1,000	1,000	1,000
총생산량(kg)	13	30	51	64	75	78
판매 수입	13,000	30,000	51,000	64,000	75,000	78,000
노동투입량	1	2	3	4	5	6
1명당 임금	10,000	10,000	10,000	10,000	10,000	10,000
총비용	10,000	20,000	30,000	40,000	50,000	60,000
이 윤	3,000	10,000	21,000	24,000	25,000	18,000

09. 정답 ④

해설

ㄱ. 순이익의 일부를 아동 급식비로 지원하는 것은 기업의 이윤을 사회에 환원하는 것에 해당한다.

ㄴ. 새로 개발한 생산 시스템을 업계 최초로 도입한 것은 기업가 정신에 해당한다.

ㄹ. 주력 상품을 선정하여 수익성을 높이는 것은 '선택과 집중'을 통해 효율성을 높이는 것이다.

ㄷ. 신상품을 개발하는 것은 '무엇을 생산할 것인가'의 경제 문제와 관련 있다.

10. 정답 ③

갑은 기업 본연의 목적인 이익 극대화를 강조하고 있으며, 을은 기업의 사회적 책임을 강조하고 있다.

해설

③ 기업은 사회 구성원으로서 사회적 책임져야 한다는 것은 을의 입장이다.

① 기업이 형평성보다 효율성을 추구해야 한다는 것은 갑의 입장이다.
② 경제적 이윤 추구가 기업의 최우선 과제라는 것은 갑의 입장이다.
④ 기업의 사적 이익 추구가 우선한다는 것은 갑의 입장이다.
⑤ 기업에게 윤리 경영 및 사회 공헌 활동을 강요해서는 안 된다는 것은 갑의 입장이다.

11. 정답 ④

해설

ㄴ. 윤리 경영, 녹색 성장 등의 기업 목표로 가시화될 수 있다.
ㄹ. 기업과 사회의 협력이 장기적으로 모두에게 이롭다는 것을 가정한다.

ㄱ. 사회적 책임을 강조한다고 해서 고객을 중시하는 경영과는 상충되지는 않는다.
ㄷ. 시장 경쟁의 원칙에 따라 기업의 이익을 극대화하는 것을 강조하는 것은 기업의 목적이 이익 극대화에 있다는 관점과 부합한다.

정답 및 해설

01. 정답 ①

해설

갑 : (가) 정부는 자유로운 경쟁이 이뤄질 수 있도록 법과 제도를 정비하여 시장질서를 유지한다.

을 : (나) 과소비를 억제하기 위해 고가의 사치품에 대해 고율의 소비세를 부과하면 사치재 소비가 감소한다. 사치재 소비가 감소하면 사치재 생산을 위한 자원을 다른 재화 생산에 투입할 수 있다.

오답검토

병 : (다) 소득 격차의 완화를 위해서는 누진 소득세제 시행, 복지 확충 등이 필요하다. 경제 성장을 위해 주요 산업에 대한 연구 개발을 지원하는 것은 경제 성장과 관련이 있다.

정 : (라) 연구 개발, 교육, 물가안정 등을 통해 경제 안정과 성장을 이룰 수 있다. 정부가 국방과 치안 서비스를 직접 공급하는 것은 시장실패를 해결하기 위한 것이다.

02. 정답 ⑤

A : 납세자와 담세자가 동일한 세금은 직접세로서 소득세나 재산세 등이 있다.

B : 납세자와 담세자가 다른 세금은 간접세로서 부가가치세나 특별 소비세 등이 있다.

해설

⑤ 부가가치세는 소비할 때 조세가 부과되어 상품의 가격이 오르므로 물가 상승을 유발할 가능성이 크다.

오답검토

① 직접세는 주로 소득에 부과되며, 소비에 부과되는 것은 간접세이다.

② 소득세 같은 직접세에 누진세율을 적용한다.

③ 담세 능력을 기준으로 부과되는 것은 직접세이다.

④ 자기 소득에 부과되는 직접세가 조세 저항이 크다.

03. 정답 ②

(단위 : 억 달러)

	재정 수입	재정 지출	재정 수지
2010년	20	13	7
2011년	25	20	5
변화율	25%	53%	−28%

ㄱ. 2010년 재정 지출은 13억 달러이고 2011년엔 20억 달러이므로 재정 지출이 증가하였다.

ㄷ. 2010년과 2011년 모두 재정 수지가 흑자이므로 재정 수입이 재정 지출보다 더 크다.

오답검토

ㄴ. 정부의 재정 수입이 늘었으나 정부의 재정 지출도 늘어 재정 수지가 감소했으므로 국내 경제 활동이 위축되었다고 말하기 어렵다.

ㄹ. 재정 수입의 변화율은 25%이고 재정 지출의 변화율은 53%이므로 재정 지출의 변화율이 더 높다.

04. 정답 ②

(가)는 직접세이고 (나)는 간접세이다.

해설

ㄱ. 직접세율이 증가하면 가계의 처분 가능 소득이 감소한다.

ㄷ. 소득이 많은 자에게는 높은 세율을 적용하고 소득이 적은 자에게는 낮은 세율을 적용하므로 소득 재분배 효과가 크다.

오답검토

ㄴ. 간접세는 납세자와 담세자가 일치하지 않는다.

ㄹ. 소득에 직접 과세하는 소득세의 경우가 조세 저항이 크게 나타난다.

05. 정답 ⑤

해설

ㄷ. GDP 대비 사회 복지비 지출 비율이 커지고 있으므로 삶의 질을 높이려는 정부의 노력이 나타나고 있다.

ㄹ. 조세 전가가 가능한 세금은 간접세인데, 매년 간접세의 비중이 감소하고 있다.

오답검토

ㄱ. 재정 수입과 재정 지출을 알 수 없으므로 정부의 재정 적자가 커지고 있는지를 알 수 없다.

ㄴ. 정부의 간접세 비중이 감소한다고 해서 간접세 수입이 감소한다고 말할 수 없다. 2011년 조세수입 규모가 2009년 조세수입 규모보다 크다면 비중은 작아도 간접세 수입이 더 클 수 있다.

06. 정답 ③

직접세는 누진세율을 적용하므로 조세 형평성은 높으나, 소득 규모의 파악이 잘 안 되면 조세 징수가 어려울 수 있으므로 A는 직접세이다. 간접세는 소비 시에 조세를 부과하므로 조세 징수가 쉬운 반면에 소득이 적은 계층이 조세 부담이 높은 조세 역진성이 나타날 수 있으므로 B가 간접세이다.

해설

③ 간접세인 B는 비례세율이 적용되어 세율이 일정하므로 과세대상 금액과 세액이 일정하게 비례한다.

오답검토

① 직접세인 A의 과세대상은 주로 소비지출 행위가 아니라 소득이다.

② 조세 전가로 물가 상승의 원인이 되기도 하는 것은 간접세인 B이다.
④ 조세의 역진성이 뚜렷하게 나타나는 것은 B이다.
⑤ A는 B에 비해 조세 저항이 크므로 저축과 근로의욕을 저하시킨다.

07. 정답 ③

㉠은 과세대상 금액이 커질수록 세율이 높아지는 누진세이다. ㉡은 과세대상 금액과 관계없이 세율이 일정한 비례세이다.

해설

ㄴ. 부가가치세는 비례세율을 적용한다.
ㄹ. 소득 규모에 따라 다른 세율을 부과하는 누진세는 단일 세율을 적용하는 비례세보다 빈부 격차를 완화시킨다.

👆 오답검토

ㄱ. ㉠은 누진세를 적용하는 직접세이므로 과세대상 금액에 따라 다른 세율이 적용된다.
ㄷ. 과세대상 금액과 관계없이 세율이 일정한 것이지 세액이 일정한 것이 아니다. 비례세의 경우 과세대상 금액에 비례하여 세액이 증가한다. 따라서 갑의 과세대상 금액이 을보다 적으므로 갑이 내는 세액은 을보다 적다.

08. 정답 ①

(가)는 직접세이고 (나)는 간접세이다.

해설

ㄱ. 직접세에는 주로 누진세율이 적용된다.
ㄴ. 부가가치세 같은 간접세는 소비 행위에 부과되는 세금이다.

👆 오답검토

ㄷ. 저소득층에 유리한 것은 직접세이다. 간접세의 경우 저소득에서 소득 대비 세 부담이 높은 조세 역진성이 나타날 수 있다.
ㄹ. 조세 저항이 강하게 나타나는 것은 직접세이다. 간접세는 상품의 가격을 지불할 때 상품 가격에 포함되어 간접세를 징수하므로 세금을 징수하는 지를 의식하지 못 하는 경우도 많다.

09. 정답 ②

㉠은 소득세이므로 직접세이고 ㉡은 소비할 때 세금이 부과되므로 간접세이다.

해설

ㄱ. 직접세로 납세자와 담세자가 일치한다.
ㄷ. 소득 재분배 효과가 큰 건 직접세이다.

👆 오답검토

ㄴ. 누진세율이 적용되는 건 직접세이다.
ㄹ. 조세 저항이 큰 것은 직접세이다.

10. 정답 ④

㉠은 재산에 부과되는 재산세이므로 직접세이다.
㉡은 음식점에서 음식을 먹는 소비 행위에 부과되므로 간접세이다.

해설

④ 직접세인 재산세가 부가가치세보다 소득 재분배 효과가 크다.

오답검토

① 세율 인상이 물가 상승을 초래하는 것은 간접세이다.
② ㉡은 납세자와 담세자가 다른 간접세이다.
③ ㉡은 과세 금액이 증가해도 세율은 일정하다.
⑤ 징세 절차가 간편하고 조세 저항이 작은 것은 간접세이다.

11. 정답 ④

A는 과세대상 금액이 증가해도 세율이 일정하여 과세대상 금액과 세액이 비례하는 비례세이다.
B는 과세대상 금액이 증가할수록 세율이 증가하는 누진세이다.
C는 과세대상 금액이 증가할수록 세액이 비례적으로 증가하는 비례세이다.
D는 과세대상 금액이 증가할수록 세액이 누진적으로 증가하는 누진세이다.

해설

④ A는 간접세이고 D는 직접세이므로 A에서 조세의 역진성이 나타난다.

오답검토

① A는 간접세이므로 과세대상금액과 상관없이 세율이 일정하다. 따라서 세액은 과세대상금액에 비례하게 된다.
② B는 직접세인데, 기울기가 커지면 세율이 높아져 고소득층이 더 높은 세율을 부담하므로 처분 가능 소득의 계층 간 격차가 작아진다.
③ C는 비례세이므로 과세대상 금액이 커져도 세율은 일정하다.
⑤ B는 누진세이고 C는 비례세이므로 세율 적용 방식이 다르다.

12. 정답 ②

A 구간의 납세자는 소득세를 면제받게 된다. B 구간의 납세자는 소득세 제도 변경 이후에는 더 낮은 소득세율을 적용받게 된다. C 구간의 납세자는 소득세 제도 변경 이후에 더 높은 세율을 적용받게 된다.

해설

ㄱ. A 구간의 납세자는 세금을 면제받는 지점에 포함되므로 처분 가능 소득이 증가한다.
ㄷ. C 구간의 납세자는 소득세율이 높아졌으므로 세금 부담이 커졌을 것이다.

오답검토

ㄴ. B 구간에서는 세율 변경 전보다 낮은 소득세율을 적용받으므로 소득세에 의한 재정 수입은 감소할 것이다.
ㄹ. 누진세율이 강화되었으므로 조세의 형평성이 강화되었으며, 조세의 역진성이 문제가 되는 것은 부가가치세이다.

13. 정답 ①

갑국의 소득세에는 역진세율이, 을국은 누진세율이, 병국은 비례세율이 적용된다.

해설

① 갑국에서는 소득 크기와 상관없이 일정한 소득세가 부과되어 소득 대비 소득세 부담률이 저소득층이 크게 되는 소세의 역신성을 나타낸다.

오답검토

② 을국에서는 소득세율이 누진세율이므로 조세 부과 후 빈부 격차가 작아질 것이다.

③ 병국은 소득에 비례하여 소득세액이 커지므로 소득세에는 비례세율이 적용되고 있다.

④ 갑국은 소득이 커질수록 소득세 부담이 작아져 역진적이며, 병국은 소득에 비례해 소득세 부담이 증가하므로 병국의 고소득층의 소득세 부담이 클 것이다.

⑤ 갑국보다 을국, 병국이 분배의 형평성을 더 중시한다.

01. 정답 ④

해설

ㄴ. 해당 재화에 대한 선호도 감소는 수요곡선이 왼쪽으로 이동하는 원인이므로 (가)의 D가 D′로 이동하게 된다.

ㄹ. 수요곡선이 왼쪽으로 이동하는 것은 수요의 감소이고, 수요곡선 상에서 위쪽에 있는 점으로 이동하는 것은 수요량의 감소이다.

오답검토

ㄱ. 인구 증가는 수요의 증가 요인으로 수요곡선이 오른쪽으로 이동하는 원인이다. (가)의 D′가 D로 이동하게 된다.

ㄷ. 정상재인 경우 소득이 증가하면 수요곡선 상의 이동이 아니라 수요곡선이 오른쪽으로 이동한다.

02. 정답 ③

해설

③ ㄴ. 종업원 임금의 하락, ㄷ. 생산 기술의 발달, ㅂ. 원자재의 가격 하락은 공급의 증가 요인으로 공급곡선이 오른쪽으로 이동하게 된다.

오답검토

ㄱ. 국민소득의 증가와 ㅁ. 국산 스마트폰 선호 증가는 수요의 증가 요인으로 수요곡선이 오른쪽으로 이동하는 원인이다.

ㄹ. 수입 스마트폰의 가격 하락은 대체재의 가격이 하락하는 것이므로 국산 스마트폰의 수요 감소 요인으로 국산 스마트폰 수요곡선이 왼쪽으로 이동한다.

03. 정답 ①

해설

ㄱ. X재에 대한 선호도가 높아지면 수요가 증가하여 수요곡선이 오른쪽으로 이동하므로, A는 ㉠으로 이동할 수 있다.

ㄴ. X재의 가격이 하락하면 수요량이 증가하므로 A는 수요곡선상의 오른쪽 아래인 ㉡으로 이동할 수 있다.

오답검토

ㄷ. X재의 소비자 수가 증가하면, 즉 인구가 증가하면 수요는 증가하여 수요곡선은 오른쪽으로 이동하므로

A는 ㉠으로 이동할 수 있다.

ㄹ. X재의 대체재 가격이 상승하면 X재의 수요가 증가하여 수요곡선은 오른쪽으로 이동하므로 A는 ㉠으로 이동할 수 있다.

04. 정답 ②
해설

갑국 담배 수요량을 감소시키기 위하여 담배 가격을 인상하였으므로 균형점이 수요곡선 선상을 따라 수요곡선 왼쪽 위로 이동한다. (가격 변화 ⇒ 수요곡선상의 이동)

을국은 금연 광고를 통해 흡연을 억제하기 위한 것이므로 담배의 수요가 감소하여 수요곡선 자체가 왼쪽으로 이동한다.

05. 정답 ⑤
해설

(가) X재 가격이 인하되었으므로 수요곡선 상의 이동이 발생한다. 가격이 인하되면 수요량이 증가하므로 A점은 ㉢방향으로 이동한다.

(나) X재에 대한 선호도가 증가하는 것은 X재의 수요가 증가하는 것이므로 X재 수요곡선은 오른쪽으로 이동하게 된다. A점은 ㉣방향으로 이동한다.

06. 정답 ⑤
해설

⑤ 만년필 가격 상승은 만년필 수요량의 감소 요인이므로 만년필 수요곡선 상의 (라) 방향으로 이동하게 된다.

오답검토

① 잉크 가격이 상승하는 것은 만년필 보완재의 가격 상승이므로 만년필의 수요는 감소하여 만년필의 수요곡선은 (가)의 방향인 왼쪽으로 이동하게 된다.

② 잉크 가격이 하락하는 것은 만년필 보완재의 가격 하락이므로 만년필의 수요는 증가하여 만년필의 수요곡선은 (다)의 방향인 오른쪽으로 이동하게 된다.

③ 볼펜 가격이 상승하는 것은 만년필 대체재의 가격 상승이므로 만년필의 수요는 증가하여 만년필의 수요곡선은 (다)의 방향인 오른쪽으로 이동하게 된다.

④ 볼펜 가격이 하락하는 것은 만년필 대체재의 가격 하락이므로 만년필의 수요는 감소하여 만년필의 수요곡선은 (가)의 방향인 왼쪽으로 이동하게 된다.

07. 정답 ⑤
해설

(가) 세계여행에 대한 수요는 있으나 선박을 제조하는 비용이 너무 비싼 관계로 세계여행 비용도 너무 비싸지게 된다. 여행 비용이 비싸면 공급곡선이 수요곡선 위에 있게 되어 균형가격이 없게 된다. 그림 C가 이 상황을 보여주고 있다. 그러나 최근에는 선박 제조비용 감소로 여행 비용이 싸져서 공급곡선이 오른쪽 아래로 이동하여 균형가격이 결정되어 여행이 가능하게 되었다. 그림 C에서 그림 A로 변화한 것이다.

(나) 맑은 산소는 너무 풍부하여 B처럼 시장에서 거래되지 않은 자유재였으나, 최근에는 공기 오염으로 인해 맑은 공기가 시장에서 거래되므로 A처럼 경제재가 되었다.

08. 정답 ②

A재와 B재는 서로 바꿔 소비해도 별 차이가 없으므로 대체재 관계이다. B재와 C재는 함께 소비할 때 큰 만족을 느끼므로 보완재 관계이다.

해설

ㄱ. 대체재 관계이므로 A재의 가격이 상승하면 B재의 수요는 증가한다.

ㄷ. B재의 가격이 오르면 보완재인 C재의 수요가 감소하므로 B재의 가격 변화와 C재의 수요 변화는 역(-)의 관계이다.

오답검토

ㄴ. A재의 공급이 감소하면 공급곡선이 왼쪽으로 이동하여 가격이 오른다. A재의 가격이 오르면 대체재 관계에 있는 B재의 수요가 증가하게 된다. B재의 수요가 증가하게 되면 보완재 관계에 있는 C재의 수요도 증가하여 C재의 가격은 상승한다.

ㄹ. C재의 공급이 증가하면 공급곡선이 오른쪽으로 이동하여 C재의 가격이 하락한다. C재의 가격이 하락하면 C재의 수요량이 증가하므로 보완재 관계에 있는 B재의 수요는 증가한다.

09. 정답 ⑤

X재의 가격이 하락할 때 Y재의 수요는 감소하므로 X재와 Y재는 대체재이다.
Z재의 가격이 하락할 때 Y재의 수요가 증가하므로 Z재와 Y재는 보완재이다.

해설

⑤ X재의 가격이 상승하면 대체재인 Y재의 수요가 증가하므로 Y재의 판매 수입이 증가한다.

오답검토

① X재는 Y재의 대체재이다.

② Z재는 Y재의 보완재이다.

③ Z재의 가격이 상승하여 Z재의 수요량이 감소하면 보완재인 Y재의 수요도 감소하여 Y재의 가격은 하락한다.

④ Z재의 공급이 증가하면 Z재의 가격은 하락한다. 보완재인 Z재의 가격 하락으로 거래량이 늘어나면 Y재의 수요는 증가한다.

10. 정답 ②

X재 가격이 올라갈 때 Y재 수요가 증가하므로 X재와 Y재는 대체재 관계이다.
X재 가격이 올라갈 때 Z재 수요가 감소하므로 X재와 Z재는 보완재 관계이다.
Y재 가격과 Z재 수요는 관계가 없으므로 독립재이다.

해설

ㄱ. X재와 Y재는 대체 관계에 있다.

ㄴ. X재의 공급이 증가하여 X재의 가격이 하락하면 X재의 거래량이 증가하므로 대체재인 Y재의 수요는 감소한다.

11. 정답 ④

해설

④ ㉡에서 홍차와 녹차는 대체재여서 홍차의 가격이 오르면 녹차의 수요는 증가하므로 홍차의 가격과 녹차의 수요는 정(+)의 관계에 있다.

오답검토

① ㉠에서 두 재화는 보완재 관계이므로 둘 다 소비하면 더 큰 만족을 준다.
② ㉠에서 치킨의 가격이 하락하여 치킨의 수요량이 증가하면 보완재인 탄산음료의 수요가 증가하여 판매 수입이 증가한다.
③ ㉡에서 홍차의 공급이 증가하여 홍차의 가격이 하락하면 홍차의 수요량이 증가하고 대체재인 녹차의 소비는 감소한다.
⑤ ㉠은 보완재 관계, ㉡은 대체재 관계에 있는 재화의 사례이다.

12. 정답 ①

애그플레이션(agriculture+inflation)은 농산물 가격 급등에 따른 물가 상승을 의미한다. 농산물 가격 급등은 공급 측 요인으로는 공급의 감소로 인한 가격 상승을 들 수 있고, 수요 측 요인으로는 수요의 증가로 인한 가격 상승을 들 수 있다.

해설

ㄱ. 주요 곡물 생산국의 기상 이변으로 농산물의 공급이 감소할 수 있으므로 공급 측 가격 상승 요인이다.
ㄴ. 식량 수출국이 자원 민족주의를 내세우게 되면 농산물이 자유롭게 수출시장에 공급될 수 없기 때문에 공급이 감소할 수 있으므로 공급 측 가격 상승 요인이다.
ㄹ. 중국, 인도 등 거대 인구를 가진 신흥 개발 도상국의 소득이 증가하면 식량 수요가 늘게 되므로 수요 측 가격 상승 요인이다.
ㅁ. 석유를 대체하기 위해 곡물을 원료로 하는 바이오 에너지 생산이 증가하면 농산물에 대한 수요가 늘어나게 되므로 수요 측 가격 상승 요인이다.

오답검토

ㄷ. 유전자 변형 곡물(GMO)이 대량 생산되어 농산물의 공급이 늘게 되면 공급곡선이 오른쪽으로 이동하여 농산물의 가격이 내려가므로 농산물 가격 급등의 원인이 될 수 없다.

01. 정답 ③

표의 관계를 그림으로 나타나면 아래 그림과 같다.

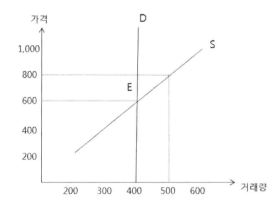

해설

③ A재의 가격이 800원일 경우 수요량은 400개 공급량은 500개로 100개의 초과 공급이 발생하고 거래량은 400개가 된다.

오답검토

① A재의 균형점은 E점이므로 균형가격은 600원이다.
② A재는 가격과 관계없이 수요량이 일정하므로 수요곡선의 형태는 수직이다.
④ A재는 가격이 올라갈수록 공급량이 늘어나므로 가격과 공급량은 정(+)의 관계가 나타난다.
⑤ A재의 가격이 1,000원일 경우 200개의 초과 공급이 발생한다.

02. 정답 ⑤

표의 관계를 그림으로 나타나면 아래 그림과 같다.

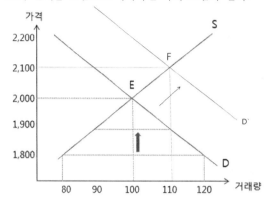

해설

ㄷ. 균형점이 E점이므로 X재의 균형가격은 2,000원, 균형거래량은 100개이다.

ㄹ. 모든 가격에서 수요량이 20개씩 증가할 경우 수요곡선은 D'로 이동하여 균형점은 E에서 F로 이동한다. F 균형점에서는 균형 가격 2,100원일 때 균형 공급량은 110이므로 균형가격은 100원 상승한다.

오답검토

ㄱ. 1,800원에서 수요량은 120개, 공급량은 80개로 초과 수요의 상태이므로 가격 상승의 압력이 존재한다.

ㄴ. 1,900원에서 수요량은 110개, 공급량은 90개이므로 X재의 초과 수요량은 20개이다.

03. 정답 ③

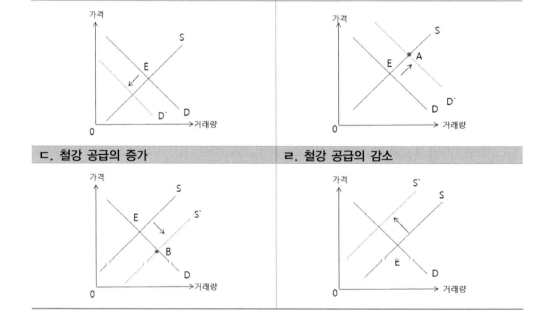

해설

ㄴ. 철강을 원료로 하는 선박의 생산이 증가하면 철강의 수요가 증가하므로 수요곡선은 E에서 A로 움직인다.

ㄷ. 시장 개방으로 외국산 철강의 수입이 증가하면 철강의 공급이 증가하므로 철강의 공급곡선은 E에서 B로 움직인다.

오답검토

ㄱ. 새로 개발된 신소재가 철강을 대체하는 것은 철강 수요의 감소 요인이므로 수요곡선은 왼쪽 아래로 이동한다.

ㄹ. 철강의 주요 원자재인 철광석의 가격이 폭등하면 철강의 공급이 감소하여 왼쪽 위로 공급곡선이 이동한다.

04. **정답** ①

해설

ㄱ. 국민들의 소득이 증가하는 것은 수요의 증가 요인이므로 수요곡선이 오른쪽 위로 이동하면 A점으로 이동할 수 있다.

ㄴ. 태풍으로 사과의 수확량이 감소하는 것은 공급의 감소 요인이므로 공급곡선이 왼쪽 위로 이동하면 A점으로 이동할 수 있다.

오답검토

ㄷ. 대체 관계에 있는 귤의 가격이 하락하면 사과의 수요 감소 요인이므로 수요곡선이 왼쪽 아래로 이동한다.

ㄹ. 사과 재배 기술의 발달로 생산량이 늘어나면 사과의 공급이 증가하므로 사과의 공급곡선이 오른쪽 아래로 이동한다.

05. **정답** ①

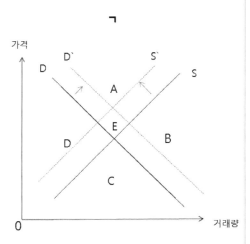

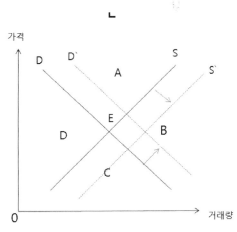

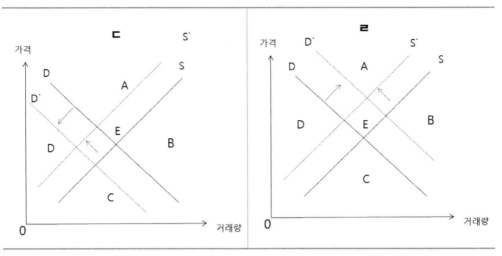

ㄱ. X재의 선호가 높아지는 것은 수요의 증가 요인으로 수요곡선은 오른쪽으로 이동하고, 원자재 가격이
   상승하는 것은 공급의 감소 요인으로 공급곡선이 왼쪽으로 이동하므로 균형점은 A로 이동한다.

ㄴ. 가계 소득이 증가하는 것은 수요의 증가 요인으로 수요곡선은 오른쪽으로 이동하고, X재의 생산 기술이
   향상되는 것은 공급의 증가 요인으로 공급곡선은 오른쪽으로 이동하므로 균형점은 B로 이동한다.

오답검토

ㄷ. X재의 대체재 가격이 하락하는 것은 수요의 감소 요인으로 수요곡선은 왼쪽으로 이동하고, 임금이
   상승하는 것은 공급의 감소 요인으로 공급곡선이 왼쪽으로 이동하므로 균형점은 D로 이동한다.

ㄹ. X재의 보완재 가격이 하락하는 것은 수요의 증가 요인으로 수요곡선은 오른쪽으로 이동하고, 원자재
   가격이 상승하는 것은 공급의 감소 요인으로 공급곡선이 왼쪽으로 이동하므로 균형점은 A로 이동한다.

06. 정답 ③

① 수요의 증가 : 가격 상승, 거래량 증가	② 수요의 감소 : 가격 하락, 거래량 감소

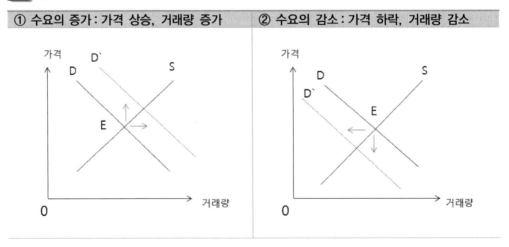

③ 공급의 증가 : 가격 하락, 거래량 증가	④ 공급의 감소 : 가격 상승, 거래량 감소

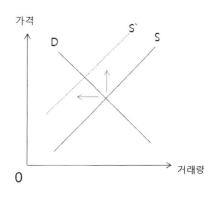

해설

ㄴ. 공급이 감소하면 균형가격은 상승하고 균형거래량은 감소한다. A가 감소이면 균형가격 상승, 균형거래량 감소이므로 (가)는 공급 감소이다. 그림 ④가 균형가격 상승, 균형거래량 감소를 보여주고 있다.

ㄷ. 수요가 감소하면 균형가격은 하락하고 균형거래량은 감소한다. B가 감소이면 균형가격 하락, 균형거래량 감소이므로 (나)는 수요 감소이다. 그림 ②가 균형가격 하락, 균형거래량 감소를 보여주고 있다.

오답검토

ㄱ. 수요가 증가하면 균형가격은 상승하고 균형거래량은 증가한다. A가 증가이면 균형가격 상승, 균형거래량 증가이므로 (가)는 수요 증가이다. 그림 ①이 균형가격 상승, 균형거래량 증가를 보여주고 있다.

ㄹ. 공급이 증가하면 균형가격은 하락하고 균형거래량은 증가한다. B가 증가이면 균형가격 하락, 균형거래량은 증가이므로 (나)는 공급 증가이다. 아래 그림 ③이 균형가격 하락, 균형거래량 증가를 보여주고 있다.

07. 정답 ①

수요 증가 > 공급 증가 ⇒ 가격 오름	수요 증가 = 공급 증가 ⇒ 가격 불변	수요 증가 < 공급 증가 ⇒ 가격 내림

수요 증가　　가격 상승 P+,　　거래량 증가 Q+
<u>공급 증가　　가격 하락 P-,　　거래량 증가 Q+</u>
　균형점　　　가격 상승 P+,　　거래량 증가 Q+
(수요 증가 > 공급 증가)
수요가 증가하고 공급이 증가하면 거래량은 늘어나나 균형가격은 위의 그림에서처럼 수요곡선과 공급곡선의 이동 폭에 따라 결정된다. 문제에서는 수요가 공급보다 더 늘어난 경우이므로 거래량은 증가하고 가격도 오르게 된다.

08. 정답 ①

즉석밥의 선호도 증가 ⇒ 수요의 증가
쌀의 풍년 ⇒ 공급의 증가
수요 증가　　가격 상승 P+,　　거래량 증가 Q+
<u>공급 증가　　가격 하락 P-,　　거래량 증가 Q+</u>
　균형점　　　가격 상승 P?,　　거래량 증가 Q+

문제 7의 설명에서 보듯 수요가 증가하고 공급이 증가하면 거래량은 증가한다. 그러나 가격은 수요 증가의 크기와 공급 증가의 크기에 따라 결정되는데, 문제에는 이에 관한 내용이 없으므로 균형가격이 올랐는지 떨어졌는지는 알 수가 없다.

09. 정답 ①

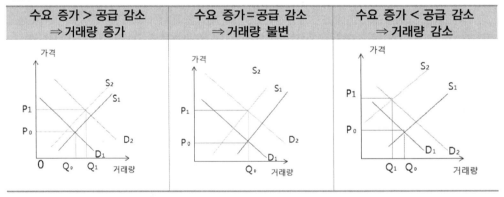

아이스크림 구매자 증가 ⇒ 수요의 증가
설탕의 가격 상승 ⇒ 공급의 감소
수요 증가　　가격 상승 P+,　　거래량 증가 Q+
<u>공급 감소　　가격 상승 P+,　　거래량 감소 Q-</u>
　균형점　　　가격 상승 P+,　　거래량 증가 Q?
가격은 상승하나 수요 증가의 폭과 공급 감소의 폭에 관한 내용이 없어 거래량은 불분명하다.

10. 정답 ①

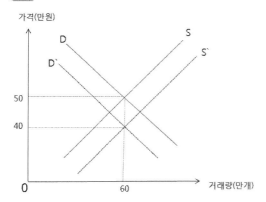

가격(만원)

50

40

0 60 거래량(만개)

해설

① 선호도가 하락하면 수요는 감소하고 생산 보조금을 지급하면 공급은 증가한다.

수요 감소	가격 하락 P - ,	거래량 감소 Q -
공급 증가	가격 하락 P - ,	거래량 증가 Q+
균형점	가격 하락 P - ,	거래량 동일 Q = 60만 개

수요는 감소하고 공급은 증가하여 가격은 하락했으나 수요의 감소 폭과 공급의 증가 폭이 같아 거래량은 변화하지 않았다.

오답검토

② 생산 기술 향상은 수요 측 요인이 아니라 공급 측 요인이며 가격의 하락이 예상되면 공급은 증가한다.

③ 가격 상승이 예상되면 수요가 증가하고 원자재 가격이 하락하면 공급은 증가한다. 수요가 증가하고 공급도 증가하여 균형 거래량은 증가한다.

수요 증가:	가격 상승 P+	거래량 증가 Q+
공급 증가:	가격 하락 P -	거래량 증가 Q+
균형점	균형 가격 ?	균형 거래량 Q+

④ 보완재의 가격이 하락하면 수요가 증가하고 생산요소의 가격이 하락하면 공급은 증가한다. 수요가 증가하고 공급도 증가하여 균형 거래량은 증가한다.

수요 증가:	가격 상승 P+	거래량 증가 Q+
공급 증가:	가격 하락 P -	거래량 증가 Q+
균형점	균형 가격 ?	균형 거래량 Q+

⑤ 대체재의 가격이 하락하면 수요는 감소하고 노동자의 임금이 인상되면 공급은 감소한다. 수요는 감소하고 공급도 감소하므로 균형거래량은 감소한다.

수요 감소:	가격 하락 P -	거래량 감소 Q -
공급 감소:	가격 상승 P+	거래량 감소 Q -
균형점	균형 가격 ?	균형 거래량 Q -

11. 정답 ④

사탕수수 재배에 보조금을 지급하여 사탕수수 생산이 늘었으므로 사탕수수의 공급은 증가한다. 공급이 증가하면 거래량은 증가하고 가격은 하락하는데도, 사탕수수의 가격이 올랐다는 것은 수요의 증가 폭이 공급의 증가 폭보다 크다는 것이다.

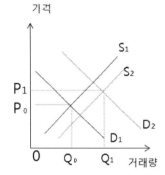

해설

ㄴ. 보조금 지급으로 사탕수수의 생산이 증가해서 사탕수수 공급곡선이 오른쪽으로 이동하여 사탕수수 시장의 거래량이 증가하였다.

ㄹ. 사탕수수 가격이 오른 것은 사탕수수의 공급보다 수요의 변동 폭이 더 크기 때문이다.

오답검토

ㄱ. 사탕수수 재배에 보조금을 지급하면 사탕수수 생산이 늘어나므로 사탕수수 공급곡선은 오른쪽으로 이동한다.

ㄷ. 사탕수수 공급곡선의 오른쪽 이동으로 사탕수수 가격이 하락하였음에도 사탕수수의 가격이 오른 것은 사탕수수 공급의 증가 폭보다 수요의 증가 폭이 더 크기 때문이다. 따라서 가격이 오른 것은 수요량이 아니라 수요가 증가하였기 때문이다.

12. 정답 ③

해설

ㄴ. 대체재인 Y재 가격이 상승하면 X재 수요가 증가하고 임금 수준이 상승하면 공급이 감소한다. 수요가 증가하고 공급이 감소하면 균형 가격은 오른다.

수요 증가:　가격 상승 P+　　거래량 증가 Q+
<u>공급 감소:　가격 상승 P+　　거래량 감소 Q-</u>
　균형점　　균형 가격 +　　균형 거래량 ?

ㄷ. 소비자의 소득이 증가하면 수요가 증가하나, 기업 보조금이 감소한 경우에는 공급이 감소한다. 수요가 증가하고 공급이 감소하면 균형 가격은 오른다.

수요 증가:　가격 상승 P+　　거래량 증가 Q+
<u>공급 감소:　가격 상승 P+　　거래량 감소 Q-</u>
　균형점　　균형 가격 +　　균형 거래량 ?

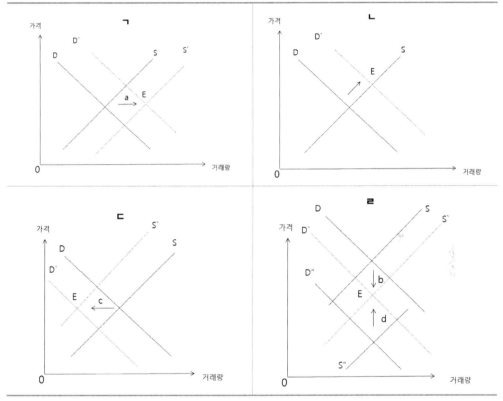

ㄱ. 기술 혁신으로 노동생산성이 증가한 경우는 공급의 증가 요인이므로 가격은 하락하고 거래량은 증가한다.

ㄹ. 소비자의 수가 증가하면 수요가 증가하고 X재 생산에 필요한 원자재 가격이 하락한 경우에는 공급이 증가하여 가격은 불분명하다.

수요 증가: 가격 상승 P+   거래량 증가 Q+

공급 증가: 가격 하락 P-   거래량 증가 Q+

균형점   균형 가격 ?   균형 거래량 Q+

13. 정답 ②

해설

ㄱ. 소득 증대는 수요 증가 요인이고 기술 혁신은 공급 증가 요인이므로 소득 증대와 공급 증가가 동시에 나타날 경우 a가 가능하다.

ㄷ. 인구 감소는 수요 감소 요인이고 원자재 가격 상승은 공급 감소 요인인데 이 두 가지가 동시에 나타날 경우 c가 가능하다.

> ㄴ. 소비자의 선호도가 증가하는 것은 수요가 증가하는 것으로 b는 불가능하다.
>
> ㄹ. b는 수요 감소와 공급 증가인 경우 d는 수요 증가와 공급 감소인 경우에 나타나므로 이동 방향이 정(+)의 관계인 경우에 나타나지 않는다. 수요와 공급의 이동 방향이 정(+)의 관계인 경우에는 균형거래량이 증가하므로 b와 d는 나타나지 않는다.
>
> 수요 증가: 가격 상승 P+   거래량 증가 Q+,
>
> 공급 증가: 가격 하락 P-   거래량 증가 Q+
>
> 균형점   균형 가격 ?   균형 거래량 Q+

14. 정답 ①

해설

많은 소비자들이 텐트를 찾아 텐트의 수요가 증가했다. 텐트 수요의 증가로 텐트의 수요 곡선이 오른쪽으로 이동하여 텐트의 가격이 상승했다. 텐트의 가격이 상승하면 공급 법칙에 따라 공급량도 증가한다.

정답 및 해설

01. 정답 ⑤

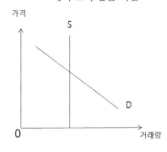

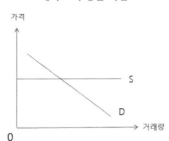

X재 수요와 공급 곡선

Y재 수요와 공급 곡선

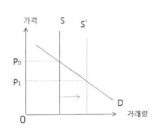

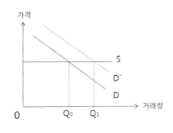

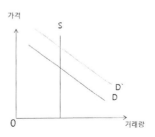

[그림 1] X재 공급 증가

[그림 2] Y재 수요 증가

[그림 3] X재 수요 증가

해설

⑤ [그림 3]에서 X재의 수요가 증가하면 판매 수입이 증가하고, [그림 2]에서도 Y재의 수요가 증가하면 판매 수입이 증가한다.

오답검토

① [그림 1]에서 보듯이 X재의 공급이 증가하면 균형가격이 하락한다.
② [그림 1]에서 보듯이 X재의 공급이 증가하면 균형거래량은 증가한다.
③ [그림 2]에서 보듯이 Y재의 수요가 증가해도 균형가격은 변함이 없다.
④ [그림 2]에서 보듯이 Y재의 수요가 증가하면 균형거래량은 증가한다.

02. 정답 ①

(가) 수요곡선의 기울기가 완만해지므로 수요의 가격탄력도가 더 탄력적으로 된다.
(나) 공급곡선의 기울기가 가팔라져 공급의 가격탄력도가 더 비탄력적으로 된다.

수요의 가격탄력성이 키지는 경우	대체재의 증가, 재화의 사치품화, 소득에서 차지하는 비중 증가
수요의 가격탄력성이 작아지는 경우	대체재의 감소, 재화의 필수품화
공급의 가격탄력성이 커지는 경우	저장 기술의 진보, 생산 기간의 단축, 생산 기술의 진보
공급의 가격탄력성이 작아지는 경우	생산요소 간 대체 가능성 감소, 공급자 간 경쟁 약화

03. 정답 ③

표를 그림으로 나타내면 아래와 같다.

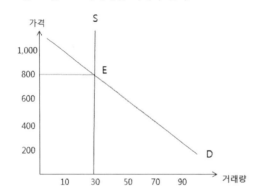

해설

③ 가격이 600원으로 주어질 경우 수요량은 50개고 공급량은 30개로 초과 수요가 20개 존재하나 공급량은 30개뿐이므로 거래량은 30개이다.

오답검토

① 공급곡선은 수직이므로 공급의 가격탄력성은 완전비탄력적이다.
② 가격이 오르면 수요량은 감소하므로 가격과 수요량은 음(-)의 관계가 나타난다.
④ 가격이 400원으로 주어질 경우 수요는 70개이므로 40개의 초과 수요가 발생한다.
⑤ 가격을 400원에서 200원으로 하락시킬 경우에도 공급량은 30개로 고정되어 있어서 거래량은 30개로 변함이 없다.

04. 정답 ③

해설

③ 가격이 10% 상승 후에도 판매 수입이 동일한 것은 가격과 상관없이 일정한 금액을 지출하는 경우이므로 X재 수요의 가격탄력성은 1이다.

① A에서 가격이 10% 상승 후, 판매 수입도 동일하게 10% 증가했으므로 판매량의 변동이 없다. 가격 상승률만큼 판매 수입도 비례적으로 증가하는 경우는 수요의 가격탄력성이 완전 비탄력적인 경우이다.

② 가격 상승 후 X재의 판매 수입이 증가했으므로 수요의 가격탄력도는 비탄력적이다. 가격탄력도가 비탄력적이므로 가격의 상승률보다 수요량의 감소율이 작은 경우이다. ($\frac{\triangle Q}{Q} < \frac{\triangle P}{P}$)

④ D에서 가격 상승 후 판매 수입이 감소한 것은 가격의 인상률보다 수요의 감소율이 더 크다는 것이므로 ($\frac{\triangle Q}{Q} > \frac{\triangle P}{P}$), X재 수요는 가격 변동에 대해 탄력적이다.

⑤ E에서 X재 가격의 상승률보다 수요의 감소율이 D보다 더 크므로 X재 수요는 가격 변동에 대해 탄력적이다.

05. 정답 ③

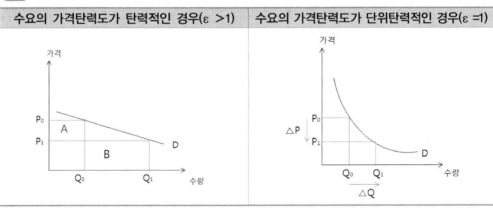

| 수요의 가격탄력도가 탄력적인 경우($\varepsilon > 1$) | 수요의 가격탄력도가 단위탄력적인 경우($\varepsilon = 1$) |

해설

㉠ 가격의 변화율보다 거래량의 변화율이 높은 경우이다. ($\frac{\triangle P}{P} < \frac{\triangle Q}{Q}$) 위의 그림처럼 가격을 내린 비율보다 거래량의 증가율이 더 높아서 판매 수입이 증가한 경우이므로 수요의 가격탄력성이 탄력적이다.

㉡ 가격을 인상해도 판매 수입이 일정하므로 수요의 가격탄력성은 단위탄력적이다. 단위탄력적일 때는 가격의 변화율과 거래량의 변화율이 같은 경우이므로 ($\frac{\triangle P}{P} = \frac{\triangle Q}{Q}$) 판매 수입의 변화가 없다.

06. 정답 ⑤

해설

⑤ ◇◇ 뮤지컬은 관람석이 모두 차기 때문에 관람료를 할인할 경우 B 기획사의 ◇◇ 뮤지컬 관람료 수입은 감소한다.

① 책의 가격을 할인하여 판매해도 △△ 책 판매 수량은 변함이 없으므로 △△ 책 판매 수입은 감소한다. (△△ 책 판매 수량의 변화가 없으므로 수요의 가격탄력도는 완전비탄력적이다.)

② ☆☆ 뮤지컬의 공연 비용은 할인 전과 동일하다.

07. 정답 ①

(가) 소득이 증가할 때 수요가 증가하는 재화는 정상재이다.

(나) 소득이 증가할 때 수요가 감소하는 재화는 열등재이다.

해설

ㄱ. 소득의 증가는 수요 증가의 요인으로 수요곡선이 오른쪽으로 이동하여 (가)의 가격을 상승시키는 요인이다.

ㄴ. (나)에서 소득이 증가하면(+), 수요가 감소하므로(-) 수요의 소득탄력성은 음수(-)이다.

• 열등재 $\varepsilon = \dfrac{\dfrac{-\triangle Q}{Q}}{\dfrac{+\triangle M}{M}} < 0$

오답검토

ㄷ. 소득 증가는 열등재인 (나)의 수요를 감소시키는 요인이다.

ㄹ. (가)는 정상재, (나)는 열등재이다.

08. 정답 ①

해설

A 기업이 X재 가격을 10% 인상하였으나 판매 수입은 변함이 없으므로 X재 수요의 가격탄력도는 1이다. 단위탄력적이므로 가격인상율이 10%이면 수량변화율도 -10%이다. 따라서 A 기업은 ㉠점에 해당된다. 반면 B 기업은 Y재 가격을 10% 인하하였더니 가격 인하율만큼 판매 수입이 10% 감소하였으므로 Y재 수요의 가격탄력도는 완전 비탄력적이다. 가격이 10% 인하되어도 거래량의 변화가 없으므로 B 기업은 ㉣에 해당된다.

09. 정답 ⑤

가격 차별화는 기업이 이윤을 극대화하기 위해 가격탄력도가 다른 시장에 대해 각각 다른 가격을 책정하여 시행하는 것이다. 가격 차별은 다음과 같은 조건들이 성립해야 한다.

① 기업이 독점력을 갖고 있어야 한다.

② 시장의 분리가 가능해야 한다.

   예 극장에서 조조, 주중, 주말로 나누어 가격 설정

③ 각 시장의 수요의 가격탄력성이 서로 달라야 한다.

④ 수요의 가격탄력성이 큰 집단에게 낮은 가격, 작은 집단에게 높은 가격을 부과한다. 수요의 가격탄력성이 큰 집단은 가격 변화에 비해 거래량의 변화가 크므로 낮은 가격을 책정하여 판매 수입을 늘린다. 수요의 가격탄력성이 작은 집단은 가격 변화에 비해 거래량의 변화가 작으므로 높은 가격을 책정 판매 수입을 늘린다.

⑤ 수요의 가격탄력성이 큰 집단에게 낮은 가격, 작은 집단에게 높은 가격을 부과하여야 기업은 수익을 극대화할 수 있다.

10. 정답 ③

해설

③ Ⅲ 영역에서는 가격 상승률이 (-)일 때 판매 수입 변화율이 (-)이므로 가격이 하락할 때 판매 수입이 감소한다. 수요의 가격탄력성이 1보다 작아 비탄력적일 때는 가격이 하락하면 판매 수입도 감소한다.

오답검토

① Ⅰ 영역에서는 가격 상승률이 (+)일 때 판매 수입 변화율도 (+)이다. 즉, 가격이 상승할 때 판매 수입이 증가하므로 Ⅰ 영역의 재화의 수요의 가격탄력성이 1보다 작다.

② Ⅱ 영역에서는 가격 상승률이 (+)일 때 판매 수입 변화율은 (-)이다. 가격이 상승할 때 판매 수입이 감소하므로 Ⅱ 영역의 재화의 수요의 가격탄력성이 1보다 크다.

④ Ⅳ 영역에서는 가격상승률이 (-)일 때 판매 수입 변화율이 (+)이다. 가격이 하락할 때 판매 수입이 증가하므로 Ⅳ 영역의 재화는 필수재보다는 사치재의 성격에 더 가깝다.

⑤ Ⅱ 영역에서는 가격이 상승할 때 판매 수입이 감소하므로 Ⅱ 영역에서 재화의 수요의 가격탄력성이 1보다 크다. 재화의 수요의 가격탄력도가 1보다 크므로 Ⅱ 영역 재화의 대체재가 증가하면 수요의 가격탄력성이 더 커져 Ⅱ 영역 위로 올라간다.

11. 정답 ②

해설

- A재는 가격이 10% 상승할 때 판매 수입이 5% 감소하므로 A재 수요의 가격탄력도는 탄력적이다.
- B재는 가격이 10% 상승할 때 판매 수입의 변화가 없으므로 B재 수요의 가격탄력도는 단위탄력적이다. 단위탄력적이므로 가격이 변해도 판매 수입의 변화는 없다.
- C재는 가격이 10% 상승할 때 판매 수입이 10%만큼 증가하므로 C재 수요의 가격탄력도는 완전 비탄력적이다. 완전비탄력적인 경우에는 가격의 변화율만큼 판매수입도 변화한다.

12. 정답 ④

A재에만 쓰이는 원자재 가격이 상승하면 A재 공급곡선이 왼쪽으로 이동하여 A재 가격은 오르고 거래량은 줄어들게 된다. A재의 가격이 오르자 A재의 판매 수입은 증가하므로 A재의 수요의 가격탄력성은 비탄력적이다. A재의 가격이 오르자 B재의 판매 수입이 감소했다는 것은 B재의 수요가 감소한 때문이다. A재의 가격이 오를 때 B재의 수요가 감소하므로 B재는 A재의 보완재가 된다. A재의 가격이 오르자 C재의 판매 수입이 증가한 것은 C재의 수요가 증가하기 때문이다. A재의 가격이 오를 때 C재의 수요가 증가하므로 A재는 C재의 대체재가 된다.

해설

④ A재 가격이 오르면 대체재인 C의 수요가 증가하므로 C재 거래량이 증가한다.

① 공급 감소로 가격이 상승하였는데도 불구하고 판매 수입이 증가하였으므로, A재 수요의 가격탄력성은 비탄력적이다.

② B재는 A재의 보완재로 A재 가격 상승으로 B재의 수요가 감소하여 가격 하락 및 거래량 감소로 판매 수입이 감소했다고 추론할 수 있으나 가격 하락 정도 및 거래량 감소의 정도를 모르므로 수요의 가격탄력성은 알 수 없다.

③ A재 가격 상승으로 보완재인 B재의 수요가 감소하므로 B재의 가격이 하락한다.

⑤ B재와 C재의 직접적인 연관 관계는 알 수 없다.

13. 정답 ④

A재는 가격 변화에 상관없이 판매 수입이 변하지 않으므로 A재 수요의 가격탄력도는 단위탄력적이다. B재는 가격변화율만큼 판매 수입이 변화하므로 B재 수요의 가격탄력도는 완전 비탄력적이다.

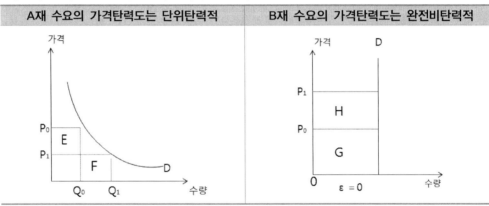

해설

ㄴ. 수요의 가격탄력도가 단위탄력적이라는 것은 가격이 변화해도 항상 정해진 금액만큼 구매한다는 것이다. 따라서 가격이 변화해도 항상 정해진 금액만큼 휘발유를 구매하면 휘발유의 수요의 가격탄력성은 A재와 같다.

ㄹ. A재는 단위탄력적이고 B재는 완전비탄력적이므로 A재의 수요의 가격탄력성이 크다.

ㄱ. 가격이 변화해도 판매 수입의 변화가 없으므로 A재는 단위탄력적인 재화이다.

ㄷ. B재는 완전비탄력적이므로 가격의 변화율과 판매수입의 변화율이 같다. A재는 단위탄력적이므로 가격이 변화해도 판매 수입의 변화는 없다.

14. 정답 ①

9월에는 가격 변화율이 (+)이고 소비지출액 변화율도 (+)이다. 가격이 상승할 때 소비자 지출액이 늘었으므로, 9월의 X재는 수요의 가격탄력성이 비탄력적이다. 10월에는 가격 변화율이 (+)이고 소비지출액 변화율은 (-)이나. 가격이 상승할 때 소비자 지출액은 감소했으므로, 10월의 X재는 수요의 가격탄력성이 탄력적이다. 11월에는 가격 변화율에도 불구하고 소비지출액의 변화가 없으므로 11월의 X재는 수요의 가격탄력성이 단위탄력적이다.

① 9월의 X재는 가격이 상승할 때 소비자 지출액이 늘었으므로, 9월의 X재는 수요의 가격탄력성이 비탄력적이다.

오답검토

② 공급에 관한 자료가 없으므로 공급의 가격탄력성은 알 수 없다. 10월의 X재 수요의 가격탄력성은 가격이 상승할 때 소비자 지출액은 감소했으므로 탄력적이다.

③ 11월의 X재는 수요의 가격탄력성이 단위탄력적이므로 수요량의 변화율이 가격의 변화율과 같다.

④ X재의 대체재가 감소하면 X재는 탄력성이 작아진다. 9월에는 비탄력적이고 10월에는 탄력적이므로 X재의 대체재가 감소한 것이 아니라 늘어난 것이다.

⑤ 10월에는 탄력적 11월에는 단위탄력적이므로 수요의 가격탄력성이 작아졌다.

15. 정답 ②

해설

ㄱ. 두 재화의 가격이 동일한데 A재의 판매 수입이 많으므로 A재의 거래량은 B재보다 많다.

ㄷ. 가격이 상승하였는데도 B재의 판매 수입이 일정하므로 B재는 단위탄력적이다.

오답검토

ㄴ. 매년 가격이 상승했는데도 A재의 판매 수입이 증가했으므로 A재의 수요는 가격에 대해 비탄력적이다.

ㄹ. 가격이 P_1으로 변화할 때 A재는 판매 수입이 증가하므로 A재의 수요는 가격에 대해 비탄력적이다.

가격이 P_1으로 변화할 때 B재의 판매 수입이 일정하므로 B재의 수요의 가격탄력성은 단위탄력적이다.

따라서 두 재화 수요의 가격탄력성은 동일하지 않다.

01. 정답 ④

해설

④ 균형가격이 600원일 때 갑, 을, 병 3명만 수요하므로 균형거래량은 3개이다.

오답검토

① 균형가격이 800원일 때 갑과 을만 수요하므로 수요량은 2개이다.

② 균형가격이 200원일 때 갑, 을, 병, 무는 자기가 지불하고자 하는 가격보다 낮은 가격에서 소비할 수 있다. 소비자 잉여가 발생하므로 사회적 잉여도 발생한다.

③ 균형가격이 400원일 때 수요량은 4개이다.

⑤ 균형가격이 1,000원일 때 소비자 잉여는 0으로 최소가 된다.

02. 정답 ⑤

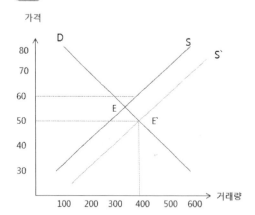

해설

⑤ 공급자에게 1개당 10원의 보조금을 지원하면 공급자는 X재 1개당 얻을 수 있는 수입이 10원씩 증가하므로 공급을 늘리게 된다. 그림에서처럼 공급곡선이 오른쪽 아래로 이동하여 E'가 새로운 균형점이 되며 새로운 균형점에서 균형가격은 50원, 균형거래량은 400개가 된다.

오답검토

① 공급곡선에서 생산자 잉여의 크기는 공급곡선과 가격 사이의 면적이므로 시장가격이 높을수록 생산자 잉여는 커진다. 따라서 공급곡선과 가격 사이의 면적은 그림처럼 50원일 때보다 60원일 때가 더 크다.

② 균형점이 50원과 60원 사이이므로 사회적 잉여가 극대화되는 가격은 60원보다 낮다.

③ 60원일 때 수요량은 300개이고 공급량은 400개이므로 원하는 만큼 판매하지 못하는 공급자가 발생한다.

④ 40원일 때 거래량은 200개이므로 수요자의 지출액은 40원×200개 = 8,000원이고 80원일 때 거래량은 100개이므로 공급자의 판매 수입은 80원×100개 = 8,000원으로 같다.

03. 정답 ③

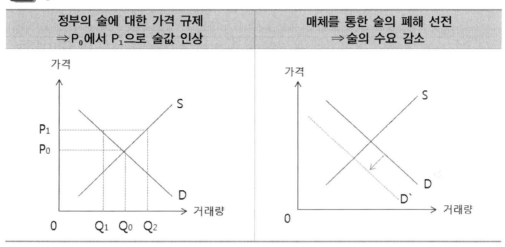

| 정부의 술에 대한 가격 규제 ⇒ P₀에서 P₁으로 술값 인상 | 매체를 통한 술의 폐해 선전 ⇒ 술의 수요 감소 |

해설

③을 주장에 따라 광고를 통해 술의 폐해를 선전하면 술의 수요가 줄어 그림과 같이 술의 수요곡선이 왼쪽으로 이동하여 술 가격이 인하되면서 거래량은 감소한다. 술에 대한 초과 공급이 발생하는 경우는 갑의 주장대로인데, 정부가 술값을 높게 책정하면 술의 공급이 늘어나 그림에서처럼 $Q_1 \sim Q_2$만큼 술의 초과 공급이 발생한다.

지문검토

① 갑에 따르면 최저가격 정책으로 술 가격이 P_0에서 P_1으로 인상되면 수요량은 Q_0에서 Q_1으로 줄어들게 된다.

② 갑에 따르면 시장가격 P_0보다 높은 P_1에서 가격이 규제되어야 실효성이 있으므로 최저가격이 시장가격보다 높게 결정되어 술의 수요량이 줄어들 것이다.

④ 을에 따르면 술의 선호도가 줄어들게 되므로 술 수요곡선이 좌측으로 이동한다.

⑤ 갑에 따르면 이전의 시장가격보다 높은 수준에서 가격이 규제되고, 을에 따르면 수요가 감소하므로 이전의 시장가격보다 낮게 가격이 결정된다.

04. 정답 ②

해설

ㄱ. 균형가격이 400달러인 경우 초과 수요가 발생하고 500달러인 경우 초과 공급이 발생하므로 균형가격은 400달러와 500달러 사이에서 형성된다. 따라서 균형가격은 500달러보다 낮다.

ㄷ. 최저가격제를 시행할 경우 규제 가격은 균형가격보다 높아야 하므로 400달러보다 높을 것이다.

ㄴ. 400달러에서 수요량이 240개, 공급량이 230개로 초과 수요가 발생하므로 균형거래량은 230개보다 많다.

ㄹ. 최고가격제를 시행할 경우 균형가격보다 낮게 설정해야 하므로 시장의 공급량은 350개보다 적을 것이다

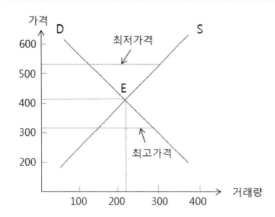

05. 정답 ①

	소비자 잉여	생산자 잉여	사회적 잉여
공급곡선 변화 전	ⓐ+ⓑ+ⓒ	ⓓ	ⓐ+ⓑ+ⓒ+ⓓ
공급곡선 변화 후	ⓐ	ⓑ	ⓐ+ⓑ

해설

① 공급곡선 변화 전 소비자 잉여는 ⓐ+ⓑ+ⓒ인데 공급곡선 변화 후 소비자 잉여는 ⓐ이므로 소비자 잉여는 감소한다.

오답검토

② 생산자 잉여는 ⓓ에서 ⓑ로 변화하는데 ⓓ가 ⓑ보다 크므로 생산자 잉여는 감소한다.

③ 공급곡선 변화 전 사회적 잉여는 ⓐ+ⓑ+ⓒ+ⓓ인데 공급곡선 변화 후 사회적 잉여는 ⓐ+ⓑ이므로 사회적 잉여는 감소한다.

④ 변화 이전 소비자 잉여는 ⓐ+ⓑ+ⓒ이다.

⑤ 변화 이후 생산자 잉여는 ⓑ이다.

06. 정답 ②

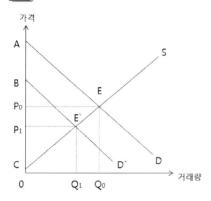

해설

ㄱ. 균형가격은 P_0에서 P_1으로 하락했다.

ㄷ. 생산자 잉여는 $\triangle CEP_0$에서 $\triangle CE`P_1$으로 감소했다.

오답검토

ㄴ. 균형거래량이 Q_0에서 Q_1으로 감소했다.

ㄹ. 소비자 잉여는 $\triangle AEP_0$에서 $\triangle BE`P_1$으로 감소했다.

07. 정답 ③

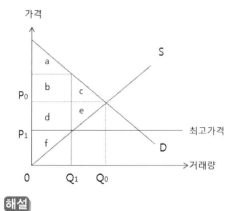

해설

시장에서 P_1 수준으로 최고가격을 설정하면 P_1이 시장가격이 된다.

공급자는 P_1과 공급곡선이 만나는 점인 Q_1만큼 공급한다.

	소비자 잉여	생산자 잉여	사회적 잉여
최고 가격 설정 전	a+b+c	d+e+f	a+b+c+d+e+f
최고 가격 설정 후	a+b+d	f	a+b+d+f
증감	- c+d	- (d+e)	- (c+e)

08. 정답 ④

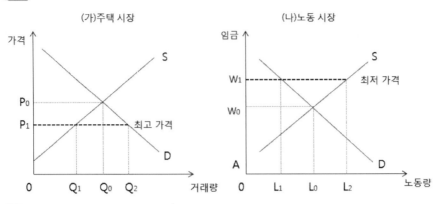

(가)주택 시장   (나)노동 시장

해설

④ (나)에서 가격 규제 정책은 노동시장에서의 노동 공급자인 노동자를 보호하기 위해 균형 임금보다 임금을 높게 책정한 것이다.

지문검토

① (가)에서 최고가격이 P_1으로 규제되면 Q_1~Q_2의 초과 수요가 발생한다.

② 최고가격제에서는 초과 수요가 발생하여 물량이 부족하므로 선착순이나 추첨에 의한 배분이 나타날 수 있다.

③ (나)에서 가격 규제 전의 임금은 W_0인데 가격을 규제하면 W_1으로 임금이 상승한다.

⑤ 가격을 규제하면 (가) 시장에서는 Q_0에서 Q_1으로 (나) 시장에서는 L_0에서 L_1으로 규제 이전보다 거래량은 감소한다.

09. 정답 ①

해설

ㄱ. 가격을 시장 균형가격보다 높은 P_1으로 규제하면 기업은 P_1 가격에서 Q_1만큼 노동을 수요하므로 Q_0~Q_1만큼 고용량이 감소된다.

ㄴ. 가격이 P_1으로 규제되면 기업은 Q_1만큼의 노동을 수요하므로 임금의 총액은 $P_1 \times Q_1$이 된다.

오답검토

ㄷ. 시장 균형가격보다 높은 P_1으로 규제하면 기업은 Q_1만큼 노동을 수요하고 노동자는 Q_2만큼 노동을 공급하려 하므로 Q_1~Q_2만큼 초과 공급이 발생한다.

ㄹ. 초과 수요가 발생하여 암시장이 형성되는 것은 최고가격제를 시행할 때이다.

10. 정답 ④

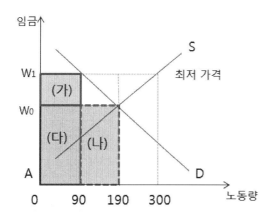

해설

④ W_1으로 최저가격을 시행하면 300만 명이 일하려고 하는데 이중 190만 명은 기존에 고용된 자이므로 나머지 110만 명이 새롭게 노동시장에 진입하여 실업자가 되는 사람이다.

오답검토

① 최저가격을 W_1으로 시행하면 기업은 90만 명을 고용하려 하고 노동자는 300만 명이 일하려고 하므로 실업자가 210만 명 증가한다.

② 최저가격이 W_1이 되면 기업은 90만 명을 고용하려 하고 노동자는 300만 명이 일하려고 하므로 노동시장에서 초과 공급이 발생한다.

③ 규제 전 기업의 임금 지출액은 (나) + (다)이었는데 규제 후에는 임금 지출액이 (가) + (다)가 되므로 (가)가 (나)보다 작으면 기업의 인건비 지출은 감소한다.

⑤ 정책 시행 전의 취업자 190만 명 중 100만 명은 실업자가 되므로 정책 시행 전 취업자 190만 명 모두 임금 상승의 혜택을 보는 것은 아니다.

11. 정답 ②

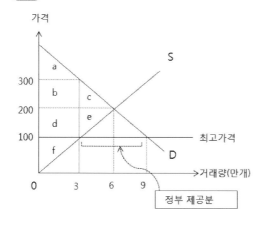

② 소비자의 총 지출액은 정부 개입 전 1,200만 원(200원× 6만 개)에서 정부 개입 후에는 900만 원(100원 ×9만 개)으로 감소한다.

오답검토

① 정부가 균형가격 200원을 100원으로 규제하면 생산자의 거래량은 6만 개에서 3만 개로 감소하고 가격도 하락하므로 생산자 잉여는 감소한다. (d + e + f에서 f로 감소한다.)

③ 민간 기업의 판매 수입은 정부 개입 전 1,200만 원(200원× 6만 개)에서 정부 개입 후 300만 원(3만 개×100원)으로 감소한다.

④ 정부는 100원에 6만 개를 공급하므로 정부의 판매 수입은 600만 원이다.

⑤ 가격이 300원일 때 거래량은 3만 개이고, 정부 개입 후 전체 거래량은 9만 개이므로 전체 거래량은 같지 않다.

12. **정답** ②

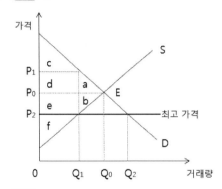

해설

② 규제 전 가격이 P_0일 때 생산자 잉여는 $b + e + f$이었으나 P_2로 가격이 규제되면 생산자 잉여는 f가 되어 생산자 잉여가 감소한다.

지문검토

① P_2로 가격 규제하면 수요량은 Q_2이고 공급량은 Q_1이므로 Q_1~ Q_2만큼 초과 수요가 나타난다.

③ 시장 균형가격인 P_0보다 낮은 P_2로 가격을 규제한 것은 소비자를 보호하기 위한 것이다.

④ 규제 전 사회적 잉여는 $a + b + c + d + e + f$이었으나 규제 후 사회적 잉여는 $c + d + e + f$이므로 P_2로 가격 규제 시 사회적 잉여는 'a+b'만큼 감소한다.

⑤ 시장에서 수요와 공급에 따라 균형가격이 결정될 때의 공급량인 Q_0에서 사회적 잉여가 극대화된다.

13. 정답 ④

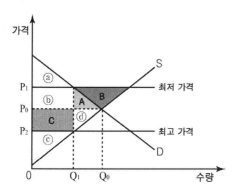

해설

ㄴ. P_2로 가격 규제 전 소비자 잉여는 A+ⓐ+ⓑ인데 규제 후에는 C+ⓐ+ⓑ이므로 A에 비해 C가 더 클 경우 소비자 잉여는 증가한다.

ㄹ. P_1으로 가격 규제 시 사회적 잉여는 'C+ⓐ+ⓑ+ⓒ'이고 P_2로 가격 규제 시 사회적 잉여는 'C+ⓐ+ⓑ+ ⓒ'이므로 사회적 잉여의 크기는 동일하다.

오답검토

ㄱ. P_1으로 가격 규제 전 사회적 잉여는 A+C+ⓐ+ⓑ+ⓒ+ⓓ인데 규제 후에는 'C+ⓐ+ⓑ+ⓒ'이므로 가격 규제 전에 비해 'A+ⓓ'만큼 감소한다.

ㄷ. P_1으로 가격 규제 시 생산자 잉여는 'C+ⓑ+ⓒ'이고, P_2로 가격 규제 시 생산자 잉여는 ⓒ이므로 P_2로 가격 규제 시 생산자 잉여는 'C+ⓑ'만큼 감소한다.

14. 정답 ④

[그림 1] 최저가격으로 임금 규제 시

[그림 2] 노동수요가 임금에 대해 비탄력적일 때

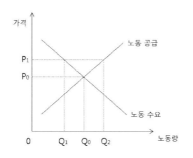

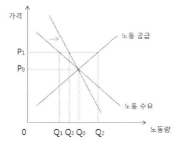

해설

④ 노동시장에서 최저임금제를 시행하는 것은 노동의 공급자인 노동자를 보호하기 위한 것이다.

① [그림 1]에서 보면 기업은 Q_1만큼 노동량을 고용하므로 규제 전 고용량 Q_0보다 고용량은 감소한다.

② 규제 전에는 Q_0만큼 고용되었으나 규제 후에는 Q_1만큼 고용되므로 기존에 고용된 사람 중 Q_0Q_1만큼 해고되어 실업자가 된다.

③ 미숙련 노동시장에서 기업은 Q_1만큼 노동량을 고용하려 하고 노동자는 Q_2만큼 고용되길 원하므로 Q_1Q_2만큼의 초과 공급이 발생한다.

⑤ [그림 2]에서 나타난 것처럼 노동수요곡선이 비탄력적일수록 기존 고용자 중 해고되는 사람이 적어져 총임금은 증가한다. 미숙련 노동수요가 임금에 대해 비탄력적일수록 총임금은 증가한다.

Chapter
10
내신 대비 및 수능특강 보완
- -

정답 및 해설

01. 정답 ②

A 시장은 공급자는 많고 상품의 질은 동질적이므로 완전경쟁시장이다.
B 시장은 공급자는 많고 상품의 질은 이질적이므로 독점적 경쟁시장이다.
C 시장은 공급자는 하나이고 상품의 질은 동질적이므로 독점시장이다.

해설

ㄱ. A 시장은 완전경쟁시장으로 한 상품에 단 하나의 가격만이 존재하는 일물일가의 법칙이 성립한다.
ㄷ. 독점시장에서 기업은 해당 재화를 공급하는 유일한 기업이므로 가격 결정자이다.

오답검토

ㄴ. 독점적 경쟁시장에서 개별 기업이 독점 요소를 확보하면 시장 지배력을 가질 수 있다.
ㄹ. 독점 기업은 공급자가 하나여서 시장을 완전히 장악하고 있으므로 굳이 비가격경쟁을 할 필요가 없다.
독점적 시장은 다수의 기업이 존재하며, 상품들은 대체성이 높은 상품을 공급하므로 독점시장과 달리
독점적 시장에서는 가격 이외에 상품의 질이나 포장, 디자인, 홍보 등의 비가격경쟁이 존재한다.

02. 정답 ②

시장이 자원을 효율적으로 배분하지 못하는 경우가 발생하는 것을 시장실패라 한다.

해설

② 이라크 전쟁으로 인하여 휘발유 값이 폭등한 것은 전쟁으로 인해 휘발유 공급이 감소하여 공급곡선이
왼쪽으로 이동한 결과이므로 시장실패가 아니다.

지문검토

① 공장의 폐수 방류로 강물이 오염되는 것은 시장실패이다.
③ 무더위를 피해 계곡에 몰린 피서객들이 쓰레기를 많이 버려 계곡이 오염되고 다른 사람이 피해를
입으므로 시장실패이다.
④ 대형 정유사들이 휘발유의 공급 가격을 적정선으로 인상하는 데 합의하는 것을 담합(카르텔)이라고
하는데, 정유사들의 불공정 행위로 휘발유 가격이 높게 인상되어 일반 소비자들이 피해를 입으므로
시장실패이다.
⑤ 가로등과 같은 공공재의 경우 시장에 맡기면 시장에서 필요한 만큼 설치되지 않는 과소 공급의 문제가
발생하므로 시장실패이다.

03. 정답 ②

제시된 자료에서 (가)에는 가격, (나)에는 시장실패, (다)에는 독과점, (라)에는 외부효과가 들어가야 한다.

해설

ㄱ. (가)는 가격인데 생산요소시장에서 가격은 임금, 이자율, 지대이므로 이것들은 가계의 소득수준을 결정하는 요인이다.

ㄷ. 시장의 진입 장벽이 높을수록 기존 시장에 대한 신규 진입 어려우므로 독과점은 강화된다.

오답검토

ㄴ. 이상 기후로 인한 농작물의 공급이 감소하여 공급곡선이 왼쪽으로 이동함으로써 농작물의 가격이 폭등하는 것은 수요와 공급의 원리에 의한 것이다.

ㄹ. 정부는 일반적으로 오염배출에 대한 법적 규제를 통해 (라)의 문제를 해결한다.

04. 정답 ④

해설

ㄴ. B사가 해킹에 대비한 새로운 컴퓨터 보안 기술을 개발한 것은 생산 측면의 외부경제에 해당한다. 컴퓨터 보안 기술은 제3자에게도 유리한 영향을 미치는데, 가격 등의 문제로 과소 공급되는 문제가 발생할 수 있다.

ㄹ. 염료 회사가 주변 하천에 폐수를 무단 방류하는 것은 생산 측면에서의 외부불경제에 해당한다.

오답검토

ㄱ. A가 사람이 많은 지하철 안에서 큰 소리로 전화 통화한 것은 소비 측면에서의 외부불경제인 (다)에 해당한다.

ㄷ. 독감에 걸리지 않기 위해 예방 주사를 맞으면 남들도 독감에 걸릴 확률이 낮아지는데 사회에서 충분히 공급되지 않을 수 있으므로 소비 측면의 외부경제인 (가)에 해당한다.

05. 정답 ⑤

해설

⑤ (가), (나)는 모두 시장실패에 해당하는 사례이다.

오답검토

① (가)의 꿀벌은 양봉업자인 갑의 사적 재화이다.

② (가)는 남에게 유리한 영향을 미치므로 외부경제의 사례에 해당한다.

③ (가)는 생산과정에서 발생한 외부효과의 사례에 해당한다.

④ (나)에서 폐수가 무단 방류되어 인근 농민에게 피해를 주었으므로 부정적 외부효과의 사례에 해당한다.

06. 정답 ①

해설

ㄱ. (가)에서 정부는 법적으로 오염 방지 실비를 강제하면 사업주는 자기 비용으로 오염 방지 실비를 실치해야 하므로 사업주의 사적비용을 증가시켜 외부효과를 해결할 수 있다.

ㄴ. (나)에서는 을은 자기 돈을 들여 꽃을 길러 사회에도 유익함을 주고 있다. 이러한 것이 사회적으로

더 많이 필요한데 과소 공급되므로 사회적 편익이 을의 사적 편익보다 큰 것이다.

오답검토

ㄷ. (가)는 제3자에게 불리한 영향을 미치므로 외부불경제, (나)는 좋은 영향을 미치므로 외부경제에 해당한다.

ㄹ. (가)는 과다 공급의 문제가 (나)는 과소 공급의 문제가 발생하여 둘 다 모두 자원이 효율적으로 배분되고 있지 않다

07. 정답 ①

해설

ㄱ. 의무 교육은 경제 전체의 생산성 향상에 기여하므로 긍정적 외부효과에 해당한다.

ㄴ. 기초 과학 교육은 국가 전체의 후생 증진에 기여하므로 긍정적 외부효과에 해당한다.

오답검토

ㄷ. 학급당 학생 수가 적어야 개별적 학습 지도를 받을 수 있는 것은 경합성과 배제성이 있는 것이므로 사적 재화에 해당한다.

ㄹ. 개인은 자신에게 알맞은 교육 기관을 선택하고 그에 따른 교육비를 지출하는 것은 경합성과 배제성이 있는 것이므로 사적 재화에 해당한다.

08. 정답 ⑤

A는 시장에서의 균형점이고 B는 사회적 최적 수준으로 균형점에서 시장 공급량이 사회적 최적 수준보다 과다 공급되고 있다. 사회적 비용이 사적 비용보다 크므로 생산 측면에서 외부불경제이다.

해설

ㄷ. 오염물질을 배출하고도 아무런 부담을 지지 않으므로 시장 균형점에서는 사회적 최적수준보다 과다 거래된다.

ㄹ. 오염물질을 배출하는 생산자에게 세금을 부과하면 공급곡선이 왼쪽으로 이동하여 시장 균형거래량을 사회적 최적수준으로 유도할 수 있다.

오답검토

ㄱ. 시장에서의 균형점은 A에서 결정되어 사회적 최적수준인 B보다 과다 공급된다.

ㄴ. 독감 예방 접종에서 발생하는 외부효과는 긍정적 외부효과이다.

09. 정답 ③

시장 균형생산량이 사회적 최적생산량보다 많고 사회적 비용이 사적 비용보다 크므로 생산 측면에서의 외부불경제이다.

해설

③ 외부불경제로 오염을 배출한 기업은 오염 정화 비용을 부담하지 않고 사회적으로 피해를 입혀 추가 비용을 유발하므로 사회적 비용이 사적 비용보다 크다.

오답검토

① 갑 : 외부경제가 아니라 외부불경제이며, 사적 편익보다 사회적 편익이 작다.

② 을 : 외부경제가 아니라 외부불경제로, 시장 균형생산량은 사회적 최적생산량보다 많다.

④ 정 : 외부불경제로, 시장 균형생산량은 사회적 최적생산량보다 많다.
⑤ 무 : 외부불경제로, 시장 균형가격은 사회적 최적 가격보다 낮은 수준이다.

10. 정답 ②

(가)는 사적 편익이 사회적 편익보다 크므로 소비 측면의 외부불경제이다.
(나)는 사회적 비용보다 사적 비용이 크므로 생산 측면의 외부경제이다.

소비 측면의 외부경제	생산 측면의 외부경제
사회적 편익 > 사적 편익	사회적 비용 < 사적 비용

소비 측면의 외부불경제	생산 측면의 외부불경제
사적 편익 > 사회적 편익	사회적 비용 > 사적 비용

해설

② (가)는 소비 측면의 외부불경제이므로 사적 편익은 사회적 편익보다 크다.

오답검토

① (가)는 사적 편익이 사회적 편익보다 크므로 소비 측면의 외부불경제로 인한 시장실패이다.
③ 공장 폐수로 인한 양식업자의 피해를 주는 것은 생산 측면의 외부불경제이다.
④ (나)는 의도하지 않게 타인에게 긍정적인 영향을 끼치고도 대가를 받지 못하는 경우이다.
⑤ (가)는 외부불경제이므로 시장 균형거래량이 사회적 최적거래량보다 많고 (나)는 외부경제이므로 시장 균형거래량은 사회적 최적거래량보다 적다.

11. 정답 ③

소비 측면의 외부경제	소비 측면의 외부불경제
사회적 편익 > 사적 편익	사적 편익 > 사회적 편익
(가)	(나)

해설

③ (나)의 예는 담배 흡연이나 이웃집의 소음 등으로, 사적 편익이 사회적 편익보다 크므로 사회적 최적수준보다 과다 소비되는 경우이다.

지문검토

① (가)는 사회적 편익이 사적 편익보다 크므로 외부경제에 해당된다.
② (가)에서는 소비자에게 보조금을 지급하여 소비 증가를 유도하여 사적 편익을 사회적 최적수준으로 유도할 수 있다.
④ (나)에서는 담배 흡연과 같이 사적 편익이 사회적 편익에 비해 크다.
⑤ (가)는 과소 공급 문제로, (나)는 과다 공급 문제로 모두 시장실패에 해당된다.

12. 정답 ①

해설

ㄱ. (가)-개인이 자기 비용을 들여 생산한 것이 다른 사람들에게 유리한 영향을 끼쳐도 다른 사람들은 비용을 부담하지 않으므로 사적 비용이 사회적 비용보다 크다.

ㄴ. (나)-소비 측면의 외부경제이므로 시장 균형거래량은 최적거래량보다 적은 과소 공급 문제가 발생한다.

오답검토
ㄷ. (다)-오염물 배출 시 조세를 부과하여 공급 감소 정책을 시행하면 오염배출업자의 생산 비용이 비싸지므로 사적 비용은 증가한다.
ㄹ. (라)-과잉 소비의 문제는 법적 규제를 통하여 소비를 억제함으로써 해결할 수 있다.

13. 정답 ④

A재 : 경합성과 배제성 모두 있으므로 라면이나 설탕 등의 상품 등이 여기에 해당된다.
B재 : 경합성은 있으나 배제성은 없으므로 공동 소유의 목초지나 어장 등이 여기에 해당된다.
C재 : 경합성은 없으나 배제성은 있으므로 케이블 TV나 한산한 고속도로가 여기에 해당된다.
D재 : 경합성도 없고 배제성도 없는 순수 공공재로 국방, 법률, 치안, 공중파방송 등이 여기에 해당된다.

해설
ㄴ. B재는 공동 소유의 목초지나 어장 등으로, 남용으로 인해 고갈되기 쉽다.
ㄹ. D재는 공공재로 시장에 맡길 경우 충분히 공급되기 어렵다.

오답검토
ㄱ. A재는 경합성이 있으므로 한 사람의 소비가 다른 사람의 소비를 제한한다.
ㄷ. 교통체증이 심한 무료 도로는 경합성은 있으나 배제성이 없으므로 B재에 해당한다.

14. 정답 ④

등대는 공공재로서 비경합성과 비배제성이 있다. 사용료를 내지 않은 선박을 찾아서 등대 이용을 제한하기 어려운 것은 배제성이 없다는 것으로 무임승차자의 문제가 발생한다.

해설
ㄴ. 비용을 부담하지 않고 사용하므로 무임승차의 문제가 발생할 수 있다.
ㄹ. 등대와 같은 공공재를 시장에 맡겨 두면 필요한 수준보다 적게 생산되는 경향이 있다.

오답검토
ㄱ. 등대 같은 순수 공공재는 배제성도 없고, 경합성도 없다.
ㄷ. 공동 목초지와 같은 공유자원은 경합성은 있지만, 배제성은 없다.

15. 정답 ③

해설
A : 경합성도 없고 배제성도 없으므로 순수 공공재이다.
B : 경합성은 있고 배제성은 없으므로 어장이나 목초지 같은 공유자원이다.
C : 경합성도 있고 배제성도 있으므로 라면이나 빵 같은 사용재이다.
D : 경합성은 없으나 배제성은 있으므로 케이블 TV 같은 상품이다.

(가) 공해 상의 명태 조업은 경합성은 있으나 배제성이 없으므로 B에 해당한다.
(나) 비용을 부담하면 필요한 만큼 얼마든지 사용할 수 있으므로 D에 해당한다.

16. 정답 ⑤

해설

ㄷ. (다)처럼 강이 오염되는 경우 오염 비용을 부담하지 않으므로 사회적 최적수준보다 과도해지는 경향이 있다.

ㄹ. (라)는 사유 재산권이 분명하지 않은 경우에 배제하기가 어려우므로 자원의 남용 문제가 나타난다.

오답검토

ㄱ. (가) ○○강 하구의 재첩은 누구나 자유롭게 채취하므로 경합성은 있지만, 배제성은 없다.

ㄴ. (나)에서는 재첩을 시장에서 국거리로 판매하므로 경제재이다.

17. 정답 ①

(가) 불완전한 감시를 받고 있는 사람이 정직하지 않거나 바람직하지 않은 행위를 하는 현상을 도덕적 해이라 한다.

(나) 거래 상대에 대해 정보를 갖지 못한 사람이 바람직하지 않은 상대방과 거래할 가능성이 큰 현상을 역선택이라 한다.

해설

ㄱ. 육아 도우미로 고용된 사람이 아이의 과도한 TV 시청을 방치하는 경우는 바람직하지 않은 행위를 하는 것이므로 도덕적 해이에 해당한다.

ㄴ. 화재(火災) 보험에 가입한 사람이 가입 전보다 화재 예방을 소홀히 하는 경우는 바람직하지 않은 행위를 하는 것이므로 도덕적 해이에 해당한다.

ㄷ. 품질이 구분되지 않는 중고차 시장에서 구매자가 기대했던 것보다 품질이 낮은 차를 구매하게 되는 경우는 정보가 불완전하여 바람직하지 않은 상대방과 거래할 가능성이 큰 것이므로 역선택에 해당한다.

ㄹ. 건강한 사람들보다 건강이 좋지 않은 사람들이 생명 보험에 주로 가입하여 보험회사가 어려움에 부닥치는 경우 보험회사가 보험 가입자의 정보를 잘 몰라 바람직하지 않은 상대방과 거래한 것이므로 역선택에 해당한다.

정답 및 해설

01. **정답** ②

해설

② 최종재인 빵의 생산액이 12만 달러이므로 국내총생산은 12만 달러이다.

오답검토

① 밀가루는 빵 생산에 전량 투입되었으므로 중간재이다.

③ 농부는 밀 3만 원 치를 생산하였으므로 농부가 창출한 부가가치는 3만 달러이다.

④ 밀 생산은 갑국 내에서 이루어졌으므로 국내총생산에 기여하였다.

⑤ 제분업자의 부가가치 = 밀가루 8만 달러 - 밀 3만 달러 = 5만 달러

제빵업자의 부가가치 = 빵 12만 달러 - 밀가루 8만 달러 = 4만 달러

제분업자의 부가가치 > 제빵업자의 부가가치

02. **정답** ④

해설

④ 중간생산물 가치 = 80만 원 + 200만 원 + 300만 원 = 580만 원이고 GDP = 빵 생산액 450만 원이다. GDP 는 최종생산물인 빵 생산액 450만 원이므로 중간생산물의 가치의 합이 더 크다.

지문검토

① GDP는 최종생산물의 시장가치이므로 빵 판매액 450만 원이 GDP이다.

② 종자업자는 중간생산물 투입 없이 밀 종자를 생산했으므로 종자업자의 부가가치는 80만 원이다.

③ 갑국은 폐쇄 경제이므로 GNP와 GDP가 일치한다. 생산 측면에서 측정된 GNP는 빵 생산액 450만 원이다.

⑤ 제빵업자의 부가가치 = 빵 450만 원 - 밀가루 300만 원 = 150만 원

제분업자의 부가가치 = 밀가루 300만 원 - 밀 200만 원 = 100만 원

제빵업자의 부가가치 > 제분업자의 부가가치

03. **정답** ⑤

해설

⑤ ○○자동차㈜의 생산액 10억 원과 △△병원의 진료비 2억 원을 합치면 갑국 GDP는 12억 원이다.

04. 정답 ④

갑국 GDP = 소비 + 투자 + 정부지출 + 순수출
을국 GDP = 임금 + 이자 + 지대 + 이윤

해설

④ 갑국의 수입이 증가하더라도 A의 크기는 변동이 없다.

- 실질 GDP = 최종생산물의 시장가치 = 지출 국민소득
- 지출 국민소득 = 소비 + 투자 + 정부지출 + 순수출(수출 - 수입) (식-1)

위의 식에서 (소비 + 투자 + 정부지출)은 국내·외에서 생산된 상품에 대한 총지출액이므로 국외에서 생산된
상품, 즉, 수입에 대한 지출도 포함되어 있다. 그런데 실질 GDP는 국내에서 생산된 최종생산물을 의미하는
것이므로, 지출국민소득에는 국외에서 생산된 상품(수입)에 대한 지출이 포함되어선 안 된다. 따라서 (식-1)
에서 수입을 빼주게 되면 (소비 + 투자 + 정부지출)에 있는 국외 생산 상품에 대한 총지출액을 제외시키게
된다. 따라서 수입을 빼주는 것은 (소비 + 투자 + 정부지출)에 있는 국외 생산 상품에 대한 총지출액을 상계하
는 것이므로 갑국의 수입이 증가하더라도 A의 크기는 변동이 없다.

05. 정답 ④

해설

④ 을국 GNP와 GDP가 겹치는 D가 을국의 국내 생산분이다. E는 을국 GNP의 국내 생산분을 제외한
부분이므로 을국 국민이 해외에서 벌어들인 소득이다. 그림에서 보면 이 소득이 갑국과는 관련이 없으므
로 갑국 이외의 나라에서 벌어들인 소득이다.

⑤ 을국 국민이 해외에서 벌어들인 소득은 E이고 외국인이 을국에서 벌어들인 소득은 'B+C'인데, 을국 국민이 해외에서 벌어들인 소득이 외국인이 을국에서 벌어들인 소득보다 많을 경우 E는 'B+C'보다 크다.

06. 정답 ③

해설

을 : B는 갑국 자국민의 국내 생산분으로 노동이나 자본의 국가 간 이동이 확대될수록 B의 비중이 작아진다.
병 : GNP는 속인주의로 자국민이 국내·외에서 생산한 것을 포함한다. 따라서 갑국 프로야구 선수가 해외에 진출하여 벌어들인 소득은 C에 해당한다.

오답검토

갑 : 갑국 전업주부의 가사노동은 시장에서 거래되지 않아 GDP에 포함되지 않는다.
정 : GNP는 자국민이 해외에서 생산한 것을 포함하는 반면에, GDP는 내·외국인이건 국내에서 생산된 것을 포함하므로 GDP가 갑국 내의 생산, 고용 등 경제 활동 수준 파악에 유용하다.

07. 정답 ④

해설

○○○ 선수는 한국 국적이면서 미국에서 경제 활동을 하였다. 자국민이 해외에서 벌어들인 소득은 GNP에 포함되므로 한국 GNP에 해당하며, 미국에서 소득을 얻었으므로 미국 GDP에 해당한다.

08. 정답 ③

해설

ㄴ. 여가는 GDP에 계상되지 않으며 따라서, GDP는 삶의 질을 정확하게 파악하기 어렵다.
ㄷ. 시장에서 거래된 것만을 포함하므로 시장에서 거래되지 않는 상품의 가치를 파악하기 어렵다.

오답검토

ㄱ. 분기별, 반기별, 연도별 GDP를 산출하므로 경기 변동을 파악하는 데 유용한 지표다.
ㄹ. 서비스도 최종생산물의 시장가치에 포함된다.

09. 정답 ③

해설

③ 당해 연도의 실질 생산액과 1인당 국민소득은 구하는 데에는 유용하지만 분배에 관한 정보가 없으므로 국민 전체의 복지 수준을 파악하기 곤란하다.

지문검토

① 1인당 국민소득은 구할 수 있으나, 실제 그 소득이 어떻게 분배되었는지에 대한 내용이 없으므로 소득 분배 상태를 파악하기 곤란하다.
② GDP는 국내에서 외국인이 생산한 것을 포함한다.
④ 전업주부의 가사노동 경우처럼 일반적으로 시장에서 거래되지 않는 재화와 서비스는 포함되지 않는다.

⑤ 전년도에 생산되어 판매되지 않은 재화는 전년도 생산분이므로 재고 투자라는 항목으로 전년도 GDP에 포함된다. 전년도에 생산된 것이 당해 연도에 판매된 경우 전년도 재고는 전년도 GDP에 계상되었으므로 판매 수수료만 당해 연도 실질 GDP로 계상한다.

10. 정답 ②
해설

여가의 증가는 삶의 질을 상승시키는 요인이고, 교통사고와 교통체증은 삶의 질을 하락시키는 요인이다. 그러나 국내총생산의 추계에서는 여가나 교통사고 등으로 인한 내용을 반영하지 못하므로 삶의 질 변화가 정확하게 반영되지 않는다.

11. 정답 ③

GDP : 5천억 달러, 내국인의 국내 생산 : 2천억 달러, 외국인의 국내 생산 : 3천억 달러

GNP : 3천억 달러, 국민총생산(GNP) = 국내총생산(GDP) - 외국인이 국내에서 벌어간 소득 + 내국인이 해외에서 벌어들인 소득

- 3천억 달러 = 5천억 달러-3천억 달러+내국인의 해외 생산
- ∴ 내국인의 해외 생산은 1천억 달러

해설

③ 내국인의 해외 생산은 1천억 달러이고 외국인의 국내 생산은 3천억 달러이므로 동일하지 않다.

지문검토

① GDP-내국인의 국내 생산=외국인의 국내 생산이므로 외국인의 국내 생산은 3천억 달러(5천억 달러-2천억 달러)이다. GNP도 3천억 달러이므로 동일하다.

② 증가율은 A = $\frac{2}{3}\times100$ = 66.7%, B = $\frac{1}{2}\times100$ = 50%, C = $\frac{1}{1}\times100$ = 100%이므로 C의 증가율이 가장 높다.

④ GDP에서 내국인의 국내 생산은 2천억 달러이고 외국인의 국내 생산은 3천억 달러이므로 외국인의 국내 생산 비중이 더 크다.

⑤ 내국인의 해외 생산은 1천억 달러이고 내국인의 국내 생산은 2천억 달러이므로 내국인의 해외 생산보다 내국인의 국내 생산의 비중이 더 크다.

12. 정답 ④

- 지출국민소득 = 소비 + 투자 + 정부지출 + 순수출 = 680 + 310 + 240 + 40 = 1,270
- 분배국민소득 = 임금 + 이자 + 지대 + 이윤 = 560 + 160 + ⓒ + 380 = 1,270 ∴ ⓒ 지대 = 170

해설

④ ⓒ은 임금이므로 근로소득은 포함되나 재산소득은 포함되지 않는다.

지문검토

① (가)는 소비, 투자, 정부지출, 순수출로 구성되어 있으므로 지출 측면에서 파악한 국민소득이다.

② (나)는 임금, 이자, 지대, 이윤으로 구성되어 있으므로 분배 측면에서 파악한 국민소득이다.

③ 2013년에 생산하였으나 판매되지 않은 최종재는 재고 투자로 ⑤에 해당된다.

⑤ 지출국민소득과 분배국민소득은 동일하므로 ⓒ은 170조 원이다.

13 정답 ⑤

해설

⑤ 재산소득에는 이자와 지대가 포함되는데, 갑국에서는 이자와 지대로 180억 달러(20+70+10+80)의 재산소득이 발생하였다.

지문검토

① GDP는 갑국 국민의 국내소득과 외국인의 국내소득을 합한 것이므로 ㉠은 외국인의 국내소득이 된다. 갑국에서 활동하는 외국인 야구 선수의 연봉이 인상되면 ㉠이 늘어난다.

② GDP = 갑국 국민의 국내소득 + 외국인의 국내소득 = 갑국 국민의 국내소득 + 180(100 + 50 + 20 + 10)
GNP = 갑국 국민의 국내소득 + 갑국 국민의 해외소득 = 갑국 국민의 국내소득 + 180(90 + 65 + 10 + 15)
따라서 ㉡이 100억 달러이면 GDP와 GNP가 같게 되고, ㉡이 100억 달러보다 많으면 GDP가 GNP보다 크다.

③ 갑국 국민이 국내에 설립된 외국계 기업에 취업하여 받는 임금은 갑국 국민의 국내소득이므로 ㉢에 포함된다.

④ 갑국 기업이 수입품을 국내에 팔아 이윤을 얻는 것은 국내에서의 부가가치 창출 활동이므로 ㉣에 포함된다.

정답 및 해설

01. 정답 ①

(기준 연도 : 2012년)

구분	2012년		2013년	
	가격(원)	생산량(개)	가격(원)	생산량(개)
X재	100	10	150	10
Y재	200	15	200	15

2012년은 기준 연도이므로 명목 GDP와 실질 GDP가 같다.

명목 GDP = 실질 GDP = (100원 × 10개) + (200원 × 15개) = 4,000원

2013년

- (가) - 명목 GDP : (150원 × 10개) + (200원 × 15개)=4,500원
- (나) - 실질 GDP : (100원 × 10개) + (200원 × 15개)=4,000원

해설

ㄱ. (가)는 2013년 생산량에 2013년 가격으로 계산했으므로 명목 GDP이고, (나)는 2013년 생산량에 기준 연도인 2012년 가격으로 계산했으므로 실질 GDP이다.

ㄴ. 2012년 GDP 디플레이터 $= \frac{4,000}{4,000} \times 100 = 100$

2013년 GDP 디플레이터 $= \frac{4,500}{4,000} \times 100 = 112.5$이므로 2013년 물가는 12.5% 상승하였다.

오답검토

ㄷ. 2012년 실질 GDP와 2013년 실질 GDP가 같으므로 경제 성장률은 0%이다.

ㄹ. 2012년 명목 GDP = 4,000원, 2013년 실질 GDP = 4,000원으로 동일하다.

02. 정답 ③

구분	2009년	2010년	2011년
A국	100	120	150
B국	100	110	140

	2010년 경제 성장률	2011년 경제 성장률
A국	$\dfrac{120-100}{100}\times100=20\%$	$\dfrac{150-120}{120}\times100=25\%$
B국	$\dfrac{110-100}{100}\times100=10\%$	$\dfrac{140-110}{110}\times100=27.2\%$

해설

ㄴ. 2010년이 기준 연도이므로 2010년의 명목 GDP와 실질 GDP는 같다. 따라서 A국의 명목 GDP는 120이 고 B국의 명목 GDP는 110이므로 A 국가가 B 국가보다 크다.

ㄷ. 2011년의 A국의 경제 성장률은 25%, B국은 27.2%이므로 A국이 B국보다 낮다.

오답검토

ㄱ. 2009년 A국과 B국의 인구를 모르므로 1인당 실질 GDP는 알 수가 없다.

ㄹ. A국의 경제성장률은 20%에서 25%로 증가하고, B국의 경제성장률은 10%에서 27.2로 증가했으므로 A국의 경제 성장 속도는 B국에 비해 둔화되고 있으며, B국은 A국에 비해 경제 성장 속도가 증가하고 있다.

03. **정답** ⑤

해설

⑤ 2009년에는 경제 성장률이 0%이므로 2008년과 2009년의 경제 규모는 동일하다.

오답검토

① 경제 성장률이 1999년 이후 (-)성장을 기록한 적이 없으므로 1999년 이후 경제 규모는 2010년이 가장 크다.

② 2001년은 2000년도에 비해 경제 성장률은 하락했지만, 경제 성장률은 (+)이므로 경제는 2001년보다 성장하였다. 인구에 관하여 알 수 없으므로 전년도에 비해 1인당 실질 GDP가 감소하였는지 알 수 없다.

③ 2003년은 전년도에 비해 경제 성장률은 하락했지만 2002년보다 +2.8% 경제가 성장하였으므로 실질 GDP가 증가하였다.

④ 2006년과 2010년의 경제 성장률은 동일하지만 2006년 이후 (-)성장을 기록한 적이 없으므로 2006년 이후 경제 규모는 증가 추세이다. 따라서 실질 GDP는 2010년이 2006년보다 크다.

04. **정답** ④

해설

ㄴ. 2009년에는 경제 성장률이 0%이므로 2008년과 2009년의 실질 GDP는 같다.

ㄹ. 2006년 이후 경제 성장률이 (+) 아니면 (0)을 기록했으므로 2006년 이후 경제 성장이 후퇴한 적이 없다. 따라서 2012년의 실질 GDP가 가장 크다.

오답검토

ㄱ. 2007년은 2006년보다 5% 경제 성장을 했으므로 2007년도의 실질 GDP는 2006년에 비해 커졌다.

ㄷ. 2년간의 경제 성장률을 합하여 경제 성장률을 측정하면 안 된다. 2009년의 경제 규모를 A라 하면 경제 규모의 변화는 아래와 같이 측정할 수 있다.

2010년 경제 규모 = A×(1+0.07)
2011년 경제 규모 = A×(1+0.07)×(1+0.03) = 110.21%
따라서 2009년보다 10.21% 더 커졌다.

05. 정답 ⑤

해설

⑤ 2011년 물가지수 GDP 디플레이터는 $\frac{150}{100} \times 100 = 150$이고,

2013년 물가지수 GDP 디플레이터는 $\frac{300}{200} \times 100 = 150$이므로 동일하다.

오답검토

① 2010년의 실질 GDP를 모르므로 2011년의 경제 성장률은 알 수 없다.

② 2012년 경제 성장률 = $\frac{150-100}{100} \times 100 = 50\%$이고,

2013년 경제 성장률 = $\frac{200-150}{150} \times 100 = 33.33\%$이므로 2012년과 2013년의 경제 성장률은 동일하지 않다.

③ 2011년 GDP 디플레이터 = $\frac{150}{100} \times 100 = 150$이고 기준 연도의 물가 수준은 100이므로 전년도보다 높다.

④ 2012년 GDP 디플레이터 = $\frac{150}{150} \times 100 = 100$이고 2011년은 150이므로 2012년 물가수준은 전년도와 동일하지 않다.

06. 정답 ②

경제 성장률은 실질 GDP로 측정하므로 실질 GDP의 증가율을 나타낸다. 경제 성장률보다 명목 GDP의 증가율이 높은 것은 물가가 상승한 것이고, 경제 성장률보다 명목 GDP의 증가율이 낮은 것은 물가가 하락한 것이다.

해설

ㄱ. 기준 연도에는 실질 GDP와 명목 GDP가 같으므로 <u>2010년의 실질 GDP와 명목 GDP를 100이라 가정</u>하면 아래와 같이 계산할 수 있다.

- 2011년 명목 GDP = 100×(1+0.08), 2011년 실질 GDP = 100×(1+0.07)
- 2011년 GDP 디플레이터 = $\frac{100 \times (1+0.08)}{100 \times (1+0.07)} \times 100$이므로 2011년의 물가 상승률은 양(+)의 값을 가진다.

ㄷ. 2012년보다 2013년의 물가 상승률이 높다.

- 2012년 GDP 디플레이터 = $\frac{100 \times (1+0.08) \times (1+0.03)}{100 \times (1+0.07) \times (1+0.03)} \times 100$이고,

- 2013년 GDP 디플레이터 = $\frac{100 \times (1+0.08) \times (1+0.03) \times (1+0.03)}{100 \times (1+0.07) \times (1+0.03) \times (1-0.02)} \times 100$이므로 2013년의 물가 상승률이 높다.

ㄴ. 2012년 명목 GDP = $100 \times (1+0.08) \times (1+0.03)$
  - 2012년 실질 GDP = $100 \times (1+0.07) \times (1+0.03)$이므로 2012년에는 명목 GDP와 실질 GDP의 규모가 같지 않다.

ㄹ. 2012년 실질 GDP = $100 \times (1+0.07) \times (1+0.03)$
  - 2014년 실질 GDP = $100 \times (1+0.07) \times (1+0.03) \times (1-0.02) \times (1+0.02)$이므로 2012년과 2014년의 실질 GDP 규모는 같지 않다.

07. 정답 ①

	t년	t+1년	t+2년	t+3년
GDP 디플레이터	기준 연도이므로 100임	$\frac{100}{100} \times 100 = 100$	$\frac{120}{100} \times 100 = 120$	$\frac{140}{100} \times 100 = 140$

해설

① t+1년의 물가 수준은 100이고 t년의 물가 수준도 100이므로 동일하다.

② t년의 실질 GDP를 모르므로 t+1년의 실질 GDP가 t년과 동일한지 알 수 없다.

③ t+2년의 물가지수는 120이고 t년은 100이므로 t년보다 높다.

④ t+2년의 물가 상승률 = $\frac{120-100}{100} \times 100 = 20\%$이고,

  t+3년의 물가 상승률 = $\frac{140-120}{120} \times 100 = 16.6\%$이므로 다르다.

⑤ 실질 GDP는 매년 동일하므로 경제 성장률은 0%로 같다.

08. 정답 ②

구분	2012년	2013년	2014년
명목 GDP	100	100	100
실질 GDP	100	110	120
GDP 디플레이터	$\frac{100}{100} \times 100 = 100$	$\frac{100}{110} \times 100 = 90.9$	$\frac{100}{120} \times 100 = 83.3$

해설

② 갑국의 실질 GDP가 계속 높아지고 있으므로 생산수준은 지속적으로 높아지고 있다.

① 갑국의 물가 수준은 2012년 100, 2013년 90.9, 2014년 83.3으로 지속적으로 낮아지고 있다.

③ 기준 연도 가격으로 계산한 GDP는 실질 GDP이므로 GDP는 매년 높아지고 있다.

④ 2014년의 경제 성장률 = $\frac{120-110}{110} \times 100 = 9\%$이고,

  2014년의 물가 상승률 = $\frac{83.3-90.9}{90.9} \times 100 = -8\%$이므로 동일하지 않다.

⑤ 2013년 경제 성장율 = $\frac{110-100}{100} \times 100 = 10\%$이고,

2014년 경제 성장률 = $\frac{120-110}{110} \times 100 = 9\%$이므로 동일하지 않다.

09. 정답 ②

해설

② ㉡ 시기의 갑은 구직활동을 단념한 실망 노동자이므로 실업자에 해당하지 않는다.

지문검토

① ㉠ 시기의 갑은 구직활동을 하고 있는 실업자이므로 경제 활동 인구에 해당한다.
③ ㉡ 시기의 갑은 구직활동을 단념한 실망 노동자이므로 비경제 활동 인구에 해당한다.
④ 실망 노동자로 있다가 취업했으므로 ㉢으로 인해 취업률은 상승한다.
⑤ 실망 노동자는 비경제 활동 인구인데 취업을 해서 경제 활동인구가 되었으므로 ㉢으로 인해 경제 활동 인구가 증가한다.

10. 정답 ③

취업자	실업자	
경제활동인구		비경제활동인구

취업자	실업자	
경제활동인구		비경제활동인구

실업자이었다가 구직을 포기했으므로 실망 노동자가 되어 비경제 활동인구에 포함된다.

해설

③ 취업자는 그대로인데 실업자만 감소하므로 실업률이 감소한다.

오답검토

① 실업자가 실망 노동자가 되므로 위의 그림처럼 실업자 수는 감소한다.
② 실업자는 경제 활동인구에 포함되는데, 실망 노동자가 되어 비경제 활동인구가 되므로 경제 활동인구 수는 감소한다.
④ 실업자 수가 감소하므로 실업률이 감소한다.
⑤ 실망 노동자는 비경제 활동인구에 포함되므로 비경제 활동인구는 늘어난다.

11. 정답 ①

취업자 2,850만 명	실업자 150만 명	
경제활동인구 3,000만 명	비경제활동 인구 1,000만 명	
15세 이상 인구 4,000만 명		15세 미만 인구 1,000만 명

해설

- 경제 활동 참가율 = $\dfrac{\text{경제활동인구}}{\text{15세 이상 인구}} \times 100 = \dfrac{3{,}000만 명}{4{,}000만 명} \times 100 = 75\%$

- 실업률 = $\dfrac{\text{실업자}}{\text{경제활동인구}} \times 100 = \dfrac{150만 명}{3{,}000만 명} \times 100 = 5\%$

12. 정답 ①

갑이 말한 사례는 경기적 실업이고, 을이 말한 사례는 구조적 실업이다.

해설

ㄱ. 글로벌 경기 위기로 인한 정리해고는 경기 침체에 따른 실업이다.

ㄴ. 사무 자동화에 따라 나타난 실업이므로 구조적 실업에 해당한다.

오답검토

ㄷ. 고용 안정성 약화는 노동시장의 변화에 해당한다.

ㄹ. 장마가 지속되면서 일용직 건설 노동자들이 실업자가 되는 것은 계절적 실업이다.

13. 정답 ①

해설

ㄱ. 경제 활동인구를 A로 놓으면 갑국의 경제 활동인구 = 을국의 경제 활동인구 = A

- 갑국의 경제 활동 참가율 90% = $\dfrac{A}{\text{15세 이상 인구}} \times 100$, 15세 이상 인구 = $\dfrac{A}{0.9}$

- 을국의 경제 활동 참가율 80% = $\dfrac{A}{\text{15세 이상 인구}} \times 100$, 15세 이상 인구 = $\dfrac{A}{0.8}$

따라서 15세 이상 인구는 을국이 더 많다.

ㄴ. 15세 이상 인구가 을국이 더 많고 갑국의 비경제 활동 참가율이 10%, 을국의 비경제 활동 참가율이 20%로 비경제 활동 참가율은 을국이 갑국보다 더 높으므로 을국이 비경제 활동인구도 더 많다.

오답검토

ㄷ. 갑국의 취업률 = 100% - 20% = 80%

- 을국의 취업률 = 100% - 10% = 90%이므로 을국이 더 높다.

ㄹ. 갑국의 고용률 = $\dfrac{\text{취업자수}}{\text{15세 이상 인구}} \times 100 = 72\%$에서 갑국의 취업자 수 = 15세 이상 인구×72%

14. 정답 ③

2011년 고용 지표

취업자	실업자	
경제활동인구		비경제활동인구

2012년 고용 지표

취업자	실업자	
경제활동인구		비경제활동인구

해설

③ 고용률이 증가하면 취업자 수는 증가한다. 취업자 수가 증가했음에도 실업률이 일정하므로 실업자 수도 증가한 것이다.

지문검토

① 갑국은 15세 이상 인구는 변함이 없는 상태에서 고용률이 증가하였으므로 취업자 수가 증가하였다.
② 2011년과 비해 2012년에도 실업률이 일정하므로 취업률도 일정하다.
④ 위의 그림에서 보듯이 취업자와 실업자 모두 증가하였으므로 경제 활동 참가율은 상승하였다.
⑤ 15세 이상 인구는 동일한데 취업자도 늘고 실업자도 늘어 경제 활동 참가율이 상승하였으므로 비경제 활동 인구는 감소하였다.

15. 정답 ④

해설

- t_1과 t_2에도 경제 활동 인구가 변함없는 상태에서 실업률이 감소했으므로 실업자 수는 감소하고 취업자의 수는 증가한다. (실업률 $= \dfrac{\text{실업자수}}{\text{경제활동인구}} \times 100$)

- 취업자의 수 증가하는데도 고용률이 일정하기 위해서는 15세 이상 인구가 증가하여야 고용률이 일정하게 된다. (고용률 일정 $= \dfrac{\text{취업자수}\uparrow}{\text{15세 이상 인구}\uparrow} \times 100$)

- 15세 이상 인구가 증가하는데 경제 활동 인구가 변함이 없으면 비경제 활동 인구가 증가한다. (15세 이상 인구 $\Uparrow$ = 경제 활동 인구 변동 없음 + 비경제 활동 인구 $\Uparrow$)

16. 【정답】 ③

취업자	실업자	
경제활동인구		비경제활동인구

|←———— 15세 이상 인구 100만 명으로 일정 ————→|

【해설】

을. 15세 이상 인구가 일정한 데 경제 활동 참가율도 일정하므로 2011년~2013년의 비경제 활동 인구는 변함이 없다.

병. 15세 이상 인구는 100만 명으로 일정하고 경제 활동 참가율도 동일하여 경제 활동인구와 비경제 활동인구도 변함이 없는 경우에 취업률이 떨어지고 실업률이 증가하면 감소한 취업자 수만큼 실업자 수는 증가하게 된다.

오답검토

갑. 2011년의 취업률이 2013년의 취업률보다 높으므로 2011년의 실업률이 2013년의 실업률보다 더 낮다.

정. 15세 가능 인구는 100만 명이므로 경제 활동 인구는 100만 명보다 작다. 따라서 취업자가 60만 명이면 취업률은 60%보다 크다.

- 취업률 = $\dfrac{60만\ 명}{경제활동인구 < 100만명} \times 100 > 60\%$

정답 및 해설

01. 정답 ①

해설

ㄱ. 수출의 증가와 ㄴ. 정부지출 확대는 총수요의 증가 요인으로 총수요 곡선이 오른쪽으로 이동하게 된다.

오답검토

ㄷ. 가계의 소비 감소와 ㄹ. 기업의 설비 투자 축소는 총수요의 감소 요인으로 총수요곡선이 왼쪽으로 이동하게 된다.

02. 정답 ④

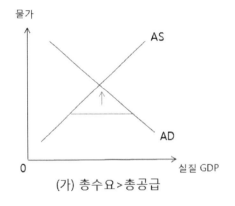

(가) 총수요>총공급

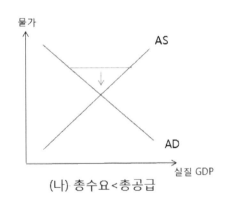

(나) 총수요<총공급

해설

④ (가)의 경우는 총수요가 총공급보다 크므로 물가 상승 우려가 크며, (나)의 경우는 총공급이 총수요보다 크므로 물가 하락 우려가 크다.

오답검토

① (가)의 경우 총수요가 총공급보다 큰 경기 활황 상태로 재고가 감소할 것이다.
② (나)의 경우 총공급이 총수요보다 큰 경기 침체 상태로 생산이 감소하여 경기가 둔화될 것이다.
③ 둘 다 균형 상태가 아니므로 어느 쪽이 경기가 더 안정적이라고 말할 수 없다.
⑤ (가)의 경우 경기 활황으로 생산이 증가하므로 고용이 증가할 것이며, (나)는 경기 침체로 생산이 감소하므로 고용이 감소할 것이다.

03. 정답 ⑤

해설

국제 유가의 폭등은 총공급의 감소 요인으로 총공급곡선이 왼쪽으로 이동한다.
을국에 대한 수출 감소는 총수요의 감소 요인으로 총수요곡선이 왼쪽으로 이동한다.

총수요 감소   ⇒ 물가 하락 : P - ,   GDP 감소 : GDP -

총공급 감소   ⇒ 물가 상승 : P+,   GDP 감소 : GDP -

균형의 이동 방향   물가 변화 : ?   GDP 감소 : GDP -

GDP는 감소하나 물가 변화는 불분명하다. 아래와 같이 총수요의 감소 크기와 총공급의 감소 크기에 따라 물가가 결정된다.

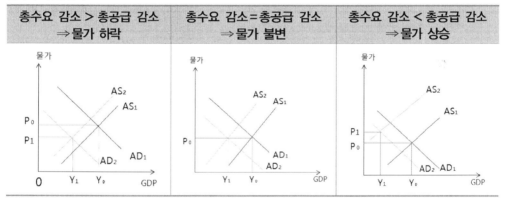

총수요 감소 > 총공급 감소 ⇒ 물가 하락	총수요 감소 = 총공급 감소 ⇒ 물가 불변	총수요 감소 < 총공급 감소 ⇒ 물가 상승

04. 정답 ①

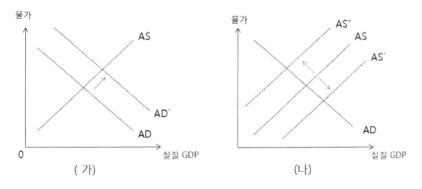

(가)   (나)

해설

① (가)처럼 수출이 증가하여 총수요곡선이 오른쪽으로 이동하면 균형점이 A에서 B로 이동한다. 총수요곡선이 오른쪽으로 이동하면 실질 GDP가 증가하여 고용이 증가한다.

오답검토

② 기술 혁신이 일어나면 총공급곡선이 (나)의 AS`로 이동하므로 물가는 하락한다.

③ 민간소비 증가가 증가하면 총수요곡선이 오른쪽으로 이동하여 실질 GDP가 증가한다.
실질 GDP가 증가하면 실업률은 감소한다.

④ 공장이 해외로 이전하면 총공급이 감소하여 (나)의 AS`로 이동한다. 이 경우 물가가 상승하여 우리나라의 상품가격이 상대적으로 비싸지기 때문에 수출이 감소하여 경상 수지는 악화된다.

⑤ 국제 원유 가격이 하락하면 공급곡선은 (나) AS`로 이동하여 디플레이션이 발생한다.

05. 정답 ②

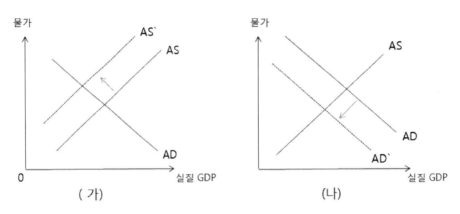

(가)　　　　　　　(나)

- (가)는 총공급이 감소하여 총공급곡선이 왼쪽으로 이동한 것이다. 생산요소 가격이 상승하면 총공급이 감소한다.

- (나)는 총수요가 감소하여 총수요곡선이 왼쪽으로 이동한 것이다. 순수출이 감소하거나 정부지출이 감소하면 총수요가 감소한다.

해설

② 생산요소의 가격 상승은 총공급의 감소를 초래하며, 순수출 감소는 총수요 감소를 초래한다.

오답검토

① 정부지출 확대는 총수요 증가, 순수출 감소는 총수요 감소 요인이다.

③ 생산요소 가격 상승은 총공급 감소, 기준금리 인하는 총수요 증가 요인이다.

④ 기술 혁신으로 인한 생산성 향상은 총공급 증가 요인이다.

⑤ 정부지출 축소는 총수요 감소 요인이다.

06. 정답 ①

해설

갑국의 수출 증가　　⇒ 총수요의 증가 : 물가 상승 P+,　　GDP 증가 : GDP+

갑국의 생산성 향상　→ 총공급의 증가 : 물가 하락 P ,　　GDP 증가 : GDP+
　　　　　　　　　　　　　　　　　　物가　　P?,　　GDP 증가 : GDP+

총수요가 증가하고, 총공급이 증가하면 GDP는 증가하나 균형 물가는 불분명하다. 아래와 같이 총수요의 증가 크기와 총공급의 증가 크기에 따라 물가가 결정된다.

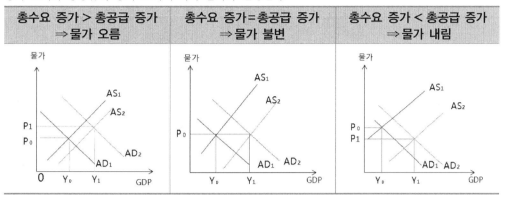

총수요 증가 > 총공급 증가 ⇒ 물가 오름	총수요 증가 = 총공급 증가 ⇒ 물가 불변	총수요 증가 < 총공급 증가 ⇒ 물가 내림

07. 정답 ④

국민소득을 지출 측면에서 파악한 것이다.
• 지출 국민소득 = 소비 + 투자 + 정부지출 + 순수출(수출 - 수입)이다.

해설

ㄴ. 국내 물가가 상승하면 국내 물건값이 비싸져 수출품의 가격이 오르므로 순수출은 감소하게 된다.

ㄹ. 순수출 = 수출액 - 수입액인데 여기서 순수출이 수출액과 같으면 수입액은 0이 되어야 한다. 따라서 순수출이 수출액과 일치하면 소비는 전부 국내 생산물에 대해 지출한 것이다.

오답검토

ㄱ. 소득이 증가하면 수입이 증가하여 순수출이 감소할 수 있다.

ㄷ. 총수요인 실질 GDP를 지출 측면에서 파악한 것이 지출 국민소득이다. 실질 GDP는 국내에서 생산한 것을 집계한 것이므로 수입이 포함되지 않는다. 그런데 지출 국민소득에 있는 (소비 + 투자 + 정부지출)에는 국내·외 상품에 대한 지출이 포함되어 있다. (소비 + 투자 + 정부지출)에 있는 국외 상품에 대한 지출, 즉, 수입을 제거하기 위해서 일괄적으로 수입을 빼주게 되면 국내 생산분에 대한 지출국민소득을 구할 수 있다. (소비 + 투자 + 정부지출)에 있는 수입 분을 제거하기 위해 수입을 빼주는 것이므로 위와 같이 수입품에 대한 소비가 증가해도 총수요, 즉, 실질 GDP는 증가하지 않는다. (총수요는 국내 생산물에 대한 수요를 의미한다.)

08. 정답 ④

국내총생산을 지출 국민소득의 측면에서 파악한 것이다.

해설

• 을 : t년과 t+1년 모두 순수출이 (+)비중이므로 수출액이 수입액보다 많다.
• 정 : ㉠은 소비로서 재화와 서비스에 대한 가계의 소비지출을 나타낸다.

오답검토

갑 : 이 표는 t년과 t+1년의 지출 국민소득을 절대수로 나타내는 것이 아니라 지출 항목별로 상대적으로 평가하여 나타내고 있다. 따라서 t년과 t+1년의 비중의 합이 100으로 같다고 해서 국내총생산이 같다고

병 : t년에 비해 t+1년 민간 부문의 투자 비중이 1% 증가했지만 t년과 t+1년의 국내총생산규모를 알 수
없으므로 단순히 비중이 높다고 민간 부문의 투자지출액이 증가했다고 말할 수 없다.

09. 정답 ③

그림에서 X축은 실업률을, y축은 물가를 나타내고 있다.

해설

③ 원자재 가격이 하락하면 총공급곡선이 오른쪽으로 이동하여 물가가 하락하고 국내총생산이 증가한다.
   국내총생산이 증가하면 실업률은 하락한다. 따라서 균형점은 E→C로 이동한다.

오답검토

① 정부지출이 증가하면 총수요곡선이 오른쪽으로 이동하여 물가는 오르고, 국내총생산은 증가하여 실업
   률은 하락한다. 따라서 균형점은 E→D로 이동한다.
② 총수요가 증가하면 총수요곡선이 오른쪽으로 이동하여 물가는 오르고 국내총생산이 증가하여 실업률은
   하락한다. 따라서 균형점은 E→D로 이동한다.
④ 통화량이 축소되면 총수요의 감소 요인으로 총수요곡선이 왼쪽으로 이동하여 물가는 하락하고 국내총
   생산이 감소하여 실업률은 상승한다. 따라서 균형점은 E→B로 이동한다.
⑤ 총공급이 감소하면 총공급곡선이 왼쪽으로 이동하여 물가는 오르고 국내총생산은 감소하여 실업률은
   상승한다. 따라서 균형점은 E→A로 이동한다.

10. 정답 ②

갑국에서 GDP는 감소하고 물가는 상승했는데, 총공급이 감소하면 이런 현상이 나타난다.

• 총공급 감소 ⇒ 총공급곡선 왼쪽 이동　　　물가 상승 P+,　　GDP 감소 GDP -

을국에서 GDP도 감소하고 물가는 하락했는데, 총수요가 감소하면 이런 현상이 나타난다.

• 총수요 감소 ⇒ 총수요곡선 왼쪽 이동　　　물가 하락 P -,　　GDP 감소 GDP -

해설

② 갑국의 경우 수입 유가가 상승하면 총공급이 감소하여 물가는 상승하고 GDP는 감소하게 된다. 을국의
   경우 기준금리가 인상되면 총수요가 감소하여 물가는 하락하고 GDP는 감소하게 된다.

오답검토

① 갑국의 생산 기술 발전은 총공급 증가 요인으로 물가는 하락하고 GDP는 증가한다. 을국의 민간소비
   감소는 총수요 감소 요인으로 물가는 하락하고 GDP는 감소한다.
③ 갑국의 수입 유가 하락은 총공급 증가 요인으로 물가는 하락하고 GDP는 증가한다. 을국의 민간소비
   증가는 총수요 증가 요인으로 물가는 상승하고 GDP는 증가한다.
④ 갑국의 수입 유가 상승은 총공급 감소 요인으로 물가는 상승하고 GDP는 감소한다. 을국의 순수출
   증가는 총수요 증가 요인으로 물가는 상승하고 GDP는 증가한다.
⑤ 갑국의 생산 기술 발전은 총공급 증가 요인으로 물가는 하락하고 GDP는 증가한다. 을국의 순수출
   감소는 총수요 감소 요인으로 물가는 하락하고 GDP는 감소한다.

01. 정답 ③

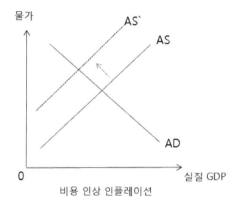

비용 인상 인플레이션

해설

③ 정부가 확대 재정정책을 시행하는 것은 총수요의 증가 요인으로 총수요곡선이 오른쪽으로 이동하여 물가가 상승하고 실질 GDP가 증가한다.

지문검토

① 비용인상 인플레이션에서는 총공급곡선이 왼쪽으로 이동하여 물가가 상승하고 국내총생산의 감소로 실업이 상승한다.

② 임금이 인상되면 생산요소 투입 가격이 상승하여 총공급곡선이 왼쪽으로 이동한다.

④ 70년대의 오일쇼크로 기름값이 급상승하여 총공급곡선이 왼쪽으로 이동하여 물가가 크게 올랐다.

⑤ 비용인상 인플레이션이 발생하면 물가도 상승하면서 국내총생산도 감소하는 스테그플레이션을 야기할 수 있다.

02. 정답 ③

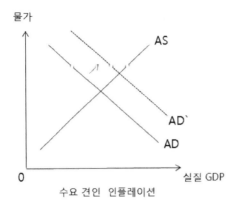

수요 견인 인플레이션

해설

수요 견인 인플레이션은 정부지출의 증가 등 총수요의 증가로 인해 총수요곡선이 오른쪽으로 이동하여 발생한다.

오답검토

수입 자본재 가격의 상승, 노동자의 임금 인상, 원자재 가격의 상승은 총공급의 감소 요인이고 임금의 삭감은 총공급의 증가 요인이다.

03. 정답 ⑤

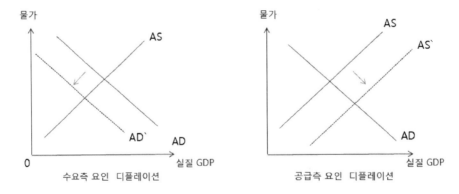

수요측 요인 디플레이션   공급측 요인 디플레이션

디플레이션이 발생하면 화폐의 실질가치가 상승하여 화폐의 구매력이 높아지고 실물 자산의 명목가치는 하락한다.

해설

⑤ 디플레이션 상태에서는 화폐의 실질가치가 상승하므로 연금을 받는 자가 유리해진다.

오답검토

① 디플레이션이 발생하면 화폐의 실질가치가 상승하므로 월급을 받는 근로자의 실질소득은 증가한다.
② 화폐의 구매력이 높아져 화폐의 실질가치가 상승하고 실물자산의 명목가치는 하락하므로 부동산보다

정기 예금에 투자하는 것이 유리하다.
③ 화폐의 구매력이 향상하므로 이전보다 더 적은 화폐가 필요할 것이나.
④ 나중에 원리금을 갚는 채무자는 화폐의 실질가치가 높아져 손해를 보게 된다.

04. 정답 ①

구분	(가) 수요 견인 인플레이션	(나) 비용인상 인플레이션
원인	(㉠ 소비, 투자, 정부지출, 순수출)로/으로 인한 총수요 변동	(㉡ 임금 인상, 원자재 가격 상승)로/으로 인한 총공급 변동
대책	㉢-긴축재정정책, 긴축통화정책	㉣-임금 인상 억제, 생산성 향상

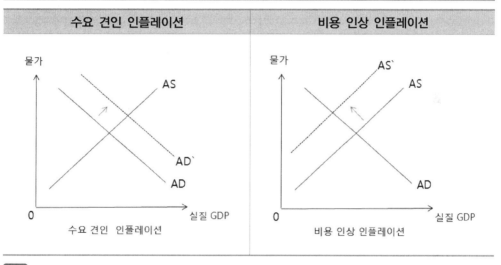

해설
ㄱ. (가) 수요 견인 인플레이션이 발생하면 물가는 오르지만, 국내총생산은 증가한다.
　　(나) 비용 인상 인플레이션이 발생하면 물가는 오르고, 국내총생산은 감소한다.
ㄴ. ㉠에 '투자지출 증가'하면 총수요가 증가하여 수요 견인 인플레이션이 발생한다.

오답검토
ㄷ. ㉡에 '국제 곡물가 하락'이 발생하면 총공급이 증가하여 총공급곡선이 오른쪽으로 이동하므로 디플레이션이 발생한다.
ㄹ. 기준금리 인상은 긴축 통화정책으로 수요 견인 인플레이션의 대책이므로 ㉢에 들어간다.

05. 정답 ①

(가)는 수요 견인 인플레이션, (나)는 비용 인상 인플레이션이다.

해설
① 수요 견인 인플레이션 상태에서는 긴축 통화정책을 사용하여 인플레이션을 억제해야 한다. 확장통화정책은 인플레이션을 심화시킨다.

② 순수출의 증가는 총수요의 증가 요인으로 (가)의 요인이 될 수 있다.

③ 국제 곡물 가격의 상승은 총공급의 증가 요인으로 (나)의 요인이 될 수 있다.

④ (나)에서는 경기 침체와 물가 상승이 동시에 나타난다.

⑤ 산업 전반의 생산성 증진은 (나)에 대한 대책이 될 수 있다.

06. 정답 ①

갑은 총수요 감소로 인해 디플레이션이 초래되었다고 보고 있으며 을은 국제 원자재 가격 하락으로 인해 총공급이 증가하여 디플레이션이 발생했다고 보고 있다.

해설

① 민간소비가 감소하면 총수요가 감소하여 디플레이션이 발생한다.

오답검토

② 수요 감소로 인해 디플레이션이 발생하면 경기가 침체 상태에 놓이므로 확대통화정책을 통해 경기를 부양해야 한다.

③ 국제 원자재 가격이 하락하면 총공급이 증가하여 물가는 하락하고 국내총생산은 증가한다. 을은 총공급 증가에 따라 실질 GDP가 증가할 것으로 예상하고 있다.

④ 을은 총공급의 감소가 아니라 국제 원자재 가격 하락에 따른 총공급의 증가를 물가 하락의 원인으로 보고 있다.

⑤ 갑과 을이 진단하는 경제 상황이 동시에 나타나면 다음과 같은 결과가 나온다.

수요 측 디플레이션	물가 하락 P -	국내 총생산 감소 GDP -
공급 측 디플레이션	물가 하락 P -	국내 총생산 증가 GDP+
	물가 하락 P -	국내 총생산 불분명 GDP?

물가는 하락하는데, 국내총생산은 수요 측 디플레이션과 공급 측 디플레이션의 크기에 따라 증가, 일정, 감소할 수 있다.

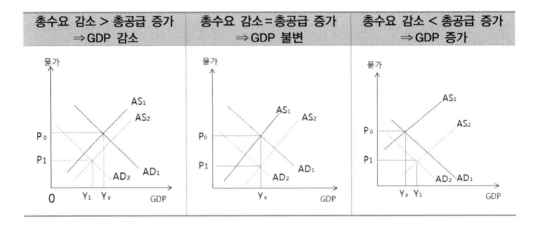

07. 정답 ①

해설

④ 예금의 실질 구매력은 명목 이자율이 높을수록, 물가 상승률이 낮을수록 높아진다. A는 C에 비해 명목 이자율은 동일하지만, 물가 상승률이 높으므로 예금의 실질 구매력은 C보다 A일 때 더 작다.

🖕 오답검토

① A의 경우 물가 상승률이 3%이지만 명목 이자율이 2%로 실질 이자율은 -1%이다.(명목 이자율 = 실질 이자율 + 인플레이션율) 그런데 현금을 보유할 경우에는 물가 상승률인 -3%만큼 화폐가치가 하락하므로 현금 보유보다 예금 보유가 유리하다.

② 실질 이자율은 D의 경우에 가장 높다.
실질 이자율 = 명목 이자율 - 물가 상승률
- A = 2 - 3 = -1%, B = 3 - 3 = 0%
- C = 2 - 1 = 1%, D = 4 - 1 = 3%

③ 물가 상승률이 높을수록 물가 수준이 높아진다. 따라서 C보다 B의 경우 물가 수준이 높다.

⑤ 물가 상승률을 고려하지 않은 이자율이란 명목 이자율을 의미한다. 명목 이자율은 B와 D의 경우 동일하다.

08. 정답 ②

해설

갑 : 이자율이 인하되면 소비나 투자가 증가하여 총수요가 증가하므로 수요 견인 인플레이션이 발생한다.
병 : ⓒ에는 비용인상 인플레이션이 들어갈 수 있으며 대책으로는 경영 합리화, 기술 혁신 등이 있다.

🖕 오답검토

을 : 인플레이션 상황에서 정부지출이 확대되면 인플레이션이 심화된다.
정 : 원화 가치가 상승하면 수입물의 수입 가격이 인하된다. 수입 가격이 인하되면 수입 생산요소의 가격이 하락하여 총공급이 증가하고 물가는 하락한다.

09. 정답 ①

'명목 이자율 = 실질 이자율 + 인플레이션율'에서
'실질 이자율 = 명목 이자율 - 인플레이션율'인데 명목 이자율 < 인플레이션율이므로 실질 이자율은 (-)이다.

해설

갑 : 실질 이자율이 (-)이므로 예금의 자산가치가 하락한다.
을 : '실질 이자율 = 명목 이자율 - 인플레이션율'인데 명목 이자율 < 인플레이션율이므로 실질 이자율이 음 (-)이다.

🖕 오답검토

병 : 명목 이자율 = 실질 이자율 + 인플레이션율이므로 명목 이자율과 실질 이자율의 차이는 인플레이션율이 작을수록 줄어든다.
정 : 예금을 찾아서 집에 있는 금고에 두면 그나마 명목 이자도 못 받으므로 더 불리해진다.

10. 정답 ①

물가가 지속적으로 하락하는 현상을 디플레이션이라고 하는데, 수요 측면에서 발생하기도 하고 공급 측면에서 발생하기도 한다.

해설

ㄱ. 생산성이 향상되어 총공급이 증가하면 총공급곡선이 오른쪽으로 이동하니 물가는 하락하고 국내총생산도 증가한다. 물가가 하락하면 실질임금은 상승한다.

- 실질임금 $= \dfrac{\text{명목임금}}{\text{물가지수}} \times 100$

ㄴ. 소비가 감소하면 총수요가 감소하여 총수요곡선이 왼쪽으로 이동하기 때문에 물가는 하락하고 국내총생산은 감소한다. 경기가 침체 상태에 놓이면 기업과 금융기관의 부실화 문제가 발생한다.

오답검토

ㄷ. 석유 파동이 일어나면 원자재 가격이 상승하여 총공급이 감소한다. 총공급의 감소로 총공급곡선이 왼쪽으로 이동하면 물가가 상승한다. 물가가 상승하면 실물자산에 대한 투기가 성행하게 된다.

ㄹ. 통화량 감소는 총수요의 감소 요인으로 총수요곡선이 왼쪽으로 이동하여 경기는 후퇴하므로 기업의 이윤 및 투자 의욕은 감소한다.

ㅁ. 수출이 감소하면 총수요가 감소하여 디플레이션이 발생한다. 디플레이션 상황에서는 화폐의 실질가치가 커지므로 부채의 실질가치가 증가한다.

11. 정답 ①

경기 침체의 원인으로 갑은 국제 원자재 가격 상승에 따른 총공급의 감소를, 을은 수출 감소에 따른 총수요의 감소를 들고 있다.

해설

ㄱ. 총공급이 감소하면 물가가 상승하므로 화폐가치는 하락한다.

ㄴ. 확대 재정정책을 시행하면 총수요가 증가한다.

오답검토

- ㄷ. 갑과 을의 주장이 모두 옳다면 국내총생산은 감소하나 물가 상승 여부는 불분명하다.

    갑 : 총공급 감소   물가 상승 P+   국내 총생산 감소 GDP -

    <u>을 : 총수요 감소   물가 하락 P -   국내 총생산 감소 GDP -</u>

                   물가 불분명 ?   국내 총생산 감소 GDP -

- ㄹ. 갑은 공급 측면에서, 을은 수요 측면에서 원인을 찾고 있다.

12. 정답 ③

해설

인플레이션이 발생하면 화폐자산의 명목가치는 변화 없으나 실질가치는 하락하고 실물자산의 명목가치는 상승하고 실질가치는 변화가 없다.

01. 정답 ②

해설

ㄱ. A 국면은 호경기로 기업 매출의 증가로 재고가 감소하고, 호경기로 임금도 상승한다.

ㄷ. A 국면에서는 호경기이므로 물가안정, C 국면에서는 불경기이므로 실업 감소가 주요 정책 목표가 된다.

👆 **오답검토**

ㄴ. B 국면에서 C 국면으로 전환되는 과정은 경기 후퇴기에서 경기 수축기로 들어가는 과정이므로 소비와 투자가 둔화된다.

ㄹ. B 국면은 경기 후퇴기로 금리 동결 또는 인하를 통해 경기를 안정화시키며 D 국면은 경기 회복기로 상황에 따라 금리 인상을 추진하여 경기를 안정시킬 필요가 있다.

02. 정답 ①

해설

㉠ 시기는 경기 후퇴기에서 침체기로 들어가는 과정이므로 정부는 적극적인 경기 부양책으로 경기를 진작시켜야 한다.

👆 **오답검토**

정부의 조세수입 확대, 중앙은행의 재할인율 인상, 중앙은행의 국·공채 매각을 통한 통화량 축소, 중앙은행의 지급준비율 인상 등은 경기 과열 시 경기를 둔화시키기 위한 정책이다.

03. 정답 ②

해설

ㄱ. A, D 시기는 경기 하강국면에 있고, B, C 시기는 경기 상승국면에 있다.

ㄷ. 그림에서 보면 B 시기는 전기보다 실질 GDP가 성장했으므로 경제 성장률이 양(+), D 시기는 전기보다 실질 GDP가 후퇴했으므로 경제 성장률은 음(-)의 값이다.

👆 **오답검토**

ㄴ. 일반적으로 상승국면에서는 고용과 소비지출이 확대되므로 C보다 A에서 고용과 소비지출이 위축된다.

ㄹ. 경기 상승국면에 있는 C 시기가 경기 하강국면에 있는 D 시기에 비해 물가 억제의 필요성이 더 클 것이다.

04. 정답 ③

해설

ㄴ. ⊙의 원자재 가격 상승은 생산비 상승에 해당하므로 총공급을 감소시키는 요인이다.

ㄷ. 비용인상으로 인한 스태그플레이션이 발생하면 물가 상승과 경기 침체가 동시에 발생할 수 있다.

오답검토

ㄱ. ⊙으로 인해 총공급곡선이 왼쪽으로 이동하므로 국내총생산이 감소한다.

ㄹ. ⓒ에 대한 대처 방안으로 생산성 향상 정책을 통한 원가 절감이 효과적이다. 그림에서 총공급의 감소로 물가가 인상되었는데, 정부가 확대 재정정책을 시행하면 총수요곡선이 오른쪽으로 이동하여 국민소득 도 증가하지만, 물가는 더 오를 수 있다.

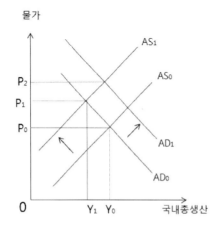

05. 정답 ③

갑국 정부는 경기가 침체기에 있다고 판단하고 확대 재정정책을 시행해 경기를 부양하고자 한다. 을국 은행은 경기가 활황기에 있다고 판단하여 긴축 금융정책을 시행해 경기 과열을 막고자 한다.

해설

③ 물가 상승을 막기 위해 을국 중앙은행은 지급준비율을 인상하여 시중 통화량을 줄였을 것이다.

오답검토

① 갑국 정부의 확대 재정정책은 물가를 상승시키는 요인이다.

② 갑국 정부가 확대 재정정책을 사용한 것은 자국의 경기가 침체되었다고 판단하였기 때문이다.

④ 을국 중앙은행은 ⊙을 위해 민간 부문에 국채를 매각하고 통화량을 흡수하는 통화량 축소 정책을 선택할 수 있다. 국채를 매입하면 시중 통화량은 증가한다.

⑤ 갑국 정부의 정책은 통화량을 증가시키지만 을국 중앙은행은 통화량을 감소시키는 정책을 사용할 것이다.

06. 정답 ③

해설

중앙은행은 확대 금융정책을, 정부는 확대 재정정책을 통해 경기를 부양하고자 하므로 경기가 침체 상태에 있어 실업이 늘어나고 있는 상황이다.

07. 정답 ⑤

갑국은 경기 침체기 상태에 있으므로 확대 재정정책과 확대 금융정책을 시행하여 경기를 부양시켜야 한다.

해설

⑤ 재할인율을 인하하면 은행의 대출 여력이 증가한다. 은행들이 민간 부문에 대한 대출을 증가시키면 민간소비와 민간투자가 활성화될 수 있다.

오답검토

아래 항목 모두 경기 과열 시 경기를 진정시키기 위한 수단들이다.
① 세율을 인상하여 흑자 재정을 유지한다.
② 이자율을 높여 저축의 증대를 유도한다.
③ 국·공채를 매각하면 시중의 통화량은 줄어든다.
④ 지급준비율을 인상하여 은행의 대출액을 조절한다.

08. 정답 ④

갑은 정부의 재정 지출을 축소하는 긴축재정정책을 주장한다.
을은 통화량을 줄이는 긴축 통화정책을 주장한다.

해설

④ 긴축재정정책이나 긴축 통화정책을 추진하면 경기가 냉각되어 모두 고용 감소를 초래할 수 있다.

오답검토

① 갑과 을 모두 현재의 경제 상황을 불황이 아니라 활황이라고 보고 있다.
② ㉠은 긴축재정정책의 수단이다.
③ ㉡의 수단으로 국공채를 매입하면 시중에 통화량이 공급되므로 국공채를 매각해야 한다.
⑤ ㉠, ㉡ 모두 총수요 감소 요인이다.

09. 정답 ⑤

해설

⑤ 정부가 소득세율을 낮추어 조세 감소를 통한 확대 재정정책을, 중앙은행은 시중에서 국공채를 매입하여 통화를 공급하는 확대 금융정책을 시행하고자 하는 것은 소비와 투자 위축으로 인한 경기 침체 가속화를 우려하기 때문이다.

오답검토

① 경상 수지의 흑자 확대는 무역 수지 흑자나 서비스 수지 흑자가 늘어나 순수출이 증가한 것이므로 총수요 증가 요인으로 볼 수 있다.
② 정부지출 증가로 인한 재정 불균형 심화(재정 적자)를 완화하려면 긴축 재정정책을 시행해야 한다.
③ 무역 불균형 심화로 인한 무역 분쟁 증가는 환율 조정 등을 통해 해결해야 한다.
④ 물가 급등에 따른 가계의 실질소득 감소를 막기 위해 물가를 진정시키려면 긴축 재정정책과 긴축 금융정책을 시행해야 한다.

10. 정답 ②

㉠ 석유 가격의 상승으로 생산요소 가격이 인상되어 총공급이 감소한다.
㉡ 민간소비 감소는 총수요를 감소시키는 요인이다.

해설

② ㉡의 민간소비 감소는 갑국의 총수요를 감소시키는 요인이다.

오답검토

① ㉠의 석유 가격의 상승은 갑국의 총공급을 감소시키는 요인이다.
③ 갑국 내에서 경기를 부양하기 위하여 법인세율 인하의 필요성이 제기될 것이다.
④ 석유 가격이 상승하면 수입이 증가하는 데 반해 국내 소비가 감소하면 수입이 감소하므로 갑국의 경상 수지가 개선될지 알 수 없다.
⑤ 보고서의 전망이 모두 현실화되면 총공급도 감소하고 총수요도 감소하여 갑국의 국민소득이 감소할 것이나 물가의 상승 여부는 불분명하다.

총공급 감소	물가 P+	국내 총생산 GDP -
총수요 감소	물가 P -	국내 총생산 GDP -
	물가 P?	국내 총생산 GDP -

11. 정답 ②

해설

ㄱ. (가)는 조세 정책 및 재정 지출이므로 재정정책이고, (나)는 이자율 및 국공채에 관한 정책이므로 금융정책에 해당한다.
ㄹ. 경기가 침체된 경우에는 일반적으로 확대 재정정책인 B나 확대 금융정책인 D를 활용한다.

오답검토

ㄴ. (가), (나) 모두 총수요의 조절을 목적으로 한다.
ㄷ. A와 C의 정책 목표는 소비와 투자를 둔화시키는 것이다.

12. 정답 ④

경기가 회복되면서 물가가 상승하기 위해서는 총수요가 증가해야 한다.

해설

④ 중앙은행이 확대 통화정책을 시행하면 통화량이 증가하고 이자율이 하락하여 총수요가 증가한다. 총수요가 증가하면 경기는 좋아지지만, 물가는 상승한다.

오답검토

① 수입 원자재 가격이 급등하면 총공급이 감소한다. 총공급이 감소하면 경기는 나빠지고, 물가는 상승한다.
② 기업의 상품수출이 감소하면 총수요가 감소한다. 총수요가 감소하면 경기는 나빠지고 물가는 하락한다.
③ 정부가 긴축재정정책을 시행하면 총수요가 감소한다.
⑤ 소비자들이 향후 경기에 대해 비관적으로 전망하면 소비가 감소하여 총수요가 감소한다.

Chapter **16** 내신 대비 및 수능특강 보완

정답 및 해설

01. 정답 ④

갑은 자기 국가가 모든 면에서 생산성이 높아 교역의 필요성을 느끼지 못하고 있고, 을은 생산성이 좀 더 높은 곳에 집중한다는 비교우위 원리를 강조하고 있다.

해설

④ 을은 비교우위 원리를 주장하고 있다. 비교우위에 따르면 상대적으로 기회비용이 작은 상품에 특화할 수 있다. B국은 A국에 비해 생산의 기회비용이 작은 상품에 특화하여 수출할 수 있다.

오답검토

① 갑은 자국이 모든 면에서 생산성이 높아 절대우위에 있기 때문에 B국과의 교역에 반대하고 있다.
② 교역으로 인해 상품 생산의 절대우위가 변하는 것은 아니다.
③ 갑의 주장에 따르면 A국은 B국보다 모든 상품 생산에서 절대우위를 가진다는 것이지 모든 상품생산에서 기회비용이 더 크다는 것은 아니다.
⑤ 교역으로 인해 이익이 발생한다면 교역을 하는 것이 효율적이다. 따라서 교역을 반대하는 갑보다 교역을 찬성하는 을의 주장이 효율성의 측면에서 더 타당하다.

02. 정답 ②

구분	의류(1벌)	기계(1대)	의류의 기회비용	기계의 기회비용
갑국	2	4	0.5	2
을국	3	7	$\frac{3}{7}$	$\frac{7}{3}$

해설

갑국에서 의류 1벌을 만들기 위해서는 노동력 2명이 필요한데 이 노동력으로 기계를 만들면 기계 $\frac{1}{2}$대를 만들 수 있으므로 의류 1벌을 만들기 위해 포기하는 기계는 $\frac{1}{2}$대이다. 또 기계 1대를 만들기 위해서는 노동력 4명이 필요한데 이 노동력으로 의류 2벌을 만들 수 있으므로 기계 1대를 만들기 위해 포기하는 의류는 2벌이다.

을국에서 의류 1벌을 만들기 위해서는 노동력 3명이 필요한데 이 노동력으로 기계를 만들면 기계 $\frac{3}{7}$ 대를 만들 수 있으므로 의류 1벌을 만들기 위해 포기하는 기계는 $\frac{3}{7}$ 대이다. 또 기계 1대를 만들기 위해서는 노동력 7명이 필요한데 이 노동력으로 의류 $\frac{7}{3}$ 벌을 만들 수 있으므로 기계 1대를 만들기 위해 포기하는 의류는 $\frac{7}{3}$ 벌이다

03. 정답 ④

국가＼재화	X재	Y재	X재의 기회비용	Y재의 기회비용
갑국	20	60	3Y	$\frac{1}{3}X$
을국	40	80	2Y	$\frac{1}{2}X$

(1) 기회비용

	X재의 기회비용		Y재의 기회비용	
	X재	Y재	X재	Y재
갑국의 기회비용	20	60	20	60
	1	3	$\frac{1}{3}$	1
	X재	Y재	X재	Y재
을국의 기회비용	40	80	40	80
	1	2	$\frac{1}{2}$	1

(2) 교역조건

교역조건은 갑국과 을국의 기회비용 사이가 교역조건이 된다. 즉, 양국의 기회비용 내에서 교역하면 양국 다 이익을 얻을 수 있다.

- X재 교역조건 : 2Y ≤ X재 기회비용 ≤ 3Y
- Y재 교역조건 : $\frac{1}{3}X$ ≤ Y재 기회비용 ≤ $\frac{1}{2}X$

(3) 교역 후 이익

① 갑국은 Y재에 특화하고, 을국은 X재에 특화한다.
② 무역 전에 갑국은 X재 20개를 생산·소비하고, 을국은 X재 20개, Y재 40개를 생산·소비하고 있다고 가정한다.
③ 특화 후 갑국은 Y재를 60개 생산하고, 을국은 X재 40개를 생산한다.
④ 특화한 후 X재 1개당 Y재 2.5개 교환 조건으로 하여 X재 20개를 Y재 50개로 교환하면 무역 이익은 아래와 같다.

- 교환 조건 2Y < X재 = 2.5Y < 3Y
- 무역 이익

	갑국		을국	
	X재	Y재	X재	Y재
무역전 생산 소비량	20	0	20	40
특화 후 생산량		60	40	
교환 후 소비량	20	10	20	50
무역 이익		10		10

- 갑국은 교역 후 X재 20개, Y재 10개를 소비할 수 있는데 무역 전에는 X재만 20개 생산하여 소비할 수 있었으므로 무역 이익은 Y재 10개다.
- 을국은 교역 후 X재 20개, Y재 50개를 소비할 수 있는데 무역 전에는 X재 20개, Y재 40개를 생산하여 소비했으므로 무역 이익은 Y재 10개다.

해설

④ 갑국과 을국은 교역을 통해 모두 이익을 볼 수 있다.

오답검토

① 갑국은 Y재 생산에 비교우위를 가진다.
② 갑국은 Y재 60개, 을국은 Y재 80개를 생산하므로 갑국은 Y재 생산에 절대열위를 가진다.
③ 을국은 X재에 비교우위가 있으므로 X재를 특화하여 생산하는 것이 이익이다.
⑤ 을국은 X재와 Y재 생산에 모두 절대우위를 가진다. 그러나 비교우위는 상대적인 개념이므로 두 재화 모두에서 비교우위를 가질 수는 없다.

04. **정답** ⑤

구분	갑국	을국
X재	2명	4명
Y재	3명	3명
X재 기회비용	$\dfrac{2}{3}$	$\dfrac{4}{3}$
Y재 기회비용	$\dfrac{3}{2}$	$\dfrac{3}{4}$

(1) 기회비용

	X재의 기회비용		Y재의 기회비용	
	X재 Y재		X재 Y재	
갑국의 기회비용	2	3	2	3
	1	$\frac{2}{3}$	$\frac{3}{2}$	1
	X재 Y재		X재 Y재	
을국의 기회비용	4	3	4	3
	1	$\frac{4}{3}$	$\frac{3}{4}$	1

① 갑국이 X재 1단위 생산하는데 노동력이 2명 필요한데, 이 노동력으로 Y재를 생산하는 경우에는 Y재를 $\frac{2}{3}$단위 생산할 수 있으므로 갑국의 X재 1단위의 기회비용은 Y재 $\frac{2}{3}$단위이다.

② 갑국이 Y재 1단위 생산하는데 노동력이 3명 필요한데 이 노동력으로 X재를 생산하는 경우에는 X재를 $\frac{3}{2}$단위 생산할 수 있으므로 갑국의 Y재 1단위의 기회비용은 X재 $\frac{3}{2}$단위이다.

③ 을국이 X재 1단위 생산하는데 노동력이 4명 필요한데, 이 노동력으로 Y재를 생산하는 경우에는 Y재를 $\frac{4}{3}$단위 생산할 수 있으므로 을국의 X재 1단위의 기회비용은 Y재 $\frac{4}{3}$단위이다.

④ 을국이 Y재 1단위 생산하는데 노동력이 3명 필요한데, 이 노동력으로 X재를 생산하는 경우에는 X재를 $\frac{3}{4}$단위 생산할 수 있으므로 을국의 Y재 1단위의 기회비용은 X재 $\frac{3}{4}$단위이다.

해설

ㄷ. X재 1단위 생산의 기회비용은 을국이 $\frac{4}{3}$, 갑국이 $\frac{2}{3}$이므로 을국이 크다.

ㄹ. X재와 Y재의 교환비율 1:1은 양국의 X재, Y재의 기회비용 내이므로 양국은 이 조건으로 교환하면 양국 모두 이익을 얻는다.

① 무역 이익
㉠ 특화 전
갑국 X재 1개, Y재 1개 생산하면 노동력 5명 투입
을국 X재 1개, Y재 1개 생산하면 노동력 7명 투입
㉡ 특화 후 X재와 Y재 생산
갑국 X재 2개 생산 노동력 4명 투입
을국 Y재 2개 생산 노동력 6명 투입
㉢ 갑국과 을국은 특화·생산 후 X재와 Y재를 1 : 1의 비율로 1개씩 1개씩 교환 소비하면 아래 표와 같이 노동력을 절감할 수 있다.

	특화 전 생산 (X재, Y재 1개 생산)	특화 후 생산	교환·소비	노동력 절감
갑국	X재: 2명, Y재: 3명 총 5명 투입	X재 2개 생산에 4명 투입	X재 1개, Y재 1개	1명
을국	X재: 4명, Y재: 3명 총 7명 투입	Y재 2개 생산에 6명 투입	X재 1개, Y재 1개	1명

05. 정답 ②

(1) 기회비용

① 갑국

B재 20개 추가 생산 시 A재 10개를 포기했으므로

B재 1단위 생산의 기회비용은 A재 0.5개

A재 1단위 생산의 기회비용은 B재 2개

② 을국

A재 10개 추가 생산 시 B재 10개를 포기했으므로

A재 1단위 생산의 기회비용은 B재 1개

B재 1단위 생산이 기회비용은 A재 1개

③ 기회비용 정리

	A재	B재	A재 기회비용	B재 기회비용
갑국	10	20	2	0.5
을국	10	10	1	1

해설

ㄱ. 갑국은 B재, 을국은 A재 생산에 비교우위가 있다.
ㄷ. 갑국과 을국이 무역을 통해 얻은 이익의 총합은 B재 10개의 가치와 같다.

아래 표에서 보면 무역 이후에 B재 생산량이 10개 더 많다.

구분	무역 이전 생산량		무역 이후 생산량	
	A재	B재	A재	B재
전체	20	30	20	40

오답검토

〈갑국의 교역 조건〉

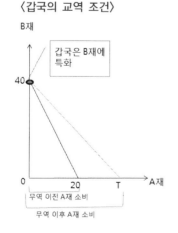

〈을국의 교역 조건〉

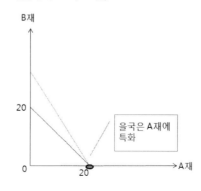

ㄴ. 무역 이후 갑국에서 A재 소비의 기회비용은 감소한다. 갑국은 B재에 특화하여 생산한다. 갑국은 무역 이전에 A재만 생산하는 경우에는 A재 20개를, B재만 생산하는 경우에는 B재 40개를 생산할 수 있다. 무역 후에는 B재에 특화하여 B재 40개를 생산한다. 무역 이전에도 국내에서 B재 40개를 A재 20개와 교환 가능했으므로 B재를 수출하고 A재를 수입하는 경우 A재를 20개 초과해서 받아야 무역 이득이 발생하므로 B국의 소비 가능 영역은 OT40으로 바뀌게 된다. 따라서 무역 이후 갑국에서 A재 소비의 기회비용은 감소하게 된다.

ㄹ. 갑국은 무역 전 자국 시장에서 B재 10개를 주고 A재 5개를 교환(B재 1단위의 기회비용은 A재 0.5단위) 했는데 무역 후에는 B재 10개를 주고 A재 10개를 받으므로(B재 1단위의 기회비용은 A재 1단위) 무역 이익이 발생한다.

06. 정답 ⑤

(1) 기회비용

	X재의 기회비용		Y재의 기회비용	
갑국의 기회비용	X재 12 1	Y재 36 3	X재 12 $\frac{1}{3}$	Y재 36 1
을국의 기회비용	X재 20 1	Y재 40 2	X재 20 $\frac{1}{2}$	Y재 40 1

구분	X재	Y재	X재 기회비용	Y재 기회비용
갑	12단위	36단위	3	$\frac{1}{3}$
을	20단위	40단위	2	$\frac{1}{2}$

(2) 교역조건

① X재를 Y재로 교환하는 경우의 교역조건 : 2Y ≤ X재 기회비용 ≤ 3Y

ㄱ 을국은 X재에 특화한다. 특화 이전에 국내에서 생산할 경우 X재 20개의 생산을 포기하면 Y재 40개를 생산할 수 있었다. 특화 이후 X재 20개를 생산하여 교역 후 Y재를 40개 이상 얻을 수 있으면(예를 들면 아래 그림의 Y재 B개) 을국은 교역에 응할 것이다. 즉, X재 기회비용인 2Y 이상을 얻을 수 있으면 을국은 교역에 응한다.

ㄴ 갑국은 Y재에 특화한다. 특화 이전에 국내에서 생산할 경우 Y재 36개의 생산을 포기하면 X재 12개를 생산할 수 있었다. 특화 이후 Y재 36개를 생산하여 교역 후 X재를 12개 이상 얻을 수 있으면(예를 들면 아래 그림의 X재 A개) 갑국은 교역에 응할 것이다. 만약에 갑국이 Y재를 생산하여 X재 A개와 교환하면 갑국의 X재 기회비용은 3Y보다 작게 변화할 것이다. 교역 전에는 X재 12개와 Y재 36개와 비교하여 X재 기회비용을 구했으나 교역 후에는 X재 A개와 Y재 36개로 기회비용을 구하므로 갑국의 경우 X재 기회비용은 3Y보다 작아야 한다.

② Y재를 X재로 교환 시 교역조건 : $\frac{1}{3}$X ≤ Y재 기회비용 ≤ $\frac{1}{2}$X

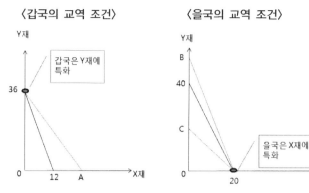

〈갑국의 교역 조건〉　　　〈을국의 교역 조건〉

해설

⑤ Y재를 X재로 교환 시 교역조건은 $\frac{1}{3}$X ≤ Y재 기회비용 ≤ $\frac{1}{2}$X이다. 을은 특화를 통해 X재를 20단위 생산하여, X재 15단위를 소비하면, X재 5단위를 Y재와 교환할 수 있다. 그러나 갑은 Y재 1단위당 최소한 X재 1/3단위 이상을 받고자 할 것이므로 을이 최대한 소비할 수 있는 Y재는 15단위를 넘을 수 없다.

$(1Y \geq \frac{1}{3}X \Rightarrow 3Y \geq 1X \Rightarrow 15Y \geq 5X)$

지문검토

① 을은 갑보다 X재, Y재 모두 더 많이 생산하므로 을은 두 재화 모두에 절대우위가 있다.
② 갑은 Y재에, 을은 X재에 비교우위가 있다.
③ 교환 전, 갑의 X재 1단위 생산의 기회비용은 Y재 3단위이다.
④ 을국은 무역 전 X재 20개 생산을 포기하면 Y재 40개를 생산할 수 있다.
　무역 후 X재의 교환 조건이 1:1이면 을국은 X재 20개를 생산하여 수출하고 Y재 20개를 받으므로 을국은 무역에 참가하지 않는다.

07. **정답** ②

(1) **기회비용**

	X재의 기회비용		Y재의 기회비용	
갑국의 기회비용	TV	휴대전화	TV	휴대전화
	20	10	20	10
	1	0.5	2	1
을국의 기회비용	TV	휴대전화	TV	휴대전화
	30	60	30	60
	1	2	0.5	1

구분	TV	휴대전화	TV 기회비용	휴대전화 기회비용
갑	20만 대	10만 대	(0.5)	2
을	30만 대	60만 대	2	(0.5)

해설

② TV 1대 생산의 기회비용이 갑국은 휴대전화 0.5대이며, 을국은 휴대전화 2대이므로 을국이 갑국의 4배이다.

오답검토

① 갑국은 TV 생산에 을국은 휴대전화 생산에 비교우위를 가진다.

③ 리카도 비교우위론의 주요 가정은 노동만이 유일한 생산요소이고 모든 노동의 질은 동일하다는 것이다. 문제에서 노동투입량은 동일하다고 하였으므로 을국은 두 재화 생산 모두에 절대우위가 있고 리카도 비교우위론에 따라 무역을 하면 이득을 볼 수 있다.

④ 생산가능곡선은 각 나라가 보유한 자원을 모두 투입하여 최대한 생산 가능한 점들로서 무역 이전이든 무역 이후에도 생산가능곡선 외부의 점에서의 생산은 현재의 기술 수준에서는 불가능하다. 그러나 무역이 발생하면 생산가능곡선 외부의 점에서 소비는 가능하다.

⑤ 완전 특화 후 갑국은 TV를 20만 대 생산하고 을국은 휴대전화 60만 대를 생산한다. 그런데 갑국의 TV 생산 능력이 20만 대이므로 1:1 교환 시 을국은 TV 20만 대를 수입하여 소비할 수 있다. 만약 교역 후 을국이 TV를 5만 대 추가 생산하면 휴대전화는 10만 대 생산을 포기하여야 하므로 이 경우 을국이 소비 가능한 휴대전화는 30만 대이다.

	갑국	을국
특화 후 생산	TV 20만 대 생산	휴대전화 60만 대 생산
1:1 교환 후	휴대전화 20만 대	TV 20만 대, 휴대전화 40만 대
교역 후 을국 TV 5만 대 추가 생산	휴대전화 20만 대	TV 25만 대, 휴대전화 30만 대

08. 정답 ②

구분	X재	Y재	X재 기회비용	Y재 기회비용
갑	15개	45개	3	$\frac{1}{3}$
을	?	?	?	?

해설

ㄱ. 갑국에서 X재 1개 생산의 기회비용은 Y재 3개이므로 X재만 15개 생산하다가 5개를 줄여서 X재를 10개만 생산하면 Y재를 15개까지 생산할 수 있다.

ㄷ. 갑국은 Y재 특화하여 Y재 45개를 생산한 후 Y재 30개를 X재 15개와 교환했으므로 두 나라의 교역조건은 X재:Y재=1:2이다.

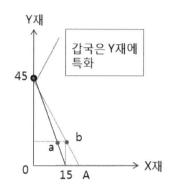

ㄴ. 교역 전 갑국의 생산 및 소비점은 (10, 15)인데, 교역 후 소비점이 (15, 15)로 변화하여 X재를 추가로 5개 더 소비하였다. 갑국은 교역 후 X재 5개의 무역 이익을 얻었으므로 Y재 생산에 비교우위가 있다. (소비 가능 영역이 아래 그림처럼 변화하였으므로 Y재 생산에 비교우위가 있다.)

ㄹ. 교역 후 갑국은 X재를 A점까지 소비할 수 있으므로 Y재 소비의 기회비용은 증가한다.(교역 전에는 Y재 45개를 소비하면 X재 15개를 포기했는데, 교역 후에는 Y재 45개를 소비하면 X재 A개를 포기해야 하므로 Y재 소비의 기회비용은 증가한다.)

09. 정답 ③

구분	X재	Y재	X재 기회비용	Y재 기회비용
갑	40개	20개	$\frac{1}{2}$	2
을	?	?	?	?

해설

③ 소비점 A에서 (15, 15)를 소비하고 있으므로, 갑국은 Y재 20개를 생산한 후 Y재 5개를 X재 15개와 교환한 것을 알 수 있다. 따라서 현재 갑국과 을국의 X재와 Y재의 교환비율은 3:1이다. 을국은 B점에서 (65, 5)를 소비하고 있는데, X재 15개를 Y재 5개와 교환할 수 있으므로 을국은 X재 50단위와 Y재 10단위를 소비할 수 있다.

오답검토

① 갑국은 Y재에 특화한다. A, B는 각각 갑국과 을국의 교역 후 소비점을 나타내므로 소비점 A(15, 15), B(65, 5)를 통해 갑국과 을국 양국에서 X재 80(15+65)단위와 Y재 20(15+5)단위가 생산되었음을 알 수 있다. 갑국의 생산가능곡선에서는 X재를 40단위밖에 생산할 수 없으므로 갑국은 Y재 20단위에 특화 후 교역하였음을 알 수 있다.

② 교역조건

갑국은 Y재에 특화 전 국내에서 Y재 1개와 X재 2개를 교환하여 생산 소비할 수 있었다. 특화 후 갑국은 Y재 1개를 을국에게 수출하고 을국으로부터 X재를 2개보다 더 많이 받는다면(1Y > 2X) 갑국은 무역 이익이 발생하므로 당연히 교역에 응할 것이다. Y재 2단위를 X재 5단위와 교환하면 무역에 응한다.

④ 을국은 X재에 특화하였다. 교역조건이 X재의 기회비용보다 크다면 즉, 국내에서 X재 한 단위와 교환되

는 Y재의 양보다 많다면 을국은 교역에 응할 것이다. 교역 조건이 X재의 기회비용보다 크므로 X재 1단위 추가 소비에 따른 기회비용은 증가한다.
⑤ 갑국은 Y재에, 을국은 X재에 특화하였으므로 을국이 교역으로 최대한 소비할 수 있는 Y재는 20단위이다.

10. 정답 ①

해설

(1) 관세 부과 이전

① 국내 소비량 : Q_4

② 국내 생산량 : Q_1

③ 수입량 : $Q_1 \sim Q_4$

(2) 관세 부과 이후

① 국내 소비량 : Q_3

국내 소비량 감소 : $Q_3 \sim Q_4$

② 국내 생산량 : Q_2

③ 수입량 : $Q_2 \sim Q_3$

④ 관세 수입 : C

(3) 소비자 잉여와 생산자 잉여의 변화

	소비자 잉여	생산자 잉여	사회적 잉여
관세 부과 전	A+B+C+D+G+H	E	A+B+C+D+G+H+E
관세 부과 후	G+H	A+E	A+G+H+E
합계	−(A+B+C+D)	+A	−(B+C+D)

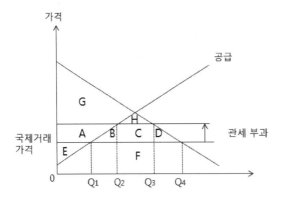

오답검토

② 생산자 잉여는 E에서 (A+E)로 변했으므로 (A)만큼 증가하게 된다.

③ 국내 생산량은 $Q_1 \sim Q_2$만큼 증가하고 소비량은 $Q_3 \sim Q_4$만큼 감소하게 된다.

④ 소비자 잉여는 (A+B+C+D)만큼 감소한다.

⑤ 정부의 조세수입은 $(Q_3 \sim Q_4) \times$관세이므로 (C)만큼 증가하게 된다.

11. 정답 ①

갑은 국가 안보를 위해서, 병은 유치산업 보호를 위해서, 정은 공정한 경쟁이나 환경 보호를 위해서 보호무역을 주장하고 있다. 을은 개방을 통한 소비자 후생 증대를 위해 자유무역을 주장하고 있다.

해설

① 갑은 재화나 서비스를 수입에만 의존할 경우의 위험성을 강조하고 있는데 수입품의 대체재가 적을수록 이러한 위험성은 더 커지게 된다.

오답검토

② 외국의 수출 기업이 저임금을 주거나 환경 규약을 지키지 않고 물건을 싸게 만들어 수출하면 수입국은 싼 가격에 제품을 소비할 수 있으므로 수입국 소비자의 후생은 증대하게 된다.

③ 을은 자유무역을 옹호하므로 관세 부과, 수입할당제 등의 정책을 반대할 것이다.

④ 갑, 병, 정은 보호무역을, 을은 자유무역을 지지한다.

⑤ 비교우위론에 따른 교역은 무역의 일반 원리이므로 자유무역이나 보호무역과는 관련이 없다.

12. 정답 ⑤

구분	X재	Y재	X재 기회비용	Y재 기회비용
갑국	30만 개	60만 개	2	$\dfrac{1}{2}$
을국	60만 개	?	?	?

그림에서 보면 갑국은 을국과 무역 후 X재 30만 개를 추가로 소비할 수 있다. X재를 추가로 소비할 수 있는 무역 이득을 얻었으므로 갑국은 Y재에 특화했다. 갑국은 Y재 60만 개를 X재 60만 개까지 교환·소비 가능하므로 을국은 X재에 특화 후 X재를 60만 개 생산했다.

해설

ㄴ. 갑국은 무역 전에 Y재 60만 개의 생산을 포기하면 X재 30만 개를 생산·소비할 수 있었는데(갑국의 기회비용) 무역 후에는 Y재 60만 개를 X재 60만 개와 교환·소비가 가능하게 되었다. 무역 후 갑국이 Y재 60만 개를 X재 60만 개와 교환·소비 가능한 것은 을국이 X재에 특화하여 X재 60만 개를 생산한 것을 의미한다. 을국은 무역에서 이익을 보는 경우에만 무역에 참가하므로, 을국이 X재 60만 개를 생산하여 Y재 60만 개와 교환·소비 가능한 것이 이득이라는 것은 을국이 국내에서 X재 60만 개 생산을 포기하면 Y재는 60만 개 미만으로 생산·소비 가능한 것을 의미한다. 을국이 X재 60만 개 생산을 포기하면 Y재는 60만 개 미만으로 생산하므로 을국의 X재 기회비용은 1보다 작다.

ㄷ. 갑국에서 Y재 1개 소비의 기회비용은 X재 0.5개였으나 교역 후에는 X재 1개로 늘어난다. 따라서 갑국의 Y재 1개 소비의 기회비용은 교역 전보다 교역 후가 크다.

ㄹ. 갑국과 을국 모두 이익을 보는 경우에만 무역에 참가한다. 갑국은 Y재 1단위로 X재 $\dfrac{2}{3}$ 단위 얻을 수 있으므로 특화 전 국내에서 Y재 1단위당 X재 교환비 0.5보다 크므로 무역에 참가한다. 을국은 현재 교역조건이 1:1일 때에도 이익이 발생했으므로 X재 1단위당 Y재 $\dfrac{3}{2}$ 을 얻는 2:3일 때에는 이익이 더 커진다. 따라서 양국 모두 무역에 참가한다.

오답검토

ㄱ. 갑국은 교역 후 X재 소비 가능 영역이 확대되었으므로 Y재 생산에 비교우위가 있다.

01. 정답 ②

(가) 외환수요의 감소로 외환 수요곡선이 왼쪽으로 이동했다.
(나) 외환공급의 증가로 외환 공급곡선이 오른쪽으로 이동했다.

해설

② 수입 감소는 외환수요의 감소 요인이고 외국인의 국내 투자 증가는 외환공급의 증가 요인이다.

오답검토

① 수출 감소는 외환공급의 감소 요인이고 수입 증가는 외환수요의 증가 요인이다.
③ 해외 투자 감소는 외환수요의 감소 요인이고 수출 감소는 외환공급의 감소 요인이다.
④ 국내 이자율 하락은 외환공급의 감소 요인이고 해외 투자 감소는 외환수요의 감소 요인이다.
⑤ 외국인의 국내 투자 감소는 외환공급의 감소 요인이고 국내 이자율 상승은 외환공급의 증가 요인이다.

02. 정답 ④

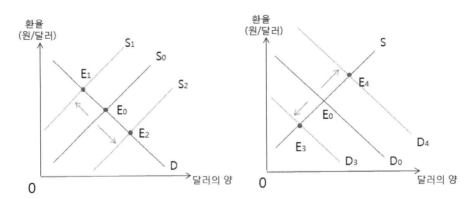

해설

④ 미국으로부터 신규 차관 도입이 증가하면 외환의 공급이 증가하여 균형점이 $E_0 \rightarrow E_2$로 이동한다.

오답검토

① 대미 수출이 증가하면 외환의 공급이 증가하여 균형점은 $E_0 \rightarrow E_2$로 이동한다.
② 미국인의 국내여행이 증가하면 외환의 공급이 증가하여 균형점은 $E_0 \rightarrow E_2$로 이동한다.

03. 정답 ③

해설

③ 외국인의 국내 주식 투자가 증가하면 외환의 공급이 늘어나 외환 공급곡선이 오른쪽으로 이동하므로 균형점은 B점으로 이동한다.

오답검토

① 국산 자동차의 수출이 감소하면 외환의 공급이 감소하여 외환 공급곡선이 왼쪽으로 이동하므로 균형점은 A로 이동한다.
② 외국산 화장품의 수입이 감소하면 외환의 수요가 감소하여 외환 수요곡선이 왼쪽으로 이동하므로 균형점은 C로 이동한다.
④ 해외여행을 떠나는 사람들이 증가하면 외환의 수요가 증가하여 외환 수요곡선이 오른쪽으로 이동하므로 균형점은 D로 이동한다.
⑤ 개발도상국에 대한 대외 원조 제공이 증가하면 외환의 수요가 증가하여 외환 수요곡선이 오른쪽으로 이동하므로 균형점은 D로 이동한다.

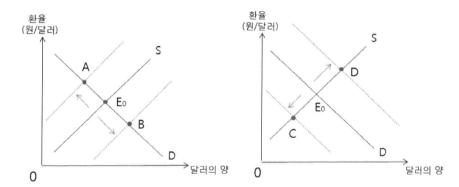

04. 정답 ③

A, B 외환수요 증가, 외환공급 증가   C, D 외환수요 감소, 외환공급 증가

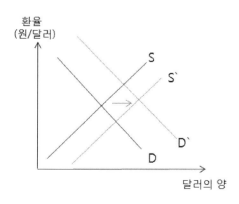
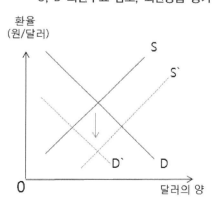

A. 외국인 관광객 증가 : 외환공급 증가

　국내 기업 해외 투자 증가 : 외환수요 증가

B. 외국인의 국내 주식 투자 증가 : 외환공급 증가

　원자재 수입 증가 : 외환수요 증가

C. 문화 콘텐츠의 수출 증가 : 외환공급 증가

　국내 기업의 해외 투자 감소 : 외환수요 감소

D. 상품수입 감소 : 외환수요 감소

　외국인의 국내 투자 증가 : 외환공급 증가

05. 정답 ②

해설

국내의 외국인 투자 자금 유출 증가는 우리나라에 투자했던 외국 자금이 우리나라 밖으로 나가는 것이다. 달러가 국외로 나가는 것은 달러의 수요가 증가하는 것이므로 외환 수요곡선이 오른쪽으로 이동한다.

06. 정답 ⑤

(가)는 달러 수요 증가로 외환 수요곡선이 오른쪽으로 이동하여 환율이 상승하므로 달러화에 대한 원화의 가치 하락이다. (나)는 일본이 확대 통화정책을 시행하게 되면 일본의 통화량이 증가하여 일본의 이자율이 하락하므로 원화에 대한 엔화의 가치는 떨어지게 된다.

해설

⑤ 미 달러화에 대한 원화의 가치는 하락하고, 원화에 대한 엔화의 가치가 하락하면 3개국 통화 중 엔화가 가장 약세가 되므로 미국 시장에서 일본 상품과 경쟁하는 우리나라 상품의 가격 경쟁력은 약화될 것이다.

오답검토

① 원/엔 환율 하락으로 엔화에 대한 원화의 가치가 상승하면 우리나라의 대일 수출 경쟁력이 약화되어 상품 수지는 악화될 것이다.

② 원/달러 환율 상승으로 원화에 대한 달러화의 가치가 상승하여 우리나라 수출상품의 달러 표시 가격은 떨어진다.

　예 $10어치 상품을 수출하는 경우

　미국에 상품을 $10에 수출하는 경우에 환율이 1$ = ₩1,100이면 ₩11,000을 받는다. 환율이 1$ = ₩1,100에서 1$ = ₩1,200로 상승하면 수출상품가격을 $9.5로 인하해도 원화는 ₩11,400을 받을 수 있다. 원화에 대한 달러화의 가치가 상승하면 우리나라 수출상품의 달러 표시 가격은 내려간다.

③ 원/달러 환율 상승으로 원화에 대한 달러화의 가치가 상승한 가운데 원/엔 환율 하락으로 엔화에 대한 원화의 가치가 상승하였으므로 엔화가 3개국 통화 중 가장 약세를 보이고 있다. 따라서 미국인이 일본으로 여행할 경우 비용 부담은 감소할 것이다.

④ 원/엔 환율 하락으로 엔화에 대한 원화의 가치가 상승하면 일본에서 수입하는 가격이 싸져서 우리나라 기업의 생산 비용 부담은 감소할 것이다.

07. 정답 ③

해설

한국 채권의 연간 수익률이 10%이고 미국 채권의 수익률이 5%이므로 수익률 기준으로 보면 한국 채권에 투자해야 한다. 그런데도 불구하고 미국 채권에 투자하는 것은 1년 뒤 원/달러 환율의 상승으로 인해 미국에 투자할 경우의 수익율이 한국 채권에 투자한 연간 수익률 10%를 초과할 것으로 예상했기 때문이다.

> 한국 채권 수익률 10% < <u>1년 뒤 원/달러 환율 상승 예상</u> × 미국 채권 수익률 5%

일본인 을은 다음 달에 가족과 함께 가기로 한 미국 여행을 1년 뒤로 미룬 것은 1년 뒤 달러화에 대한 엔화의 가치가 상승하여(엔/달러의 환율이 하락) 더 싸게 미국 여행을 할 수 있을 것으로 예상하기 때문이다.

08. 정답 ③

원/엔 환율이 1분기 현재 100엔당 923원인데 엔화의 가치가 계속 떨어져 4/4 분기에는 100엔당 800엔대까지 떨어질 것으로 예상되면 일본으로 수출하는 우리나라 기업은 불리해지고 원자재를 일본으로부터 수입하는 우리나라 기업은 유리해진다.

해설

ㄴ. 일본으로 여행을 가는 한국인 관광객이 똑같은 금액의 엔화를 바꿀 때 더 적은 원화를 주면 되므로 유리해진다.

ㄷ. 일본에 유학 간 자녀에게 송금하는 한국 부모도 똑같은 금액의 엔화를 송금할 때 더 적은 원화를 주면 되므로 유리해진다.

🖱 오답검토

ㄱ. 일본에 핸드폰을 수출하는 한국 기업은 대일 수출 경쟁력이 약화되어 불리해진다.

ㄹ. 한국으로부터 컴퓨터 핵심 부품을 수입하는 일본 기업은 엔화의 가치 하락으로 수입 가격이 비싸져 불리해진다.

09. 정답 ②

원/달러 환율이 하락하면($\frac{\text{원화}\Downarrow}{1\text{달러}}$) 원화는 달러에 대하여 가치가 상승하는 것이고 엔/달러 환율이 상승하면 ($\frac{\text{엔화}\Uparrow}{1\text{달러}}$) 달러화는 엔화에 대하여 가치가 상승하는 것이다.

해설

ㄱ. 원/달러 환율이 하락하는 것은 원화의 가치가 달러화에 비해 가치가 상승하는 것이다.

ㄷ. 달러화 대비 원화의 가치 상승으로 한국 제품의 가격은 오르고, 달러화 대비 엔화의 가치 하락으로 일본 제품의 가격은 내려가므로 미국 시장에서 한국 제품의 가격 경쟁력이 일본 제품보다 낮아진다.

🖱 오답검토

ㄴ. 엔화 대비 미 달러화의 가치가 상승하므로 미국 제품의 대(對)일본 수출이 감소한다.

ㄹ. 원/달러 환율이 하락 = $\frac{\text{원화}\Downarrow}{1\text{달러}}$, 엔/달러 환율이 상승 = $\frac{\text{엔화}\Uparrow}{1\text{달러}}$ 하면 원화 $\Downarrow$ = 1달러 = 엔화 $\Uparrow$ 이므로

원화 대비 엔화의 가치가 떨어진다.

원화 대비 엔화의 가치가 떨어지므로 일본으로부터 부품을 수입하는 수입 가격이 내려서 한국 기업은 생산비 인하 요인이 발생한다.

10. 정답 ⑤

원/100엔 환율이 100엔당 1,000원에서 100엔당 900원으로 떨어졌으므로 원화 대비 엔화의 가치가 하락한 것이다.

원/위안 환율이 1위안당 170원에서 200원을 올랐으므로 원화 대비 위안화의 가치가 상승한 것이다.

해설

ㄷ. 엔화의 가치는 하락하고 위안화의 가치는 상승했으므로 한국 시장에서 일본 상품에 비해 중국 상품의 가격경쟁력이 약화되었다.

ㄹ. 엔화의 가치가 떨어지고 위안화의 가치가 상승했으므로 한국 기업은 중국보다 일본으로부터의 수입 비중을 늘리는 것이 유리해졌다.

🖑 오답검토

ㄱ. 한국 시장에서 엔화의 가치는 하락하고 위안화의 가치는 상승했으므로 일본인과 달리 중국인의 한국 여행이 유리해졌다.

ㄴ. 국내 위안화 예금 보유자는 더 많은 원화를 받게 되고 엔화 예금 보유자는 더 적은 원화를 받게 되므로 보다 국내 위안화 예금 보유자가 엔화 예금 보유자보다 유리해졌다.

11. 정답 ⑤

해설

⑤ 적정 환율보다 대 달러 실제 환율이 높은 나라는 일본이므로 자국 화폐가 저평가된 국가는 일본이다. 적정 환율은 1$ = 80¥이다. 그런데 실제 환율은 1$ = 90¥이므로 엔화의 가치는 적정 환율보다 10¥ 정도 가치가 낮게 평가되어 있다.

🖑 오답검토

① (가)는 340엔÷4달러이므로 85엔/달러이다.

② (나)는 26위안÷4달러이므로 6.5위안/달러이다.

③ 달러로 환산한 X재의 가격은 일본에서 가장 싸다.
- 한국 : 4,400W÷1,000W = 4.4$
- 일본 : 340엔÷90엔 = 3.8$
- 중국 : 26위안÷6위안 = 4.3$

④ 중국의 X재 가격이 26위안÷6위안 = 4.3$이므로 중국을 방문한 미국인은 미국 현지보다 비싸게 X재를 구매하게 된다.

12. 정답 ②

해설

ㄱ. ㉠ 유로존의 출범으로 회원국들이 단일 통화를 사용하고 유럽 중앙은행을 두는 등 경제적 통합이 이루어져 경제적 상호 의존성이 심화되었다.

ㄷ. 독일이 무역 흑자를 기록하여 외환의 공급이 증가하면 독일의 통화 가치가 상승하여 독일 상품의 수출 경쟁력을 약화시키는 요인으로 작용한다.

오답검토

ㄴ. ⓒ은 독일의 보호무역 정책 강화가 아니라 단일 화폐를 사용하는 경제 통합으로 인하여 무역 불균형을 조정하는 환율 메커니즘이 사라졌기 때문이다.

ㄹ. ⓔ은 다른 국가들은 무역 적자를 기록하고 있기 때문에 독일 통화에 대한 다른 국가의 통화 가치 하락을 의미한다.

13. 정답 ④

무역 불균형으로 인한 국제적 압박이 계속되는 것으로 보아 갑국의 실제 환율은 적정 환율보다 높게 설정되어 갑국은 계속 무역 흑자를 기록하고 있다. 갑국은 국제적 비난에서 벗어나고자 고정환율제를 버리고 변동환율제를 도입하게 되면 환율은 하락하게 된다.

해설

④ ⓒ 같은 변동 환율 제도가 도입되면 환율이 하락하여 자국의 통화 가치가 상승하게 된다. 달러 대비 자국 통화의 환율이 내렸으므로 갑국 기업의 원료 수입 비용이 감소한다.

오답검토

① ⊙처럼 환율을 고정시키면 환율변동으로 인한 위험을 줄일 수 있다.

② ⓒ 같은 변동환율제에서는 무역 수지 불균형이 발생하면 환율변동을 통해 무역 수지 불균형이 조정된다.

③ ⓒ이 도입되면 갑국의 환율이 하락하여 갑국 수출품의 가격 경쟁력이 약화된다.

⑤ 변동환율제에서 외화의 초과 공급 상태가 지속되면 환율이 하락하여 균형 상태를 유지하게 된다. 반면, 고정환율제에서는 정부가 인위적으로 환율을 설정해야 하므로 초과 공급 상태가 지속 가능성은 ⓒ보다 ⊙에서 높다.

01. 정답 ③

해설

③ 임금, 배당, 이자 등은 본원 소득 수지이며 외국 주식을 보유한 우리나라 국민이 받은 배당금은 ⓒ에 포함된다.

오답검토

① 외국인 관광객이 우리나라에서 지출한 여행 경비는 서비스 수지의 수취에 해당한다.
② 국내 기업이 해외에서 상표권을 사들이는 경우는 자본 수지 지급에 해당한다.
④ 우리나라의 봉사 단체가 외국에 기부금을 전달하는 경우는 이전 소득 수지 지급에 해당한다.
⑤ ⓒ은 우리나라 경상 수지의 증가 요인이나 ⓜ의 증가는 자본 수지의 증가 요인이다.

02. 정답 ①

해설

ㄱ. 국내 김 생산 업체가 일본에 김을 수출하고 대금을 받은 것은 상품을 수출하고 받은 것이므로 (가)에 해당한다.
ㄴ. 한국을 방문하는 중국인 관광객이 증가하여 한국 여행사의 매출이 증가한 것은 서비스 수지의 수취가 증가한 것이므로 (나)에 해당한다.

오답검토

ㄷ. 국내의 한 고등학교 학생들이 아프리카 어린이들에게 후원금을 보낸 것은 이전 소득 수지 지급이므로 (라)에 해당한다.
ㄹ. 독일 프로 축구 리그에서 뛰고 있는 한국 선수가 1년 이상의 계약을 하고 독일 구단으로부터 연봉을 받은 경우는 비거주자에 해당되어 국제 수지 기록 대상이 아니며, 1년 미만으로 계약한 경우는 거주자로서 비거주자로부터 임금을 받은 것이므로 본원 소득 수지의 수취에 해당한다.

03. 정답 ②

해설

㉠ 올해 상반기 외국인에게 벌어들인 관광 수입 10억 달러를 달성한 것은 서비스 수지의 수취에 해당한다.
㉡ 국내 투자자의 외국 주식 배당금 수입 1억 달러는 본원 소득 수지의 수취에 해당한다.

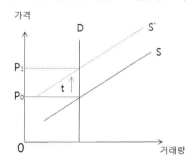

오답검토

ⓛ 정부가 ○○국에 1억 달러 무상 원조를 제공한 것은 이전 소득 수지의 지급에 해당한다.

ⓔ 국내 기업이 6월 중 외국 주식 및 채권에 대하여 5억 달러를 투자한 것은 자본 수지 중 지급에 해당한다.

04. **정답** ④

(라) 우리나라 국민이 보유 중인 해외 주식에 대한 배당금을 받은 것은 본원 소득 수지 수취에 해당한다.

해설

(가) 가족이 해외여행을 가서 현지 호텔에 숙박비를 지급한 것은 서비스 수지 지급에 해당한다.

(나) 우리나라 구단에 고용된 외국인 선수가 자국 은행 계좌로 연봉을 받은 것은 본원소득 수지 지급에 해당한다.

(다) 어머니가 이민 간 이모에게 생일 축하금을 송금한 것은 이전소득 수지 지급에 해당한다.

(마) 우리나라가 외국에 차관을 제공한 것은 금융 계정에 해당한다.

05. **정답** ⑤

해설

⑤ 2012년과 2013년 연속으로 경상 수지 흑자를 기록하여 무역 상대국으로부터 불만이 제기될 가능성이 높다.

오답검토

① 2011년 경상 수지 적자는 5억 달러이고 자본·금융 계정은 10억 달러 흑자이므로 외화 유입이 외화 유출보다 5억 달러 많다.

② 2012년 경상 수지가 흑자이므로 통화량 증가 요인이다.

③ 경상 수지만으로는 수출의 증감을 파악할 수 없다. 수출이 감소했는데 수입이 더 크게 감소하면 경상 수지 흑자가 2011년보다 클 수 있다.

④ 2012년과 2013년 모두 국제 수지 흑자이므로 외환보유액은 증가하였다.

06. **정답** ⑤

해설

갑국의 소비자가 국내에서는 생산되지 않는 X재를 가격과 상관없이 일정량 소비하고 있다면 이 X재의 수요의 가격탄력도는 완전 비탄력적이다. 여기에다가 관세를 부과하면 관세 부과 분만큼 X재에 대한 가계의 지출액이 증가하게 된다. 관세를 부과하면 물건값이 상승하여 국내 소비자의 실질적인 소득은 감소하며, 이는 다른 수입에 대한 소비를 감소시켜 경상 수지의 적자를 축소시키는 요인으로 작용할 수 있다.

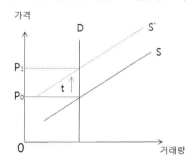

07. 정답 ④

해설

ㄴ. ⓒ 경상 수지 흑자는 국내에 달러 공급을 증가시키는데 증가된 달러가 은행을 통해 원화로 바뀌어 국내 통화량이 증가하면 갑국의 물가 상승 요인이 된다.

ㄹ. ⊙과 ⓒ은 환율은 동일한 방향으로 변동시키는 요인이다.
- 수입 감소 ⇒ 외환수요의 감소 : 환율 하락 e -, 거래량 Q -
- 수출 증가 ⇒ 외환공급의 증가 : 환율 하락 e -, 거래량 Q +

둘 다 모두 환율은 하락한다.

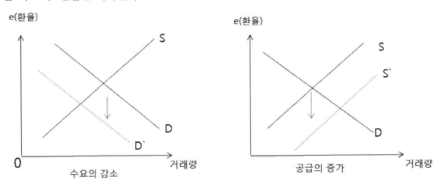

오답검토

ㄱ. ⊙ 수입의 감소는 외화 수요의 감소 요인이다.

ㄷ. ⓒ 수출이 증가하면 외환공급이 증가하여 외화 대비 갑국 화폐가치의 상승 요인이다.

08. 정답 ④

해설

④ 지급준비율을 인하하면 시중에 통화량이 확대되어 경기를 부양시킬 수 있다.

오답검토

① 국채를 매각하면 시중의 통화량이 감소하므로 긴축 금융정책이다.

② 법인세율을 인상하면 조세수입이 늘어나므로 긴축 재정정책이다.

③ 정부지출을 축소하는 것은 긴축 재정정책이다.

⑤ 은행의 대출 규제를 강화하면 시중에 자금이 덜 풀리게 되므로 긴축 금융정책이다.

09. 정답 ①

해설

ㄱ. ⊙ 경상 수지 적자는 외화의 유입보다 유출이 많아져 외화의 수요가 커진다. 외환의 수요가 더 크므로 외환 수요곡선이 오른쪽으로 이동하여 환율이 상승하는데 이는 외환시장에서 갑국 화폐의 가치를 하락시키는 요인이 된다.

ㄴ. ⓒ 경상 수지가 흑자가 되면 외화의 유출보다 유입이 많아져 외화의 공급이 커진다. 외환의 공급이 늘어나서 을국 통화로 환전되면 을국의 통화량은 증가하여 물가 상승 요인으로 작용한다.

오답검토

ㄷ. ⓒ에 따르면 갑국은 을국이 총공급보다 총수요가 적다고 주장하므로 을국 정부에게 총수요 증가 정책의 시행을 요구할 것이다.

ㄹ. ⓔ에 따르면 을국은 갑국이 총공급보다 총수요가 많다고 주장하므로 갑국 정부에게 긴축 재정정책의 시행을 요구할 것이다.

10. **정답** ②

해설

② B 구역에서는 경상 수지 100억 달러 흑자, 자본·금융 계정 100억 달러 흑자이므로 국제 수지 흑자가 된다. 국제 수지가 흑자가 되면 통화량은 증가한다.

오답검토

① A 구역에서는 경상 수지 100억 달러 흑자, 자본·금융 계정 100억 달러 적자이므로 국제 수지는 균형이 된다. 국제 수지가 균형이면 환율도 균형이 되므로 자국 화폐의 가치는 하락하지 않는다.

③ B 구역에서는 경상 수지 100억 달러 흑자, 자본·금융 계정 100억 달러 흑자이므로 국제 수지 흑자가 된다. 경상 수지 흑자, 국제 수지 흑자면 대외 신용도가 상승한다.

④ C 구역에서는 경상 수지 100억 달러 적자, 자본·금융 계정 100억 달러 적자로 국제 수지는 200억 달러 적자이다. 국제 수지가 적자이므로 외화의 수요 증가 요인이다.

⑤ D 구역에서는 경상 수지 100억 달러 흑자, 자본·금융 계정 100억 달러 적자이므로 국제 수지는 균형이다. 국제 수지가 균형이면 외환보유고 증가는 없다.

11. **정답** ①

해설

ㄱ. 개별 국가가 ⊙을 제공하면 이전소득 수지의 지급에 해당되어 그 국가의 경상 수지 적자 요인이 될 수 있다.

ㄴ. 경기 침체로 인한 조세수입 감소는 ⓒ의 원인이 될 수 있다.

오답검토

ㄷ. ⓒ은 빈곤 국가에 대한 우리나라의 금전적 지원 확대가 아니라 성공적인 경제 성장 경험과 관련 지식의 전달을 의미한다.

ㄹ. 국제 사회에서 EU나 NAFTA 같은 지역적 경제 협력이 아니라 남북문제에서 경제적 협력이 확산되는 모습을 보여주는 사례이다.

01. 정답 ③

해설

ㄴ. (나)에서 화폐는 고양이의 시장가치를 재는 가치 척도인 동시에 교환의 매개 수단이다.

ㄷ. (다)에서 창고에 저장된 쌀은 가치 저장의 수단으로 기능한다.

👆 오답검토

ㄱ. (가)에서 거래가 성사되지 않은 이유는 고양이를 가진 사람이 닭과 교환하려고 했기 때문이다.

ㄹ. (나)에서는 화폐가 가치 척도 및 교환의 매개 수단으로 (라)에서는 화폐가 가치 저장 수단으로 기능한다.

02. 정답 ②

A는 은행 등 금융기관을 통해 자금 수요자와 자금 공급자가 자금을 주고받으며, 금융 기관 등이 책임을 지는 간접 금융시장이다.

B는 자금 수요자와 자금 공급자가 자금을 주고받으며 자금 공급자가 책임을 지는 직접 금융시장이다.

해설

ㄱ. 기업은 은행이나 증권회사 등 금융기관을 통해 자금 부족 문제를 해결한다.

ㄷ. 정기 예금은 간접 금융시장에서 거래되는 금융상품이다.

👆 오답검토

ㄴ. 채권 시장과 주식 시장 모두 ⓒ 금융시장에 해당한다.

ㄹ. 일반적으로 간접 금융시장보다 직접 금융시장에서 높은 수익률을 기대할 수 있다.

03. 정답 ⑤

(가) 방식은 매년 동일한 액수의 이자가 발생하므로 단리로 이자를 계산하였으며 이자율은 5%이다.

(나) 방식은 매년 발생한 이자가 점점 커지므로 복리로 이자를 계산하였으며 이자율은 4%이다.

해설

⑤ 복리로 계산하면 이자에도 이자가 발생하므로 표에서 보듯이 예치 기간이 늘어날 때 추가되는 이자는 매년 증가한다.

👆 오답검토

① (가)는 단리 계산법, (나)는 복리 계산법이다.

② (가)는 단리 계산법이므로 원금에 대해서만 이자가 발생한다. (가)에서 예치 기간이 10년일 때 받는

이자는 50만 원(5만 원×10년)이다.

③ (나)에서 명목 이자율은 4%이고 물가 상승률은 5%이므로 실질 이자율은 대략 -1%이다.
  • 명목 이자율＝실질 이자율 ＋물가 상승률, 실질 이자율＝4% - 5%＝ - 1%
④ (나)는 복리 계산법으로 최초 원금에 대해서만 이자를 계산하는 단리 계산법과 달리 매년 원금과 이자(원리금)에 대해 이자를 계산한다.

04. 정답 ④

(가)는 직접 금융시장이고 (나)는 간접 금융시장이다.

해설

ㄴ. 간접 금융시장의 대표적인 금융기관으로 은행, 보험회사 등이 있다.

ㄹ. 직접 금융시장에서의 자금 공급자는 모든 위험을 직접 부담하며 간접 금융시장에서는 금융기관이 위험을 부담한다. 보통 위험이 크면 수익률도 높은 것이 일반적이므로 간접 금융시장보다는 직접 금융시장에서 상대적으로 높은 수익률을 기대한다.

오답검토

ㄱ. 직접 금융시장에서 증권회사는 자금 공급자와 수요자를 연결해 주는 중개 서비스를 제공한다.
ㄷ. 간접 금융시장에서는 자금 공급자가 아니라 금융기관이 자금 수요자에 관한 위험을 부담한다.

05. 정답 ⑤

해설

⑤ 순자산＝자산 - 부채
        ＝4억 3천5백만 원-1억 5백만 원＝3억 3천만 원이다.
        ＝(4억 3천5백만 원-5백만 원)-(1억 5백만 원-5백만 원)
        ＝3억 3천만 원이다.

자산 항목인 보유 현금으로 부채 항목인 자동차 할부금을 갚았으므로, 자산만큼 부채도 감소하여 순자산은 변동이 없다.

오답검토

① 실물자산은 실물 형태의 자산이므로 아파트와 자동차가 여기에 해당한다. 따라서 실물자산은 4억 2,000만 원이다.
② 유동성은 현금화할 수 있는 정도로 아파트는 요구불 예금보다 유동성이 낮다.
③ 주식은 자기 책임 하에 거래를 하는 것이므로 요구불 예금보다 안전성이 낮다.
④ 채권의 투자 수익에는 이자와 시세 차익이 있다. 배당금은 주식의 투자 수익이다.

06. 정답 ⑤

해설

⑤ '고위험 고수익'의 금융자산은 주식을 의미하는데 2012년 5,000천 원의 주식을 보유했는데 2013년에는 30,000천 원을 보유했으므로 '고위험 고수익'의 금융자산은 증가하였다.

① 2013년 순자산 = 236,400천 원 - 11,500천 원 = 224,900천 원

2012년 순자산 = 223,400천 원 - 2,500천 원 = 220,900천 원이므로 순자산은 증가했다.

② 실물자산은 부동산과 자동차이다.

2013년 실물자산 = 200,000천 원 + 4,000천 원 = 204,000천 원

2012년 실물자산 = 200,000천 원 + 5,000천 원 = 205,000천 원이므로 실물자산은 감소하였다.

③ 금융자산은 보통 예금, 정기 예금, 주식이다.

2013년 금융자산 = 2,000천 원 + 30,000천 원 = 32,000천 원

2012년 금융자산 = 3,000천 원 + 10,000천 원 + 5,000천 원 = 18,000천 원이므로 금융자산은 증가하였다.

④ 2012년 부채는 2,000천 원이었는데 2013년 부채는 11,000천 원이므로 대출이자 부담은 증가하였다.

07. 정답 ①

해설

현대 사회에서 신용은 매우 중요한 자산이므로 신용관리가 상당히 중요하다. 평소 자신의 소득에 걸맞은 절제 있고 합리적인 소비를 하는 것이 올바른 신용관리의 기본이며 구체적으로는 현금 서비스를 신중하게 이용하는 것, 신용 카드의 보유 개수를 제한하는 것, 신용정보를 정기적으로 확인하는 것 등이 개인이 신용을 관리하는 방법이다.

오답검토

② 신용 정보를 정기적으로 확인한다고 불경기를 극복할 수는 없다.

③ 신용 회복 제도란 지급 불능 상태에 빠진 사람들에게 신용을 회복할 기회를 주기 위해 마련한 제도로 개인 파산, 개인 회생, 개인 워크아웃 등이 있다.

④ 합리적 소비, 보유 신용 카드의 개수 제한, 신용 정보의 정기적 확인 등과 금융 사기 피해의 예방 방법과는 관련이 없다.

⑤ 자료에서의 답은 주로 소비 활동과 관련한 것으로 부동산 관리와는 무관하다.

08. 정답 ③

해설

③ 2010년의 경상소득이 전년보다 2.0% 증가했는데 재산소득의 비율이 전년보다 상승한 것은 전년 대비 2010년의 재산소득 증가율이 2%보다 높기 때문이다.

• 별해

2009년 경상소득을 A라 하면 2010 경상소득 = A×(1 + 0.02)이다.

2009년의 재산소득 = 0.045×A = 0.045A,

2010년의 재산소득 = 0.055×A×(1 + 0.02) = 0.0561A

전년 대비 2010년 재산소득 증가율 = $\frac{(0.0561 - 0.045)A}{0.045A} \times 100 = 24.6\%$

오답검토

① 2008년과 2009년의 경상소득과 근로소득을 모르므로 단지 차지하는 비중이 같다고 해서 2008년과 2009년의 근로소득이 같다고 말할 수 없다.

② 2009년 경상소득을 A라 하면 다음과 같이 내용을 비교할 수 있다.

2010년 경상소득은 2009년보다 2% 증가하였으므로 식으로 표현하면 아래와 같다.

2010년 경상소득 = A×(1 + 0.02)이다.

2011년 경상소득은 2010년보다 2% 감소하였으므로 식으로 표현하면 아래와 같다.

2011년 경상소득 = 2010년 경상소득×(1 - 0.02) = A×(1 + 0.02)×(1 - 0.02)이다.

따라서 2010년과 2011년의 경상소득은 같지 않다.

④ 복권 당첨금이 포함되는 소득 유형은 비경상소득인데 여기서는 비경상소득에 관한 자료가 없다.

⑤ 2008년의 재산소득과 이전소득의 차이는 3.4%였는데, 2008년 대비 소득이 늘어난 2009년도의 재산소득과 이전소득의 차이는 3.5%이므로 2008년 이후 지속적으로 감소하였다고 말할 수 없다.

09. 정답 ①

명목 이자율≒실질 이자율 + 인플레이션율이므로 표를 다시 구성하면 아래와 같다.

구분	2010년	2011년	2012년	2013년
명목 이자율	3.1	2.1	1.1	0.1
실질 이자율	1.1	0.1	−0.9	0.9
인플레이션율	2.0	2.0	2.0	−0.8

해설

① 2012년의 경우 현금 보유하는 경우 현금의 가치는 2%만큼 떨어지지만, 예금을 하면 0.9%만큼 감소하므로 현금보다 예금이 유리하다.

오답검토

② 2011년의 실질 이자율은 0.1%이고 2012년의 실질 이자율은 - 0.9%이므로 전년에 비해 예금의 실질 구매력이 감소했다.

③ 2013년의 경우 전년에 비해 물가가 0.8% 하락했으므로 전년에 비해 화폐가치가 상승했다.

④ 2011년의 물가 상승률이 2%라는 것은 2010년보다 물가 수준이 2% 높아진 것이므로 2010년과 2011년의 물가 수준은 다르다.

⑤ 2012년의 물가 상승률은 2%이고, 2013년의 물가 상승률은 -0.8%이므로 물가 상승률은 다르다.

10. 정답 ④

실질 이자율은 자금의 수요와 공급에 따라 결정된다.

해설

④ 가계 저축이 증가하면 자금 시장에서 자금 공급이 증가하므로 S_1에서 S_2로 이동한다.

오답검토

① 실질 이자율이 하락하면 D_1 곡선 상의 이동으로 나타난다.

② 갑국 내 해외 자본 유입이 증가하면 자금의 공급이 증가하므로 S_1에서 S_2로 이동한다.

③ 갑국 정부의 가계 대출 규제 정책이 완화되면 대출에 대한 수요가 증가하므로 D_1에서 D_2로 이동한다.

⑤ 갑국 기업들의 투자가 증가하면 자금의 수요가 증가하므로 D_1에서 D_2로 이동한다.

01. 정답 ②

- 유동성 : 자산을 현금으로 전환할 수 있는 정도를 유동성이라고 하는데 단기간에 매도 가능한가는 단기간에 현금화할 수 있는 가이므로 (가)는 유동성이다.
- 안전성 : 자산에 투자 시 투자 원금의 회수와 가치 보전의 확실성을 말하는데, 예금자 보호 제도의 보호 대상 여부는 안전성이므로 (나)는 안전성이다.
- 수익성 : 보유자산으로부터 발생하는 수익의 정도를 수익성이라고 하는데, 가격 상승으로 가치 증대 여부에 관한 것은 수익성이므로 (나)는 수익성이다.

해설

ㄱ. (나)는 안전성으로 원금과 이자가 보전될 수 있는 정도를 의미한다.

ㄷ. 주식은 빠르면 2일 후에 현금화할 수 있는데 부동산은 보통 현금화하는데 1달 이상 걸리므로 유동성은 주식이 높다.

오답검토

ㄴ. 위험이 크면 수익성이 높고, 위험이 낮으면 수익성이 낮은 것이 일반적이므로 (다) 수익성이 높은 자산일수록 (나) 안전성은 낮다.

ㄹ. 국채는 국가에서 발행한 채권으로 위험이 가장 낮다. 따라서 (다) 수익성은 주식보다 낮다.

02. 정답 ②

해설

- 갑 : D는 안전성은 낮으나 수익성이 높으므로 '고위험 고수익' 상품이다.
- 병 : 안전성에만 낮은 가중치를 부여하면 아래와 같으므로 D를 선택한다.

기준	가중치	금융상품			
		A	B	C	D
안전성	( )	4×1=4	2×1=2	3×1=3	1×1=1
수익성	( )	1×2=2	3×2=6	2×2=4	4×2=8
유동성	( )	4×2=8	2×2=4	1×2=2	3×2=6
합계		14	12	9	15

- 을 : 요구불 예금은 유동성이 큰 상품이므로 C보다 A에 가까운 상품이다.
- 병 : 단순 합계가 가장 큰 것은 상품 A이므로 세 가지 기준에 동일한 가중치를 부여한다면 A를 선택한다.

03. 정답 ④

해설

④ 주식과 채권 등 직접 금융상품은 예금자 보호법에 의해 보호받지 못한다.

오답검토

① 갑이 가입한 정기 예금의 이자 계산법은 복리이므로 1년 후에 받는 이자도 이자 계산해야 한다.

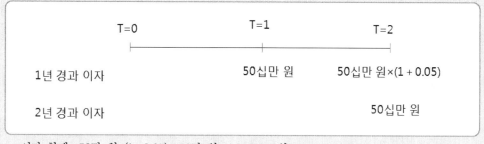

- 이자 합계 = 50만 원×(1 + 0.05) + 50만 원 = 1,025,000원

② 갑이 가입한 예금은 원금과 이자에 대해서 이자를 계산하는 방식이다.
③ 을이 가입한 예금은 원금에 대해서만 이자를 계산하는 방식이다.
⑤ 병은 1,000만 원 중 500만 원은 요구불 예금에 가입했으므로 병이 갑보다 입금과 출금이 자유로운 예금을 선호하고 있다.

04. 정답 ②

해설

ㄱ. 갑의 투자는 주식 투자의 위험을 분산하기 위하여 한 종목에 투자금을 전부 투자하는 것이 아니라 여러 종목에 나누어 투자하는 포트폴리오 투자이다.

ㄷ. 모든 주식 가격이 20%라는 동일한 비율로 하락한다고 가정하자.

구 분	갑	을
투자원금	자기 자본 2천만 원	자기 자본 2천만 원
대출금	대출액 0	대출액 2천만 원
투자금	2천만 원	4천만 원
손실액	2천만 원×20%=4백만 원	4천만 원×20%=8백만 원
남은 투자원금	2천만 원－4백만 원=1천6백만 원	2천만 원－8백만 원=1천2백만 원

투자원금 기준으로 보면 을이 더 큰 손실을 보게 된다.

ㄴ. 자기 자금으로 주식 투자하는 것은 신용 등급과 상관없으며, 을처럼 은행으로부터 대출을 받는 경우 원리금 상환 여부에 따라 신용 등급에 부정적 영향을 미칠 우려가 크다.

ㄹ. 모든 주식 가격이 20% 하는 동일한 비율로 상승할 때 자기 자본 대비 투자 수익률은 갑보다 을이 높다.

구 분	갑	을
투자원금	자기 자본 2천만 원	자기 자본 2천만 원
대출금	대출액 0	대출액 2천만 원
투자금	2천만 원	4천만 원
이익액	2천만 원×20%=4백만 원	4천만 원×20%=8백만 원
자기 자본 대비 투자 수익률	4백만 원÷2천만 원=20%	8백만 원÷2천만 원=40%

05. 정답 ①

해설

ㄱ. 만기가 있고 원금 상환이 있는 것은 채권이므로 (가)는 이자이고, 만기가 없고 원금 상환도 없는 것은 주식이므로 (나)는 배당금이다.

ㄴ. 채권의 가격과 시장 금리는 반비례한다.

ㄷ. 일반적으로 채권은 이자율 변화에 따른 원금의 변동 폭이 작지만, 주식은 가격 등락에 따른 주식 가격의 등락 폭이 크므로 채권의 안정성이 높다.

ㄹ. 발행자의 입장에서 채권은 원리금을 상환해야 하므로 타인 자본이고 주식은 원금을 상환할 필요가 없으므로 자기 자본이다.

06. 정답 ②

(가)는 회사 소유권의 일부를 투자자에게 부여하는 증표이므로 주식이다.

(나)는 정부나 기업 등이 돈을 빌리면서 원금과 이자를 만기에 지급하겠다고 약속하는 증서이므로 채권이다.

해설

ㄱ. 주식은 (가)에 해당한다.

ㄷ. 채권은 이자율 변화에 따른 원금의 변동 폭이 작지만, 주식은 가격 등락에 따른 주식 가격의 등락 폭이 크므로 채권의 안정성이 높다. 따라서 (나)는 (가)보다 안정성이 높다.

ㄴ. (나)에 해당하는 것은 채권이다.

ㄹ. (가)는 배당금을 (나)는 이자를 투자자에게 지급한다.

07. 정답 ⑤

해설

다른 조건이 일정할 때 이자율이 상승하면 주식보다 예금 또는 채권에 투자하는 것이 유리하므로 주식의 가격은 하락한다. 채권의 가격과 이자율은 역의 관계에 있으므로 이자율이 상승하면 채권의 가격은 내려간다.

08. 정답 ③

(가) 수시로 자금을 맡기거나 찾을 수 있는 입출금이 자유로운 예금은 요구불 예금이다.
(나) 가입액을 미리 정하여 목돈을 금융기관에 일정 기간 맡기는 예금은 정기 예금이다.
(다) 미리 정한 일정한 금액을 매월 혹은 정해진 기간마다 추가하여 맡기는 예금은 정기 적금이다.

해설

ㄴ. 정기 예금을 만기 이전에 찾으면 은행은 자금 운용 등에 문제점이 발생하므로 만기 이전에 예금을 찾으면 가입 시 정한 이자보다 적은 이자를 받는다.
ㄷ. 정기 적금은 (다)에 해당한다.

오답검토

ㄱ. 정기 예금은 (나)에 해당한다.
ㄹ. (나)는 저축성 예금으로 이자수입을 주목적으로 하며, (나)와 달리 (가)의 주된 목적은 수시로 필요한 자금을 금융회사에 안전하게 보관하는 상품이다.

09. 정답 ①

해설

ㄱ. 국채는 정부가 발행하고 주식은 회사가 발행하는데 정부는 주식회사에 비해 파산이나 부실화 가능성이 작으므로 주식 투자는 국채 투자보다 안전성이 낮은 방안이다.
ㄴ. 주식회사는 회사 경영을 통해 얻은 이익의 일부를 주주에게 보유 주식 수에 따라 배당으로 지급한다.

오답검토

ㄷ. 주식은 직접투자의 대표적인 상품이며, 펀드는 펀드 매니저가 투자자로부터 자금을 모아 투자자를 대신하여 펀드 매니저가 투자하는 간접 투자 상품이다.
ㄹ. 주식회사가 자금을 조달하기 위하여 발행하는 증서는 주식이며, 펀드는 자산 운용회사가 판매하는 금융상품이다.

10. 정답 ③

(가)는 기업의 주주임을 나타내는 증서가 아니므로 채권이고 (나)가 기업의 주주임을 나타내는 증서이므로 주식이다.

해설

③ 주식은 회사 경영 상태와 경기 상황에 따라 가격 변동이 심해 안전성이 낮은 편이다. 채권은 정부나 공공 기관, 금융회사 그리고 신용도가 높은 주식회사 등이 주로 발행하므로 원금에 대한 안전성이 비교적 높은 편이다.

① 채권은 확정 이자가 약속되어 있는 증권이다.
② 기업의 입장에서 부채에 해당하는 것은 주식이 아니라 채권이다.
④ 채권은 정부나 공공 기관뿐만 아니라 회사 등도 발행할 수 있다.
⑤ 주식은 가격 등락에 따른 시세 차익을 기대할 수 있으며, 채권은 이자율 등락에 따른 시세 차익을 기대할 수 있다.

11. 정답 ⑤

해설

⑤ 갑은 직접 금융시장에서 주식 300만 원을 구입했고 나머지 700만 원은 예금, 보험, 펀드 등 간접 금융시장에 투자했다.

① 앞으로 예금 이자율이 상승할 것으로 예상하면 변동 금리 상품을 구입하고 예금 이자율이 하락할 것으로 예상하면 고정 금리 상품을 구입해야 한다.
② 갑은 ㈜□□사의 주식을 구입했으므로 주주의 지위를 가진다.
③ 갑이 주식 구입에 지출한 금액은 여유 자금 1,000만 원 중 300만 원이다.
④ 갑은 여유 자금 중 1,000만 원을 금융상품 구입에 지출했다.

12. 정답 ⑤

해설

⑤ D 시점이 만기인 대출을 B 시점에서 받는 경우, D 시점보다 B 시점이 이자율이 낮으므로 변동 금리 대출보다는 고정 금리 대출이 더 유리하다.

① 저축 상품에 예금한 사람이 얻는 예금 이자는 자산을 통해 얻는 소득인 재산 소득의 일종이다. 이전소득은 국민연금, 기초 생활 보장 급여 등의 소득을 의미한다. 따라서 A 시점에서 저축 상품에 예금한 사람은 재산소득이 증가한다.
② 동일한 고정 금리 저축 상품에 예금한다면 이자율이 높아지는 C 시점보다 이자율이 낮아지는 A시점이 더 유리하다.
③ 소비를 선택하면 포기하는 것은 이자 수익이다. 이자율이 상승하면 포기하는 이자의 금액이 높아지므로 소비의 기회비용은 지속적으로 증가한다.
④ 금융시장에서 자금 공급이 증가하면 자금 공급곡선은 오른쪽으로 이동하고 자금 수요가 감소하면 자금 수요곡선은 왼쪽으로 이동하므로 이자율은 하락한다.

자금 공급곡선 오른쪽으로 이동,　　이자율 r -,　　거래량 Q+
자금 수요곡선 왼쪽으로 이동,　　　이자율 r -,　　거래량 Q-
　　　　　　　　　　　　　　　　　이자율 r -,　　거래량 Q?

13. [정답] ①

[해설]

④ 1년 후 갑의 투자 수익은 1,500달러로 투자 수익률은 15%이다. 이는 물가 상승률 10%보다 높으므로 갑의 구매력은 증가하였다. 1년 후 을의 투자 수익은 1,000달러로 투자 수익률은 10%이다. 이는 물가 상승률 5%보다 높으므로 을의 구매력은 증가하였다.

지문검토

① 주식은 회사 소유권의 일부를 투자자에게 준다는 증서로, 주식은 회사에 대한 지분을 나타낸다.

② 채권은 자금을 필요로 하는 회사가 일반 다수의 사람들로부터 돈을 빌리면서 이자를 지급하고 원금 상환을 약속하는 증서이다.

③ 채권을 보유함으로써 얻는 이자는 채권을 매입하지 않고 다른 곳에 투자했을 때에는 포기해야 하는 것이므로 기회비용에 포함된다.

⑤ 갑과 을이 주식과 채권을 구입한 시장은 직거래가 이루어지는 직접 금융시장이다. 직접 금융시장에서는 자금 공급자(갑과 을)가 금융 거래에서 발생할 수 있는 모든 위험을 부담한다. 이때 증권회사와 같은 금융기관은 공급자와 수요자 사이에서 중개 서비스를 제공해줄 뿐이다.